Dr. Dieter Schmidt

Atlas
Schlangen

Arten · Haltung · Pflege

NIKOL
VERLAG

Genehmigte Lizenzausgabe für
Nikol Verlagsgesellschaft mbH & Co. KG, Hamburg 2009

© Copyright 2006, bede-Verlag GmbH, Bühlfelderweg 12, D-94239 Ruhmannsfelden

Fotos:
3 x bede-Verlag (BDE), 1 x Dietmar Emmerich (DEM), 1 x Detlef Handschak (DHS),
1 x Gabriele Huss (GHU), 22 x Dr. Dieter Schmidt (DDS),
1 x Christian-Peter Steinle (CPS), 1 x Ludwig Trutnau (LTR) und
1 x A. Wjinen (AWJ), alle weiteren: T.F.H. Publications, Neptune, USA.
Zeichnungen: Dr. Dieter Schmidt

Covergestaltung: Thomas Jarzina, Holzkirchen
Titelabbildung: STUDIOGH - Fotolia.com
Printed in Slovenia
ISBN: 978-3-86820-011-9

www.nikol-verlag.de

Inhaltsverzeichnis

Reptilien und Amphibien werden als Heimtiere oft verkannt. Das gilt insbesondere für Schlangen. So sind immer noch viele Menschen der Meinung, dass jede Schlange giftig sei und den ahnungslosen Wanderer sofort angreife oder dass diese Tiere zumindest abstoßend und schleimig seien und man sie totschlagen oder ihnen wenigstens aus dem Wege gehen solle. Eine Schlange gar in die Wohnung zu holen und sie in einem Terrarium zu pflegen und zur Vermehrung zu bringen, stößt immer wieder auf Unverständnis und Ablehnung. Jene Menschen wissen eben nicht, welch interessante, faszinierende und schöne Tiere Schlangen sind.

Die Haltung von Pflanzen und Tieren im Heim erfordert selbstverständlich ein hohes Verantwortungsbewusstsein für den Pfleger. Diese Lebewesen sind ja dem Menschen auf Gedeih und Verderb ausgeliefert. So ist es zweifellos richtig, dass ihre Pflege ein bestimmtes Maß an Sachkenntnissen voraussetzt. Für Reptilien und Amphibien trifft das im besonderen Maße zu. Zu ihrer gesunden, langjährigen Haltung mit dem erklärten Ziel auch ihrer Vermehrung gehört ein fundiertes Wissen über die Lebensansprüche dieser Tiere an ihre natürliche und künstliche Umwelt. Der meist missgedeutete Begriff einer „artgerechten" Haltung führt oft zu überzogenen Forderungen. Wichtig ist jedoch, dass den Tieren eine Umwelt geboten wird, die ihren individuellen Bedürfnissen gerecht wird und die nicht zu Tierquälerei ausartet.

Der Erwerb der für die verantwortungsbewusste Haltung von Reptilien und Amphibien erforderlichen Kenntnisse geschieht nicht im Selbstlauf. Es kostet schon einige Mühe, aber auch Zeit und nicht zuletzt Geld, sich dieses Wissen anzueignen. Das Annehmen praktischer Erfahrungen – möglichst von erfahrenen Terrarianern und weniger aus eigenen negativen Erlebnissen – kommt hinzu. Glücklicherweise hat der Umfang der terraristischen Literatur in den Jahrzehnten deutlich zugenommen. Dabei haben sich erfahrene Autoren in zunehmendem Maße Monografien gewidmet. Auch über verschiedene Schlangengattungen und -arten liegen Publikationen vor. Offensichtlich erwarten jedoch vor allem Einsteiger in die Haltung und Pflege von Schlangen zunächst einen breiteren Überblick über die Biologie, Artenvielfalt und Terrarienhaltung.

Nach dem Anklang, den offensichtlich der recht umfangreiche „Atlas der Schlangen" – 2001 im bede-Verlag erschienen – bei Schlangenfreunden findet, wurde von der Leitung des Verlages vorgesehen, eine leicht gekürzte und preiswerte „Volksausgabe" aus dem vorliegenden Material zu erstellen. Sie liegt nun im Rahmen des Verlagsprojektes „MiniAtlas"

Orthriophis taeniurus

vor. Bei der Bearbeitung wurde Wert darauf gelegt, die Teile zur Biologie der Schlangen und zur Terraristik sowie zur Vielfalt der Schlangen der Welt weitgehend zu erhalten. Die erfassten Arten sind innerhalb ihrer Verwandtschaftsgruppen alphabetisch nach ihrem wissenschaftlichen Namen sortiert. Dabei wurden in Übereinstimmung mit der Reptiliendatenbank im Internet die in den letzten Jahren erfolgten tief greifenden Änderungen in der Nomenklatur etlicher Schlangen berücksichtigt.

Bernau im Frühjahr 2005

Dieter Schmidt

Teil I
Naturgeschichte der Schlangen

Von den Anfängen bis heute

Über die frühesten Entwicklungsstufen der Schlangen gibt es leider nur wenige Hinweise. Funde fossiler Schlangen sind überhaupt relativ selten. Gefunden wurden meist einzelne Wirbel, deren Klassifikation auf Schwierigkeiten stößt. Die ältesten Überreste sind wenige schlecht erhaltene Wirbel aus der Kreidezeit; sie sind 96 bis 100 Millionen Jahre alt. Bei derartigen Funden weiß man häufig nicht, ob sie von Echsen oder wirklich von Schlangen stammen. Einige Paläontologen halten das Wasser bewohnende Reptil *Pachyrhachis* mit schlangenähnlichem Körper und einem waranähnlichen Kopf ohne Gliedmaßen und Schultergürtel, jedoch mit Resten eines Beckengürtels, für einen unmittelbaren Vorfahren der Schlangen oder zumindest für eine diesem Vorfahren verwandte Art. Das etwa einen Meter lange Reptil lebte in der unteren Kreide und wurde in Israel gefunden. In der mittleren Kreide, der Zeit der Riesensaurier, waren die Schlangen bereits eine artenreiche Gruppe.

Ein eindeutig als Schlange anzusprechendes Fossil ist *Dinilysia* aus der oberen Kreide von Patagonien (Südamerika), das schon die für Schlangen typische Schädelspezialisierung aufweist. Bis ins Tertiär hinein bleiben die Belege für fossile Schlangen recht unvollständig, obwohl man aufgrund der Entwicklungshöhe von *Dinilysia* die Abspaltung der Schlangen von den Echsen viel früher vermuten kann. Es wird angenommen, dass die ersten Schlangen aus waranähnlichen Echsen hervorgegangen sind und in der unteren Kreide vor 100 bis 135 Millionen Jahren oder gar schon im oberen Jura vor 135 bis 155 Millionen Jahren auftauchten.

Die meisten der heute lebenden Schlangen sind auch erst ab dem Miozän vor weniger als 24 Millionen Jahren entstanden. Sie profitieren mit ihrem lang gestreckten, beinlosen Körper von einem für wechselwarme Tiere energetisch optimalen Oberflächen-Volumen-Verhältnis. Es wurde nachgewiesen, dass das Kriechen der Schlangen durchaus energetisch ebenso effizient ist, wie das Laufen auf vier oder zwei Beinen. Der wesentlichste Merkmalskomplex aber, der Schlangen von den äußerlich ähnlichen beinlosen Echsen – denken wir nur an unsere heimische Blindschleiche – unterscheidet, ist die Schädelstruktur. Der insbesondere bei den entwicklungsgeschichtlich jüngeren Schlangen am stärksten modifizierte Schädel ist in seinen Teilen stark beweglich. Die einzelnen Knochen des Schlangenschädels sind lediglich durch elastische Bänder miteinander verbunden und ermöglichen eine ungewöhnliche Beweglichkeit. Dazu kommt, dass die beiden Unterkieferäste vorn nur durch Bindegewebe verbunden sind. Diese Beweglichkeit der Schädelknochen zueinander gestattet es den Schlangen, besonders große Beute zu fangen und zu verschlingen. Die spitzen und nach hinten gerichteten Zähne halten die Beute fest, so dass eine Schlange sich über das Beutetier gleichsam hinweg schieben kann. Das

Eine fossile Riesenschlange ist *Boavus idelmani* (AMNH 3850). Diese lebte vor etwa 50 Millionen Jahren im westlichen Nordamerika und ist knapp einen Meter lang. DDS

Gehirn wiederum ist vollständig von Knochen umgeben und so vor den Bewegungen des Fressapparates und der Beute geschützt.

Während ihrer Evolution haben die Schlangen ihre Methoden zum Nahrungserwerb wie auch ihre kriechende Bewegungsweise immer mehr vervollkommnet und so wichtige Vorteile gegenüber den anderen Schuppenkriechtieren erreicht. Auch ihre Körpermuskulatur spezialisierte sich und führte zu verschiedenen typischen Formen der Fortbewegung auf festem oder losem Boden, im Erdreich, auf Sträuchern oder Bäumen und sogar im Wasser. Es entstanden eine große Formenvielfalt sowie Körperlängen, die von wenigen Zentimetern bis zu mehr als zehn Metern reichen. Schlangen haben die unterschiedlichsten Lebensräume auf allen Kontinenten, außer der Antarktis, erobert. Ihre Verbreitungsgrenzen reichen vom 50. südlichen Breitengrad in Südamerika bis nördlich des Polarkreises am 67. Breitengrad in Skandinavien. Im Himalaja kommen Schlangen bis in Höhen von nahezu 5000 m vor, und Seeschlangen tauchen bis in mehr als 100 m Wassertiefe. Nun sind die Ansichten über die systematische Stellung und die verwandtschaftlichen Beziehungen der Schlangen zum Leidwesen der Terrarianer immer wieder Veränderungen unterworfen. Hauptursache dafür sind neue herpetologische Erkenntnisse. Als Beispiel seien nur die Möglichkeiten erwähnt, durch moderne Untersuchungsmethoden Unterschiede und Ähnlichkeiten verschiedener Taxa durch Blutserumanalysen oder gar die Ermittlung des genetischen Codes durch DNS-Untersuchungen nachzuweisen.

Die deutlich erkennbaren Ohröffnungen und bewegliche Augenlider sind Charakteristika von Echsen. Der Scheltopusik, *Ophisaurus apodus*, eine eurasische Panzerschleiche, besitzt ebenfalls keine Gliedmaßen.

Normalerweise könnten derartige Probleme dem Terrarianer egal sein. Da das Grundprinzip der klassischen Terraristik, trotz stärker werdender Bestrebung zur Züchtung von Schlangen mit Blick auf bestimmte Färbungs- und Zeichnungsvarianten, die genetische Reinhaltung der Wildformen hinsichtlich Art, Unterart und möglichst gar Population ist, spielt es aber schon eine Rolle, den systematischen Status der gepflegten Tiere zu kennen. Nicht zuletzt ist die Kenntnis der wissenschaftlichen Namen von Bedeutung für die Verständigung der Herpetologen und Terrarianer untereinander.

Die Ansichten über eine aktuelle Systematik weisen oft erhebliche Unterschiede auf. Richten wir uns nach der in der Reptiliendatenbank (UETZ et al. 2005) verwendeten Systematik, die wiederum vornehmlich auf den Angaben von ZUG et al. (2001) aufbaut.

Ein wenig Anatomie soll sein

Wenn wir uns im Ergebnis der über Millionen von Jahren dauernden Evolution der Schlangen die heutigen Formen ansehen, könnte man den Eindruck bekommen, dass diese beinlosen, äußerlich wenig differenzierten Reptilien doch recht primitiv gebaut und gegenüber ihren vierfüßigen Verwandten benachteiligt seien. Dabei sind auffällige Attribute der Schlangen, etwa ihre Beinlosigkeit oder ihre scheinbar starren Augen mit den zu einer durchsichtigen Brille verwachsenen Augenlidern keineswegs typisch. Es gibt diese Merkmale auch bei etlichen anderen Reptilien. Die ebenfalls zu den Schuppenkriechtieren gerechneten Doppelschleichen – auch Wurmschleichen oder Ringelechsen genannt – haben keine Gliedmaßen und unter den Echsen sind beide Charakteristika in verschiedenen Familien zu finden. Gegenüber den Echsen fehlen den Schlangen allerdings das Trommelfell – auch wenn es bei Echsen mitunter nicht sichtbar ist –, das Mittelohr sowie eine Harnblase, die wiederum bei den meisten Echsen zu finden ist.

Die grundlegenden Unterschiede zwischen Schlangen und anderen Schuppenkriechtieren beziehen sich auf den hoch spezialisierten Bau der Schädelknochen. Das **Rumpfskelett** der Schlangen ist recht einfach aber sinnvoll aufgebaut. Eine große Zahl an Wirbeln, die sehr gelenkig miteinander verbunden sind, ermöglicht den Schlangen eine enorme Beweglichkeit. Das merkt man sofort, wenn man eine Schlange und einen Vertreter der Echsenfamilie

Dieses Skelett zeigt, dass den Schlangen Becken- und Schultergürtel ebenso fehlen wie ein Brustbein.

Anguidae (Schleichen), beispielsweise eine Blindschleiche oder einen Scheltopusik, in den Händen hält. Eine Schlange bewegt sich geschmeidig, muskulös, in wesentlich kleineren Windungen, eine Schleiche fühlt sich relativ starr und wenig biegsam am. Die Anzahl der Wirbel variiert je nach Art, in geringem Umfang auch individuell. So können etwa 100 Wirbel bei Vipern, mehr als 300 bei Nattern, über 400 bei großen Riesenschlangen und sogar beinahe 600 bei einigen fossilen Arten gezählt werden. Da Schlangen kein Brustbein besitzen, sind ihre Rippen nur an den Wirbeln angesetzt und deshalb frei beweglich. Das erhöht noch die Gelenkigkeit der Schlangen und erlaubt dem Brustkorb beim Verschlingen einer Beute eine große Dehnbarkeit.

Ein Beweis für die Abtrennung der Schlangen von den vierfüßigen Echsen sind bei einigen weniger weit entwickelten Arten kleine Reste des Beckengürtels oder zurückgebildete Oberschenkelreste. Das bekannteste Beispiel für derartige Rudimente bilden die Riesenschlangen. Vor allem bei männlichen Tieren sind sogar äußerlich Reste der Hinterbeine als so genannte Aftersporne zu erkennen. Sie spielen hier wahrscheinlich als sexuell stimulierende Organe während des Paarungsvorspiels eine gewisse Rolle.

Besonders bemerkenswert ist die **Muskulatur** einer Schlange. Hals, Rumpf und Schwanz sind wenig voneinander abgesetzt. Aufgrund ihrer Geschmeidigkeit einerseits und ihrer Kraft andererseits kann man die Leistungsfähigkeit einer Schlange bei der Fortbewegung oder beim Fang und Erwürgen eines Beutetieres verstehen. Die Rippenmuskulatur unterstützt nicht nur verschiedene Fortbewegungsformen, sie sorgt auch für die Atmung, indem sie im Bereich der Lungen die Leibeshöhle zusammendrückt und wieder erweitert und so für die Belüftung der Lunge sorgt.

Der lang gestreckten, mitunter sogar unglaublich dünnen Gestalt einer Schlange haben sich auch ihre verschiedenen inneren Organe angepasst. So wurde in der Regel die linke Lunge zurückgebildet; sie ist vielfach gar nicht mehr vorhanden. Bei den Doppelschleichen dagegen ist die rechte Lunge reduziert. Bei Riesenschlangen ist die linke Lunge noch relativ groß, bei den Boas sogar ebenso groß wie die rechte. Die meisten Schlangen haben zur Unterstützung der Sauerstoffaufnahme, wenn während eines oft langwierigen Schlingaktes die Atmungswege abgedrückt sein sollten, im hinteren Teil ihrer Lunge einen kaum durchbluteten Luftsack ausgebildet, der allerdings nicht in der Lage ist, den Gasaustausch mit dem Blutkreislauf zu vollziehen. Er dient als Luftreservoir und Hilfe beim Ein- und Ausatmen. Bei bestimmten, vorwiegend im Wasser lebenden Arten hat dieser Lungensack auch eine Funktion übernommen, die der einer Schwimmblase bei Fischen entspricht. Und er kann sogar Abwehrfunktionen übernehmen. Viele Schlangen blähen sich mit seiner Hilfe auf, wenn sie von einem Fressfeind ergriffen werden, und geben sich so den Anschein einer viel größeren, nicht verschlingbaren Beute.

Die in der eigentlichen Lunge für den Gasaustausch zur Verfügung stehende Fläche ist im Zusammenhang mit der bei Schlangen relativ geringen Anzahl an Lungenbläschen recht klein. Da Sauerstoff in erster Linie zum Erschließen der Nahrung dient und bei den wechselwarmen Schlangen keine zusätzliche Energie für die Erzeugung und Konstanthaltung der Körpertemperatur aufgewendet werden muss, reicht die relativ geringe Sauerstoffaufnahme zum Leben aus. Fatal wird es allerdings, wenn bei einer Lungenentzündung die wenig gegliederte Innenwand der Lunge mit Schleim bedeckt ist. Dann besteht Erstickungsgefahr. Durch in die Speiseröhre eindringende Luft kann der Kehldeckel einer Schlange in Schwingungen geraten, was zu dem für viele Schlangenarten typischen Zischen führt. Man kann dieses Geräusch vor allem bei Vipern, aber auch bei manchen Nattern hören. Als ich meine ersten Vipernattern (*Natrix maura*) – völlig harmlose Wassernattern – bekam, glaubte ich zunächst, ihr aufgeregtes Zischen wäre ein Zeichen einer Atemwegserkrankung. Erst später wurde mir klar, dass Vipernattern wohl nicht nur wegen ihrer äußeren Ähnlichkeit mit giftigen Vipern ihren deutschen Namen erhalten hatten.

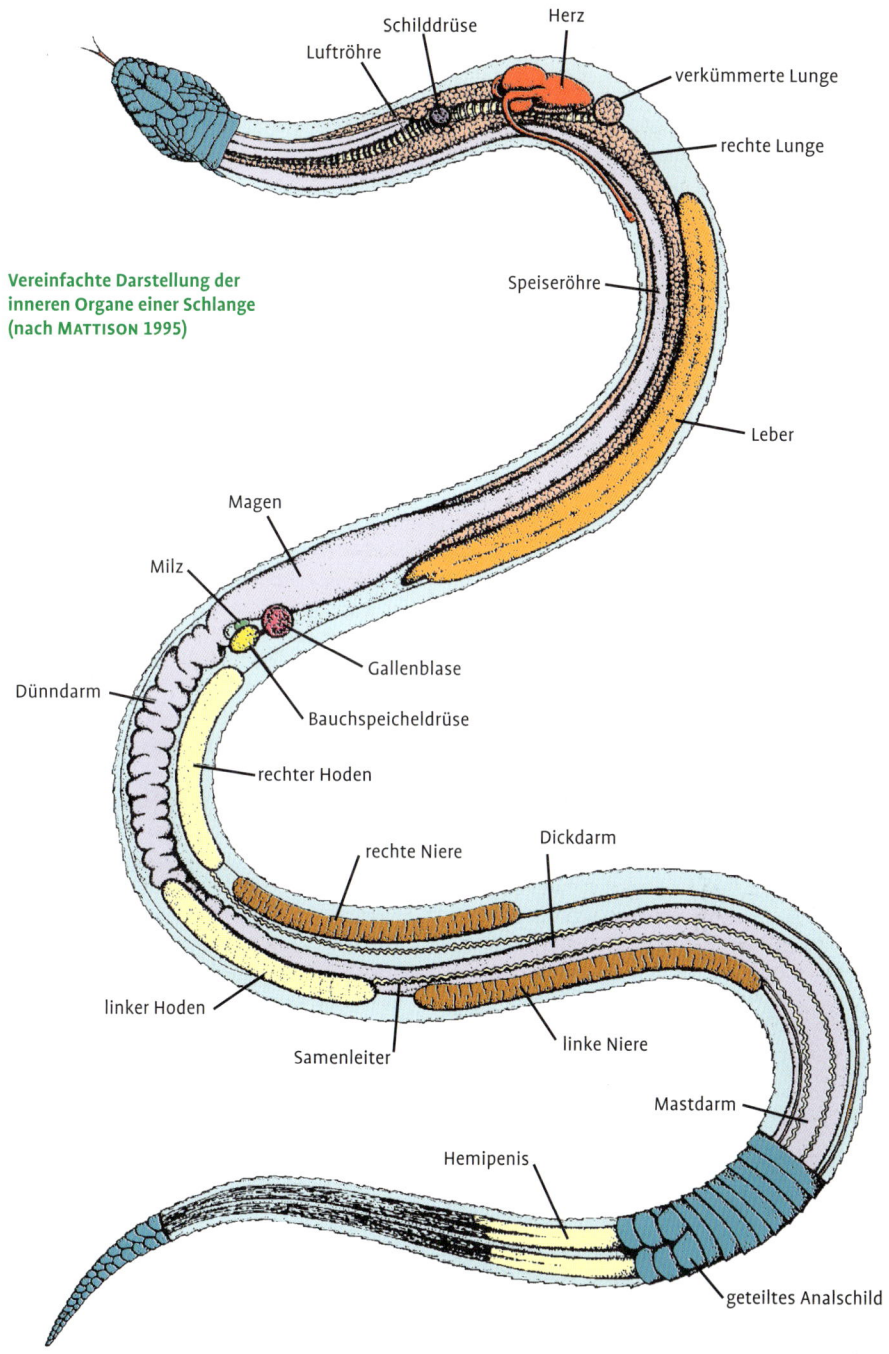

Vereinfachte Darstellung der inneren Organe einer Schlange (nach MATTISON 1995)

Luftröhre

Schilddrüse

Herz

verkümmerte Lunge

rechte Lunge

Speiseröhre

Leber

Magen

Milz

Gallenblase

Bauchspeicheldrüse

Dünndarm

rechter Hoden

rechte Niere

Dickdarm

linker Hoden

Samenleiter

linke Niere

Mastdarm

Hemipenis

geteiltes Analschild

Herz und Blutkreislauf der Schlangen unterscheiden sich nur wenig von denen anderer Reptilien. Ihr längliches, ungleichmäßig geformtes und einkammriges Herz – nur Panzerechsen besitzen zwei Herzkammern – liegt aber im Vergleich mit den Echsen im Körper relativ weiter schwanzwärts. Je nach Temperatur schlägt das Herz bei den meisten Arten normalerweise zwanzig- bis siebzigmal in der Minute. Bei besonderen Körperaktivitäten und in Erregung kann die Herzfrequenz natürlich erheblich ansteigen.

Auch das Nervensystem ähnelt sich weitgehend bei allen Reptilien. Bei Schlangen haben sich jedoch zwei einzigartige Sinne entwickelt: die Wärmedetektion mancher Arten und den sogenannten Nasovomeralsinn, der auch bei vielen Echsen existiert. Davon gleich mehr. In vielen Situationen wird wohl das **Sehvermögen** der Schlangen zuerst angesprochen. Bei vorwiegend im Boden lebenden Arten wie den Blindschlangen sind die Augen jedoch stark verkümmert. Höherentwickelte Arten können gut sehen. Die Schärfenanpassung erfolgt in der Regel auf eine auch für andere Reptilien ungewöhnliche Weise: Durch Zusammenziehen der sogenannten Ziliarmuskeln in der Regenbogenhaut des Auges wird der Augeninnendruck verändert und dadurch die Augenlinse vor und zurück bewegt. Dieser ungewöhnliche Mechanismus wird daghingehend erklärt, daß einer Theorie zufolge die Schlangen von unterirdisch lebenden, weitgehend blinden Vorfahren abstammen könnten und deshalb funktionstüchtige Augen später neu erworben werden mußten. Bei manchen Arten jedoch, wie Nattern der Gattung Natrix, verformt sich – wie auch bei den Säugetieren – die Linse und verändert damit ihre Brennweite. Zumindest die tagaktiven Schlangenarten verfügen vermutlich über ein gutes Farbsehvermögen. So konnten in der Netzhaut von *Natrix*-Arten rot-, grün- und blauempfindliche Zapfenzellen gefunden werden. Dämmerungsaktive Arten verfügen gewöhnlich neben den farbempfindlichen Zapfenzellen auch über lichtempfindliche Stäbchenzellen, während bei ausgesprochen nachtaktiven Schlangen die Netzhaut in der Regel vorwiegend aus Stäbchenzellen besteht. Unterschiedliche Färbung der Augenlinsen und Pupillenformen ergänzen und komplizieren diese vereinfachten Erläuterungen.

Trotz seiner recht guten Entwicklung kann das Sehvermögen allein nicht ausreichend für die Wahrnehmung der Umwelt, insbesondere von Beutetieren sein. In zwei nicht näher verwandten Unterfamilien, den Pythons (Pythoninae) und den Grubenottern (Crotalinae) hat sich ein **Temperatursinn** herausgebildet, der beispielsweise die von einem warmblütigen Beutetier ausgehende Wärmestrahlung wahrnehmen kann. Die höchste Vollendung haben die Infrarotsinnesorgane bei den Grubenottern erlangt, die sogar ihren Namen danach erhielten – einem Paar tiefer Höhlen, die Lorealgruben, die sich vorn am Kopf schräg unterhalb der Augen befinden und in einer Einbuchtung des Oberkieferknochens liegen. Bei den Pythons tragen die Lippenschilder kleine Grübchen – beim Netzpython, *Python reticulatus*, sind es dreizehn an jeder Kopfseite. Die Öffnungen dieser Gruben sind an der Schnauzenspitze mehr nach vorn ausgerichtet als die der weiter hinten folgenden Gruben. Bei verschiedenen Boas, darunter *Boa constrictor*, ist dieser spezielle Temperatursinn auf einige infrarotempfindliche Kopfschilder beschränkt.

Die hohe Empfindlichkeit des Grubenorgans bei Grubenottern für Infrarotstrahlung ist auf seine bemerkenswerte Struktur zurückzuführen. Die Grube hat einen Durchmesser von einem bis fünf Millimeter und wird durch ein feines, kaum 15 µm dickes Häutchen in eine äußere und eine innere luftgefüllte Kammer geteilt. Dicht unter seiner Oberfläche verzweigen sich über 7000 Nervenendigungen, die ihre zugehörigen Nervenfasern erregen können. Da die wärmeempfindliche Membran über einem wärmedämmenden Luftpolster liegt, kann sie keine Wärme an darunterliegendes Gewebe verlieren. Sie ist damit äußerst sensibel. Es reicht eine Temperaturveränderung von 0,003 K, um einen ausreichenden Reiz an das Gehirn weiterzugeben.

Die grubenförmigen Wärmesinnesorgane in den Lippenschildern eines Grünen Hundskopfschlingers (Corallus caninus) sind deutlich zu erkennen.

Das paarige Wärmesinnesorgan zwischen Augen und Nasenlöchern gab den Grubenottern ihren Namen; hier eine Zwergklapperschlange *(Sistrurus miliarius).*

auf der Membran gibt einen hinreichenden Anhaltspunkt für die Position der Wärmequelle. Die unterschiedlichen und sich überlappenden „Blickrichtungen" der Lippengruben der Pythons liefern in ihrer Gesamtheit ebenfalls genügend Informationen, um die Wärmequelle, also ein wärmeres Beutetier, zu orten. Natürlich gehört bei beiden Schlangengruppen eine höchst komplizierte Verschaltung der Nerven bis hin zur Registrierung in bestimmten Gehirnabschnitten dazu, um die Richtung der Wärmequelle festzustellen und außerdem mit den über das Auge erlangten optischen Signalen zur Deckung in einer einheitlichen Licht-Wärme-Abbildung zu bringen. Ein warmes und bewegtes Objekt liefert so die effektivsten Reize. Man weiß allerdings ebenso wenig, ob die Schlangen ihre Infrarotorgane auch bei Helligkeit zum Beutefang nutzen, ob sie damit auch Feinde erkennen oder aber einen zusagenden Ruheplatz finden können. (NEWMAN et al. 1982)

Grundlage einer Geruchswahrnehmung ist das Riechepithel, mit dem auch bei Schlangen ein großer Teil der Nasenhöhlen ausgekleidet ist. Sie sind imstande, flüchtige Stoffe in der Luft wahrzunehmen, und sie nutzen ihren Geruchssinn beim Kontakt mit ihrer Umwelt entsprechend gut. Darüber hinaus haben viele Tiere ein zusätzliches Geruchsorgan, das Schlangen jedoch höchst perfektioniert haben: das Jacobsonsche Organ. Als Abkömmling der Nasenhöhle ist es mit Riechepithel ausgekleidet, befindet sich in einer rundlichen Tasche im Gaumen und steht über zwei Ausführungsgänge mit der Maulhöhle in Verbindung. Mit ihrer zweizipfligen Zunge, die eine Schlange bei der Erkundung des Umfeldes unterschiedlich schnell und weit hervorstreckt und wieder zurückzieht, werden vom bezüngelten Substrat nichtflüchtige Partikel aufgenommen und dem Jacobsonschen Organ zugeführt. Die entsprechenden Reize können dann im Gehirn ausgewertet werden. Auf diese Weise kann beispielsweise eine Viper das durch einen schnellen Giftbiss tödlich verletzte Beutetier wieder finden, nachdem dieses noch eine größere Strecke bis zum Verlust der Mobilität zurücklegen konnte. Dieser nasovomerale Sinn erleichtert auch die Kontaktaufnahme zu Individuen derselben Art, vor allem bei der Fortpflanzung, wobei Sexuallockstoffe (Pheromone) Partnerfindung und Partnerstimulation unterstützen.

Die Pythons besitzen ähnlich weit verzweigte Wärme empfindliche Nervenendigungen in ihren Lippengruben, die jedoch im Epithel des Grubengrundes in weniger als 30 µm Tiefe liegen. Eine mit Luft gepolsterte Membran fehlt. Die Temperaturempfindlichkeit ist deshalb bei den Riesenschlangen etwas geringer als bei den Grubenottern. Sie können Temperaturdifferenzen von „nur" 0,026 K wahrnehmen. Auch ein Vogel oder ein Säugetier sind natürlich in der Lage, Wärme zu fühlen, nur liegen ihre Thermorezeptoren wesentlich tiefer. Die auftreffende Strahlungsmenge muss erst die gesamte darüber liegende Hautschicht erwärmen und kommt nicht fast ausschließlich mit den Rezeptoren in Kontakt.

Bau und Ausrichtung der Grubenorgane sowohl bei den Grubenottern als auch bei den Pythons ermöglicht den Tieren sogar ein gerichtetes „Wärmesehen". Da die äußere Öffnung einer Wärmegrube im Durchmesser nur halb so groß ist wie die mit Nervenendigungen versorgte Membran, wirkt die Grube wie eine Lochkamera. Die Lage des bestrahlten Flecks

Während Sehvermögen, Temperatursinn, Geruchssinn und nasovomeraler Sinn zusammenwirken, ist das **Gehör** bei Schlangen recht schwach entwickelt.

Wie schon erwähnt, besitzen sie weder Außen- noch Mittelohr. Das Innenohr ist relativ einheitlich. Die halbkreisförmigen Bogengänge mit ihren Sinneszellen garantieren die Wahrnehmung des Gleichgewichts. Obwohl manche Schlangen Schallwellen niederer Frequenzen wahrnehmen, scheinen sie vornehmlich die Schallwellen zu erfassen, die über den Untergrund bei direkter Berührung mit dem Kopf übertragen werden. Baumschlangen können vielleicht die auf ihre relativ weiche Haut auftreffenden Schallwellen direkt registrieren. Sicher ist das nicht. Auf alle Fälle spielt das Gehör der Schlangen unter allen Sinnesorganen die geringste Rolle. Und eine Kobra, die sich im Takt der Flötenklänge eines Schlangenbeschwörers wiegt, folgt lediglich den Bewegungen seiner Flöte – nach der Musik „tanzt" sie sicher nicht.

Mit der Umwelt in unmittelbarem Kontakt steht die Haut eines Lebewesens. Sie dient dem Schutz vor Umwelteinflüssen aber auch der Aufnahme von Reizen mit Hilfe ihrer Sinneszellen, der Thermoregulation und bei vielen Tieren auch dem Wasser- und Salzhaushalt, der Ausscheidung sowie der Atmung. Die **Haut** einer Schlange ist keineswegs feucht und glitschig, wie Laien das häufig vermuten. Sie ist trocken und glatt. Sie besitzt weder Schweiß- noch Schleim- oder Fettdrüsen. Die Zugehörigkeit der Schlangen zu den Schuppenkriechtieren weist schon darauf hin: Ihre Körperoberfläche ist mit charakteristischen Hautbildungen bedeckt, die durch Veränderungen der äußeren Gewebeschichten entstanden sind – mit Schuppen. Die Reptilienhaut besteht aus mehreren Schichten: der mehrschichtigen Oberhaut

Die bevorstehende Häutung ist an der mehrere Tage anhaltenden Eintrübung der Augen, wie bei dieser Hakennasennatter *(Heterodon)*, zu erkennen.

(Epidermis), der Lederhaut (Corium) mit eingelagerten Fasern, Muskeln, Blutgefäßen, Sinneskörpern, Nerven sowie Farbzellen und schließlich der Unterhaut (Subcutis), die über Binde- und Fettgewebe die Verbindung zu der darunter liegenden Körpermuskulatur hält. Die am tiefsten liegende Schicht der Oberhaut bildet ständig neue Zellen, die nach oben geschoben werden. Durch Einlagerung eines hochpolymeren Eiweißes, das Keratin (Hornstoff), bildet sich auf der Oberseite der Haut eine auch als Verdunstungsschutz fungierende Hornschicht (Stratum corneum). Die Verhornung der Oberhaut ist bei Reptilien besonders stark. Die Haut der Schuppenkriechtiere bildet dabei die charakteristischen Schuppen aus, indem sich starke Hornschichten dachziegelförmig über minder verhornte Partien schieben. Auf der Kopfoberseite der Schlangen stoßen die Schuppen an den Rändern aneinander und sind bei vielen Taxa auch vergrößert. Man spricht dann von Schildern.

Die Anordnung der Schuppen ist bei den Schlangen, aber auch bei Echsen, Schildkröten oder Panzerechsen, innerhalb gewisser Variationsbreiten so typisch, dass sie für die systematische Einordnung sowie die Bestimmung der Art recht einfach herangezogen werden kann. Von systematischer Bedeutung sind bei den Schlangen gleichzeitig Form, Anzahl und Anordnung der aller Kopfschilder, der Rückenschuppen (Dorsalia) wie auch der meist deutlich von ihnen zu unterscheidenden Bauchschuppen und -schienen (Ventralia) sowie der Schwanzschuppen (Caudalia). Der Herpetologe nennt diese Beschuppungsverhältnisse Pholidosis.

Schlangenschuppen können glatt, körnig oder gekielt sein. Eine Verknöcherung der Haut wie bei vielen anderen Reptilien weisen Schlangen nicht auf. Als eine der interessantesten Sonderbildungen der Schlangenhaut sei die Klapper am Schwanzende fast aller Klapperschlangen (Gattungen *Crotalus* und *Sistrurus*) hervorgehoben. Bei jeder Häutung – dem periodischen Abstreifen der alten, abgestorbenen Oberhaut, auf das wir noch eingehen werden – verbleibt ein dreilappiger Hornring an der Schwanzspitze. Derartige Hornringe sind schließlich zu mehreren ineinander geschachtelt. Bei schnellen Schwanzbewegungen – je nach Temperatur und Erregungszustand mit unterschiedlicher Frequenz – verursachen dann die Klapperschlangen ein Rasseln, das für andere Tiere und natürlich den Menschen eine abschreckende Wirkung besitzt. Da die End-

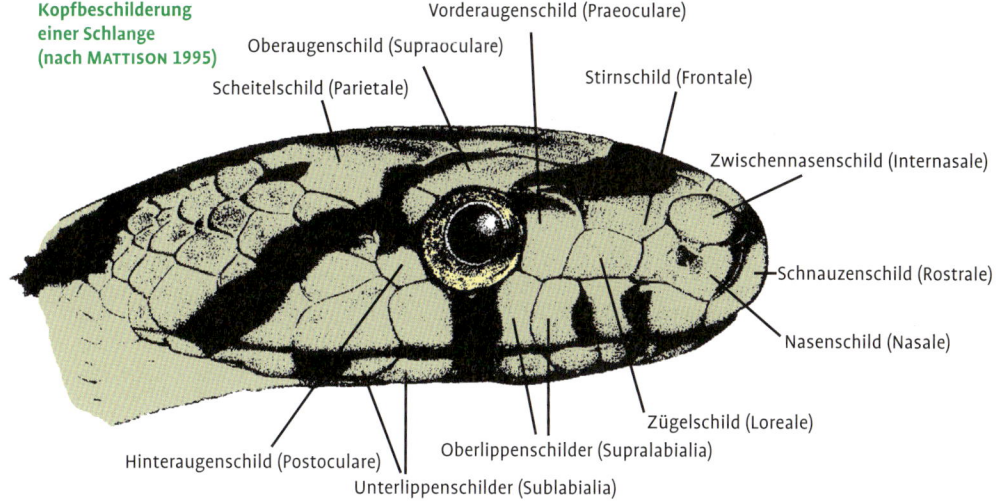

Kopfbeschilderung einer Schlange (nach MATTISON 1995)

Scheitelschild (Parietale)

Oberaugenschild (Supraoculare)

Vorderaugenschild (Praeoculare)

Stirnschild (Frontale)

Zwischennasenschild (Internasale)

Schnauzenschild (Rostrale)

Nasenschild (Nasale)

Zügelschild (Loreale)

Oberlippenschilder (Supralabialia)

Unterlippenschilder (Sublabialia)

Hinteraugenschild (Postoculare)

stücke der Klapper immer wieder ab-brechen, erreichen die Klappern kaum mehr als zehn Glieder. Glaubwürdige Angaben aus der Terrarienhaltung sprechen von einem Rekord von 16 Gliedern bei einer Seitenwinderklapperschlange (*Crotalus cerastes*). Bei Wildtieren dürften schon weit früher Glieder verloren gehen. Präparate weit längerer Schwanzklappern sind Fälschungen. Bei angeblichen Belegexemplaren wurden die Klappern mehrerer Tiere zusammengesteckt. Ob eine Klapper noch vollständig ist, ist an der unverkennbaren Ausformung des Endgliedes zu erkennen. (KLAUBER 1982)

Interessante Hautbildungen an der Schnauzenspitze weisen die madagassischen Blattnasennattern (*Langaha*) auf. Ihre Männchen besitzen biegsame spitze, die Weibchen dagegen hochkant stehende blattförmige Schnauzenfortsätze. Die Funktion dieser geschlechtsspezifischen Bildungen ist unklar. Ein anderes Beispiel für den ansonsten bei Schlangen seltenen Sexualdimorphismus spezieller Hautbildungen sind die verhornten Aftersporne, die die Reste der Extremitäten bei urtümlichen Schlangen bedecken und die insbeson-

Lose ineinander verschachtelte Hornringe bilden die für Klapperschlangen typische Schwanzklapper – hier bei einer Waldklapperschlange *(Crotalus horridus)*.

Durch Reiben an rauen Gegenständen wird das Abstreifen der Haut erleichtert.

dia und *Thamnophis*, zeigen adulte Männchen – hier allerdings in der Kloakenregion – deutliche Schuppenkiele oder gar knotige Veränderungen. Andere Wasser liebende Natternmännchen tragen wiederum auf den Schildern der Kopfunterseite Knötchen, die mit der Geschlechtsreife erscheinen und deren Funktion unbekannt ist.

Zur Geschlechtsdiagnose einfach zu nutzen sind geschlechtsgebundene Färbungen, die allerdings nur bei wenigen Schlangenarten vorkommen. So herrschen bei männlichen Hornotter (*Vipera ammodytes*) graue, weniger häufig auch hellbraune bis gelbliche Farbtöne vor, und die Zeichnungsmuster heben sich deutlich ab. Hornotterweibchen zeigen dagegen braune bis rote Grundfärbungen und mattere Zeichnungen. Männliche Kreuzottern (*Vipera berus*) sind vorwiegend grau in verschiedenen Abstufungen, die Weibchen haben überwiegend gelbliche bis rote und braune Grundfärbungen, doch gibt es auch graue Weibchen sowie schwarze Exemplare bei beiden Geschlechtern. Die Rückenzeichnung männlicher Kreuzottern ist ebenfalls kontrastreicher als die der Weibchen. Umgekehrt ist die geschlechtsspezifische Färbung der Glattnattern (*Coronella austriaca*). Deren Männchen sind meist braun oder rotbraun, die Weibchen dagegen mehr grau oder braunschwarz; die Bauchseiten sind bräunlich bzw. schwarz. Die hintere Schwanzhälfte weiblicher Avicennavipern (*Cerastes vipera*) aus der Sahara ist schwarz, die der Männchen im Gegensatz dazu nicht.

dere bei Männchen stärker ausgebildet sind. Weitere geschlechtsspezifische Unterschiede der Haut sind spezielle Ausformungen bestimmter Schuppenpartien. So sind bei vielen geschlechtsreifen Männchen der Indigonatter (*Drymarchon corais couperi*), einer glattschuppigen Natter Amerikas, schwach gekielte Rückenschuppen vorhanden. Diese gekielten Schuppen können bei älteren Männchen bis zu fünf Schuppenreihen auf der Rückenmitte ausfüllen, beginnen gewöhnlich ein Viertel bis ein Drittel der Körperlänge hinter dem Kopf und werden schwanzwärts allmählich schwächer. Solche nur bei Männchen auftretenden gekielten Schuppen wurden auch bei anderen glattschuppigen Natternarten beobachtet, so bei den Sipos (*Chironius carinatus*), dämmerungs- und nachtaktiven Baumschlangen des tropischen Amerika. Und selbst bei Arten mit gekielten Schuppen, wie *Nero-*

Diese frisch gehäutete Graugebänderte Königsnatter (*Lampropeltis alterna*) zeigt wieder ihre prächtige Färbung.

Die für den Betrachter augenfälligsten Bestandteile der Lederhaut eines Reptils sind die Farb- oder Pigmentzellen (Chromatophoren). Sie bestimmen durch ihre unterschiedliche Verteilung Färbung und Zeichnung der Schlangen. Farbzellen befinden sich allerdings nicht nur in der Haut. Auch in der Regenbogenhaut des Auges und in verschiedenen inneren Organen sind sie anzutreffen. Schlangen besitzen, wie übrigens alle Reptilien und Amphibien, nur braunschwarze, gelbe und rote Pigmente in den

Ungewöhnliche Zeichnungen – wie bei diesem ungestreiften Exemplar einer Strumpfbandnatter *(Thamnophis s. sirtalis)* – beeinträchtigen die Lebenserwartung solcher Tiere nicht.

Chromatophoren. Dazu kommen die so genannten Guanophoren, bei denen die an sich farblose Kristalle von Guanin und ähnlichen Verbindungen spezielle Streuungen und Reflexionen des Lichtes hervorrufen. Überlagerungen von Chromatophoren mit Guanophoren können auch grüne und blaue Farbtöne entstehen lassen. Die unterschiedliche Verteilung der Farbzellen führt zu den allerdings mit großer Variationsbreite genetisch festgelegten Farb- und Zeichnungsmustern.

Häufigster Typ der Chromatophoren sind die den schwarzbraunen Farbstoff Melanin enthaltenden Melanophoren. Mit ihren verzweigten Zellfortsät-

Albinos haben in der Natur kaum Überlebenschancen, *Thamnophis marcianus.*

zen können diese Farbzellen Form und Lage in der Haut verändern und damit auch einen Farbwechsel verursachen. Rote und gelbliche Lipidfarbstoffe, die übrigens alkohollöslich sind, enthalten die Lipophoren, während die roten Farbstoffe der Allophoren sich nicht in Alkohol lösen lassen. Zu einem kurzfristigen Farbwechsel sind Schlangen im Gegensatz zu manchen Echsen kaum fähig. Doch kommt er vor. So habe ich nachts bei meinen adulten Regenbogenboas der sonst einfarbig braunen Unterart *Epicrates cenchria crassus* immer wieder eine deutliche Aufhellung und einer der Jugendfärbung entsprechende Fleckenzeichnung beobachten können.

Durch sporadisch auftretende Schädigungen des genetischen Codes der Keimzellen können bei ansonsten normalen Schlangen Färbungs- und Zeichnungsmutationen auftreten, die die Grundlage für eine züchterische Bearbeitung der Terrarientiere bieten. Fehlen braunschwarze Farbtöne spricht man von amelanistischen, fehlen rote Farbtöne von anerythristischen Tieren. Fehlen alle Pigmentzellen sind die Tiere rötlich durchscheinend weiß und echte Albinos. Bei weißen Exemplaren mit gefärbten Augen oder partiell weißen und ansonsten gefärbten Individuen spricht man von Leuzismus. In der Natur sind die auffälligen Farbmutationen durch Fressfeinde besonders gefährdet; der Schlangenzüchter nutzt dagegen diese Aberrationen zur Schaffung von Zuchtformen.

Bei der Kalifornischen Kettennatter *(Lampropeltis getula californiae)* **können gerin-gelte und gestreifte Tiere in derselben Population vorkommen.**

Die zwischen den Schuppen einer Schlange befindlichen Zwischenhäute sind äußerst dehnungsfähig. So lässt sich die Haut beim Verschlingen einer großen Beute erheblich weiten. Trotzdem wird die verhornte äußerste Hautschicht bei der ihr ganzes Leben über wachsenden Schlange eines Tages zu eng. So kommt es, dass sie bei den Schlangen periodisch – in der Regel im Ganzen – abgestreift wird. Den Beginn der **Häutung** erkennt man am allmählichen Verblassen der Färbung und schließlich Eintrübung der Augen, wenn sich die oberste Hornschicht löst und trübe Lymphflüssigkeit in die Zwischenräume eintritt. Wenige Tage vor der eigentlichen Häutung klaren die trüben Augen wieder auf, und durch reibende Kopfbewegungen und Dehnung der Kiefer versucht das Tier, die alte Haut an der Maulspalte aufzureißen. Ist das gelungen, wird binnen weniger Minuten die aufgeplatzte Hornschicht der Oberhaut am Kopf – einschließlich der Augenbrillen – zurückgestreift und die Schlange kriecht unter Ausnutzung von rauen Gegenständen ihrer Umgebung aus der Haut heraus. Die zurückbleibende papierdünne, weitgehend farblose Hülle ist dann völlig umgestülpt. Sie wird Natternhemd (Exuvie) genannt und kann aufgrund der sich abzeichnenden Beschuppungsverhältnisse zur Artbestimmung herangezogen werden. Der gesamte Häutungsvorgang wird zwar hormonell vom Körper gesteuert – Umweltfaktoren wie Nahrungsangebot, Temperatur und Feuchtigkeit sowie der Gesundheitszustand des Tieres können aber Häufigkeit und Vollständigkeit der Häutung wesentlich beeinflussen. Junge, intensiv wachsende Schlangen häuten sich unter guten Bedingungen aller vier bis sechs Wochen, Alttiere oft nur ein- bis zweimal im Jahr. Der Verzehr der Exuvie, wie das von etlichen anderen Reptilien bekannt ist, wurde zwar schon in Einzelfällen bei Schlangen beobachtet. Diese Keratophagie ist indes selbst bei Echsen und Schlangen fressenden Arten die Ausnahme.

Farbmutationen, so dieser Teilalbinismus einer indonesischen Speikobra *(Naja sputatrix)* **müssen nicht erblich sein.**

Die Mehrzahl der Schlangen besitzt massive, aglyphe Zähne, die keine Funktion zur Giftübertragung besitzen. Der Grüne Hundskopfschlinger *(Corallus caninus)* **verfügt außerdem über beachtliche Fangzähne.**

Darmähnliche Struktur mit zahlreichen Schleimdrüsen weist der erste Abschnitt der Kloake, das Coprodaeum, auf. Hier wird der eigentliche Kot ausgebildet. Im durch Hautfalten abgegrenzten Urodaeum münden Harnleiter und auch die Genitalgänge. Hier werden Harn und Kot miteinander vermischt. Der dritte und letzte Abschnitt der Kloake (Proktodaeum) – ebenfalls reich an Schleimdrüsen – mündet schließlich über die quer gestellte Kloakenspalte nach außen. In die Kloake münden auch jene Duftdrüsen, die Sexuallockstoffe (Pheromone) absondern. Bei den meisten Schlangenarten liegen die paarigen Nieren relativ weit vorn und hintereinander in der Körperhöhle – die rechte immer vor der linken. Sie münden in Harnsammelrohre, denn bekanntlich fehlt den Schlangen eine Harnblase. Durch Wasserentzug entsteht ein gelblichweißer Harn, der reich an Harnsäure ist und der in der mittleren Kloakenkammer sich mit dem Kot vermischt. Der weiße Anteil im Schlangenkot besteht also aus Harnsäureverbindungen.

Eine für Schlangen typische Besonderheit im Tierreich, die im Grunde genommen vorrangig mit Beuteerwerb und -verwertung zusammenhängt, sind neben der besonderen Kinetik der Schädelknochen die unterschiedlichen Gebisskonstruktionen. Schlangen weisen vier verschiedene **Zahntypen** auf, die auch bei der systematischen Stellung der Arten Berücksichtigung finden. Die ungiftigen Arten – und das ist die Mehrzahl – verfügen ausschließlich über glatte, massive und gleichförmige Zähne (aglyphe Zähne), die nicht zur Giftübertragung dienen. Zu ihnen gehören die Blindschlangen (Typhlopoidea), die Rollschlangen (Aniloidea), die Riesenschlangen (Boidae) sowie die ungiftigen Nattern der Familie Colubridae. Hinterständige gefurchte Giftzähne (opisthoglyphe Zähne) besitzen die Trugnattern, die Wassertrugnattern, einzelne Wassernattern sowie einige andere Gattungen. Diese gegenüber den übrigen aglyphen Zähnen dieser Schlangen stark vergrößerten Zähne befinden sich im hinteren Teil des Oberkiefers. Sie stehen mit Giftdrüsen in Verbindung. Ihre Gift ableitende Furche ist nach hinten gerichtet. Zwei vorn im Oberkie-

Wie alle Fleischfresser haben Schlangen einen insgesamt kurzen **Verdauungstrakt**. Einem kurzen Rachenraum schließen sich die Speiseröhre und der lang gestreckte und besonders dehnungsfähige Magen an. Schleimdrüsen in der Wandung der Speiseröhre erleichtern das Hinabwürgen auch völlig trockener Beute. Hocheffektive Enzyme sorgen im Magen für einen wichtigen Teil der Verdauung. Die Länge des Darmes macht bei einer Blindschlange *(Typhlops)* lediglich 28 % ihrer Körperlänge, bei einem Python 175 % aus. Bei einem reinen Pflanzenfresser wie dem Rind beträgt die Darmlänge immerhin das Zwanzigfache der Körperlänge. Die gleichfalls lang gestreckte Leber, die größte Drüse überhaupt, leitet über den Gallengang Gallenflüssigkeit in die Gallenblase, von wo sie bei Bedarf in den Darm abgegeben wird. Die überaus intensive Gallenproduktion der Schlangen trägt zur raschen Zersetzung des Nahrungsbrockens bei. Die Verdauungsprodukte sammeln sich schließlich im Mastdarm, der in die dreikammrige Kloake mündet.

Mit gefurchten, opisthoglyphen Giftzähnen im hinteren Teil des Oberkiefers ist eine ganze Anzahl von Schlangen ausgestattet – hier eine Boomslang (Dispholidus typus) **aus Afrika.**

werden diese Abschnitte dann als Duvernoysche Drüsen (Glandulae suspecta) bezeichnet. Die spezialisiertesten Giftdrüsen (Glandulae venata) besitzen die echten Giftschlangen, wobei die Drüsen oft sehr groß sind und sich bis in den Halsbereich oder gar in die Leibeshöhle erstrecken können. Die Giftabgabe kann durch Muskeln und die Schleimdrüsen der zu den Giftzähnen führenden Gänge gesteuert werden. (OBST et al. 1984)

fer feststehende, vergrößerte Zähne mit einer fast geschlossenen Längsfurche (proteroglyphe Zähne), die ebenfalls mit Giftdrüsen kontaktieren, besitzen die Giftnattern (Elapidae). Zwei häufig sehr lange, gebogene und ausklappbare Zähne im Vorderkiefer mit einer Gift ableitenden Röhre (solenoglyphe Zähne) weisen alle Vipern (Viperidae) sowie die Erdotter (Atractaspididae) auf. Bricht den giftigen Schlangen ein Giftzahn ab, tritt der nächste hinter ihm in Reserve stehende Ersatzzahn an seine Stelle und kann in kurzer Zeit vollwertig funktionieren.

Der Einsatz recht potenter **Gifte** zum Beuteerwerb wie auch zur Verteidigung ist unter den Reptilien fast ausschließlich auf die Schlangen begrenzt. Lediglich die Krustenechsen (Helodermatidae) mit zwei rezenten Arten besitzen am Hinterrand des Unterkiefers Giftdrüsen, aus denen durch eine Rinne zwischen Kiefer und Lippen das beim Biss abgesonderte hochwirksame Gift zu den Zähnen gelangt und in die Bisswunde eindringen kann. Die Giftdrüsen der Reptilien sind modifizierte Speicheldrüsen – bei den Schlangen aus den Oberlippendrüsen hervorgegangen. Diese Drüsen produzieren sowohl Schleimstoffe wie auch verschiedene Eiweißstoffe. Sie sind bei einigen Nattern (Colubridae) in zwei Abschnitte unterteilt, von denen die hinteren die giftigen Stoffe produzieren. Als selbstständige Drüsen

Die **Sexualorgane** der Schlangen entsprechen im Prinzip denen aller Schuppenkriechtiere. Wie alle Reptilien sind Schlangen grundsätzlich getrennt geschlechtlich. Doch es gibt auch Ausnahmen: So kann sich beispielsweise die Blumentopfschlange (Ramphotyphlops braminus) durch Jungfernzeugung (Parthenogenese) eingeschlechtlich fortpflanzen. Auch beim Dunklen Tigerpython (Python molurus bivittatus) ist ein solcher Fall bekannt. Eine andere Ausnahme stellt die brasilianische Inselanzenotter (Bothrops insularis) dar. Durch einen genetischen Defekt kommen neben fruchtbaren Weibchen auch unfruchtbare „Weibchen" vor, die mehr oder minder gut ausgebildete männliche Geschlechtsorgane aufweisen. Wegen dieses gestörten Fortpflanzungsgeschehens wird die Art wohl in nicht zu ferner Zukunft zum Aussterben verurteilt sein.

Wie die meisten inneren Organe der Schlangen sind auch ihre Geschlechtsorgane asymmetrisch im Körper angeordnet: Der rechte Eierstock (Ovar) und der rechte Hoden (Testis) liegen weiter vorn. Bei einigen urtümlichen Arten ist der linke Eierstock einschließlich seines Eileiters sogar völlig zurückgebildet. Bei dem in den länglichen Eierstöcken ablaufenden Prozess der Eireifung (Oogenese) entwickeln sich die Eizellen (Oozyten) in speziellen Bläschen (Follikeln). Beim Eisprung (Ovulation) werden die Eizellen ausgestoßen und in einer trichterförmigen Erweiterung des Eileiters (Ovidukt) aufgefangen. Die Eileiter sind sehr dünnwandig und in der Lage, durch Kontraktionen die Eier in Richtung Kloake zu transportieren. Außerdem besitzen die Eileiter neben Schleim absondernden Drüsen bei den Eier legenden (oviparen) Arten auch Drüsen, die für die Bildung der Eischale verantwortlich sind. Bevor sich eine Eischale ausbildet, muss jedoch die Befruchtung der betreffenden Eizelle erfolgt sein. Bei den Ei lebend gebärenden (vivioviparen) Schlangen ist ein großer Teil des Eileiters dickwandig und muskulös und dient der Hälterung der sich entwickelnden Feten. Da mit Ausnahme weniger Arten keine Ernährung der Feten durch den mütterlichen Organismus erfolgt, ist es nicht korrekt, diesen Abschnitt des weiblichen Geschlechtsapparates als Uterus (Gebärmutter) zu bezeichnen. Seine Bezeichnung als „Eihälter" ist richtiger.

Der Prozess der Spermienbildung (Spermiogenese) läuft in den Hodenkanälchen (Tubuli seminiferi) ab, die auch für den Weitertransport der Spermien sorgen. Bis zur Ejakulation werden die Spermien in den längs der Hoden gelegenen Nebenhoden (Epididymis), teilweise auch im Samenleiter (Ductus deferens) gelagert.

Außer für die Produktion von Spermien und Eizellen sind die Keimdrüsen auch für die Absonderung hochwirksamer Geschlechtshormone verantwortlich. Diese Hormone sind maßgeblich an der Geschlechtsdifferenzierung der Embryonen, an der Ausbildung der sekundären Geschlechtsmerkmale sowie an der Reifung von Eizellen und Spermien beteiligt. Unter ihrer Kontrolle stehen zyklische Veränderungen an den Geschlechtsorganen, die Erhaltung der Trächtigkeit und die Auslösung von Eiablage oder Geburt. Sie steuern das gesamte Fortpflanzungsverhalten der Tiere.

Präparat des zweilappigen Hemipenis einer Prärieklapperschlange (*Crotalus viridis*).

Wie alle Schuppenkriechtiere besitzt ein Schlangenmännchen ein paarig angelegtes Kopulationsorgan (Penis). Man spricht deshalb von den beiden Hemipenes, von denen bei der Paarung aber immer nur einer in die weibliche Kloake eingeführt wird. Im Ruhezustand sind beide Hemipenes als Blindsäcke im Schwanz zurückgezogen. Bei sexueller Erregung wird einer von ihnen ausgestülpt. Je nach Schlangenart kann ein Hemipenis einfach, zweilappig oder zweigeteilt sein. Er trägt auf seiner Oberfläche eine typische, teilweise sogar mit verknöcherten Häkchen oder mit Warzen besetzte Struktur und eine tiefe, bis zur Spitze des Hemipenis verlaufende, auch gegabelte Spermarinne (Sulcus spermaticus). Die Ausbildung der Hemipenes, die bei der Paarung auch abwechselnd eingesetzt werden, ist der weiblichen Kloake so angepasst, dass sich der Hemipenis fest verankert und eine gewaltsame Trennung der Geschlechtspartner zu Verletzungen führen kann. Die artspezifische Anpassung ist gleichzeitig ein Hindernis bei Paarungsversuchen von Schlangen verschiedener Arten. Nach dem Ausstoß der Spermien (Ejakulation) schwellen die Hemipenes durch Rückfließen des angestauten Blutes ab und werden durch Muskeln in den Schwanz zurückgezogen. Ein dem paarigen Penis analoges Organ besitzen die weiblichen Schuppenkriechtiere: paarige und gleichfalls auszustülpende Hemiclitores, die bei einer Geschlechtsdiagnose zu Irrtümern führen können.

Zur Lebensweise von Schlangen

Eng mit dem Körperbau eines Tieres sind seine Bewegungsmöglichkeiten verknüpft. So unwahrscheinlich es klingen mag, gerade das Fehlen von Gliedmaßen hat den Schlangen zu enormer Beweglichkeit und Anpassungsfähigkeit an jeden Untergrund verholfen. Verschiedene Bewegungsformen geben den Schlangen optimale Mobilität am Boden, auf Bäumen, aber auch im Sand oder Erdreich, im Wasser und – bedingt – sogar in der Luft. Dabei bietet der Widerstand des Mediums, mit dem sie in Körperkontakt stehen, die Grundvoraussetzung für die Fortbewegung. Auf einer ebenen und völlig glatten Fläche hat jede Schlange Schwierigkeiten mit dem Fortbewegen. Die Ausbildung des Skeletts – denken wir nur an die Vielzahl der gelenkig zueinander angeordneten Wirbel –, der Muskulatur sowie der Haut mit ihrer charakteristischen Beschuppung erlauben sehr unterschiedliche Fortbewegungsmöglichkeiten.

Die schlanken Sandrennnattern (*Psammophis*) können sich mit großer Geschwindigkeit schlängelnd fortbewegen.

Durch von vorn nach hinten aufeinander folgende horizontale Wellen von Muskelkontraktionen und Muskelerschlaffungen ist eine Schlange fähig, den ganzen Körper kontinuierlich über den Untergrund zu bewegen. Jede Körperstelle gleitet dabei über dieselbe Stelle des Bodens. Die Schlange „schlängelt" – ihre wohl häufigste Art der Fortbewegung. Je länger und dünner eine Schlange ist, umso mehr Windungen kann sie einnehmen, umso größer wird der Kontakt zum Untergrund und desto schneller kann sie sich fortbewegen. Doch dem sind Grenzen gesetzt. Maximale Mobilität erreichen die Arten, die etwa zehn- bis dreizehnmal so lang wie ihr Umfang sind. Da im unwegsamen Gelände Schlangen schnell einem Verfolger entfliehen können, wird ihre Geschwindigkeit häufig überschätzt. Zu den schnellsten Arten zählen sicher die Zornnattern (Coluber sensu lato [im weiteren Sinne]) und die Peitschennattern (*Masticophis*). Trotzdem werden normalerweise höchsten Geschwindigkeiten von 5 bis 7 km/h entwickelt. *Masticophis flagellum* aus den südöstlichen USA soll über kurze Distanz nahezu 24 km/h entwickeln können. Das erreichte Tempo ist natürlich von der Beschaffenheit des Untergrundes abhängig. Kleinste Unebenheiten dienen als Widerlager und ermöglichen einen höheren Schub, der den Körper voranbringt. Auf glatten Flächen, wie einer Felsplatte, wird der Schub durch seitliches Verrutschen mit Hilfe weitgreifender Wellenbewegungen vom Kopf aus schwanzwärts erzeugt. Das ist jedoch sehr kraftaufwendig und wenig wirkungsvoll. Durch abwechselndes Strecken und seitliches Biegen des Körpers kommt ein so genanntes Ziehharmonika-Kriechen zustande. Eine Schlange kann sich damit sogar in einer nicht allzu engen Röhre fortbewegen. Arten mit relativ kurzem Körper und geringer Anzahl zueinander allerdings sehr beweglicher Wirbel – wie die Vipern – beherrschen das Ziehharmonika-Kriechen optimal. Diese Fortbewegungsform wird aber beispielsweise auch von Kletternattern (*Elaphe* sensu lato) genutzt, wenn sie an einem rauen Baumstamm senkrecht empor klettern, geringste Unebenheiten zu Abstützen ihrer für diese Zwecke sogar kantig geformten Bauchschilder nutzend.

Große und massige Schlangen bedienen sich auf glattem Untergrund des Raupenkriechens. Dabei bleibt der Körper gestreckt. Durch wellenförmige Muskelbewegungen werden jeweils mehrere Bauchschuppen nach vorn bewegt und mit ihrem hinteren Rand auf die Unterlage gestemmt. Die an den Rippen ansetzende Muskulatur der Bauchwand zieht dann den Körper nach. Die Rippen bewegen sich dabei nicht. Die zu erreichenden Geschwindigkeiten sind zwar relativ gering (100 m/h), doch diese Fortbewegungsart ist wenig energieaufwendig. Junge, leichte Schlangen sind mit dem Raupenkriechen sogar in der Lage, insbesondere wenn ihr Körper feucht ist und damit eine höhere Adhäsion zum Untergrund bietet, senkrechte Glasscheiben empor zu kriechen.

Einige Arten, die mitunter gezwungen sind, größere Sandflächen zu überqueren, haben eine besondere und wirkungsvolle Fortbewegungsform entwickelt: das Seitenwinden. Die Schlange bewegt sich schräg zur Bewegungsrichtung vorwärts, indem sie nur an zwei oder drei Punkten den Untergrund berührt und die einzelnen Körperabschnitte nacheinander seitlich abgerollt werden. Typische Seitenwinder sind die Seitenwinderklapperschlange (*Crotalus cerastes*), die afrikanische Hornviper (*Cerastes cerastes*) oder

Das Seitenwinden ist eine spezielle Fortbewegungsform vor allem der Schlangen, die auf losem Sand leben – wie hier eine Zwergpuffotter (*Bitis peringueyi*).

die Zwergpuffotter (*Bitis peringueyi*), eine kleine, extrem an die Sandflächen der Kalahari angepasste Art. Aber auch andere Schlangen, selbst unsere einheimische Ringelnatter (*Natrix natrix*), bewegen sich mitunter auf ebenen Flächen seitenwindend, nehmen aber, sobald es der Untergrund erlaubt, wieder ihre schlängelnde Fortbewegung auf.

Diese Bambusotter (*Tropidolaemus*) zeigt, wie manche kletternden Baumschlangen ihren Schwanz als Greiforgan nutzen.

Schlangen, die in ihrem Lebensraum zum häufigen Klettern gezwungen sind, haben spezielle Formen der Fortbewegung vervollkommnet. Schlankwüchsige Baumschlangen, wie die Baumschnüffler (*Ahaetulla*) aus den südostasiatischen Regenwäldern, bewegen sich mit hoher Geschwindigkeit schlängelnd durch das Gezweig und überspannen dabei frei mit ihrem Körper größere Zwischenräume. Schwergewichtige Baumbewohner, wie Boas oder Lanzenottern (*Trimeresurus*), bedienen sich ihres kräftigen Greifschwanzes als Kletterhilfe.

Zur Abwehr von potentiellen Feinden kann die Springlanzenotter (*Atropoides nummifer*) sogar in die Höhe schnellen.

Durch Vorschnellen ihres gedrungenen Körpers sind einige Arten, wie die Springlanzenotter (*Atropoides nummifer*), die „Jumping Viper", in der Lage, sich mit dem Schwanz abzustoßen und bis zu einem Meter weit vorzuschleudern. Bei süd- und südostasiatischen Baumnattern der Gattungen *Chrysopelea* und *Dendrelaphis* wurde beobachtet, dass sie beim Herabfallen oder Herabspringen aus dem Gezweig ihren Körper strecken, die Rippen spreizen und den Bauch etwas einziehen. Wie MERTENS (1970) darlegte, kann unter diesen Arten aber lediglich die Paradiesschmuckbaumnatter (*Chrysopelea paradisi*) ihren Körper durch Muskelkontraktion und Spreizen der Rippen stark abplatten, wobei sich der durch seitliche Bauchkiele scharf abgegrenzte mittlere Bauchbereich rinnenförmig vertieft. Die eingezogene Bauchseite hat eine den Fall verlangsamende Wirkung und erlaubt einen gewissen „Gleitflug", mit der sie Distanzen von immerhin mehr als zehn Metern überbrücken kann.

Die spitz zulaufende Schnauze weist die Schnabelnasennatter (*Rhamphiophis oxyrhynchus*) als Bodenwühler aus.

Wenn man die Theorie akzeptiert, dass sich die Vielzahl der Schlangenarten aus wühlenden Formen entwickelt haben soll, ist es nicht verwunderlich, dass urtümliche Familien, wie die Vertreter der Blindschlangen (Scolecophidia), perfekte Wühlschlangen sind, die mit ihrem kompakten, zylindrischen Kopf mit zurückgebildeten Augen ohne Verjüngung im Halsbereich, einem muskulösen Körper und einem kurzen Schwanz mit stachelförmiger Endschuppe hervorragend im Boden graben können. Aber auch bei höher entwickelten Formen – nicht nur bei Sandboas (*Eryx*, *Gongylophis*) oder Spitzkopfpythons (*Loxocemus*), sondern auch unter den Nattern (Colubridae) oder bei den Erdottern (Atractaspididae) – finden sich Gattungen, die mit ihrer

Plattschwanzseeschlangen (*Laticauda*) verlassen nur gelegentlich ihren Lebensraum Meer und halten sich am Strand auf.

Gestalt, einem schaufelförmigen Kopf und speziellen Schuppenbildungen ihre grabende Lebensweise veranschaulichen.

Eine spezielle Form der schlängelnden Fortbewegung entwickeln Schlangen beim Schwimmen. Alle Schlangen können schwimmen. Amphibisch lebende Arten – beispielsweise Wassernattern (Natricinae) – schwimmen auf der Flucht oder bei der Jagd nach Fischen und Lurchen überwiegend nahe der Wasseroberfläche. Sie spreizen die Rippen und flachen damit ihren Körper dorsoventral ab. Hochspezialisierte Wassertrugnattern und insbesondere die Ruderschwanzseeschlangen besitzen sogar einen seitlich abgeflachten Ruderschwanz. Bei den meisten der Seeschlangen liegt der Körperschwerpunkt im hinteren Teil des Körpers, sodass schräges Schwimmen oder Schweben im Wasser ohne großen Kraftaufwand möglich wird. Die Nasenöffnungen sind weit nach hinten versetzt; so wird das Luftholen erleichtert. Die Körpermuskulatur ist bei vielen dieser Arten zurückgebildet. Sie können an Land kaum noch kriechen und atmen.

Wie bei allen rezenten Reptilien ist die Körpertemperatur der Schlangen in Abhängigkeit von der Umgebungstemperatur Schwankungen unterworfen. Sie sind wechselwarm (poikilotherm), und da ihre Wärmezufuhr von außen erfolgt, werden sie auch als ektotherme Lebewesen bezeichnet. Schlangen brauchen in Ruhelage kaum Energie für die **Wärmeregulierung** aufzuwenden. Die meisten ihrer Körperfunktionen bedürfen jedoch relativ hoher Temperaturen. Auch Schlangen aus kühleren Klimaten oder Arten, die ihre Beute erjagen müssen, haben verständlicherweise einen höheren Energiestoffwechsel, und sie verbrauchen mehr Sauerstoff.

Alle Funktionen des Organismus „Schlange" sind also temperaturabhängig. Das gilt für die Muskelaktivitäten zur Fortbewegung und den Beuteerwerb ebenso, wie für Herztätigkeit, Verdauung oder Sexualfunktionen. Im Temperaturbereich knapp über dem Gefrierpunkt ist jede Schlange nahezu bewegungsunfähig. Ob Schlangen unter dem Gefrierpunkt sofort sterben, hängt davon ab, wie lange das Tier diesen Temperaturen ausgesetzt ist. Ähnliches gilt für hohe Temperaturen. Die kurzzeitige Höchsttemperatur, die eine Schlange ertragen kann, dürfte bei 42 bis 45 °C liegen. Die schadlos zu überstehenden Mindest- und Höchsttemperaturen sind bei den aus unterschiedlichen Klimazonen stammenden Arten durchaus sehr verschieden. Die freiwillig akzeptierte Mindesttemperatur liegt je nach Art zwischen 8 °C und 23 °C, wobei neben saisonalen Unterschieden auch die Luftfeuchtigkeitsverhältnisse eine Rolle spielen. Die Höchsttemperaturen, denen sich manche Arten freiwillig aussetzen, betragen 34 bis 36 °C. Der Temperaturbereich, den ein ruhendes Tier bevorzugt und der in Laborversuchen mit einer „Temperaturorgel" im Bodengrund ermittelt werden kann, wird Vorzugstemperatur genannt und liegt meist zwischen 30 und 34 °C. Ohne Berücksichtigung von tages- und jahreszeitlich weit niedrigeren Temperaturen ist diese Vorzugstemperatur als Mittelwert viel zu hoch. Normale Tag-Nacht-Unterschiede betragen in gemäßigten Klimaten 15 K und mehr. In geschützten Lagen des tropischen Regenwaldes differieren Höchst- und Mindesttemperatur nur wenig. Im Boden des Regenwaldes lebende Arten sind jahrein jahraus der gleichen Temperatur ausgesetzt.

Diese am und im Wasser lebenden Siegelringnattern (*Nerodia sipedon*) wärmen sich bei einem Sonnenbad auf.

Obwohl wegen des niedrigen Energiestoffwechsels die Wärmeproduktion einer Schlange kaum einen Einfluss auf ihre Körpertemperatur hat, haben Schlangen verschiedene Möglichkeiten, trotzdem ihre benötigte Körpertemperatur aufrechtzuerhalten. Durch Veränderung der Frequenz des Herzschlages und Erweiterung oder Verengung der peripheren Blutgefäße kann der Wärmeaustausch mit der Umgebung verändert werden. Weit effektiver ist aber eine verhaltensabhängige Thermoregulierung. Durch Aufsuchen wärmerer oder kühlerer Stellen schwankt die Körpertemperatur nur wenig. In unterirdischen Unterschlupfen kann sich eine Schlange vor der Hitze des Tages ebenso schützen wie vor der Kühle der Nacht. Bei Besonnung heizt sich eine abgekühlte Schlange schnell auf. Das Aufsuchen von Schatten trägt zur Abkühlung bei. Schlangen, die zeitweise oder ständig im Wasser leben, müssen die Temperatur des Wassers akzeptieren. Das Sonnen an der Wasseroberfläche führt kaum zu einer höheren Temperatur des Körpers als sie das Wasser hat. Wasserschlangen sind deshalb meist auf Besonnung an Land angewiesen.

Eine Besonderheit der Regelung der Körpertemperatur gibt es bei Vertretern der Pythons (Pythoninae). Bei einigen Arten ist nämlich ein echtes Bebrüten des Geleges zu beobachten. Die Pythonweibchen umschlingen ihre Gelege und sind fähig, innerhalb des Geleges eine Temperatur zu erzeugen, die mehrere Kelvin über der der Umgebung liegen kann.

Trotz aller Tricks zur Steuerung optimaler Körpertemperaturen reichen außerhalb der Tropen die Wintertemperaturen den wechselwarmen Schlangen nicht zur Erhaltung ihrer wichtigsten Körperfunktionen aus. Insbesondere ist eine ordnungsgemäße Verdauung nicht mehr garantiert. Die Arten aus derartigen Klimaten sind deshalb gezwungen, eine mehr oder weniger lange **Winterruhe** einzulegen. Sie müssen während dieser Zeit Verstecke aufsuchen, die sicher genug sind, um sie vor Frost, Wassereinbrüchen oder Fressfeinden zu schützen. Derartige Plätze sind oft knapp, und so kann es vorkommen, dass eine größere Anzahl Tiere derselben oder auch verschiedener Arten jährlich dasselbe Winterquartier aufsuchen. So wurden schon Hunderte von Strumpfbandnattern (*Thamnophis*) in einem Versteck beobachtet. Im Frühjahr unterstützen solche Massenquartiere sogar die Paarfindung. Je nach geografischer Breite und Schlangenart ist die Dauer der Winterruhe (Hibernation) unterschiedlich. In der Nähe des Polarkreises währt sie bis zu acht

Monate, in den Subtropen reichen meist acht bis zehn Wochen. Wegen der niedrigen Umgebungstemperatur im Winterquartier ist der Stoffwechsel der Tiere weiter gedrosselt; die Abnahme der Körpermasse ist minimal und die Sterberate gesunder Tiere gering. Schlechter ist es allerdings um Jungschlangen bestellt, die erst im späten Herbst geboren wurden und die bis zum Wintereintritt sich noch nicht genügend Fettreserven zulegen konnten. Extreme Kälteperioden oder die Überschwemmung von Winterquartieren führen zu erheblichen Verlusten.

Die Winterruhe der Schlangen ist, wie bei allen Reptilien und Amphibien, vor allem temperaturabhängig, wird aber auch durch die abnehmende Tageslichtdauer beeinflusst. Eine zentralnervöse und hormonelle Steuerung ist nicht auszuschließen. Trotzdem ist diese Winterruhe nicht mit dem Winterschlaf der Säugetiere vergleichbar. Winterruhe gewöhnte Schlangen können jederzeit durch Temperaturerniedrigung selbst über Monate gefahrlos in Kälteruhe versetzt werden, andererseits sind Schlangen unter Terrarienbedingungen auch über Jahre ohne Winterruhe zu halten. Bei starker Unterkühlung während der Winterruhe erfolgt auch keine Stoffwechselaktivierung mit Erhöhung der Körpertemperatur, wie das bei Säugern der Fall ist. Für die Gesunderhaltung über viele Jahre und die Gewährleistung der Reproduktion ist für viele Arten aber eine geeignete Winterruhe erforderlich.

Aktivitätseinschränkung und Rückzug in geeignete Verstecke kann auch zum Überstehen sommerlicher Hitze und Trockenperioden erfolgen. Eine derartige **Sommerruhe** (Ästivation) legen etliche Reptilien und Amphibien ein. Schlangen aus Wüsten und

Die Glatte Grasnatter (*Opheodrys vernalis*) jagt im Gras und im niedrigen Gestrüpp nach Insekten und Spinnen.

Steppengebieten, die mit solchen sommerlichen Extremen zu tun bekommen, verlegen aber eher ihre Tagesaktivitäten in die kühleren Stunden der Dämmerung und der Nacht.

Die **Nahrungsaufnahme** für den Körperaufbau, die Lebenserhaltung und die Fortpflanzung spielt auch für Schlangen die dominierende Rolle in ihrem Leben. Schlangen sind Fleischfresser (Karnivoren), denen neben Weich- und Gliedertieren vor allem Wirbeltiere als Beute dienen. Von der hinterindischen Fühlerschlange (*Erpeton tentaculatum*), eine dem ständigen Leben im Wasser angepasste Wassertrugnatter, weiß man jedoch, dass sie neben Fischen auch Wasserpflanzen zu sich nehmen soll. Dass Strumpfbandnattern (*Thamnophis*) schon im Terrarium Obststückchen aufgenommen haben, war sicher eine Verhaltensstörung und keine Bestätigung für den Verzehr pflanzlicher Nahrung durch Schlangen. Wie eine Kalifornische Kettennatter (*Lampropeltis getula californiae*) Teile eines vegetarischen Fastfoods (Makale) verzehrte, konnte ich selbst beobachten.

Die Art der Beute ist vom Lebensraum der Schlange, ihrer Größe und ihrem Alter abhängig. Vielfach ist das Beutespektrum artspezifisch. Während ein Teil der Schlangen sich sogar auf nur ganz bestimmte Beute spezialisiert hat – Gehäuseschnecken, Insekten, Eier, Baumfrösche, Echsen oder selbst andere

Viele Wassernattern, so auch die Siegelringnatter (*Nerodia sipedon*) erbeuten Fische.

Regenwürmer gehören mit zur Nahrung der nordamerikanischen Ringhalsnatter (*Diadophis punctatus*).

Schlangen – fressen die so genannten opportunistischen Arten alles, was sie für fressbar halten. Mitunter sind Individuen derselben Art auf die in ihrem Lebensraum häufigsten Beutetiere geprägt und verschmähen anderes Futter. Dabei kann es auch zu einer vollständigen Umstellung des im Laufe eines Jahres bevorzugten, weil nur saisonal vorhandenen Futters kommen. Die Jungschlangen vieler Arten ernähren sich von Wirbellosen, insbesondere von Insekten und Spinnentieren, ehe sie imstande sind, Warmblüter zu erbeuten. Je größer eine Schlange ist, umso größere Beutetiere kann sie verschlingen. Das wohl größte Beutetier, das nachweislich in der Natur von einer Schlange gefangen und hinabgewürgt worden war, war eine 59 kg schwere Antilope, mit der ein Felsenpython (*Python sebae*) überrascht wurde.

Die Beutetiere werden in der Regel lebend gefangen, auf unterschiedliche Weise getötet und im Ganzen verschlungen. Die Aufnahme eines Kadavers in der Natur mag eher die Ausnahme sein. Im Terrarium allerdings lassen sich viele Exemplare durchaus an den Verzehr toter Beutetiere gewöhnen. Der Bau des Schädels und der Zähne gestatten einer Schlange nicht, die Beute zu zerteilen und stückweise hinabzuwürgen. Trotzdem gibt es Ausnahmen. So nehmen Eierschlangen (*Dasypeltis*-Arten) ein Vogelei zwar unzerbrochen auf, spezielle scharfkantige und mit Zahnschmelz überzogene Fortsätze der Halswirbel, die Hypapophysen, die in die Speiseröhre hin-

Eine bevorzugte Beute der Präriestrumpfbandnatter (*Thamnophis radix*) sind Frösche und andere Amphibien.

einragen, schneiden das Ei längs auf, so dass es leicht zusammengedrückt werden kann. Diese Fortsätze haben damit die Funktion der bei den Eierschlangen nahezu völlig fehlenden Zähne übernommen. Der Eiinhalt kann nun abgeschluckt werden; die Schale wird wieder ausgewürgt. Eierschlangen sind als ausgesprochene Futterspezialisten sogar in der Lage, den Befruchtungs- und Entwicklungszustand eines Eies trotz unversehrter Eischale zu erkennen. Andere Schlangen, beispielsweise einige Kletternattern (*Elaphe* sensu lato), die nur gelegentlich Eier nehmen, schlucken ein Ei zwar ebenfalls vollständig, es wird dahingegen erst später durch Muskelkraft zerdrückt. Die Schalenstücke werden durch die Magensäure aufgelöst und verwertet. Nahrungsspezialisten, die gleichfalls ihre Beute nicht vollständig verschlingen, findet man unter den Schlankblindschlangen (Leptotyphlopidae), die nur den Leib ihrer Beutetiere, Termiten, zerdrücken, den Inhalt abschlucken und die Körperhülle unbeachtet lassen. Schneckenfressende Schlangen der Unter-

Die Östliche Hakennasennatter (*Heterodon platyrhinos*) ist vor allem auf Kröten spezialisiert.

familien Dipsadinae und Pareinae fressen vorzugsweise Gehäuseschnecken, die sie aufgrund ihres spezialisierten Gebisses – die Unterkiefer tragen im vorderen Teil große, hakenförmige Fangzähne – aus dem Gehäuse ziehen können. Die starke Schleimabsonderung ihrer Beute beschränkt zwar während des Fressaktes die Atmung dieser Schlangen, die Lungensäcke erlauben jedoch eine ausreichende Verwertung der in ihren enthaltenen Luftreserven. Weniger Probleme haben dagegen Katzenaugennattern (*Leptodeira*), die im Regenwald auch Baumfrösche und Echsen jagen, aber auch den im Geäst hängenden Froschlaich nicht verschmähen.

Katzennattern wie *Telescopus semiannulatus* fressen vorwiegend Echsen.

Bekannt sich auch so genannte ophiophage Schlangen, die sich auf das Fressen anderer Schlangen spezialisiert haben. So weist sogar der Gattungsname der Königskobra (*Ophiophagus hannah*) aus Südostasien auf diese Spezialisierung hin. Typische Schlangenfresser sind auch die meisten Kraits (*Bungarus*). Die Mussuranas (*Clelia*) aus dem tropischen Amerika fressen neben Echsen vorwiegend Schlangen, insbesondere Giftschlangen der Gattung *Bothrops*. Sie scheinen sogar in gewissem Maße gegen die Giftbisse ihrer Beute immun zu sein. Immunität gegen Schlangengifte sagt man auch *Lampropeltis*-Arten – amerikanischen Nattern – nach, die über ein breites Beutespektrum verfügen aber mit Vorliebe auch Grubenottern (Crotalinae) überwältigen. Den Trivialnamen Königsnattern sollen sie dieser „beherrschenden" Fähigkeit zu verdanken haben. Dass Schlangen fressende Arten auch kannibalistische Ambitionen zeigen, ist nicht auszuschließen. Diese Neigung ist zwar die Ausnahme, wird aber durch Terrarienhaltung begünstigt.

Zur Lebensweise der Schlangen

Das Aufspüren der Beute zwingt die Schlangen zum Einsatz aller ihrer Sinne. Dabei gehen sie sehr unterschiedlich vor. Je nach Körperbau und Temperament haben Schlangen unterschiedliche Verhaltensweisen beim Fang ihrer Beute entwickelt. Allgemein kann man unter ihnen aktive Jäger und passive Lauerer unterscheiden. Aktive Jäger sind gewöhnlich schlanke und flinke Arten wie Nattern, Giftnattern oder auch wühlende Arten. Ausnahmen bilden die sehr dünnen, lang gestreckten Baumschlangen, die Echsen und Fröschen auflauern. Bei den Jägern steht das Sehvermögen im Vordergrund der Beutewahrnehmung. Die Lauerer sind im Allgemeinen wenig bewegungsfreudige, kurzschwänzige Arten mit massigem Körperbau. Durch Färbung und Zeichnung haben sie sich vielfach ihrer Umgebung angepasst. Sie nehmen ihre Beute durch den Geruchssinn, aber auch durch Erschütterungen und Wärmeausstrahlung der Beute wahr. In diese Gruppe gehören die meisten Riesenschlangen, die Vipern und die Grubenottern. Mitunter locken solche Lauerer ihre Beute sogar durch spezielle Verhaltensweisen an. So ist beispielsweise von der Indischen Nasenotter (*Hypnale hypnale*) bekannt, dass Jungtiere ihr auffällig gefärbtes Schwanzende bewegen, um Beutetiere anzulocken. Auch bei der Zwergklapperschlange (*Sistrurus barbouri*), einer anderen Grubenotter, und sogar beim Grünen Baumpython (*Morelia viridis*) wurde ein Schwanzköderverhalten festgestellt. Vogelnattern (*Thelotornis kirtlandii*), afrikanische Trugnattern, nutzen ihre rote Zunge zur Anlockung von Vögeln und Echsen.

Viele Schlangenarten fressen neben Amphibien und Reptilien auch Warmblüter. Diese im Gesträuch lebende Buschviper (*Atheris squamiger*) frisst ein nestjunges Säugetier.

Das Verlangen nach Nahrung (Appetenz), entweder durch Hunger oder äußere Schlüsselreize induziert, führt bei den Jägern zunächst zur Verfolgung. Dabei wird die fliehende Beute an Land oder im Wasser vorwiegend aufgrund optischer Signale verfolgt. An Land kann die Spur der Beute auch durch chemische Reize wahrgenommen werden. Durch Berührung des Bodens mit den Zungenspitzen werden Geruchspartikel dem Jacobsonschen Organ im Gaumendach zugeführt und registriert.

Das Ergreifen lebender Beute erfolgt gewöhnlich mit einer enormen Geschwindigkeit. So wurden bei Bullennattern (*Pituophis*) temperaturabhängige Zustoßgeschwindigkeiten von 130 cm/s bei 18 °C

Nicht nur ausgesprochen Baum bewohnende Schlangen fressen Vögel und plündern deren Nester, wie diese Kükennatter (*Pantherophis obsoletus quadrivittatus*) beweist.

Die einfachste Möglichkeit der Nahrungsaufnahme ist das Verschlingen der noch lebenden Beute, wie es viele Nattern mit Fischen oder Fröschen praktizieren. Die Beute erstickt dann gewöhnlich erst im Magen oder wird durch die Verdauungssäfte abgetötet. Wehrhafte Beute kann von Körperschlingen gegen den Boden, gegen Steine oder ähnliches gepresst und erdrückt werden, wie es beispielsweise die Zornnattern (*Coluber* sensu lato) tun. Viele Nattern und die Riesenschlangen umschlingen aber ihre Beute in einer oder mehreren Körperwindungen und erdrosseln sie. Selbst große Riesenschlangen sind aber keineswegs in der Lage, ihrem Opfer alle Knochen im Leib zu brechen, wie immer behauptet wird. Die Umschlingung wird vermutlich nach Herzstillstand gelockert, die Beute durch Abzüngeln überprüft. Oft sieht die Schlange den Kopf ihrer Beute nicht und tastet sich trotzdem in dessen Richtung. Wahrscheinlich spielen dabei Haarstrich, Richtung der Federn oder die Schuppenanordnung eine wichtige Rolle. Ist die Beute relativ klein oder wird sehr hastig gefressen, passiert es auch, dass das Opfer von hinten zuerst verschlungen wird, was mitunter zu Schwierigkeiten führen kann.

Eine spezielle Reaktionskette haben die Vipern und Grubenottern entwickelt. Gewöhnlich lassen sie nach einem blitzschnellen Biss mit ihren ausklappbaren, wie Injektionsnadeln wirkenden Giftzähnen das Beutetier sofort wieder los. Nach einer gewissen Wartezeit wird die Spur der gebissenen und zunächst geflohenen Beute aufgenommen. Mit großer Zielsicherheit wird ihr Weg verfolgt, die Beute wird erkannt und verschlungen. Weniger wehrhafte Beute wird auch festgehalten und gleich oder nach eingetretener Giftwirkung hinuntergewürgt. Das trifft bei Terrarienhaltung auch bei toter Beute zu, die den Giftschlangen vorgelegt oder vorgehalten wird. Baum bewohnende Giftschlangen können dagegen ihre Beute nicht wieder loslassen; sie halten diese fest, bis sie verendet ist, um sie dann umgehend zu verschlingen. Nach Passage der Beute durch die Schädelpartie kann man ein mehrmaliges „Gähnen" der Schlange beobachten – ein Vorgang, bei dem alle Schädelteile richtig geordnet werden.

Die Häufigkeit der Futteraufnahme hängt in der Natur von vielen inneren und äußeren Einflüssen ab und wird meist durch den Zeitpunkt der Begegnung mit einem Beutetier bestimmt. Von Einfluss auf die Futteraufnahme sind neben einer natürlichen, hormonell bedingten Jahresrhythmik auch Häutungs-

Eine vollkommene Spezialisierung auf Vogeleier haben die Afrikanischen Eierschlangen (*Dasypeltis*) vollzogen.

sowie von 175 cm/s bei 27 °C Körpertemperatur gemessen. (PETZOLD 1982). Bei einer Hornotter (*Vipera ammodytes*) dauerte die Angriffsphase 45 ms, in der eine Geschwindigkeit von 10 m/s erreicht wurde. Dass Schlangen ihre Beute vor dem Ergreifen hypnotisieren können, ist ein Märchen und wohl auf den starr erscheinenden Blick der Schlangenaugen, denen bewegliche Lider fehlen, zurückzuführen. Potenzielle Beutetiere zeigen sich, wie Terrarienbeobachtungen immer wieder beweisen, von der sich nähernden Schlange völlig unbeeindruckt und geben sich ihrer augenblicklichen Tätigkeit – Putzen, Fressen u. a. – unbeirrt hin. Ja sie können sogar selbst Interesse an der Schlange zeigen und diese annagen.

zustand, Paarungsaktivitäten und das Stadium einer fortgeschrittenen Trächtigkeit. Bei Nahrungsmangel ergeben sich gleichfalls Zwangspausen, die sich auch während der Aktivitätsphase der Schlange über längere Zeit hinziehen können. So sind Afrikanische Eierschlangen (*Dasypeltis*) an die Brutzeit der Vögel gebunden und müssen in der übrigen Zeit des Jahres fasten.

Diese Harlekinkorallenotter (*Micrurus fulvius*) verzehrt gerade eine Strumpfbandnatter.

Die Verdauung der aufgenommenen Nahrung erfolgt bei den Schlangen sehr gründlich, so dass relativ wenige Exkremente abgesetzt werden. Im Gegensatz zu den Knochen sind dabei Keratin- und Chitinteile recht widerstandsfähig gegenüber den Verdauungsenzymen. Haare, Federteile, das Schuppenkleid der Vogelläufe oder Teile von Insektenpanzern finden sich regelmäßig im Schlangenkot. Farbe, Konsistenz und Geruch des Kotes werden durch die Art des Futters beeinflusst. Die Defäkation ist häufig mit gleichzeitiger Harnausscheidung verbunden, die an den weißen Harnsäureanteilen auf dem gewöhnlich sehr dunklen Kotstücken zu erkennen ist. Ausscheidung von Kot und Harn kann aber auch deutlich abgesetzt voneinander erfolgen. Schlangenharn besteht zu 85 bis 90 % aus reiner Harnsäure.

Schlangen trinken saugend durch die Öffnung im Schnauzenschild, die auch dem Durchstecken der Zunge beim Züngeln dient, oder bei leicht geöffneter Maulspalte. Seitliche Bewegungen der hinteren Kieferpartie verstärken die Sogwirkung. Schlangen aus Trockengebieten trinken gewöhnlich sehr selten oder nehmen, wie auch viele auf Bäumen lebende Arten, Wasser mitunter nur in Form von Tau oder von Pflanzen ausgeschiedenen Wassertropfen auf.

Die Fortpflanzung der Schlangen

Wie wir schon erfuhren, trägt die Absolvierung einer Winterruhe bei Schlangen aus kühleren Klimaten zur Stimulierung des **Sexualzyklus** erheblich bei. Die meisten Klimazonen unserer Erde sind durch Jahreszeiten mit typischen Witterungsabläufen geprägt. Fehlt eine kühlere Periode, kann die Abfolge von Zeiten mit hohen und geringen Niederschlägen maßgebend sein. Diesen jahreszeitlichen Rhythmen passen sich die Schlangen an. Je nach klimatischen Gegebenheiten kann ihre Fortpflanzung in einem oder auch zwei und mehr Reproduktionszyklen je Jahr erfolgen. Unter ungünstigen Umständen pflanzen sich manche Arten sogar nur jedes zweite oder dritte Jahr fort. Neben Temperatur oder Feuchtigkeit steuert auch ein saisonal variierendes Nahrungsangebot das Sexualleben. So ist beispielsweise die Größe der als Energiespeicher dienenden Fettkörper im Leib eines Schlangenweibchens ein wichtiges Kriterium für seine Fortpflanzungsfrequenz. Die Sexualzyklen der Schlangenmännchen und Weibchen derselben Art verlaufen nicht grundsätzlich parallel.

Zum Paarungsritual vieler Schlangenarten – hier bei Dreiecksnattern (*Lampropeltis triangulum*) – gehören Paarungsbisse, bei denen das Männchen das Weibchen gewöhnlich hinter dem Kopf ergreift, festhält und gleichzeitig sexuell stimuliert.

In der nachstehenden Tabelle wurde versucht, typische Gruppen der Fortpflanzungsperiodizität zusammenzustellen. Die Typen A und B ließen sich noch in die Arten mit einem Maximum der Spermienproduktion vor der Paarung im Frühjahr und in die mit maximaler Spermienbildung im Herbst und Spermienspeicherung bis zur Paarung im Frühjahr unterteilen.

Typen der Fortpflanzungsperiodizität bei Schlangen (SCHMIDT 1994)

Typ	Hauptperiode der Fortpflanzung	Vorbereitung des Fortpflanzungszeitraumes	Vorrangiger Auslöser der Fortpflanzung	Tageslänge in der Fortpflanzungsperiode (Stunden)	Ausgewählte Arten
A	Frühjahr – Frühsommer	Winterruhe (kalt und dunkel)	Temperaturerhöhung	12	Strumpfbandnattern (*Thamnophis*), Klapperschlangen (*Crotalus*), Europäische Ottern (*Vipera*)
B	Frühjahr – Frühsommer	verkürzte Tageslichtdauer; geringe Temperatursenkung (Ruhepause)	Verlängerung der Beleuchtungsdauer	16	Kletternattern (*Elaphe* u. a.), Königsnattern (*Lampropeltis*) und andere Schlangen gemäßigter und subtropischer Zonen
C	Herbst – Winter	übliche hohe Temperaturen; Beleuchtungsdauer um 12 Stunden	Verkürzung der Beleuchtungsdauer; leichte Temperatursenkung	8	Boas (Boinae), Pythons (Pythoninae), Indigonattern (*Drymarchon*)
D	saisonunabhängig	ohne	ohne oder nicht bekannt (Feuchtigkeit?)	12	Kobras (*Naja*), Königskobras (*Ophiophagus*), Kletternattern (*Elaphe* u. a.) aus tropischen Gebieten

Der eigentlichen Paarung geht zunächst die **Partnersuche** voraus. Spezielle Verhaltensweisen dienen der Ermittlung der Artzugehörigkeit, des Geschlechts, des Alters und der Paarungsbereitschaft eines potenziellen Sexualpartners, bevor die individuelle Distanz zu ihm überwunden wird. Spielen dabei auch die Männchen die dominierende Rolle, sind es doch charakteristische Verhaltensweisen und spezielle Sexuallockstoffe der Weibchen, die letztlich bei den Männchen Balz- oder Werbeverhalten stimulieren. Hierbei hilft das Jacobsonsche Organ; die optische Erkennung des Geschlechtspartners ist bei Schlangen unbedeutend, zumal ihnen, wie erwähnt, vielfach sekundäre Geschlechtsmerkmale fehlen.

Welche Aufgabe dem Sekret der weiblichen Analdrüsen oder – wie von manchen Wassernattern bekannt – der unter den Nacken- und Rückenschuppen liegenden Hautdrüsen (Nuchodorsaldrüsen) bei der Geschlechterfindung zufällt, ist noch nicht restlos geklärt. Die vom Weibchen gesetzten Duftspuren werden auch in geringsten Mengen von den artgleichen Männchen erkannt und unter intensivem Züngeln verfolgt. So kommt es sogar zur Anlockung mehrerer Männchen. So wurden nach der Winterruhe schon Massenansammlungen von Strumpfbandnattermännchen (*Thamnophis*) um ein paarungsbereites Weibchen beobachtet. In diesem Zusammenhang ist eine Entdeckung interessant: Einige Männchen von Strumpfbandnattern sollen selbst einen Lockstoff absondern, der dem der paarungswilligen Weibchen gleicht. Damit lenken diese Männchen Konkurrenten ab und verbessern ihre Paarungschancen. Die Weibchen bevorzugen sogar die „duftenden" Männchen gegenüber den Normalmännchen. Unklar bleibt zunächst, warum sich nicht alle Strumpfbandnattermännchen für diese offenbar recht erfolgreiche Fortpflanzungsstrategie entscheiden.

Ein besonderes Verhalten, das viele Schlangenarten zeigen und das zunächst als „Liebesspiel" und „Hochzeitstanz" zwischen zwei Sexualpartnern vor der Paarung gedeutet wurde, sind die **Kommentkämpfe**. Dieses unter zwei Tieren einer Art nach angeborenen, festen Regeln ablaufende Kampfverhalten spielt sich aber nur zwischen Männchen ab und ist vor allem bei vielen Nattern, Vipern, Grubenottern und einigen Riesenschlangen zu beobachten. Da beispielsweise Giftzähne nicht eingesetzt werden, kommt es – von Ausnahmen vielleicht einmal abgesehen – nicht zu ernsthaften Verletzungen. Die Durchführung des Kommentkampfes zeigt bei verschiedenen Arten typische Details. Riesenschlangenmännchen richten sich auf und versuchen einander wegzudrücken. Mitunter umwinden sich ihre hinteren Körperregionen und die Aftersporne kratzen kräftig gegen die Beschuppung des Kontrahenten. Für Nattern ist ein fast vollständiges Umringeln beider Tiere typisch. Auch von lyraförmigem Aufrichten der Vorderkörper zueinander wird berichtet. Giftnattern und ein Teil der Vipern umwinden sich ähnlich wie Nattern oder Überkriechen ruckweise den Widersacher, während der Unterlegene den Vorderkörper anhebt und versucht, durch schnelles Rückschlagen den Rivalen abzuwerfen. Bei den halbaquatil lebenden Wassermokassinschlangen (*Agkistrodon piscivorus*) wurden Kommentkämpfe sogar im Wasser gesehen. Die Gründe für Kommentkämpfe unter Schlangenmännchen sind nicht klar. Bei anderen Reptilien spielen Rivalitäten zur Revierverteidigung eine Rolle. Trotz gewisser Ortstreue ist für Schlangen ein Revierverhalten nicht nachgewiesen. Einleuchtend wäre das Verjagen von Nebenbuhlern beim Werben um die Gunst eines Weibchens. Wenn bei Freilandbeobachtungen zwar des Öfteren ausdrücklich betont wurde, dass während eines Kommentkampfes kein Weibchen in der Nähe gewesen sei, ist doch nicht grundsätzlich auszuschließen, dass das „Objekt der Begierde" übersehen worden war. Bei Terrarienbeobachtungen löste Futterreiz ohne Anwesenheit von Weibchen Kommentkämpfe aus, sodass sie auch als Ausdruck von Sozialdominanz, als Bemühungen um einen günstigen Platz in der Rangordnung gedeutet werden könnten.

Hat eine männliche Schlange ein arteigenes und prinzipiell sexuell aktives Weibchen entdeckt, verfolgt sie es und nimmt in charakteristischer Weise Körperkontakt mit ihm auf. Das der eigentlichen Paarung vorangehende Verhalten dient gleichzeitig der sexuellen Stimulation. Dabei kommt dem Tastsinn wesentliche Bedeutung zu. Lippen- und Kinnschilder wie auch die Kloakenregion sind durch Tastsinnesorgane besonders dafür prädestiniert. Auch beißen die Männchen mancher Arten – beispielsweise der Gattungen *Elaphe*, *Coluber* und *Coronella* anfangs wahllos, später gezielt in die Nackengegend des Weibchens – wohl zum Festhalten des sich noch sträubenden Weibchens, sicher aber auch zur sexuellen Erregung. Einem ähnlichen Zweck dienen die Aftersporne der männlichen Riesenschlangen.

Die Phase der Balz kann sich über Tage und Wochen hinziehen. Sie endet mit dem Vollzug der **Paarung**. Dabei pressen beide Partner ihre Kloaken gegeneinander, das Männchen führt einen seiner beiden Hemipenes in die weibliche Kloake ein, wo er sich durch seine starke Schwellung und charakteristische Struktur fest verankert. Die Kopulation wird oft mehrfach wiederholt, wobei auch abwechselnd beide Hemipenes in Aktion treten können. Es wird vermutet, dass so die Spermien besser zu beiden Eileitern des Weibchens vordringen können und der Anteil der befruchteten Eier an allen ovulierten Eiern steigt.

Sind die Geschlechtspartner in ihrer Größe sehr unterschiedlich, zieht bei Störungen der größere den kleineren hinter sich her. Bei einigen Strumpfbandnatterarten (*Thamnophis*), aber auch anderen Nattern wurde festgestellt, dass zum Abschluss der Ejakulation ein von den männlichen Nieren abgesonderter, sich schnell verhärtender Pfropf in der weiblichen Kloake abgesetzt wird und dort die Öffnungen der Eihälter verklebt. Die Verweildauer dieses Paarungspfropfs ist temperaturabhängig und beträgt einige Tage bis mehrere Wochen. Unklar bleibt, wieso dennoch wiederholte Paarungen des Weibchens mit weiteren Männchen erfolgen können.

Die Kopulation dauert oft sehr lange, bis zu mehreren Stunden. Das währenddessen abgesetzte Sperma wird durch intensive Kontraktionen des Genitalapparates rasch in die Eileiter befördert. Die meisten Schlangen, vielleicht auch alle, ovulieren erst eine Woche nach der Paarung, oft noch später. Die Spermien werden deshalb in den Eileitern gelagert. Die Spermienköpfe agglutinieren und stehen in losem Kontakt zu den Zellen des Eileiterepithels. Erfolgt die Kopulation im Herbst, werden die Spermien für sieben oder acht Monate in hoher Konzentration in speziellen bläschenförmigen Organen (Receptacula seminis) im Eileiter gespeichert. Unter chemischer Stimulierung und mit passiver Beförderung durch Flimmerhärchen des Eileiterepithels treffen die Spermien schließlich mit den frisch ovulierten Eizellen zusammen und befruchten sie.

Die Möglichkeit des langzeitigen Spermienüberlebens in den weiblichen Geschlechtsorganen ist – neben der Möglichkeit einer verzögerten Embryonalentwicklung – ein Mechanismus, mit dem eine Schlange auch ohne erneute Paarung mitunter über Jahre hinaus befruchtete Eier ablegen kann. Diese verzögerte geschlechtliche Fortpflanzung nennt man **Amphigonia retardata**.

Eine der wenigen Ausnahmen der geschlechtlichen Fortpflanzung der Schlangen weist die Blumentopfschlange (*Ramphotyphlops bramina*) auf, eine kaum 20 cm lange, weltweit in den Tropen verbreitete Blindschlange. Manche Populationen auf einigen Pazifikinseln bestehen ausschließlich aus Weibchen, deren Eizellen sich ohne Befruchtung durch Spermien entwickeln und damit zu Nachkommen werden, die nur einen Chromosomensatz besitzen und selbstverständlich ausschließlich weiblich sind. Dieser **Jungfernzeugung** (Parthenogenese) genannte Reproduktionsmodus ist bei Echsen gar nicht so selten. Bei Schlangen sind aber bisher nur wenige Beispiele bekannt. Der Vorteil liegt für diese Schlangenart zwar auf der Hand: selbst ein einzelnes passiv verschlepptes Weibchen ist in der Lage, eine neue Population aufzubauen. Die für Echsen sehr unterschiedlich diskutierten Vorteile der Jungfernzeugung – wie eine kurze Fortpflanzungsperiode bei ungünstigen klimatischen Bedingungen – treffen hier nicht zu.

Bei Eier legenden Schlangen ist die Gesamtdauer der **Keimentwicklung** in die eigentliche Trächtigkeitsdauer des Muttertieres, das heißt, in die Vorreifezeit der sich entwickelnden Jungschlange im Mutterleib, und in die Inkubationsdauer von der Eiablage bis zum Schlupf unterteilt. Die Trächtigkeitsdauer wie auch die externe Inkubation differieren von Art zu Art und sind zudem temperaturabhängig. Bei fast 30 % der Schlangen vollzieht sich im Gegensatz dazu eine vollständige Entwicklung des Keimlings im Ei im Mutterleib; der Schlupf erfolgt während oder unmittelbar nach der Geburt der Jungtiere. Die Dauer der Gesamtentwicklung genau anzugeben, ist kaum möglich. Man geht gewöhnlich vom Zeitpunkt einer beobachteten Paarung aus. Unbekannt ist aber in der Regel, ob die beobachtete Paarung die einzige war, ob bei der Paarung eine Ejakulation erfolgte, wann die Ovulation und daraufhin die Befruchtung der Eizellen stattfanden, ob sich die befruchteten Eizellen kontinuierlich entwickelten und ob das zur Ablage bereite Gelege oder der Wurf auch ohne Verzögerung abgesetzt wurden. Eine verzögerte Befruchtung (Amphigonia retardata) verwirrt dann vollends, da man weiß, dass die dabei gespeicherten Spermien noch nach Jahren befruchtungsfähig sind. So legte eine Katzenaugennatter (*Leptodeira annulata*) über fünf Jahre nach der letztmöglichen Paarung noch entwicklungsfähige Eier. Die Trächtigkeitsdauer beträgt, um einige Beispiele zu nennen, bei der Vierstreifennatter (*Elaphe sauromates*) 54 bis 63 Tage oder beim Tigerpython (*Python molurus*) 79 bis 120 Tage bis zur Eiablage, während eine Strumpfbandnatter (*Thamnophis sirtalis*) 87 bis 116 Tage oder eine Schlankboa (*Epicrates*) 160 bis 220 Tage bis zur Geburt der Jungtiere trächtig sind.

Ob das Geschlecht eine Jungschlange männlich oder weiblich ist, liegt bereits mit der unbefruchteten Eizelle fest. Eine temperaturabhängige **Geschlechtsdetermination**, wie sie bei anderen Reptilien vorkommt, ist bei Schlangen nicht bekannt. Das Geschlechterverhältnis liegt im Mittel bei 50 männlichen zu 50 weiblichen Nachkommen.

Einige Bemerkungen zur Definition der **Fortpflanzungsmodi** bei Schlangen seien noch gestattet, da hier selbst in der herpetologischen Literatur keine Einheitlichkeit herrscht. Wir wollen uns der Meinung von PETZOLD (1982) anschließen: Danach unterscheidet man beim Eierlegen (Oviparie) zwischen echter Oviparie, bei der befruchtete Eier mit mehr oder weniger vorangeschrittener Keimentwicklung abgelegt werden und Ei lebend gebären (Vivioviparie), bei der sich die zum Schlupf bereiten Jungtiere erst unter der Geburt aus ihren dünnhäutigen Eihüllen befreien. In beiden Fällen erfolgte die Ernährung der Keimlinge also im Ei ausschließlich durch das Eidotter. Ein Lebendgebären (Viviparie) ist lediglich bei einigen *Thamnophis*- und *Nerodia*-Arten bekannt.

Die Fortpflanzung der Schlangen

Die Keimlinge werden zwar gleichfalls vorwiegend vom Eidotter versorgt, aber während eines bestimmten Zeitraumes erfolgt zusätzlich eine Ernährung vom Muttertier direkt, ohne dass jedoch ein Mutterkuchen (Plazenta) vorhanden ist. Lediglich die Strumpfbandnatter *Thamnophis sirtalis* besitzt ein Plazenta ähnliches Organ. Die Ei lebend gebärenden Arten verteilen sich auf fast alle Schlangenfamilien, sind aber unter den Vipern (Viperidae), den Wassertrugnattern (Homalopsinae) und den Seeschlangen (Hydrophiinae) besonders häufig. Wie neuere Forschungsergebnisse zeigen, gibt es verschiedene Übergangsformen der Fortpflanzungsmodi, sodass mitunter begrifflich nicht mehr zwischen den Formen des Lebendgebärens unterschieden wird.

Wenn auch **Geburt** oder **Eiablage** als Abschluss des Trächtigkeitsstadiums hormonell gesteuert werden, so spielen doch auch äußere Einflüsse, vor allem Stress oder fehlender Ablageplatz, eine Rolle, die zum Verwerfen oder zu Legenot führen können. Mangel an geeigneten Ablageplätzen hat bei einigen Schlangenarten gelegentlich die Ablage der Eier mehrerer Weibchen im gleichen Versteck zur Folge. So wurden schon bis zu 3000 Eier der Ringelnatter (*Natrix natrix*) an einer Stelle vorgefunden. Mit dem Aufsuchen eines zusagenden Eiablageplatzes endet gewöhnlich die Brutvorsorge eines Schlangenweibchens. Die natürliche Wärme und entsprechende Feuchtigkeit müssen nun ein Übriges tun.

Von einigen Arten ist allerdings eine gewisse **Brutfürsorge** bekannt: das Weibchen hält für eine gewisse Zeit noch das Gelege umschlungen und „bewacht" es. Die größte Giftnatter, die Königskobra (*Ophiophagus hannah*), baut sogar aus Pflanzenteilen einen Nesthaufen mit einer Eikammer, in die das Gelege abgesetzt und anschließend mit dem Material des Nesthaufens abgedeckt wird. Auch sie bewacht ihr Gelege. Die ausgeprägteste Form der Brutfürsorge bei Schlangen ist das aktive Bebrüten der Gelege bei einigen Pythons, wie Tigerpython (*Python molurus*), Buntpython (*Python curtus*), Amethystpython (*Morelia amethistina*) und Grüner Baumpython (*Morelia*

Die Feten vivioviparer Schlangen wie dieser Floridawassernatter (*Nerodia fasciata pictiventris*) sind nicht in verkalkten Eischalen eingeschlossen, sie ernähren sich aber wie alle Schlangenfeten vom Inhalt der großen Dottersäcke; links oben zwei unbefruchtete Eier. DDS

viridis). Bei diesen Arten wurde eine Temperaturerhöhung im Gelege nachgewiesen. Zuckende Muskelbewegungen, die sich in häufig wiederholenden Schauern über den Körper eines brütenden Pythonweibchens ziehen, führen zur Produktion von Eigenwärme. Dabei steigt der Sauerstoffverbrauch rapide an. Messungen bei Rautenpythons (*Morelia spilota*) unter Terrarienbedingungen ergaben um 7 K höhere Temperaturen zwischen den Eiern als in der Umgebung. Mit sinkender Temperatur erhöht sich die Frequenz der Muskelzuckungen bis schließlich unter etwa 24 °C der enorme Energieverbrauch zur Aufrechterhaltung der Bruttemperatur nicht mehr gedeckt werden kann und die Wärmeproduktion eingestellt wird. Bei steigender Terrarientemperatur verlässt das Weibchen sein Gelege und kehrt erst bei sinkender Temperatur wieder zurück. Das Tier ist in der Lage, unbefruchtete Eier zu erkennen und auszusondern. Auch die Schlupf reifen Eier werden häufig verlassen.

Die ausgeprägteste Form der Brutfürsorge bei Schlangen, das aktive Ausbrüten des Geleges, demonstriert dieses Netzpythonweibchen (*Python reticulatus*). **LTR**

Der **Geburtsvorgang** bei vivoviparen Schlangen kann sich über mehrere Stunden erstrecken. Neben lebenden Jungen, häufig noch in ihren Eihüllen, werden auch tote normal entwickelte oder missgebildete Junge sowie unentwickelte – vermutlich unbefruchtete – Eier abgesetzt. Die **Anzahl der Nachkommen** je Gelege oder Wurf wird im Mittel aller Schlangenarten auf acht bis fünfzehn geschätzt. Für Eier legende Arten ist verallgemeinernd festzustellen, dass großwüchsigere Arten umfangreichere Gelege absetzen als kleinwüchsige. Als Beispiele bekannter Höchstzahlen an Nachkommen seien genannt:

Strumpfbandnatter (*Thamnophis sirtalis*)	85 Jungtiere
Große Anakonda (*Eunectes murinus*)	90 Jungtiere
Schlammnatter (*Farancia abacura*)	104 Eier
Tigerpython (*Python molurus*)	107 Eier
Puffotter (*Bitis arietans*)	157 Jungtiere.

Geburt eines Kupferkopfes (*Agkistrodon contortrix*).

elliptisch bis walzenförmig. Ihre Oberfläche kann glänzend glatt mit feinsten Poren oder unregelmäßig gemustert sein, sie hat punktförmige Erhebungen, ringförmige Grübchen oder gar feinste Behaarung. Unbefruchtete Eier sind häufig wesentlich kleiner, auch spitz zulaufend, gelblich bis bernsteinfarben und werden deshalb auch „Wachseier" genannt. Die Größe der Eier hängt in erster Linie ab von der artspezifischen und individuellen Größe des Muttertieres, aber auch von ihrer Anzahl je Gelege und ob es sich eventuell um ein weiteres Gelege im gleichen Jahr handelt.

Bei unterschiedlichster Form, Größe und Oberflächenstruktur besitzen **Schlangeneier** eine mehr oder weniger weiche Schale. Ihr Längsschnitt ist meist

Während der **Inkubation** nehmen Schlangeneier durch Wasseraufnahme und den wachsenden Keimling an Größe und Masse zu. Kurz vor dem Schlupf

Unmittelbar nach der Geburt ist der Kupferkopf (*Agkistrodon contortrix*) noch von den Eihäuten umhüllt und muß sich schnellstens aus ihnen befreien.

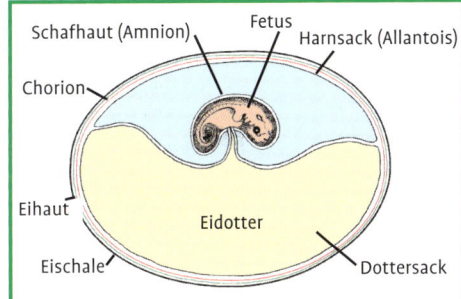

Schafhaut (Amnion)
Fetus
Harnsack (Allantois)
Chorion
Eihaut
Eidotter
Eischale
Dottersack

Schematische Darstellung eines Schlangeneies

werden sie durch Wasserverlust wieder leichter und können dann weniger wiegen als zum Zeitpunkt der Ablage. Mitunter bilden sich Längsfalten und die anfangs weiße oder gelbliche Oberfläche kann dunkle Flecken bekommen. Die optimale Inkubationstemperatur hängt in gewissem Maße wieder von der Artzugehörigkeit der Schlange ab. Während die Eier von Schlangen des tropischen Regenwaldes kaum Temperaturschwankungen unterworfen sind, werden die Gelege in gemäßigten Klimazonen oft erheblichen Unterschieden der Tag- und Nachttemperaturen oder

von der Witterung bedingten Einflüssen ausgesetzt. Bei künstlicher Inkubation ist bei den meisten Arten eine gute Entwicklung des Fetus bei 27 bis 30 °C und gegebenenfalls nächtlicher Abkühlung auf 20 bis 24 °C zu erreichen.

Innerhalb von ein bis vier Tagen erfolgt gewöhnlich der **Schlupf** aller Jungtiere innerhalb eines Geleges. Einzelne Jungschlangen können ausnahmsweise auch wesentlich vor oder nach dem Schlupfzeitraum der Mehrzahl ihrer Geschwister erscheinen. Der unmittelbar bevorstehende Schlupf einer Jungschlange kündigt sich durch Längsschnitte in der Eischale an. Etwas klare Eiflüssigkeit tritt aus, und die mit einem Eizahn versehene Schnauzenspitze ist zu sehen. Mit diesem Eizahn, der nach kurzer Zeit verloren geht, hatte die Jungschlange die sie umgebenden Eihüllen aufgeschlitzt. Die ersten Atemzüge der jungen Schlange verursachen kleine Schaumbläschen. Bis zu zwei Tagen kann sie in dieser Stellung verharren. Beim völligen Verlassen der Eier reißen in der Regel die im Ei verbliebenen Reste des Dottersackes ab.

Meist sind die **Jungschlangen** in Färbung und Zeichnung geradezu eine Kopie ihrer Eltern; mitunter sind ihre Farben aber etwas kräftiger. Nicht selten glaubt

Würfelnatter (*Natrix tessellata*) bei der Eiablage; vorn und links gelbliche unbefruchtete Eier.

man aber, dass die Jungen einer anderen Art als die Alttiere angehören würden, so sehr können sie sich in ihrem Aussehen unterscheiden. Ein schönes Beispiel dafür ist die Mussurana (*Clelia clelia*). Noch verwirrender wird es, wenn unterschiedliche Jugendfärbungen bei den Jungtieren eines Geleges vorkommen, wie das beispielsweise bei der südamerikanischen Langnasenstrauchnatter (*Philodryas baroni*) der Fall ist, bei der sowohl einfarbig grüne als auch braune Jungtiere schlüpfen oder bei der Kalifornischen Kettennatter (*Lampropeltis getulus californiae*), wo schwarz-weiß geringelte und längsgestreifte Exemplare schlüpfen, ohne dass etwa verschiedene Unterarten und deren Kreuzungen vorliegen würden. Beeindruckend ist auch, wie die gelben, orangefarbenen, bräunlichen und roten Jungtiere des Grünen Baumpythons (*Morelia viridis*) sich schon nach wenigen Häutungen zu den prächtig grünen, seltener sogar bläulichen oder bräunlich-violetten Alttieren umfärben.

Nach dem Verlassen des Eies oder mit der Geburt sind die jungen Schlangen völlig auf sich gestellt. Entweder sie finden bald eine erste Beute oder sie

Amurnattern, *Elaphe schrenckii*, beim Schlupf.

verhungern, sie kommen bei Witterungsunbilden ums Leben oder sie werden Opfer eines ihrer zahlreichen Feinde im Tierreich. Nur ein ganz geringer Anteil erreicht das fortpflanzungsfähige Alter. Die Körperentwicklung heranwachsender Schlangen ist maßgeblich vom Nahrungsangebot abhängig – bei vielen Arten zusätzlich vom Geschlecht bedingt. Allgemein kann man sagen, dass die Mehrzahl aller Schlangen im Alter von zwei bis vier Jahren geschlechtsreif ist – Männchen gewöhnlich früher als Weibchen, und befruchtungsfähige Keimzellen produzieren kann.

Wenngleich die längsten Exemplare einer Schlangenart auch die ältesten sind, kann man aber davon ausgehen, dass nach rapidem Längenwachstum während der Jugendentwicklung die jährlichen Längenzunahmen mit fortschreitendem Alter zurückgehen und mehr oder weniger zum Stillstand kommen, wenn die Ansatzstellen der Knochen und die Gelenke viel Kalk eingelagert haben. Die Zuwachsraten großer Schlangen verringern sich schnell. Beim Felsenpython (*Python sebae*) wurden rund 140 cm und beim kleiner bleibenden Tigerpython (*Python molurus*) 105 cm anfänglicher jährlicher Längenzuwachs gemessen.

Trotz anders lautender Ansichten rekordsüchtiger Medienvertreter hält wohl eine 1944 am Orinoko vermessene Große Anakonda (*Eunectes murinus*) mit 11,44 m den absoluten **Längenrekord**. Angeblich soll ihr ein 1979 in Thailand gefangener Netzpython (*Python reticulatus*) inzwischen mit 12,20 m Länge bei 220 kg Lebendmasse den Rang abgelaufen haben. Überhaupt erreichen nur sechs Riesenschlangenarten Maximallängen von mehr als fünf Meter. Neben den beiden wirklich groß werdenden Arten sind fünf Meter lediglich noch vom Felsenpython (*Python sebae*) mit 7,63 m, vom Amethystpython (*Morelia amethistina*) mit 6,71 m, vom Tigerpython (*Python molurus*) mit 6,10 m und von der Abgottschlange (*Boa constrictor*) mit 5,64 m bekannt.

Während die Zuwachsraten der Körperlänge mit zunehmendem Alter stark zurückgehen, kann die Masseentwicklung weiter anhalten, so dass die schwersten Exemplare durchaus nicht die längsten sein müssen. Als Rekord der Körpermasse werden 227 kg angesehen, die eine Große Anakonda (*Eunectes murinus*) von 111 cm Höchstumfang auf die Waage brachte.

Neben der Körperlänge steht häufig auch das **Höchstalter** im Mittelpunkt des Interesses. Abgese-

Die Große Anakonda (*Eunectes murinus*) zählt zu den längsten und schwersten Schlangen überhaupt.

Auch Schlangen haben Feinde

In ihrem Leben sind Schlangen zahllosen Feinden ausgesetzt – von den Viren bis zum Menschen. Mikroorganismen verursachen tödliche Krankheiten, Parasiten leben auf Kosten ihrer Wirte, manche Wirbellose, wie große Spinnen, Skorpione oder Skolopender, vergreifen sich bei passender Gelegenheit an ihnen. Schlangen gehören ins Beutespektrum vieler Wirbeltiere – Fische, Amphibien, Reptilien, Vögel und Säugetiere –, und ihr ärgster Gegner ist letztlich der Mensch, der sie vor allem zur Herstellung von Leder und Souvenirs sowie zum Zwecke des Verzehrs tötet. Durch Zerstörung ihrer Lebensräume bringt er sie an den Rand der Ausrottung. Allerdings stellen die Schlangen für die meisten ihrer Feinde keine ausschließliche Beute dar. Nur einige Schlangen und wenige Greifvögel wie der Schlangenadler ernähren sich vorwiegend oder ausschließlich von ihnen.

Zur Abwehr ihrer Feinde bedienen sich die Schlangen der unterschiedlichsten Strategien. Viele Arten versuchen ihr Heil erst einmal in der Flucht und sind damit bereits erfolgreich. Andere verharren zunächst unbeweglich und vertrauen auf ihre Tarnung. Körperform, Körperhaltung, Färbung und Zeichnung sind recht wirkungsvolle Schutzanpassungen, die Konflikte von vornherein vermeiden helfen. Die Tiere verschmelzen optisch so mit ihrer Umgebung, dass sie von Fressfeinden – aber auch von ihren eigenen Beutetieren – einfach nicht entdeckt werden. Ich war verblüfft, als Ich in einem deutschen Zoo in einem doch begrenzten Terrarium mit einer Laubschicht auf dem Bodengrund die ausgeschilderten Gabunvipern (*Bitis gabonica*) nicht sah. Trotz oder gerade wegen ihrer prächtigen, die Körperstruktur auflösenden Zeichnung waren sie im farbigen Laub erst nach einiger Suche zu entdecken. In der Natur lösen die beweglichen Licht- und Schattenspiele der durch die Bäume fallenden Sonnenstrahlen die Umrisse dieser Tiere noch weiter auf (Somatolyse). Zur Tarnfarbe grüner oder brauner Baumschlangen kommen oft ihre gertenschlanke Gestalt und ihr Verhalten hinzu, das sie wie eine Ranke oder einen dürren Zweig erscheinen lässt. Der Biologe nennt diese Schutzanpassung Mimese.

Die meisten dieser Anpassungen werden durch eine unauffällige Körperhaltung noch erhöht. Dazu gehört die Bewegungslosigkeit (Akinese). In Bedrängnis geratene Königspythons (*Python regius*) oder Erdpythons (*Calabaria reinhardti*) bilden ein Knäuel mit

hen davon, dass das Alter einer Schlange – auch hier erreichen die großen Riesenschlangen wieder die Extremwerte – aus der Natur nicht bekannt ist, dürfte hier kaum eine an Altersschwäche verendete Schlange zu finden sein. Terrarienbeobachtungen können hier keine vergleichbaren Werte ergeben. Bei optimaler Haltung und Pflege im Terrarium mit einem Minimum an Risikofaktoren können Terrarientiere erheblich älter werden als Artgenossen in der Natur. Den bekanntesten absoluten Altersrekord unter den Schlangen hält wahrscheinlich eine nur 1,80 m lange Abgottschlange (*Boa constrictor*) aus einem US-amerikanischen Zoo, die aus medizinischen Gründen nach einer Lebensdauer von vierzig Jahren, drei Monaten und vierzehn Tagen eingeschläfert werden musste. Die erfolgreiche Haltung von Schlangen im Terrarium über zehn bis mehr als zwanzig Jahren ist keine Seltenheit.

dem besonders zu beschützenden Kopf im Inneren und verharren in dieser Stellung, bis die Gefahr vorbei ist. Manche wühlende Arten wie Vertreter der Rollschlangen (Aniliidae) verbergen bei Beunruhigung nicht nur den Kopf unter Körperschlingen sondern präsentieren sogar zur Ablenkung des potenziellen Feindes den mitunter unterseitig auffällig gefärbten Schwanz. Manchmal bleibt als letzter Ausweg zur Täuschung das Sichtotstellen (Thanatose), wie wir das auch von der Ringelnatter (*Natrix natrix*) kennen. Mit offenem Maul und heraushängender Zunge liegt das Tier unbeweglich auf dem Rücken. Die Hakennasennatter (*Heterodon platyrhinos*) aus den östlichen USA lässt in einer solchen Stellung sogar noch einige Blutstropfen aus den Mundwinkeln austreten. Die Täuschung ist perfekt.

Schutzanpassungen, die ein Abschrecken des Angreifers bewirken sollen, sind Warn- und Drohtrachten, wie sie von zahlreichen Schlangen bekannt sind. Diese Trachten wirken durch ungewöhnliche, meist sehr auffällige Färbungen oder plötzliches Vorweisen hervorstechender Farbmuster. Die bei Schlangen vorkommende Korallentracht ist eine besonders interessante Farbgestaltung. Als Korallentracht bezeichnet man gelbe oder weiße mit schwarzen wechselnde Querbinden oder Körperringe, meist vervollständigt durch zusätzliche rote Ringe. Diese Signalfarben werden ja nicht nur im Tierreich als Zeichen für Gefahr eingesetzt. Eine derart auffällige Färbung können sich gewöhnlich nur wehrhafte Tiere leisten, die damit einen Angreifer warnen wollen. Korallentracht tragende Vertreter der Giftnattern

Hakennasennattern, hier *Heterodon platyrhinos*, beherrschen das Sichtotstellen perfekt und täuschen so einen Angrei-

(Elapidae) werden deshalb Korallenottern genannt. Diese Sammelkategorie umfasst beispielsweise die in Amerika lebenden Gattungen Echte Korallenottern (*Micrurus*), Arizonakorallenschlangen (*Micruroides*) und Schlankkorallenottern (*Leptomicrurus*), die afrikanischen Schildnasenkobras (*Aspidelaps*) und manche Exemplare der monotypischen Gattung Elapsoidea, die südostasiatischen Schmuckottern (*Calliophis*) und einige Kraits (*Bungarus*) wie auch die Australischen Korallenottern (*Simoselaps*). Viele wenig gefährliche Vertreter der Eigentlichen Nattern (Colubrinae) wie Königsnattern (*Lampropeltis*), Schaufelnasenschlangen (*Chionactis*), Nachtbaumnattern (*Boiga*) oder Falsche Korallenottern (*Erythrolamprus*)

Auch Nattern wie Äskulaps Falsche Korallenotter (*Erythrolamprus aesculapii*) können eine vollständige Korallentracht aufweisen.

Die Harlekinkorallenotter (*Micrurus fulvius*), eine echte Giftschlange, warnt ihre Gegner mit ihrer auffälligen Korallentracht.

tragen aber gleichfalls Korallentracht und lassen beim gemeinsamen Vorkommen in einem Gebiet sich nur schwer von Korallenottern unterscheiden. Wenn wie hier eine giftige und gut geschützte Art, die über eine Warntracht verfügt, von einer anderen wehrlosen Art imitiert wird, spricht man von Mimikry. Wissenschaftliche Erklärungen über dieses Phänomen sind umstritten. Wie könnte ein Angreifer nach dem tödlichen Biss einer Korallenotter Konsequenzen aus der getroffenen Erfahrung ziehen? Auch eine Imitation der mäßig giftigen Trugnattern mit Korallentracht sowohl durch die giftigen als auch die ungiftigen Arten erscheint fragwürdig. Die Gegner dieser Theorie meinen, dass diese Trugnattern meist zu langsam seien und ihre hauptsächlichen Feinde – Vögel und Säugetiere – durch Gefieder bzw. Fell vor ihren kurzen, im Kiefer weit hinten liegenden Zähnen gut geschützt seien. Vermutlich

meiden die Schlangenfeinde die Arten mit diesen Signalfarben instinktiv. Für den Menschen ist aber schon wichtig zu wissen, ob er eine für ihn harmlose Unterart der Königsnattern (*Lampropeltis*) oder eine Echte Korallenotter (*Micrurus*) vor sich hat. Für viele Arten in den Vereinigten Staaten von Amerika gilt eine Regel, nach der die Arten zu fürchten seien, bei deren Korallentracht rote und gelbe Ringe nebeneinander liegen und nicht wie bei den ungiftigen Arten ein schwarzer Ring dazwischen liegt. Und die Amis reimen: „Red on yellow, deadly fellow. Red on

Und auch die Mexikanische Königsnatter (*Lampropeltis mexicana*) sucht potentielle Fressfeinde mit ihrer Korallentracht zu beeindrucken.

Viele Schlangen, so auch der Hühnerfresser (*Spilotes pullatus*) drohen durch Aufblähen des Halses und lautes Fauchen.

black, friend of Jack." Leider trifft dieser Spruch nicht generell zu, sodass beim Ergreifen einer derartigen Schlange stets Vorsicht geboten ist. Und das ist ja auch die Absicht dieser Arten.

Signalwirkung hat offensichtlich auch das plötzliche Vorzeigen auffallend gefärbter Körperpartien, wie der roten Schwanzunterseite der ansonsten düster gefärbten amerikanischen Ringhalsnattern (*Diadophis*) oder der hellen Brillen- oder Monokelzeichnung auf dem durch Abspreizen der Rippen entstehenden „Hut" der Kobras (*Naja*), die dabei gleichzeitig ihren Vorderkörper aufrichten.

Das bei Schlangen gegen Feinde gerichtete Drohverhalten ist häufig nur Bluff. Für den Angreifer völlig harmlose Schlangen versuchen, durch ganze Abfolgen von Verhaltensreaktionen zu „warnen", wie das beispielsweise MERTENS (1946) an der Reaktionskette schildert, mit der eine Ringelnatter (*Natrix natrix*) auf alle Sinnesorgane des Gegners einwirken will: „Angesichts eines Feindes plattet sie sich zuerst sehr erheblich dorsoventral ab und erscheint so wesentlich größer als in Wirklichkeit (optischer Reiz), dann

lässt sie ein lautes Zischen hören (akustischer Reiz) und stößt – ohne zu beißen – mit dem Kopf nach dem Gegner (taktiler Reiz); wird sie aber von diesem ergriffen, so kommt als letztes (chemisches) Abwehrmittel eine Entleerung der übel riechenden und schmeckenden Postanaldrüsen hinzu." Andere Schlangen platten ihre Halsregion seitlich ab – Hühnerfresser (*Spilotes pullatus*), Strahlennatter (*Coelognathus radiatus*) –, reißen ihr Maul Respekt erheischend auf – Strahlennatter (*Coelognathus radiatus*), Dünnschlangen (*Leptophis*) –, wiegen ihren Vorderkörper hin und her – verschiedene Baumschlangen – oder warnen durch verschiedene Lautäußerungen.

Für die Erzeugung eines schwirrenden Warngeräusches mit Hilfe einer klapperförmigen, verhornten Hautbildung am Schwanzende sind die Klapperschlangen (*Crotalus, Sistrurus*) bekannt. Auch viele Kletternattern (*Elaphe* sensu lato) erzeugen durch rasche Bewegungen ihres Schwanzendes bei Kontakt mit Gegenständen ein ähnliches Geräusch. Die Sandrasselottern (*Echis*) oder die Afrikanischen Hornvipern (*Cerastes*) besitzen an den Flanken speziell geformte Schuppen, mit denen sie beim Aneinanderreiben der Körperschlingen schabende, rasselnde Geräusche hervorrufen.

Eine sehr wirkungsvolle reine Abwehrtaktik haben einige Kobras entwickelt. Die Speikobra (*Naja nigricollis*), die Mosambikspeikobra (*N. mossambica*), die Indonesische Speikobra (*N. sputatrix*), manchmal auch die Brillenschlange (*N. naja*) sowie die Südafrikanische Ringkobra (*Hemachatus haemachatus*) können dem Gegner zielsicher ein Aerosol aus Luft und Gift entgegensprühen, das in den Augen heftige Schmerzen verursacht, zur Erblindung führen kann und auch auf der Haut zu Verätzungen führt.

Lebensräume in der Natur

Schlangen haben weltweit die unterschiedlichsten Lebensräume erobert. Lediglich die Polargebiete mit ihrem reptilienfeindlichen Klima, einige große Inseln (Neuseeland, Irland) sowie kleine Inseln im Pazifik und im Atlantik sind frei von Schlangen. Wichtig für das mögliche Vorkommen ist, dass wenigstens über einen Zeitraum, der zur Reproduktion ausreicht, den ektothermen Tieren optimale Körpertemperaturen garantiert sind. Für die reinen Fleischfresser spielt die Vegetation nur eine untergeordnete Rolle. Wichtig ist aber ein geeignetes Biotop, dessen Strukturen sich die Schlangen anpassen konnten. So unterscheiden wir Baum-, Boden-, Wühl-, Süßwasser- und Meeresschlangen.

In Abhängigkeit von den Klimazonen lässt sich die Vegetation der Erde in die folgenden, für Schlangen in Betracht kommenden natürlichen Vegetationstypen einordnen (nach OBST et al. 1982):

A Tropische und subtropische Zonen
- Regenwälder und Bergregenwälder
- halbimmergrüne und regengrüne Wälder
- Trockenwälder, Savannen, Grasländer
- Halbwüsten und Wüsten

B Gemäßigte Zonen
- Winterregengebiete, meist mit Hartlaubvegetation
- immergrüne Laubwälder
- sommergrüne Laubwälder
- Grasländer
- Halbwüsten und Wüsten mit kalten Wintern.

Regenwälder finden wir vor allem in den Tiefebenen der äquatorialen Regenzonen ohne ausgesprochene Jahreszeiten, wo die Temperaturen und die Niederschläge von über 2000 mm im Jahr lediglich im Tagesverlauf Änderungen unterliegen. Die Baumkronen sind bis in eine Höhe von mehr als 50 m in mehreren Etagen angeordnet. In Bodennähe ist es verhältnismäßig dunkel, die Luftfeuchtigkeit ist hoch. Die Schlangen weisen eine von den ökologischen Verhältnissen abhängige breite Formenvielfalt aus. Besonders häufig sind spezialisierte grabende und wühlende Schlangen. Die bodennahe Vegetation weist eine reiche Schlangenfauna auf. Schnelle Bodenschlangen sind jedoch selten. Groß ist die Zahl der Baum bewohnenden Arten, die vielfach durch grüne Färbung oder intensive Musterung im Laubwerk kaum zu sehen ist. Amphibisch lebende und rein aquatile Arten leben in Sümpfen und überschwemmten Waldgebieten, an Tümpeln und Fließgewässern und schließlich auch in den küstennahen Mangrovenwäldern. In größerer Entfernung vom Äquator gewinnen Jahreszeiten und Perioden niedriger und hoher Niederschlagsmengen (Regenzeit) an Einfluss. In den Subtropen gibt es Regenwälder nur in immerfeuchten Gebieten. Für Bewohner eines Regenwaldterrariums sind als Richtwerte Temperaturen zwischen 23 und 26 °C, für den südostasiatischen Raum bis 29 °C – nachts kaum kühler – und Werte der relativen Luftfeuchtigkeit zwischen 80 und 95 % anzusehen. Für besonders Licht und Wärme liebende Tiere muss eine lokale Strahlungsquelle vorhanden sein.

Tropische Regenwälder in Höhen von etwa 1300 bis 3000 m sind mit 19 bis 23 °C relativ kühl, haben einen niedrigeren Baumbestand und einen reichen Bewuchs an Epiphyten und Baumfarnen. Liegen diese Bergregenwälder oberhalb von 1800 m bereits in den Wolken, spricht man von Nebelwäldern. Hier sind vielfach endemische Arten – Arten, die also nur in diesem Gebiet vorkommen – zu Hause.

Charakteristisch für halbimmergrüne und regengrüne Wälder sind die Laub abwerfenden Monsunwälder mit niederschlagsreichem Seewind im Sommer und trockenen Landwind im Winter. Dieser Waldtyp ist besonders für Süd- und Ostasien typisch. Die für die Randgebiete der Tropen Amerikas, Afrikas und Australiens charakteristischen Trockenwälder verlieren in lange anhaltenden Trockenperioden ihr Laub.

Bei weiterem Rückgang der Niederschlagsmenge kommen wir zu den mit mehr oder weniger Gehölzen durchsetzten Grasländern mit dichter Grasvegetation, den Savannen. Savannen sind vor allem in Südamerika, Afrika und auch in Australien verbreitet. Je nach noch gegebener Feuchtigkeit gibt es charakteristische Savannenformen. Zur Trockenzeit verdorrende Graslandschaften im nördlichen Südamerika mit vereinzelten immergrünen Laubbäumen und Palmen nennt man Llanos. Zur Regenzeit können weite Teile der Llanos überschwemmt sein. Sinken die mittleren Jahresniederschläge auf 500 bis 200 mm ab und dauern die Trockenzeiten acht bis zehn Monate an, bildet sich die Dornbuschsavanne, die schließlich bei noch trockenerem Klima in die Halbwüste übergeht. Die Schlangenfauna nimmt mit zunehmender Trockenheit ab. Schnelle und oft gestreifte Arten wie auch schlanke Baumschlangen sind nicht selten. In den gemäßigten Klimaten in Eurasien vorkommende Graslandschaften nennt man Steppen. Sie sind häufig durch Abholzung und Weidewirtschaft aus gehölzreichen Waldsteppengebieten hervorgegangen und sind langen Frostperioden unterworfen. Meist schützt aber eine dicke Schneedecke die dort vorkommenden Reptilien vor dem Kältetod. Analoge Graslandschaften im östlichen und zentralen Nordamerika sind die Prärien, die aufgrund des Temperaturgefälles von Süd nach Nord und des Niederschlagsgefälles von Ost nach West zahlreiche Typen ausbilden. Hartgrassteppen in Argentinien sind die Pampas. Die Schlangen aller dieser Gebiete sind einem ausgeprägten Tag-Nacht-Rhythmus der Temperatur, verhältnismäßig geringer Luftfeuchtigkeit zumindest am Tage sowie einer intensiven Sonneneinstrahlung ausgesetzt. Steppenschlangen sind vorwiegend Boden bewohnend oder wühlend. Häufig werden von ihnen die unterirdischen Gänge der Nagetiere genutzt.

Halbwüsten bieten je nach geografischer Lage und klimatischen Bedingungen sehr unterschiedliche Anblicke. Die spärliche Vegetation mit niedrigen Pflanzen, Zwiebel- und Knollengewächsen sowie Sukkulenten kann nach Regenfällen prächtige Blütenteppiche hervorzaubern. Da meist ein breites Nahrungsspektrum zu Verfügung steht, kann eine Vielzahl von Schlangen hier zu Hause sein. Denken wir nur an

Death Valley, Nevada, USA

GHU

die Mannigfaltigkeit einer typischen Halbwüste – die Sonora im südwestlichen Nordamerika.

Wesentlich artenärmer sind da die eigentlichen sandigen oder steinigen Wüsten mit ständig extrem trockenem Klima bei nur im Abstand von mehreren Jahren auftretenden sporadischen Niederschlägen. Mit Ausnahme der Nebelwüsten an den Südwestküsten Afrikas (Namib) und Südamerikas (Atacama), die aufgrund einer Nebeldecke weniger niedrige Nachttemperaturen aufweisen, kann in den anderen Wüsten die Nachttemperatur nahe dem Gefrierpunkt liegen. Unter Sonneneinstrahlung werden bis zu 60 °C erreicht. Die wenigen Wüstenbewohner unter den Schlangen sind häufig dämmerungsaktiv und entgehen den Temperaturextremen durch tiefes Eingraben im Sand. Neben subtropischen heißen Wüsten (Sahara) gibt es auch winterkalte artenarme Wüsten (Gobi) und sogar ausgesprochene lebensfeindliche Kältewüsten im Hochgebirge (Pamir, Tibet).

Die Vegetationszonen der gemäßigten Breiten der nördlichen und südlichen Hemisphäre sind äußerst vielfältig. Die Niederschläge erlauben in der Regel einen guten Pflanzenwuchs. Trockene, feuchte, sumpfige Gebiete, stehende und fließende Gewässer, Gras-, Wald- und Felsgebiete wechseln sich ab. Kulturland nimmt hier einen besonders großen Raum ein. Eine besondere Vegetationszone sind die mediterranen Gebiete mit ihren milden, feuchten Wintern und trockenen warmen Sommern. Sie bieten vielen Schlangenarten gute Lebensmöglichkeiten. Je mehr sich die Winter in die Länge ziehen, umso geringer wird die Artenvielfalt. Auch in den dichten, stark schattigen Hochwäldern findet man kaum noch Schlangen.

Viele Arten bevorzugen die Nähe von Gewässern, leben häufig oder gar überwiegend darin. Die Seeschlangen bevölkern sogar das Salzwasser warmer Meere. Weniger spezialisierte Formen unter ihnen kriechen zur Temperaturregulation und zur Eiablage an die sandigen Strände, die meisten jedoch sind viviovipar und gebären ihre Nachkommen im Wasser. Sie brauchen ihren Lebensraum Wasser niemals zu verlassen.

Rio Negro, Brasilien

BDE

Teil II

Schlangen – Familien, Gattungen, Arten

Aus der Vielzahl der Schlangen – die Reptiliendatenbank im Internet (UETZ et al. 2005) hat z. Z. 2978 Arten erfasst – einen repräsentativen Querschnitt an Arten aus allen Familien auszuwählen und in Wort und Bild vorzustellen, ist natürlich immer problematisch. Der interessierte Leser wird vielleicht gerade die eine, ihn besonders interessierende Art vermissen und fragt sich, warum wiederum andere Arten vorgestellt werden, die sehr selten oder für die Terraristik kaum relevant sind. Dazu kommen Haltungsempfehlungen, die unter Umständen von den Erfahrungen, die ein Terrarianer mit einer bestimmten Art gemacht hat, abweichen, die aber wieder einmal die Toleranz vieler Schlangen gegenüber veränderten Lebensbedingungen bestätigen. Als Grundlage für empfehlenswerte Haltungsbedingungen, insbesondere Terrariengröße und Temperaturen im Terrarium, wird deshalb das „Gutachten über Mindestanforderungen an die Haltung von Reptilien" (1997) einbezogen. In diesem Gutachten wird versucht, auch für Schlangen allgemeine Haltungsanforderungen hinsichtlich Klimatisierung und Beleuchtung, Ernährung, Terrariengestaltung, Vergesellschaftung sowie Terrariengröße zusammenzustellen. Temperaturen und Temperaturbereiche werden – wie noch allgemein üblich – in °C (Celsius) angegeben, Temperaturdifferenzen jedoch wie vorgeschrieben mit der SI-Basiseinheit für die Temperatur Kelvin (K).

Zur zweifelsfreien Verständigung innerhalb der nationalen und internationalen Herpetologie und Terraristik sind die wissenschaftlichen Gattungs- und Artnamen unerlässlich. Im Deutschen fehlen für viele Arten aussagekräftige Trivialnamen. Bei der folgenden Zusammenstellung ausgewählter Schlangenarten wurde der Versuch unternommen, allen Arten aussagekräftige deutsche Namen zuzuordnen. Das mag nicht immer zufrieden stellend gelungen sein und sei deshalb als ein stetig zu verbessernder Versuch auf dem Weg zu einer einheitlichen „deutschen terraristischen Nomenklatur" anzusehen. Kurze Biotopcharakterisierungen können im Gutachten wie auch hier in vielen Fällen die Benutzung terraristischer und herpetologischer Spezialliteratur zur weiteren Information nicht ersetzen. Die jewei-

lige Terrariengröße (Länge x Breite x Höhe) basiert auf Faktoren, die mit der Gesamtlänge (GL) der jeweiligen Schlange multipliziert werden und die in der Regel für zwei etwa gleichgroße Tiere gelten. Für jedes weitere Tier sind rund 20 % des Terrarienvolumens unter Beibehaltung der geforderten Terrarienproportionen zuzugeben. Die Maximalhöhe eines Schlangenterrariums wird auf zwei Meter begrenzt. Die Faktoren berücksichtigen artspezifische Verhaltensweisen der Schlangen. Die zu errechnenden Terrarienmaße sollen laut Gutachten lediglich Richtwerte darstellen, die im speziellen Fall durchaus um 10 % unterschritten werden können. Auch Spezialbehälter wie zur Aufzucht von Jungschlangen oder zur Winterruhe können diese geforderten Maße erheblich unterschreiten. Ebenso kann ein gut strukturiertes Terrarium mit Klettermöglichkeiten – insbesondere erhöhten Liegeflächen – eine kleine Grundfläche vergrößern.

Auf die Zweckmäßigkeit oder Notwendigkeit einer Winterruhe – wenn eine Reproduktion der Art im Terrarium angestrebt ist – wird bei den Ausführungen zu den Arten nicht gesondert hingewiesen. Entsprechend der geographischen Verbreitung und den Angaben zum Vorkommen in größeren Höhenlagen über dem Meeresspiegel sind die Schlussfolgerungen über Dauer und Temperaturbereich der Winterruhe zu ziehen. Angaben zur Giftigkeit von Schlangen und die für eine spezifische Therapie von Giftschlangenbissen beim Menschen zur Verfügung stehenden Antiseren entstammen meist den Angaben von JUNGHANSS et al. (1996), die nach wie vor aktuell sind.

Typhlops schlegeli, die Afrikanische Blindschlange, gehört zur Familie Eigentliche Blindschlangen.

Überfamilie **Blindschlangen** (Typhlopoidea oder Scolecophidia)

Die Typhlopoidea sind eine Gruppe recht ähnlicher kleiner, versteckt lebender Wühlschlangen, die vorwiegend in tropischen und subtropischen Gebieten rund um den Erdball zu Hause ist. Der wurmähnliche, drehrunde und glattschuppige Körper ist bei etlichen Arten kaum mehr als 10 cm lang. Eine Art erreicht jedoch eine Länge von einem Meter. Die Tiere sind überwiegend einfarbig sandfarben bis erdbraun. Der grundsätzliche Unterschied zu anderen Schlangen ist in ihrem abgeflachten, kompakten Schädel, ihrem kleinen Maulspalt mit charakteristischer Bezahnung und den fest verbundenen Unterkiefern zu sehen. Die Augen sind nicht wie bei den Echten Schlangen (Alethinophidia) von einer speziellen Schuppe, der „Brille", bedeckt, sondern werden durch Kopfschilder nahezu verdeckt („Blind"schlangen). Der Beckengürtel ist bei den drei Familien unterschiedlich reduziert. Der kurze Schwanz trägt häufig einen Enddorn. Die Blindschlangen ernähren sich von Wirbellosen. Sie sind alle ungiftig und für den Menschen völlig harmlos.

Familie **Amerikanische Blindschlangen** (Anomalepidae)

Die Anomalepidae leben mit 16 Arten in vier Gattungen in Mittel- und Südamerika. Sie sind mit den Typhlopidae nahe verwandt. Zwei Gattungen besitzen allerdings in den Unterkieferhälften je einen Zahn.

Liotyphlops albirostris (PETERS, 1857)
– Mittelamerikanische Blindschlange –
Verbreitung: Costa Rica bis Paraguay und Südbrasilien
Lebensraum/Lebensweise: Die etwa 30 cm lange Art gehört zu den Amerikanischen Blindschlangenarten mit beiderseits einem Zahn im Unterkiefer. Ihre Lebensweise ist weitgehend unbekannt, dürfte der anderer Blindschlangen jedoch nahe kommen.
Terrarienhaltung: Da viele Verhaltensweisen der Blindschlangen unbekannt sind, wäre ihre Pflege in einem hohen Glasbehälter mit einem lockeren Bodengrund von mindestens 20 cm Tiefe – mit guter Dränage – und einigen flachen Steinen sehr interessant. Als Futter müssen Ameisenpuppen sowie gezüchtete Termiten zu Verfügung stehen. Terrarien-

Liotyphlops albirostris

größe: 1,5 x 0,5 x 1,5 GL. Grundtemperatur 26 bis 30 °C, nachts etwas kühler.

Familie **Eigentliche Blindschlangen** (Typhlopidae)

Die Familie Typhlopidae umfasst derzeit fünf Gattungen mit 233 Arten, die mitunter nur in der einen Gattung *Typhlops* zusammengefasst worden waren. Ihr Oberkiefer ist bezahnt und beweglich, der Unterkiefer dagegen zahnlos. Der Schwanz ist sehr kurz. Die winzigen Körperschuppen sind nicht differenziert zwischen Rücken- und Bauchseite. Die meisten Vertreter der Familie legen Eier, wenige Arten sind viviovipar.

Ramphotyphlops braminus (DAUDIN, 1803)
– Blumentopfschlange –
Verbreitung: Ostafrika über Madagaskar, Arabien, Südostasien, Indoaustralischer Archipel, Nordaustralien, Hawaii bis Mittelamerika
Lebensraum/Lebensweise: Die Blumentopfschlange lebt unterirdisch und hält sich auch unter Steinen oder verrottendem Holz auf. Nachts sucht sie dicht unter der Erdoberfläche oder auf dem Boden nach Ameisen, Termiten und deren Eier und Puppen. Wegen ihrer geringen Größe von lediglich 15 bis 18 cm, ihrer großen Anpassungsfähigkeit an unterschiedliche Lebensräume, ihrer versteckten Lebensweise wurde sie rund um die Tropen verschleppt. Dabei kam ihre parthenogenetische Fortpflanzungsweise sehr zustatten. Die zwei bis vier Eier eines Geleges entwickeln sich, ohne von Spermien befruchtet worden zu sein. Diese Populationen bestehen daher nur aus Weibchen. Terrarienhaltung: siehe bei *Liotyphlops albirostris*. (Bild siehe nächste Seite).

Ramphotyphlops braminus

Typhlops vermicularis MERREM, 1820
– Wurmschlange –
Verbreitung: Europa (südliche Balkanhalbinsel, vorgelagerte Inseln), Ägypten, Kleinasien, Transkaukasien, Südwestasien
Lebensraum/Lebensweise: Die 18 bis 30 cm lange Wurmschlange ist der einzige Vertreter der Blindschlangen (Scolecophidia) in Europa. Sie lebt unterirdisch im Boden, ist aber auch unter Steinen zu finden. Trockenhänge mit Steinen und Buschwerk in höheren Lagen werden bevorzugt. Die regenwurmähnliche Schlange kommt nur selten und nur nachts oder nach starken Regenfällen an die Erdoberfläche. Zu ihrer Nahrung gehören Ameisen, deren Eier und Puppen, wobei vermutlich bestimmte Arten bevorzugt werden. Sie soll auch kleine Insekten und Würmer fressen. Die Weibchen legen vier bis sechs längliche Eier.

Typhlops vermicularis

Terrarienhaltung: Haltung und Pflege dieser Art sind nur etwas für Spezialisten. Erforderlich in ein kleiner Glasbehälter (1,5 x 0,5 x 1,5 GL) mit einem mindestens 20 cm tiefen, lockeren Bodengrund mit guter Drainage. Einige Steinplatten bieten Unterschlupf an der Oberfläche. Die Temperatur sollte 24 bis 28 °C betragen, lokal etwas mehr und nachts etwas niedriger. Gelegentliches vorsichtiges Bewässern bestimmter Stellen bietet die erforderliche Bodenfeuchtigkeit und ermöglicht den Tieren zu trinken. Die Fütterung kann mit den verschiedenen Entwicklungsstadien von Ameisen erfolgen. Über eine echte Nachzucht im Terrarium ist nichts bekannt. Die auch in Europa lebende Art ist deshalb nach der Bundesartenschutzverordnung geschützt.

Familie Schlankblindschlangen (Leptotyphlopidae)

Die dritte Familie der Blindschlangen bevölkert weite Teile Amerikas, Afrikas und des westlichen Asiens. Die derzeit 93 Arten sind in zwei Gattungen zusammengefasst. Die schlanken, 8 bis höchstens 40 cm langen Arten – manche messen nur 3 mm im Durchmesser – sind mit den Vertretern der Typhlopidae und Anomalepidae nur entfernt verwandt: Ihr unterständiges Maul besitzt im Unterkiefer eine volle Bezahnung, die wiederum im Oberkiefer fehlt. Knöcherne Überreste des Beckens sind vorhanden. Rudimente der Oberschenkel treten bei einigen Arten als Aftersporne nach außen. Die meisten Arten sind einfarbig erdbraun, eine auch längsgestreift. Sie leben vorwiegend im Boden. Einige sind auch in den Wurzelballen von Epiphyten zu finden.

Leptotyphlops dulcis (BAIRD & GIRARD, 1853)
– Texasschlankblindschlange –
Verbreitung: USA (Kansas) bis Mexiko
Lebensraum/Lebensweise: Die glattschuppige, bis etwa 27 cm lange Schlange mit zylindrischem Körper ist in Halbwüsten, auf Grasland und auf sandigen bis lehmigen Böden bis in Höhenlagen von 1500 m beheimatet. Die nachtaktive Art kommt nach sommerlichen Regenfällen an die Erdoberfläche. Sie ist auf feuchten Böden unter Steinplatten oder Baumstämmen zu finden. Die Weibchen legen zwei bis sieben längliche und relativ große Eier.
Terrarienhaltung: Ein tiefgründiges Trockenwaldterrarium mit Temperaturen von 28 bis 33 °C mit den Ausmaßen 1,5 x 0,5 x 1,0 GL, ausgestattet mit eini-

Leptotyphlops dulcis dissectus

gen flachen Steinen, erscheint angemessen. Bei Exemplaren aus dem Norden des Verbreitungsgebietes ist eine Nachtabsenkung der Terrarientemperatur zu empfehlen. Die Futterbeschaffung (u. a. Larven von Ameisen und Termiten) ist problematisch.

Leptotyphlops humilis (BAIRD & GIRARD, 1853)
– Westliche Schlankblindschlange –
Verbreitung: Südliche USA entlang der Grenze zu Mexiko von Kalifornien bis Texas sowie Mexiko

Lebensraum/Lebensweise: Die Art lebt in ähnlichen Trockengebieten wie *L. dulcis* und wird bis 40 cm lang. Ihre Gelege umfassen zwei bis sechs lang gestreckte, dünne Eier.
Terrarienhaltung: siehe *Leptotyphlops dulcis*

Echte Schlangen

Mit 15 Familien umfassen die Echten Schlangen (Alethinophidia) die Mehrzahl aller Arten jeder Größe und Lebensweise. Grundunterschied zu den drei Familien der Blindschlangen ist der Bau des Schädelskeletts mit einem Schnauzenteil, das nicht mit der Schädelkapsel fest verbunden ist. Die Unterkieferäste sind in der Regel frei beweglich. Sie tragen, wie auch die Oberkiefer, Zähne, die bei einigen systematischen Gruppen spezielle Formen ausgebildet haben. Die Schädelkinetik gestattet es den Echten Schlangen, auch große Beutetiere zu verschlingen. Typisch ist ferner, dass das Auge gewöhnlich von einer durchsichtigen Schuppe („Brille") bedeckt wird und dadurch besonders geschützt ist. Bei fast allen Arten sind die Bauchschuppen als breite Schilder ausgebildet. Systematiker unterteilen die Echten Schlangen mitunter in zwei Überfamilien, die Wühl- und Riesenschlangenartigen Schlangen (Henophidia) und die Nattern- und Vipernartigen Schlangen (Xenophidia).

Leptotyphlops humilis

**Überfamilie
Wühl- und Riesenschlangenartige Schlangen
(Henophidia)**

Familie Rollschlangen
(Aniliidae)

Diese Familie umfasst nur eine Art, deren Abstammung nur ungenügend erforscht ist. Der Oberkiefer des Familienvertreters ist kaum beweglich. Die Eigenständigkeit der beiden Unterkieferäste ist noch eingeschränkt, das Maul ist wenig dehnbar. Ihr Kopf setzt sich kaum vom Körper ab und die Bauchschilder sind noch nicht oder nur wenig verbreitert. Reste des Beckengürtels und der Hintergliedmaßen sind vorhanden. Der Kopf ist nicht vom Rumpf abgesetzt, der Schwanz nur kurz.

Anilius scytale (LINNAEUS, 1758)
– Korallenrollschlange –
Verbreitung: Nördliches Südamerika (von Venezuela über Peru bis Brasilien)

Lebensraum/Lebensweise: Die knapp 1 m lange, tagsüber im Bodengrund tropischer Regen- und Trockenwälder lebende Schlange kommt vorwiegend nachts an die Oberfläche. Sie erbeutet hauptsächlich unterirdisch lebende kleine Wirbeltiere, wie Blindwühlen, Doppelschleichen und kleine Schlangen, soll aber auch Fische und Frösche nicht verschmähen. Trotz ihrer Harmlosigkeit für den Menschen wird sie wegen ihrer Korallentracht für giftig gehalten. Die Weibchen bringen fünf bis 18 lebende Junge zur Welt.

Terrarienhaltung: Das Terrarium (1,0 x 0,5 x 0,5 GL) sollte einen 15 bis 20 cm tiefen Bodengrund (Walderde, Holzmull) aufweisen – bei einer Grundtemperatur von 25 bis 30 °C und geringer nächtlicher Abkühlung. Einige Rindenstücke sowie ein kleines Wasserbecken vervollständigen die Einrichtung. Die Fütterung ist bei strenger individueller Spezialisierung auf kaum verfügbare Beutetiere problematisch, allerdings sollen die meisten Exemplare sofort ans Futter gehen.

Anilius scytale

Familie **Zwergwalzenschlangen** (Anomochilidae)

Familie **Walzenschlangen** (Cylindrophiidae)

Die Zwergwalzenschlangen mit nur zwei Arten (*Anomochilus leonardi* und *A. weberi*) stehen anatomisch zwischen den Blindschlangen und den höher entwickelten Schlangen. Sie sind beheimatet in den tropischen Regenwäldern von Malaysia bzw. Sumatra und Borneo. Sie sind sehr selten und für die Terraristik ohne Bedeutung. Der Familie nahe steht die Gattung *Cylindrophis* mit zehn Arten. Diese Gattung ist die einzige der Familie Cylindrophiidae.

Cylindrophis rufus (LAURENTI, 1768)
– Rote Walzenschlange –
Verbreitung: Südostasien (von Myanmar über ganz Hinterindien und große Teile des Indoaustralischen Archipels)
Lebensraum/Lebensweise: Walzenschlangen werden bis zu 75 cm lang und leben in feuchten und schlammigen Böden, als Kulturfolger gern auch auf Reisfeldern. Sie ernähren sich vermutlich von Würmern und anderen Wirbellosen und sollen auch Aale und kleine Schlangen erbeuten. Einer vermeintlichen Gefahr begegnen sie, indem sie, flach an den Boden gedrückt, den Kopf unter den Körperwindungen verstecken und das ebenfalls abgeflachte, unterseits kräftig gefärbte Körperende nach oben strecken. Die Würfe umfassen bis zu zwölf Jungschlangen.
Terrarienhaltung: Im feuchten Regenwaldterrarium (1,0 x 0,5 x 0,5 GL) mit großem Wasserbecken und tiefgründigen Wühlmöglichkeiten sollten 25 bis 30 °C herrschen. Die Lufttemperatur kann nachts geringfügig sinken. Als Futter werden Fische, tote Mäuse und sogar Fleischstreifen akzeptiert.

Cylindrophis rufus

Familie **Riesenschlangen (Boidae)**

Die Bezeichnung „Riesenschlangen" für drei Unterfamilien mit etwa 19 Schlangengattungen und 74 Arten, in der neben fünf bis zehn Meter lang werdenden Riesen auch Zwerge von kaum 50 cm Länge einbezogen sind, ist sicher nicht ganz glücklich. Trotzdem rechtfertigen anatomische und ethologische Gemeinsamkeiten die Familie Boidae mit ihren Unterfamilien. Die Kiefer dieser Würgeschlangen tragen kräftige Zähne; bei vielen Arten sind lange Fangzähne vorhanden. Reste des Beckens und der Hinterextremitäten sind immer vorhanden und als Aftersporne auch äußerlich zu erkennen. Nach ihren Lebensräumen lassen sich die Eigentlichen Riesenschlangen in Wasserschlangen, Boden bewohnende Landschlangen trockener Gebiete, Boden bewohnende Waldtiere, Wühlschlangen tropischer Wälder, überwiegend auf Bäumen lebende Tiere sowie auf kühlere tropische Bergwälder spezialisierte Arten einteilen. (OBST et al. 1984)

Unterfamilie **Pythons (Pythoninae)**

Die Pythonartigen Riesenschlangen mit ihren 34 Arten in acht Gattungen unterscheiden sich von denen der Unterfamilie Boinae durch das Vorhandensein von Zähnen im Zwischenkiefer, zwei Reihen Unterschwanzschildern und die bei einigen Gattungen vorhandenen, gut ausgebildeten Kopfschilder. Die systematische Einordnung einiger Arten ist umstritten und schon wiederholt Veränderungen unterworfen gewesen. Alle Arten sind eierlegend, einige erbrüten ihre Gelege unter Erhöhung der Körpertemperatur.

Apodoras papuanus PETERS & DORIA, 1878
– Papuapython –
Verbreitung: westliches Neuguinea
Lebensraum/Lebensweise: Die bis 5 m lang werdende ovipare Art – deshalb früher auch *maximum* genannt – bevorzugt Savannen und erbeutet neben Säugetieren und Vögeln Reptilien, auch Schlangen. Terrarienhaltung: In einem mit Kletterästen und einem Wasserbecken ausgestattetem Terrarium (0,75 x 0,5 x 0,75 GL) sollten 28 bis 32 °C – nachts um 25 °C – herrschen. Terrariennachzuchten gelangen bisher nur selten. Die Gelege wurden künstlich ausgebrütet. Bei Terrarienhaltung ist die Neigung zu

Apodora papuanus

Kannibalismus zu berücksichtigen. Schutzstatus: Anhang B der EU-Artenschutzverordnung.

Aspitides melanocephalus (KREFFT, 1864)
– Schwarzkopfpython –
Verbreitung: Nordaustralien mit Ausnahme extrem trockener Gebiete
Lebensraum/Lebensweise: Bei einer mittleren Länge von 1,5 m kann der Schwarzkopfpython 2,5 m erreichen. Die nachtaktive Schlange akzeptiert unterschiedliche Lebensräume von feuchten Küstenwäldern bis zu saisonal trockenen Tropenwäldern. Ihr Nahrungsspektrum umfasst Kleinsäuger, am Boden lebende Vögel und Reptilien, einschließlich Giftschlangen.
Terrarienhaltung: Im trockenen Terrarium (1,0 x 0,5 x 0,5 GL) bei Temperaturen von 25 bis 30 °C, nachts um 24 °C, mit ausreichenden Versteckplätzen und einem großen Badebecken findet der Python gute Bedingungen vor. Als Nahrung dienen Kleinsäuger und Küken. Die Nachzucht ist auch unter Terrarien-

Aspitides melanocephalus

bedingungen schon gelungen; die Weibchen bebrüten ihre Gelege über knapp drei Monate. Eingetragen im Anhang B der EU-Artenschutzverordnung.

Aspitides ramsayi (MACLEAY, 1882)
– Woma –
Verbreitung: Wüsten und angrenzende Gebiete Zentralaustraliens
Lebensraum/Lebensweise: Der nachtaktive, Boden bewohnende Python findet tagsüber in hohlen Baumstämmen, Erdhöhlen und ähnlichem Unterschlupf. Er frisst kleine Säugetiere, Vögel und Reptilien. Eierlegend.
Terrarienhaltung: Haltung, Pflege und Schutzstatus s. *A. melanocephalus*

Bothrochilus boa (SCHLEGEL, 1837)
– Bismarckpython –
Verbreitung: nordöstliches Papua-Neuguinea, Bismarck-Archipel, Tokelau-Inseln
Lebensraum/Lebensweise: Die systematische Stellung der auch Neuguinea-Zwergpython genannten Art zu *Morelia* oder *Liasis* war unklar. Der bis über 2 m messende Python bevorzugt offene Gebiete des Regenwaldes und kommt auch auf Kulturland vor. Die nachtaktive Art erbeutet überwiegend kleine Nagetiere und dringt auf Beutesuche sogar in Gebäude ein. Die etwa ein Dutzend Eier umfassenden Gelege werden nicht immer bewacht und aktiv ausgebrütet. Die orange-schwarz geringelten Jungtiere nehmen noch im ersten Lebensjahr die dunkelbraune Farbe der Alttiere an.
Terrarienhaltung: Die selten gepflegte Art, die schon im Terrarium vermehrt wurde, braucht ein mittelgroßes (0,75 x 0,5 x 0,75 GL) Terrarium mit Kletterästen, einem Wasserbecken und lockerem Waldboden bei Temperaturen von 28 bis 32 °C bei geringer nächtlicher Abkühlung und hoher Luftfeuchtigkeit. Mäuse werden angenommen, jedoch wurde auch schon über Fälle von Kannibalismus berichtet.
Schutzstatus: Anhang B der EU-Artenschutzverordnung.

◀ *Aspitides ramsayi*

▼ *Bothrochilus boa*

Bothrochilus albertisii PETERS & DORIA, 1878
– Weißlippenpython –
Verbreitung: Neuguinea, Inseln in der Torresstraße
Lebensraum/Lebensweise: Der Weißlippenpython lebt in der Nähe von Gewässern des Regenwaldes und in Sumpfgebieten und flieht bei Beunruhigung ins Wasser. Eine Länge von 3 m erreichen die normalerweise nur 1,5 bis 2 m langen Tiere selten. Verschiedene Säugetiere und Vögel gehören zur Standardbeute. Die acht bis 15 Eier umfassenden Gelege werden vom Weibchen bebrütet.

Terrarienhaltung: Kletterstämme und Versteckmöglichkeiten gehören ins feuchtwarme Terrarium (0,75 x 0,5 x 0,75 GL; Temperatur 25 bis 30 °C, lokal maximal 35 °C, nachts geringe Abkühlung, relative Luftfeuchtigkeit 70 bis 100 %). Die Art billigt problemlos Kleinsäuger und Küken und wird gelegentlich nachgezogen. Die Jungschlangen gelten als recht aggressiv und nehmen anfangs Jungmäuse nur zögernd an. Die Art ist gleichfalls im Anhang B der EU-Artenschutzverordnung registriert.

Morelia boeleni (BROGERSMA, 1953)
– Boelens Python –
Verbreitung: nördliches Zentralneuguinea
Lebensraum/Lebensweise: *M. boeleni* – früher auch *Liasis b.*, *Python b.* oder *L. taronga* – lebt in den Bergwäldern seines Verbrei-

tungsgebietes bis in Höhen von über 3000 m. Über seine Lebensweise ist wenig bekannt. Er wird bis 3,3 m lang.
Terrarienhaltung: Das Terrarium dieser selten gepflegten Art sollte 0,75 x 0,5 x 0,5 GL groß sein, zahlreiche Kletteräste enthalten und Temperaturen von 26 bis 32 °C aufweisen, die nachts auf etwa 22 °C sinken. Die Art wurde bereits nachgezogen und ist im Anhang B der EU-Artenschutzverordnung eingetragen.

Morelia boeleni

Leiopython albertisii

Morelia spilota (LACÉPÉDE, 1804)
– Rautenpython, Teppichpython –
Verbreitung: Australien (außer südliches Victoria, das trockene Zentralaustralien sowie Westaustralien), Neuguinea
Lebensraum/Lebensweise: Die meist nur 2 m messende, aber 3,5 m und länger werdende Schlange lebt in den unterschiedlichsten Lebensräumen vom tropischen Regenwald bis zu den halbtrockenen Waldgebieten an den Küsten und im Inland sowohl auf Bäumen und Sträuchern wie auch in verlassenen Erdbauen anderer Tiere. Zur natürlichen Beute gehören die verschiedensten Landwirbeltiere. Eierlegend. Die Art wurde auch als *Python spilotes* oder *M. argus* geführt. Die Nominatform wird im Deutschen als Rautenpython (Diamantpython), die Unterart *M. s. variegata* als Teppichpython bezeichnet.
Terrarienhaltung: Bei 28 bis 32 °C, nachts um 25 °C, wird dieser Python in einem geräumigen Terrarium (0,75 x 0,5 x 0,75 GL) mit Kletterästen, Verstecken und einem Wasserbecken auch regelmäßig zur Nachzucht gebracht. Die bis über 50 Eier großen Gelege werden bebrütet, aber auch erfolgreich künstlich inkubiert. Säugetiere und Vögel gehören zur Standardfütterung. Schutzstatus: Anhang B der EU-Artenschutzverordnung.

Morelia viridis (SCHLEGEL, 1872)
– Grüner Baumpython –
Verbreitung: Neuguinea, Nordaustralien (Regenwald im Osten der Halbinsel Cape York), Aru-, Schouten-, Salomoneninseln
Lebensraum/Lebensweise: Die Art wurde früher in die monotypische Gattung *Chondropython* gestellt. Der Grüne Baumpython ist ein nachtaktiver, typischer Baumbewohner des tropischen Regenwaldes, der gewöhnlich 1,2 m lang wird und maximal fast 2 m erreichen kann. Er verbirgt sich in Baumhöhlen oder zwischen Epiphyten und lauert im Geäst auf

Morelia viridis – **Jungtier in Umfärbung**

Morelia spilota

Reptilien, Kleinsäuger – wohl auch Fledermäuse –, Vögel sowie Frösche. Die Gelege werden am Boden erbrütet. Die frisch geschlüpften Jungtiere sind meist gelb, selten blau, mit rotbraunen Flecken und Streifen. Innerhalb des ersten Lebensjahres erfolgt die Umfärbung.

Terrarienhaltung: Die Unterbringung erfolgt in einem hohen Regenwaldterrarium (0,75 x 0,5 x 1,5 GL) mit zahlreichen, auch waagerechten Kletterästen, robuster Bepflanzung und einem Badebecken. Bei 70 bis 100 % relativer Luftfeuchtigkeit sollten tagsüber 25 bis 32 °C, lokal bis 35 °C, herrschen. Nachts kann die Temperatur auf 22 bis 23 °C fallen. Da die in der Natur bedrohte Art relativ häufig nachgezogen wird, sollten ausschließlich Nachzuchttiere im Terrarium gepflegt werden. Mäuse und Küken werden in der Regel problemlos genommen. Schutzstatus: Anhang B der EU-Artenschutzverordnung.

Morelia viridis

Python anchietae BOCAGE, 1887
– Angolapython –
Verbreitung: südliches Angola, nördliches Namibia
Lebensraum/Lebensweise: Dieser tagaktive Python
bevorzugt neben den trockenen Wäldern und Buschsteppen seiner Heimat vor allem felsige Gebiete, wo
er in Spalten und Höhlungen Unterschlupf findet. Er
klettert auch gern im Gestrüpp und auf Bäumen und
ernährt sich von Vögeln und kleinen Säugetieren. Er
wird etwa 1,8 m lang. Seine Gelege umfassen gewöhnlich nur vier oder fünf Eier. Ansonsten weiß
man über seine Lebens- und Verhaltensweisen nur
wenig.
Terrarienhaltung: Angolapythons werden nur selten
gepflegt und noch seltener im Terrarium zur Fortpflanzung gebracht. Das vielseitig mit Kletterstämmen, Felsimitationen, Verstecken und einem Badebecken ausgestattete Terrarium (1,0 x 0,5 x 0,75 GL)
ist auf 26 bis 32 °C – nachts um 25 °C – zu beheizen.
Nager und Küken werden gewöhnlich problemlos
angenommen. Der Angolapython ist im Anhang B
der EU-Artenschutzverordnung erfasst.

Python anchietae

Python curtus SCHLEGEL, 1872
– Buntpython –
Verbreitung: Südthailand, Malaysia, Sumatra, Borneo
Lebensraum/Lebensweise: Der sehr kurzschwänzige,
gedrungene Python kann zwar bis 3 m lang werden,
misst meist aber nur um 2 m. Er lebt im Regenwald
an Gewässern und Sümpfen, erbeutet kleine Säugetiere und vermutlich auch Vögel. Die Gelege umfassen kaum mehr als 15 große Eier, die bewacht und
ausgebrütet werden. Die Unterteilung in Unterarten
und/oder Farbvarianten ist nicht geklärt.

Python curtus

Terrarienhaltung: Buntpythons gelten mitunter als
heikel, wurden im Terrarium jedoch des Öfteren
schon zur Nachzucht gebracht. Sie brauchen einen
gut beheizten (28 bis 32 °C, nachts um 26 °C) Behälter (1,0 x 0,5 x 0,75 GL) bei hoher Luftfeuchtigkeit
mit teilweise feuchtem Bodengrund, einigen Klettermöglichkeiten und einem großen Badebecken.
Ratten und andere Kleinsäuger wie auch Geflügel
werden angenommen. Schutzstatus: Anhang B der
EU-Artenschutzverordnung.

Python molurus (LINNAEUS, 1758)
– Tigerpython –
Verbreitung: Pakistan, Nepal, Indien, Sri Lanka,
Hinterindien, Südchina, weite Teile Indonesiens
Lebensraum/Lebensweise: Die über 6 m lang werdenden Tigerpythons leben vor allem in Gewässernähe
in Flußauen, Sümpfen, Grasland, offenen Waldgebieten und sogar in felsigem Gelände, wo sie Säugetiere,
Vögel und Reptilien überwältigen. Die Gelege können bis zu 100 Eier – meist sind es 30 bis 60 – umfassen und werden aktiv ausgebrütet.

55

Python molurus bivittatus   BDE

Terrarienhaltung: In der Terraristik hat vor allem die dunklere und häufigere Unterart *P. m. bivittatus* aus dem östlichen Teil des Verbreitungsgebietes Eingang gefunden. Tigerpythons gelten allgemein als die „umgänglichste" Art der Gattung und werden deshalb von Schlangentänzerinnen bevorzugt. Das geräumige Terrarium (0,75 x 0,5 x 0,5 GL) ist mit starken Kletterästen und einem großen Badebecken auszustatten. Die Tagestemperaturen von 26 bis 32 °C sollten über einem lokalen Wärmeplatz 34 bis 38 °C betragen und nachts um 5 K sinken. Insbesondere der Dunkle Tigerpython wird schon über Generationen in gro-

ßen Stückzahlen nachgezogen, sodass bereits die verschiedensten Färbungs- und Zeichnungsmutationen züchterisch bearbeitet werden. Der Helle Tigerpython (*P. m. molurus*) ist im Anhang A, die anderen Unterarten sind im Anhang B der EU-Artenschutzverordnung eingetragen.

Python regius (SHAW, 1802)
– Königspython –
Verbreitung: Westafrika von Senegal bis Uganda
Lebensraum/Lebensweise: Grasland, Baumsavannen und Trockenwälder sind bevorzugte Lebensräume dieser Art. Sie ist sogar ein Kulturfolger, aber kein typischer Bewohner des Regenwaldes. Königspythons werden gewöhnlich um 1,3 m lang, es sollen jedoch auch Exemplare von mehr als 2 m Länge gefunden worden sein. Die Nahrung der dämmerungs- und nachtaktiven Tiere besteht wohl vorwiegend aus Nagetieren. Die Gelegegröße schwanken zwischen zwei und 15 Eiern. Das Gelege wird vom Weibchen zwar umschlungen, aber nicht aktiv bebrütet.
Terrarienhaltung: Die klein bleibende Art wird gern im Terrarium gepflegt. Wildfänge können allerdings Probleme bei der Futteraufnahme bereiten. Die sich gern im Geäst aufhaltende Schlange benötigt ein trockenes Terrarium (1,0 x 0,5 x 0,7 GL) mit zahlrei-

Python molurus molurus

▲ *Python regius*

chen Kletterästen, einem Wasserbecken und Versteckplätzen bei Temperaturen von 26 bis 32 °C, lokaler Strahlungswärme und nächtlicher Abkühlung. Eingewöhnte und nachgezogene Exemplare fressen gewöhnlich ohne Probleme Kleinsäuger. Die Art wird immer häufiger nachgezogen; es gibt inzwischen zahlreiche Farb- und Zeichnungsvarianten. Erfasst im Anhang B der EU-Artenschutzverordnung.

Python reticulatus (SCHNEIDER, 1801)
– Netzpython –
Verbreitung: Hinterindien, Indonesien, Molukken, Philippinen
Lebensraum/Lebensweise: Der Netzpython – bis über 9 m lang und eine der größten Schlangen überhaupt – lebt meist in den feuchtwarmen Wäldern des Flachlandes in Gewässernähe. Er meidet auch menschliche Behausungen nicht, wo er neben Ratten sich auch an Hühnern, Katzen und Hunden vergreift. Ansonsten zählen große Warmblüter und Reptilien zu seiner Beute. Netzpythons sind häufig recht aggressiv und können mit ihrem Gebiss und der großen Körperkraft auch dem Menschen gefährlich werden.

▼ *Python reticulatus*

Terrarienhaltung: Netzpythons werden häufig gepflegt, eignen sich allerdings wegen ihrer Größe, ihres hohen Futterbedarfs (Säugetiere und Geflügel entsprechender Größe) und eines oft unberechenbaren Temperaments eher für große Terrarienanlagen. Die Terrarienmindestgröße sollte 0,75 x 0,5 x 0,5 der Gesamtlänge betragen. Kletterstämme und ein großes Badebecken sowie eine Bodenheizung gehören zur Grundausstattung. Die Tagestemperaturen von 26 bis 32 °C können nachts etwas abgesenkt werden. Die relative Luftfeuchtigkeit beträgt 70 bis 90 %. Netzpythons werden regelmäßig nachgezogen. Anhang B der EU-Artenschutzverordnung.

Python sebae (GMELIN, 1789)
– Felsenpython –
Verbreitung: Afrika (südlich der Sahara)
Lebensraum/Lebensweise: Der Felsenpython gehört mit 4 bis 6 m zu den großen Riesenschlangen (Rekordlänge 7,63 m) und ist vorwiegend ein Bewohner der offenen Savanne. Er liebt jedoch die Nähe von Gewässern, klettert auch im Geäst oder liegt sogar lange Zeit im Wasser. Säugetiere (Ratten, Hasen, Wildschweine, Antilopen u. a.) und Vögel gehören zu seiner Nahrung. Die Gelege enthalten 30 bis 50, in Ausnahmefällen bis zu 100 Eier, die meist in den unterirdischen Bauen anderer Tiere vom Weibchen bebrütet werden.

Python sebae

HDS

Terrarienhaltung: Die Haltung dieser Art kann nur Spezialisten empfohlen werden. Das typische trockene Riesenschlangenterrarium, das für mehr als 2,5 m lange Exemplare die Ausmaße von 0,75 x 0,5 x 0,5 GL aufweisen sollte, ist mit starken Kletterästen und einem großen Badebecken auszustatten. Die Tagestemperatur von 26 bis 32 °C, auf einem Wärmeplatz bis 38 °C, ist nachts um bis zu 10 K abzusenken. Manche Exemplare bleiben recht aggressiv, besonders vor brütenden Weibchen muss man sich in Acht nehmen. Mit ihren kräftigen Bissen reißen sie tiefe Fleischwunden. Als Futter kommen Warmblüter aller Art und passender Größe in Frage. Die Art wird häufig nachgezogen. Sie ist nach Anhang B der EU-Artenschutzverordnung geschützt.

Python timorensis (PETERS, 1876)
– Timorpython –
Verbreitung: Flores, Timor
Lebensraum/Lebensweise: Der zwei bis höchstens drei Meter lange Python bewohnt Grasland und offene Waldgebiete. Als dämmerungs- und nachtaktiver Bodenbewohner ernährt er sich vermutlich vorwiegend von Vögeln und Kleinsäugern.
Terrarienhaltung: Das mit robusten Kletterästen und Versteckmöglichkeiten bestückte Terrarium (0,75 x 0,5 x 0,5 GL) soll 28 bis 32 °C, lokal bis 38 °C warm sein. Kleinsäuger und Geflügel werden als Nahrung akzeptiert. Der nur selten gepflegte Timorpython wurde bisher nur vereinzelt nachgezogen, wobei die Gelege künstlich ausgebrütet wurden. Die Art ist im Anhang B der EU-Artenschutzverordnung enthalten.

Python timorensis

Unterfamilie Boas (Boinae)

Im Gegensatz zu den Pythoninae sind die 27 Boaarten aus sieben Gattungen vornehmlich in der Neuen Welt zu Hause. Ausnahmen stellen drei Gattungen dar, die auf Madagaskar und auf Inseln im Pazifik leben. Alle Boas tragen im Zwischenkiefer keine Zähne und sind viviovipar.

Acrantophis dumerili JAN, 1860
– Dumerils Madagaskarboa –
Verbreitung: Westliches und südliches Madagaskar, Maskarenen
Lebensraum/Lebensweise: In den Trockenwäldern ihrer Heimat hält sich diese dämmerungs- und nachtaktive Boa tagsüber im Falllaub und in Erdhöhlen verborgen. Nachts jagt sie insbesondere Nagetiere. Alttiere werden kaum länger als zwei Meter.
Terrarienhaltung: Als Mindestgröße des Terrariums wird für Exemplare unter 1,5 m Gesamtlänge 1,0 x 0,5 x 0,75 GL empfohlen. Die Tagestemperaturen von 28 bis 30 °C – lokal 30 bis 35 °C – sollten nachts um 2 bis 4 K sinken. Neben einer Laubschicht gehören einige Kletteräste und ein geräumiges Wasserbecken zur Terrarieneinrichtung. Kleinsäuger und auch Küken werden gefressen. Die Art wird regelmäßig nachgezogen. Die Wurfgrößen liegen zwischen zwei und über 20 Jungtieren. Die Art ist im Anhang A der EU-Artenschutzverordnung erfasst.

Acrantophis madagascariensis
(DUMÉRIL & BIBRON, 1844)
– Madagaskarboa –
Verbreitung: Norden und zentrales Hochland von Madagaskar
Lebensrau/Lebensweise: Mit einer Maximallänge von 3,2 m unterscheidet sich A. *madagascariensis* von A. *dumerili* auf den ersten Blick durch größere Kopfschuppen. Die Art lebt im Bodenbereich von Baumsavannen und lichten Wäldern und bleibt tagsüber verborgen. Ihre Hauptbeute besteht aus Nagetieren. Nach acht bis neun Monaten Tragezeit werden meist nur zwei bis sechs Jungschlangen abgesetzt.
Terrarienhaltung: Haltung, Pflege und Schutzstatus entsprechen A. *dumerili*.

Acrantophis dumerili

Acrantophis madagascariensis

Boa constrictor LINNAEUS, 1758
– Abgottschlange, Königsboa –
Verbreitung: vom mittleren Mexiko (Sonora) über Mittelamerika bis Nordargentinien, kleine Antillen
Lebensraum/Lebensweise: In ihrem großen Verbreitungsgebiet ist *Boa constrictor* sowohl in tropischen Sumpfwäldern, Tieflandregenwäldern, Mangrovenwäldern wie auch in Bergregenwäldern, Trockenwäldern und sogar wüstenähnlichen Gebieten zu Hause. Sie tritt auch als Kulturfolger auf und liebt die Nähe von Gewässern. Die vorwiegend dämmerungs- und nachtaktiven Tiere halten sich tagsüber in Verstecken – oft Erdhöhlen von Kleinsäugern – auf. Als Lauerjäger erbeuten sie Säugetiere, Vögel und Reptilien, wobei sie auch in Büschen und auf Bäumen kletternd anzutreffen ist. Die Boa wird gewöhnlich um 2,5 m lang; Exemplare von mehr als 4 m Gesamtlänge sind bereits eine große Seltenheit.
Terrarienhaltung: *Boa c.* ist die am häufigsten im Terrarium gepflegte Riesenschlange und wird bereits über Generationen in solchen Stückzahlen nachgezogen, dass der Liebhaberbedarf durch Nachzuchttiere gedeckt werden kann. Leider wurden bei der Vermehrung bewusst und unbewusst häufig Unterartkreuzungen vorgenommen, sodass Exemplare reiner Unterarten bereits selten geworden sind. Das Terrarium sollte für Tiere unter 1,5 m Länge die Ausmaße von wenigstens 1,0 x 0,5 x 0,75 GL, für größere 0,75 x 0,5 x 0,75 GL haben. Eine Grundtemperatur von 20 bis 30 °C wird toleriert (nachts 20 bis 22 °C), jedoch muss eine lokale Erwärmung auf 30 bis 35 °C gegeben sein. Ein Badebecken sowie etliche Kletteräste vervollständigen die Terrarieneinrichtung. Die Fütterung mit Kleinsäugern und Küken ist problemlos. Eine etwas kühlere (12 bis 18 °C) und trockenere Ruheperiode (relative Luftfeuchtigkeit unter 70 %) über sechs bis zwölf Wochen stimuliert die Paarungsbereitschaft. Die Würfe umfassen 15 bis 40 Jungtiere. Trotz ihrer in der Natur weitgehend gesicherten Existenz und ihrer stabilen Haltung als „Haustier" ist *Boa c.* wie alle Riesenschlangen in den Anhang B der EU-Artenschutzverordnung eingetragen worden. Die Argentinische Boa (*B. c. occidentalis*), die südlichste aller Unterarten, muss allerdings im Anhang A geführt werden.

Boa constrictor constrictor

Boa constrictor occidentalis

Boa constrictor amarali

Kleinsäugern, Vögeln, Echsen vermutlich auch Frösche. Als Abwehrverhalten zeigt sie das charakteristische ballförmige Verknäueln.

Terrarienhaltung: Bei 25 bis 30 °C (lokal bis 35 °C) mit geringer nächtlicher Abkühlung können diese Boas im Terrarium (1,0 x 0,5 x 0,75 GL) mit relativ großem Wasserbecken recht ausdauernd sein und lassen sich selbst an tote Nagetiere gewöhnen. Die Art wurde bisher nur selten nachgezogen; in einem Fall brachte ein Weibchen 22 Jungtiere zur Welt. Die Art ist in den Anhang B der EU-Artenschutzverordnung zugeordnet.

Candoia aspera (GÜNTHER, 1877)
– Neuguineaboa –
Verbreitung: Neuguinea und umliegende Inseln, Bismarck-Archipel, Salomonen-, Tokelau-Inseln
Lebensraum/Lebensweise: Die etwa einen Meter lang werdende Altwelt-Boa lebt mehr terrestrisch und im Wasser als ihre kletternden Verwandten aus der Gattung *Candoia*. Deshalb bevorzugt sie feuchte Tropenwälder mit Gewässern und erbeutet neben

Candoia aspera

Candoia carinata (SCHNEIDER, 1801)
– Pazifikboa –
Verbreitung: Celebes über Neuguinea bis Salomo-
nen- und Tokelau-Inseln
Lebensraum/Lebensweise: Auch *C. carinata* wird
etwa einen Meter lang, bewohnt tropische Regen-
wälder und Feuchtgebiete und lebt in manchen
Gebieten auf den Bäumen. Die Beutetierpalette
schließt neben Kleinsäugern – auch Fledermäuse –
und Vögeln genauso Echsen, Frösche und sogar
Fische ein. Ihre Würfe umfassen etwa 20 Junge.
Terrarienhaltung: Haltung und Schutzstatus siehe
bei *C. aspera*. Einige Äste im Terrarium haben ihrem
Kletterbedürfnis Rechnung zu tragen.

Corallus caninus (LINNAEUS, 1758)
– Grüner Hundskopfschlinger –
Verbreitung: Amazonasbecken von Peru und Bolivien über Brasilien bis Guyana
Lebensraum/Lebensweise: Der nachtaktive *C. caninus*
ist ein streng dem Baumleben angepasster Bewohner des tropischen Regenwaldes, der über 2 m lang
wird. Er verlässt selten seinen Aufenthaltsort im Astwerk, wo er auf Vögel und Kleinsäuger lauert. Die
Wurfgrößen liegen zwischen sieben und 14 Jungtieren.
Terrarienhaltung: Im hohen Regenwaldterrarium
(0,75 x 0,5 x 1,5 GL) braucht diese Boa 25 bis 30 °C
(lokal bis 35 °C) bei nur geringer nächtlicher Abkühlung und einer relativen Luftfeuchtigkeit von 70 bis
100 % zum Wohlbefinden. Kletteräste, eine robuste
Bepflanzung sowie ein Wasserbecken sind angezeigt. Die Art wird gelegentlich nachgezogen. Die
Neugeborenen können rot, gelb oder grün gefärbt
sein. Die Schlange gilt als heikel, insbesondere werden bei individuellen Unterschieden nicht alle Futtertiere (Geflügel, Kleinsäuger) gleichermaßen akzeptiert. Sie ist für Anfänger in der Terraristik nicht zu
empfehlen. Schutzstatus: Anhang B der EU-Artenschutzverordnung.

◀ *Candoia carinata paulsoni*

▼ *Corallus caninus* – Jungtiere

Corallus enydris

Corallus enydris (LINNAEUS, 1758)
– Gartenboa –
Verbreitung: Nikaragua bis Peru und Guyana, kleine Antillen, Nordbrasilien; nicht im Amazonasbecken
Lebensraum/Lebensweise: Die 2 m, maximal 2,7 m lange nachtaktive Art lebt im Regenwald meist in der Nähe von Gewässern, wo sie Kleinsäuger, Vögel, Echsen und Frösche fängt. Sie ist auch auf Kulturflächen anzutreffen. Eilebendgebärend.
Terrarienhaltung: Das Terrarium und seine Einrichtung können dem von *C. caninus* entsprechen. Ratten und Küken werden meist problemlos angenommen. Die Art wird schon über Generationen regelmäßig nachgezogen. Schutzstatus: Anhang B der EU-Artenschutzverordnung.

Epicrates angulifer BIBRON, 1843
– Kubaschlankboa –
Verbreitung: Kuba, Isla de la Juventud und andere benachbarte Inseln
Lebensraum/Lebensweise: Weibliche Kubaschlankboas werden etwa 2,5 m lang, die Männchen bleiben kleiner. Eine Maximallänge von 4,5 m, wie sie in der Literatur genannt wird, ist die absolute Ausnahme. In ihrer Heimat lebt die recht kräftige, dämmerungsaktive Boa in Buschland und Wäldern, meist in Gewässernähe, sowohl am Boden als auch im Ge-

büsch und auf Bäumen. Zu ihrer Nahrung zählen Kleinsäuger und Vögel. Die in der Nähe von Höhlen vorkommenden Exemplare fressen vorzugsweise Fledermäuse.
Terrarienhaltung: Haltung und Pflege der Kubaschlankboa entsprechen denen von *Epicrates cenchria*. Die Art wird häufig nachgezogen. Die Würfe umfassen drei bis 15, teilweise schon recht große Jungtiere, die ohne größere Probleme mit nestjungen Mäusen aufgezogen werden können. Die Art genießt in ihrer Heimat strengsten Schutz und ist im Anhang B der EU-Artenschutzverordnung eingetragen.

Epicrates angulifer

Epicrates cenchria (LINNAEUS, 1758)
– Regenbogenboa –
Verbreitung: Costa Rica, nördliches Südamerika (bis Peru, Paraguay, Brasilien und Nordostargentinien)
Lebensraum/Lebensweise: Die Regenbogenboa – wegen ihrer irisierenden Körperbeschuppung so genannt – lebt in den tropischen Regenwäldern, wo sie nachts in den Bäumen und auf dem Boden nach Kleinsäugern und Vögeln jagt. Sie ist aber auch auf Kulturland und in felsigen Gebieten anzutreffen, gewöhnlich in Gewässernähe. Die Tiere werden etwa 2,3 m lang. Jungtiere sind bei der Geburt attraktiv gezeichnet. Während beispielsweise die Nominatform ihre Jugendfärbung behält, werden die Jungen einiger Unterarten im Alter einfarbig braun.

Epicrates cenchria cenchria

Terrarienhaltung: Für die gern kletternde Art sind im Terrarium (1,0 x 0,5 x 0,75 GL) zahlreiche Kletteräste, Verstecke sowie ein Badebecken erforderlich. Die Terrarientemperatur muss 25 bis 30 °C – lokal bis 35 °C – betragen und sollte nachts auf 22 bis 25 °C absinken. Die Beutetiere (Kleinsäuger, Küken) werden problemlos angenommen. Mehrere Unterarten werden schon über Generationen nachgezogen. Leider erfolgten dabei aus Unkenntnis häufig Unterartkreuzungen. Schutzstatus: Anhang B der EU-Artenschutzverordnung.

Epicrates monensis ZENNECK, 1898
– Monaschlankboa –
Verbreitung: Antillen (Isla Mona, Virgin-, Tortola-Island)
Lebensraum/Lebensweise: Die kaum mehr als 90 cm, vivivipare und recht seltene Art lebt in den Karstwäldern der kleinen Inseln, wo sie sich tagsüber in Baumhöhlen und anderen Verstecken verborgen hält, um nachts Echsen, Frösche und Kleinsäuger zu erbeuten.
Terrarienhaltung: Haltung und Pflege siehe *E. cenchria*. Wie *E. subflavus* und *E. inornatus* (Puerto-Rico-Schlankboa) ist diese Inselform von der Ausrottung bedroht und wie diese im Anhang A der EU-Artenschutzverordnung erfasst.

Epicrates monensis monensis

Epicrates subflavus STEJNEGER, 1901
– Jamaikaschlankboa –
Verbreitung: Jamaika
Lebensraum/Lebensweise: Diese bis 2,5 m lang werdende Schlankboa lebt in Wälder auf feuchten Kalkböden und hält sich tagsüber in Felsspalten, Höhlen und hohlen Baumstämmen verborgen. Sie jagt vorwiegend Echsen, Frösche und Kleinsäuger.

Epicrates subflavus

Terrarienhaltung: Die Haltung entspricht *E. cenchria*. Eine Felsrückwand mit Versteckplätzen könnte ein Heimatbiotop imitieren. Die viviovipare Art wird selten nachgezogen. Wegen der Zerstörung ihrer Lebensräume auf Jamaika ist die Art von der Ausrottung bedroht und deshalb im Anhang A der EU-Artenschutzverordnung eingetragen.

Eunectes murinus LINNAEUS, 1758
– Große Anakonda –
Verbreitung: nördliches Südamerika östlich der Anden, einschließlich Trinidad, insbesondere die Flusssysteme von Amazonas und Orinoko
Lebensraum/Lebensweise: In ihrem großen Verbreitungsgebiet ist die Große Anakonda vor allem an die Regenwaldgebiete gebunden, wo sie eine halbaquatile Lebensweise führt. Sie kann hervorragend schwimmen und tauchen und jagt nach Fischen, Fröschen, Reptilien – u. a. nach Kaimanen –, Vögeln und Säugetieren. Sie wird sieben bis über neun Meter lang und ist mit bis zu 220 kg die massigste Schlange überhaupt. Ihre 30 und mehr Jungtiere sind bei der Geburt bereits 50 bis 80 cm lang.
Terrarienhaltung: Aufgrund ihrer Größe und Körpermasse ist die Große Anakonda zur Haltung in Privathand nicht zu empfehlen. Die Größe des Terrariums sollte, der zunehmenden Größe der Tiere angepasst, bei Exemplaren unter 1,5 m Länge 1,0 x 0,5 x 0,75 GL groß sein und braucht bei Exemplaren über 2,5 m nur noch 0,75 x 0,5 x 0,5 GL messen. Ein kräftiger Kletterstamm und ein Wasserbecken mit einer Größe von mindestens 50 bis 75 % der Bodenfläche des Terrariums machen im Wesentlichen die Terrarieneinrichtung aus. Luft und Wasser sollten konstant 25 bis 30 °C warm sein. Ein Wärmeplatz mit 30 bis 35 °C muss gegeben sein. Wildfänge gewöhnen sich nur schwer ein. Die Art wird jedoch in großen Terrarienanlagen auch nachgezogen. Die Nachzuchttiere bereiten gewöhnlich kaum Probleme und fressen Fische, Kleinsäuger sowie Geflügel.
Schutzstatus: Anhang B der EU-Artenschutzverordnung.

Eunectes murinus

Eunectes notaeus COPE, 1862
– Gelbe oder Paraguay-Anakonda –
Verbreitung: Flussgebiet des Paraguay in Paraguay und Nordargentinien
Lebensraum/Lebensweise: Trotz ihrer weiten Verbreitung in der Terraristik ist über die Freilandbiologie dieser Art wenig bekannt. Sie ist wie *E. murinus* eine dämmerungsaktive Schlange, die nicht so sehr ans Wasser gebunden ist, wie ihre große Verwandte. Sie ist auch auf Lichtungen im Regenwald zu finden. Sie wird 2 m bis nahezu 3,5 m lang. Ihre Würfe können 20 Jungtiere umfassen.

Eunectes notaeus

Terrarienhaltung: Während die relativen Maße des Terrariums und dessen Einrichtung denen der Großen Anakonda entsprechen sollten, ist die absolute Terrariengröße schon gut für eine Haltung beim Terrarianer geeignet. Entsprechend ihrer südlicheren Verbreitung ist sie widerstandsfähiger gegenüber niedrigeren Temperaturen. Die Nachttemperatur im Terrarium kann auf 20 °C sinken. Dass *E. notaeus* wenigstens zeitweise Fische verschmäht und dann Kleinsäuger und Geflügel bevorzugt, könnte mit der Trockenzeit in ihrer Heimat im Zusammenhang stehen. Viele Exemplare sind

recht aggressiv. Die Art wird häufig nachgezogen. Sie ist im Anhang B der EU-Artenschutzverordnung vermerkt.

Sanzinia madagascariensis (DUMÉRIL & BIBRON, 1844)
– Madagaskar-Hundskopfschlinger –
Verbreitung: Madagaskar außer Südwesten und Höhen über 1600 m
Lebensraum/Lebensweise: *S. madagascariensis* lebt in unterschiedlichen Biotopen sowohl in feuchten wie auch trockenen Wäldern, in Grassavannen wie in Gewässernähe. Vorwiegend dämmerungsaktiv, verbirgt sie sich tagsüber im Unterholz und in Erdhöhlen unter Baumwurzeln. Die Tiere werden bis 2,5 m lang. Zum Fang ihrer Beute, vorwiegend Kleinsäuger und Vögel, klettern sie auch auf Bäume. Ihre Würfe umfassen bis etwa 20 Junge.
Terrarienhaltung: Das Terrarium (0,75 x 0,5 x 0,75 GL) ist auf 28 bis 32 °C, lokal sogar auf 34 bis 38 °C, zu beheizen. Die Nachttemperatur kann 6 bis 8 K niedriger sein. Verstecke, einige Kletteräste und ein großes Wasserbecken sind obligatorisch. Kleinsäuger und Küken werden meist bereitwillig gefressen. Die Art wird relativ häufig nachgezogen. Sie ist im Anhang A der EU-Artenschutzverordnung erfasst.

Sanzinia madagascariensis

Unterfamilie **Sandboas (Erycinae)**

Auch diese Unterfamilie erfuhr in den letzten Jahren etliche Veränderungen. Während die kaum einen Meter langen, im lockeren Boden grabenden Gattungen der Alten Welt (*Eryx, Gongylophis*) sowie die aus dem Westen Nordamerikas (*Charina* mit der inzwischen eingegliederte Gattung *Lichanura*) viviovipar sind, gehört neuerdings auch der westafrikanische „Erdpython" – besser jetzt „Erdboa" –, eine ovipare Art, der Unterfamilie an. Ihr Kopf hebt sich kaum vom Körper ab; der Schwanz ist abgestumpft.

Calabaria reinhardti (SCHLEGEL, 1851)
– Erdpython (besser „Erdboa") –
Verbreitung: Westafrika (Liberia bis Kongo)
Lebensraum/Lebensweise: Da die monotypische Gattung eine gewisse Sonderstellung unter den Boidae einnimmt, wurde ihr auch schon eine eigene Unterfamilie (Calabariinae) eingeräumt. Über die Lebensweise des kaum 1 m langen Pythons ist wenig bekannt. Er wühlt in der Falllaubschicht der Regen-

Calabaria reinhardti

wälder und verbirgt sich tagsüber unter Baumstämmen oder im Wurzelbereich. Er jagt nachts kleine Säuger und Echsen und soll auch Regenwürmer nicht verschmähen. Bei Bedrohung rollte er sich ballartig zusammen. Die Art ist eierlegend.
Terrarienhaltung: Der weiche, teilweise angefeuchtete Bodengrund des Terrariums (0,75 x 0,5 x 0,5 GL) aus Torfmull, Moos oder Hobelspänen sollte 10 bis 15 cm tief sein. Die Terrarientemperatur muss zwischen 28 und 32 °C (nachts 22 bis 25 °C) liegen. Die im Terrarium recht ausdauernden Tiere nehmen problemlos sogar tote Mäuse. Schutzstatus: Anhang B der EU-Artenschutzverordnung.

Charina bottae (BLAINVILLE, 1853)
– Gummiboa –
Verbreitung: Kanada (British Columbia) bis USA (Südkalifornien, östlich bis Wyoming)
Lebensraum/Lebensweise: Die kaum 80 cm lange Boa ist ein Bodenbewohner des feuchteren Gras- und Buschlandes wie auch lichter Nadelwälder, wo sie sich unter Steinen, abgestorbenen Baumstämmen oder im Falllaub verbirgt. Sie erbeutet vornehmlich Kleinsäuger und Echsen und kann auf der Suche nach Vogelnestern im Gestrüpp klettern. Jungtiere fressen auch Insekten.

Charina bottae

Terrarienhaltung: Tiefer, weicher Bodengrund, trockenes Laub, einige Versteckplätze, ein Wasserbecken sowie einige Kletteräste komplettieren das Terrarium (0,75 x 0,5 x 0,75 GL). Die Temperaturen sollten 25 bis 28 °C betragen und nachts unter 20 °C sinken. Die Gummiboa wird selten gehalten und nachgezogen. Eine zwei- bis dreimonatige Winterruhe ist angesagt. Die Wurfgröße variiert zwischen drei und acht Jungen. Schutzstatus: Anhang B der EU-Artenschutzverordnung.

Charina trivirgata (COPE, 1861)
– Rosenboa –
Oft noch als *Lichanura trivirgata* bezeichnet.
Verbreitung: USA (Südkalifornien, südwestliches Arizona), Mexiko (an USA angrenzende Gebiete wie auch nördliche Baja California)
Lebensraum/Lebensweise: Die Rosenboa ist in Wüsten, trockenem Buschland und felsigem Terrain, wo eine gewisse Feuchtigkeit vorhanden ist, bis in Höhen von 1200 m zu Hause. Die etwa einen Meter lang werdende, nachtaktive und Boden bewohnende Art bevorzugt Biotope mit geringem Pflanzenwuchs, wo sie auch im Buschwerk klettern kann. Sie frisst Kleinsäuger und Vögel. Im späten Herbst werden sechs bis zehn Jungtiere geboren.

Terrarienhaltung: Das Trockenterrarium (0,75 x 0,5 x 0,75 GL) mit stellenweise angefeuchtetem Bodengrund, Kletterästen und einem kleinen Wasserbecken ist auf 20 bis 26 °C zu erwärmen; die Nachtabsenkung ist relativ gering. Ein Wärmeplatz von etwa 30 °C soll vorhanden sein. Die Weibchen der öfter nachgezogenen Art werfen nur ein bis fünf, dafür aber recht große Jungtiere, die oft erst im nächsten Frühjahr das erste Futter annehmen. Generell werden Mäuse ohne Schwierigkeiten akzeptiert. Die Art trägt den Schutzstatus Anhang B der EU-Artenschutzverordnung.

Charina trivirgata trivirgata

Sandboas

Eryx jaculus (LINNAEUS, 1758)
– Europäische Sandboa –
Verbreitung: Balkan über Kleinasien und Nordafrika bis Marokko
Lebensraum/Lebensweise: Bis zu 90 cm Länge kann diese Schlange erreichen. Sie ist die einzige „Riesen"schlange, die auch in Europa vorkommt. Sie lebt in Steppengebieten, an trockenen Hängen, wo sie sich unter flachen Steinen oder im lockeren Boden verborgen hält. Neben Echsen gehören vor allem Kleinsäuger zur Beute.
Terrarienhaltung: Haltung und Pflege entsprechen weitgehend denen von *Gongylophis colubrinus*. Die Temperaturen können etwas niedriger liegen. Sie wurde schon im Terrarium nachgezogen, wo sie bis 20 Junge absetzte. Insbesondere wegen ihrer in Europa stetig schwindenden Lebensräume ist die Europäische Sandboa im Anhang A der EU-Artenschutzverordnung eingetragen.

Eryx johnii (RUSSELL, 1801)
– Indische Sandboa –
Verbreitung: Iran, Pakistan, Afghanistan bis westliches Bengalen

Lebensraum/Lebensweise: Die Art lebt auf sandigem bis felsigem Boden von Dornbuschsavannen und Wüstengebieten. Sie misst meist nur etwa 60 cm, kann aber die Länge von einen Meter erreichen. Ihr extrem kurzer Schwanz kann als „Scheinkopf" zur Verwirrung von Fressfeinden dienen. Kleinsäuger und Echsen gehören zur natürlichen Beute.
Terrarienhaltung: Haltung und Pflege dieser gleichfalls nachtaktiven Wühlschlange entsprechen denen von *Gongylophis colubrinus*. Die Art wurde schon des Öfteren im Terrarium nachgezogen. Schutzstatus: Anhang B der EU-Artenschutzverordnung.

▼ *Eryx jaculus turcicus*

▲ *Eryx johni*

Eryx tataricus (LICHTENSTEIN, 1823)
– Tatarische Sandboa –
Verbreitung: von der Ostküste des Kaspischen Meeres bis ins westliche China
Lebensraum/Lebensweise:
Die höchstens 90 cm lange Schlange gilt als die ökologisch anpassungsfähigste Sandboa-Art. Auch sie bevölkert Steppengebiete, kommt aber ebenso auf Kulturland vor. Neben Echsen, gelegentlich Vögeln,

Eryx tataricus

gehören vor allem Kleinsäuger zu ihrer Beute, die die dämmerungs- und nachtaktive Schlange sogar in den unterirdischen Ziesel- und Murmeltierbauen schlägt.
Terrarienhaltung: siehe *Gongylophis colubrinus*. Bis zu 34 Jungtiere wurden schon in einem Wurf geboren. Schutzstatus: Anhang B der EU-Artenschutzverordnung.

Gongylophis colubrinus (LINNAEUS, 1758)
– Ägyptische Sandboa –
Verbreitung: Ägypten, Mittlerer Osten, südwärts bis östliches Afrika
Lebensraum/Lebensweise: Die Ägyptische Sandboa lebt auf sandigem und steinigem Boden trockener Savannen, wo die bis 75 cm lange Art, im Boden eingegraben – nur der Kopf ragt heraus, auf Nagetiere und Echsen lauert.
Terrarienhaltung: Das als Halbwüstenbiotop eingerichtete Terrarium (0,75 x 0,5 x 0,5 GL) mit 15 cm tiefem Bodengrund, einigen flachen Steinen und einem kleinen, gut verankerten Trinkgefäß ist auf 25 bis 30 °C zu temperieren. Eine begrenzte Wärmefläche sollte 35 bis 38 °C warm sein. Nachts ist Abkühlung um etwa 10 K erforderlich. Würfe mit bis zu 17 Jungtieren sind schon erzielt worden. Schutzstatus: Anhang B der EU-Artenschutzverordnung.

Eryx colubrinus loveridgei

Familie **Mauritiusboas (Bolyeridae)**

Lediglich zwei Arten, die Mauritiusboa (*Bolyeria multocarinata*) und die Rundinselboa (*Casarea dussumieri*), bilden diese Schlangenfamilie. Beide sind lediglich auf der winzigen Round Island im Indischen Ozean zu Hause und vom Aussterben bedroht. Die Mauritiusboa ist möglicherweise bereits ausgerottet. Der Schädelbau beider Arten ähnelt dem der Arten aus der Familie Tropidophiidae. Einmalig bei Schlangen überhaupt ist dagegen die Teilung ihrer Oberkieferäste in zwei Hälften. Beide Arten sind eierlegend. Für die private Terraristik sind sie wegen ihrer Seltenheit ohne Bedeutung.

Casarea dussumieri (SCHLEGEL, 1837)
– Rundinselboa –
Vorkommen: Round Island (Maskarenen)
Lebensraum/Lebensweise: Die im natürlichen Lebensraum dämmerungs- und nachtaktive Altweltboa hält sich tagsüber auf Palmen und anderen Bäumen in nicht zu trockenen Verstecken verborgen, während sich ihre auffällig orangerot oder gelb gefärbten Jungtiere tief in den Scheiden der Palmblätter verbergen. Die bis 1,5 m lange Riesenschlange ist

von der Ausrottung bedroht; ihr Weltbestand – einschließlich der in Terrarien lebenden Tiere – wird auf kaum mehr als 150 Exemplare geschätzt. Sie frisst vorwiegend Echsen (Taggeckos, Skinke), vermutlich auch Frösche sowie Kleinsäuger. Die Weibchen legen drei bis zehn Eier je Gelege.
Terrarienhaltung: Im Rahmen eines Erhaltungszuchtprogramms wurden vom Jersey Wildlife Preservation Trust ab 1976 zunächst einige Tiere eingesammelt und in den Zoo von Jersey verbracht. Die Boas mussten zunächst an Ersatznahrung gewöhnt werden. Erste Nachzuchttiere gingen an Stoffwechselstörungen ein. Eine niedrigere Luftfeuchte im Inkubator verbesserte die Schlupfergebnisse. Inzwischen wurden Nachzuchttiere bereits wieder ausgesiedelt. Zur Haltung der Rundinselboa erscheint ein Terrarium (1,0 x 0,5 x 0,75 GL) mit Kletterstämmen, Verstecken und einem Badebecken bei Temperaturen von 25 bis 30 °C, nachts wenig kühler, angemessen. Wegen ihrer Seltenheit stehen *C. dussumieri* wie auch *Bolyeria multocarinata* im Anhang A der EU-Artenschutzverordnung.

Familie **Spitzkopfpythons (Loxocemidae)**

Nur eine Art berücksichtigt diese Familie. Bei ähnlichem phylogenetischem Entwicklungsstand wie sie die Familie Xenopeltidae aufweist, sind dagegen Beckengürtelreste vorhanden. Der Kopf ist gut abgesetzt und trägt auf der Oberseite große symmetrische Schilder.

Loxocemus bicolor COPE, 1861
– Spitzkopfpython –
Verbreitung: Südmexiko, nordwestliches Honduras, nördliches Costa Rica
Lebensraum/Lebensweise: Der bis 1,2 m lang werdende Spitzkopfpython lebt in seiner Heimat in mäßig warmen tropischen und subtropischen Wäldern am Boden in Falllaub und unter totem Holz. Über seine Lebensweise ist aufgrund seiner Seltenheit wenig bekannt. Vermutlich ist diese Schlange nachtaktiv und hält sich häufig im Boden wühlend verborgen. Gejagt werden kleine Säugetiere und wahrscheinlich auch am Boden brütende Vögel. Die Art legt zwei bis vier Eier je Gelege.
Terrarienhaltung: Der Spitzkopfpython passt sich Terrarienbedingungen gut an. Das Terrarium (0,75 x 0,5 x 0,5 GL) muss eine tiefe, stellenweise feuchte

Casarea dussumieri   CPS

Loxocemus bicolor

Trachyboa boulengeri

Bodenschicht aus Walderde, Laub u. Ä. sowie ein kleines Trinkgefäß aufweisen. Die Tagestemperaturen von 25 bis 30 °C können nachts um 5 K absinken. Kleine Mäuse wie auch Küken werden als Beute angenommen.

Familien Zwergboas (Tropidophiidae und Ungaliophiidae)

Während manche Systematiker diese Familien unterscheiden, arbeiten andere mit den drei Unterfamilien Tropidophiinae mit den Gattungen *Trachyboa* und *Tropidophis*, Ungaliophiinae mit *Exiliboa* und *Ungaliophis* sowie Xenophidioninae mit *Xenophidion*. Trotz großer Ähnlichkeit mit den Boidae – Beckengürtelreste sind vorhanden – stehen die Zwergboas mit ihren insgesamt 27 Arten auf einer höheren Entwicklungsstufe. Ihr linker Lungenflügel ist stark oder vollständig zurückgebildet. Mit Ausnahme von *Tropidophis melanurus* von Kuba werden alle Arten höchstens etwa 70 cm lang. Die meisten Zwergboas leben in Mittel- und Südamerika sowie auf vielen Karibik-Inseln. *Xenophidion* kommt in Malaysia und Indonesien vor. Die meisten Arten sind viviovipar.

Trachyboa boulengeri Peracca, 1910
– Rauschuppenboa –
Verbreitung: Panama bis Ecuador
Lebensraum/Lebensweise: Mit der Gattung Zwergboas (*Tropidophis*) nahe verwandt, lebt die etwa 40 cm lange Art vorwiegend in tropischen Bergregenwäldern in Gewässernähe. In der Dämmerung und nachts macht diese Schlange am Boden und im Geäst Jagd auf Froschlurche. Sie fängt auch Fische.

Terrarienhaltung: Ein Feuchtterrarium (1,0 x 0,5 x 0,75 GL) mit großem Wasserbecken, einem trockenen Liegeplatz und Kletterästen bietet bei Temperaturen zwischen 24 und 28 °C – nachts etwa 5 K niedriger – ausreichende Haltungsbedingungen. Wenngleich Frösche als Futter bevorzugt werden, sollten auch lebende und tote Fische angeboten werden. Von Wildfängen wurden schon Jungtiere abgesetzt. Schutzstatus: Anhang B der EU-Artenschutzverordnung.

Tropidophis canus (Cope, 1868)
– Bahamazwergboa –
Verbreitung: Bahamas
Lebensraum/Lebensweise: Kaum länger als 40 cm wird diese Boden bewohnende, viviovipare Zwergboa aus dem Unterholz niedriger tropischer Waldgebiete insbesondere auch in Küstennähe, wo sie sich tagsüber im Bodengrund oder unter flachen Steinen verbirgt. Zu ihrer Beute gehören Fische, seltener Echsen sowie Kleinsäuger.

Tropidophis canus curtus

Terrarienhaltung: Das ihrer Größe angemessene Terrarium (1,0 x 0,5 x 0,75 GL) mit lockerem und in der Tiefe leicht angefeuchteten Bodengrund, ausgestattet mit einem Kletterast, einem kleinen Badebecken und einigen Steinplatten, bietet der Bahamazwergboa eine adäquate Unterkunft. Die Grundtemperatur des Terrariums sollte 25 bis 32 °C betragen und nachts um etwa 5 K sinken. In Ermangelung anderer Futtertiere sind junge Mäuse u. Ä. zu bieten. Die Art wurde schon vereinzelt nachgezogen. Schutzstatus: Anhang B der EU-Artenschutzverordnung.

Tropidophis melanurus (SCHLEGEL, 1837)
– Kubanische Zwergboa –
Verbreitung: Kuba, Isla de la Juventud, Navassa-Inseln

Tropidophis melanurus melanurus

Lebensraum/Lebensweise: Die bis etwa 1 m lang werdende Kubanische Zwergboa ist zwar nicht die einzige Vertreterin ihrer Gattung auf Kuba, dürfte aber die häufigste sein, da sie mit den unterschiedlichsten Biotopen – tropische Regenwälder, Trockenwälder, Parkanlagen, Gärten – vorlieb nimmt. Dort hält sie sich im Bodengrund verborgen und jagt nachts auf Frösche, Echsen und Kleinsäuger.
Terrarienhaltung: Bei 28 bis 32 °C (nachts 24 bis 27 °C) fühlen sich diese Zwergnattern im tiefen, halbfeuchten Bodengrund ihres Terrariums (1,0 x 0,5 x 0,75 GL) wohl. Einige Wurzeln und Rindenstücke bieten zusätzliche Versteckplätze. Äste schaffen Klettermöglichkeiten. Die Kubanische Zwergboa nimmt gewöhnlich junge Mäuse als Beute an. Die bisweilen nachgezogenen, lebend geborenen Jungtiere bereiten dagegen Schwierigkeiten mit der Futteraufnahme, wenn nicht kleine Frösche oder Echsen als Futter zur Verfügung stehen. Schutzstatus: Anhang B der EU-Artenschutzverordnung.

Ungaliophis continentalis MÜLLER, 1882
– Chiapaszwergboa –
Verbreitung: Mexiko bis Honduras
Lebensraum/Lebensweise: Diese Zwergboa kann etwa 75 cm lang werden und ist den verwandten *Tropidophis*-Arten auch ökologisch sehr ähnlich. Sie liebt Gewässernähe, wo sie gelegentlich auch im Strauchwerk klettert. Ihre hauptsächliche Beute sind vermutlich Frösche und Echsen.

Terrarienhaltung: In Ausstattung, relativer Größe und Temperierung sollte das Terrarium dieser selten gepflegten Art dem der *Tropidophis*-Arten entsprechen. Im Terrarium werden auch Kleinsäuger angenommen. Ihre Würfe umfassten fünf bis sechs Jungtiere. Auch sie ist im Anhang B der EU-Artenschutzverordnung verzeichnet.

Ungaliophis continentalis

Familie Schildschwanzschlangen (Uropeltidae)

Den Schildschwanzschlangen gehören acht Gattungen aus den Regenwäldern Südindiens und Sri Lankas an. Alle 47 Arten sind kleinwüchsige Bodenwühler, deren drehrunder Körper, spitzer Kopf und dunkle Grundfarbe für diese Lebensweise charakteristisch sind. Der Kopf und das ähnlich geformte Schwanzende geben Anlass zu Verwechslungen.

Xenopeltis unicolor

Uropeltis melanogaster (GRAY, 1858)
– Schwarzbauchschildschwanz –
Verbreitung: Sri Lanka
Lebensraum/Lebensweise: Die endemische Art wird bei einem Durchmesser von 8 mm etwa 27 cm lang und lebt – im lockeren Boden verborgen – in Wäldern und Gärten im Bergland der Zentralprovinz Sri Lankas. Die Tiere ernähren sich von Wirbellosen, vorwiegend Würmern. Sie sind vivioviviar und bringen relativ große Junge zur Welt.
Terrarienhaltung: Das hohe Glasterrarium (1,0 x 0,5 x 1,0 GL) muss einen wenigstens 20 cm tiefen, lockeren Bodengrund mit aufliegenden Rindenstücken und flachen Steinen enthalten. Bei Abdeckung des Bodengrundes von außen werden auch entlang der Scheiben Wohnröhren angelegt, sodass sich bei schwacher Beleuchtung nach Entfernung der Abdeckung die Tiere beobachten lassen. Als Futter sind Gliederfüßer, deren Larven sowie Regenwürmer anzubieten.

Familie Erdschlangen (Xenopeltidae)

Nur eine Gattung mit zwei Arten gehört den Erdschlangen an. Wenn auch die Dehnbarkeit der Maulspalte wegen eingeschränkter Beweglichkeit der Unterkieferknochen zueinander begrenzt ist, steht diese Art jedoch auf einer höheren Evolutionsstufe: ihr fehlen Beckengürtelrudimente vollständig.

Xenopeltis unicolor REINWARDT, 1827
– Regenbogenschlange –
Verbreitung: Südostasien
Lebensraum/Lebensweise: Die etwa 1,10 m lang werdende Regenbogenschlange bewohnt die Monsunwälder und die Randgebiete der Regenwälder wie auch Reisfelder in den Tropen, sowohl im Flachland als auch in höheren Lagen. Dort jagt sie in der Dämmerung und nachts nach Fröschen, Echsen, Schlangen und Kleinsäugern. Wird sie ergriffen, vibriert sie heftig mit dem Schwanz, beißt jedoch nicht. Die Weibchen legen drei bis 17 längliche Eier.
Terrarienhaltung: Im Tropenterrarium (1,0 x 0,5 x 0,5 GL) mit teilweisen feuchtem, tiefen Bodengrund sind Verstecke und ein großes Wasserbecken erforderlich. Die Grundtemperaturen sollten bei 25 bis 30 °C – nachts um 24 °C – liegen. Als Beutetiere in der Terrarienhaltung kommen vorwiegend Kleinsäuger – auch tote Mäuse – in Frage. Die Art ist im Anhang D der EU-Verordnung eingetragen, wobei auch der Handel von Häuten reglementiert ist.

Überfamilie Nattern- und Vipernartige Schlangen (Xenophidia)

Familie: Warzenschlangen (Acrochordidae)

Die insgesamt drei Arten der einzigen Gattung *Acrochordus* gehen selten oder niemals an Land. Deshalb sind ihre Augen wie auch die Nasenlöcher nach oben gerichtet. Bei ihren oft stundenlangen Tauchgängen können die Nasenlöcher verschlossen werden. Warzenschlangen leben in Süß-, Brack- und Meerwasser.

Acrochordus javanicus HORNSTEDT, 1787
– Javawarzenschlange –
Verbreitung: südliches Hinterindien, Borneo, Sumatra, Java, Neuguinea

Lebensraum/Lebensweise: Während die Männchen dieser massigen Schlangen bis 1,9 m lang werden, erreichen die Weibchen nahezu 2,9 m Länge und werden 5 kg schwer. Die Art kommt sowohl im Meer als auch in Lagunen und Flüssen vor und scheut selbst schlammige Sümpfe nicht. Tagsüber hält sie sich in Unterwasserverstecken zwischen Wasserpflanzen und Wurzelwerk verborgen und jagt nachts vorwiegend Fische, vermutlich aber auch Frösche und Wirbellose. In ihren Heimatländern gilt das Fleisch der Warzenschlange als Delikatesse; ihre Haut kommt als „Wasserschlangenleder" auf den Markt.

Terrarienhaltung: Die Javawarzenschlange ist in einem geräumigen Aquarium (1,0 x 0,5 x 0,5 GL) mit Unterwasserverstecken unterzubringen. Die Temperatur des Wassers, dem etwas Kochsalz zugesetzt werden kann, sollte 24 bis 28 °C betragen. Gefüttert wird mit Fisch. Wildfänge verweigern häufig das ihnen angebotene Futter. Die Würfe können bis 40 Jungtiere umfassen. Für die Jungschlangen muss ein kleiner Landteil vorhanden sein. Die Art ist im Anhang D der EU-Artenschutzverordnung erfasst, wonach auch die Vermarktung der Häute geregelt ist.

Familie Erdottern (Atractaspididae)

Die systematische Stellung dieser Schlangenfamilie ist immer wieder Veränderungen unterworfen gewesen. Heute werden ihre etwa 66 Arten zwei Unterfamilien, den Erdvipern (Aparallactinae) – etwa 10 Gattungen – sowie den Eigentlichen Erdottern (Atractaspidinae) – mit nur der Gattung *Atractaspis* – zugeordnet. Alle Arten leben in Afrika und legen Eier. Erdvipern tragen opisthoglyphe, einige sogar proteroglyphe Giftzähne und besitzen gut funktionierende Giftdrüsen. Da die Giftwirkung bei diesen Arten noch nicht ausreichend bekannt ist, sollten alle Erdvipern wie echte Giftschlangen behandelt werden. Antivenine sind nicht vorhanden. Die Eigentlichen Erdottern wurden wegen ihres Gebisses schon zur Familie der Viperidae gestellt. Viele dieser Wühlschlangen sind nachts recht aggressiv und haben schon tödliche Bissunfälle beim Menschen verursacht.

Acrochordus javanicus – **Jungtier**

Aparallactus capensis (SMITH, 1849)
– Schwarzkopf-Tausendfüßerfresser –
Verbreitung: Republik Kongo bis Südafrika
Lebensraum/Lebensweise: Die gewöhnlich nur 25 cm,
in Ausnahmefällen 45 cm lange, wühlende Schlange
lebt in der Savanne wie auch im Regenwald. Sie ist
tagsüber unter Steinen, altem Holz und Schutt zu
finden, wo sie nach Tausendfüßern (Scolopender) –
ihrer Hauptnahrung – Jagd macht. In Termitenbauten sucht sie neben Unterschlupf und Wärme auch
nach Termiten. Neben Schnecken erbeutet sie sogar
Blindschlangen und Doppelschleichen. Die Gelege
umfassen vier bis sechs Eier.
Terrarienhaltung: Wegen ihrer ungewöhnlichen Nahrung kommt die Haltung im halbfeuchten, tiefgründigen Terrarium (1,0 x 0,5 x 0,5 GL; 25 bis 30 °C)
kaum in Betracht. Erfahrungen über die Haltung und
Pflege liegen nicht vor.

Atractaspis bibroni

Aparallactus capensis

Atractaspis bibroni SMITH, 1849
– Südliche Erdotter –
Verbreitung: Afrika von Angola bis Kenia, südwärts
bis nördliches Südafrika
Lebensraum/Lebensweise: Die 30 bis 45 cm lange,
wühlende Giftschlange findet man in alten Termitenbauten und unter Steinen und umgestürzten
Baumstämmen. Nachts und nach Regenfällen ist
sich im Freien zu beobachten. Sie frisst Echsen,
Blindschlangen und kleine Nagetiere. Die Weibchen
legen etwa sechs längliche Eier. Die Erdotter kann
zwar das Maul nicht weit öffnen, entblößt ihre rück-
wärts gerichteten Giftzähne durch Senken der
Unterlippe, sodass sie in den Körper des Opfers
gestoßen werden können.
Terrarienhaltung: Erdottern sind unter Berücksichtigung der Regeln der Giftschlangenpflege am besten
in einem ausbruchsicheren Glasterrarium (1,0 x 0,5
x 0,5 GL) mit tiefem Bodengrund, einigen flachen
Steinen und Rindenstücken sowie einem kleinen

Wassergefäß bei 25 bis 28 °C zu halten. Als Futter
sind nestjunge Mäuse, notfalls Futterechsen, anzubieten. Bissunfälle führen zu heftig schmerzenden
lokalen Schwellungen und kleinen Nekrosen. Ein
Antiserum dürfte normalerweise nicht nötig sein.
Polyvalentes Antiserum wirkt sowieso nicht.

Chilorhinophis gerardi (BOULENGER, 1913)
– Gerards Schwarzgelbe Wühlschlange –
Verbreitung: Tansania, Republik Kongo, Simbabwe
bis Südafrika
Lebensraum/Lebensweise: Die 25 cm, höchstens
35 cm lange Wühlschlange bevorzugt Savannengebiete mit Sandboden. Ihre Nahrung besteht aus
kleinen Insekten und Echsen. Sie ist eierlegend und
gilt als harmlos.
Terrarienhaltung: Ein tiefgründiges Trockenterrarium (1,0 x 0,5 x 0,5 GL) mit flachen Steinen als Verstecken, einem Trinkgefäß und Temperaturen von
25 bis 30 °C, die nachts etwas abgesenkt werden,
ist für diese Art ausreichend. Futterinsekten sollten
angeboten werden. Terraristische Erfahrungen über
diese Art sind nicht bekannt.

Chilorhinophis gerardi

Xenocalamus mechowii NIEDEN, 1913
– Spitznasentrugnatter –
Verbreitung: Republik Kongo, Angola, Südafrika
Lebensraum/Lebensweise: Die Vertreter der Gattung sind nachtaktive Wühlschlangen aus trockenen Wald-, Busch- und Steppengebieten. *X. mechowii* wird bis 90 cm lang. Ihre Hauptnahrung besteht aus Echsen (besonders Skinke), Schlangen (Blindschlangen), Doppelschleichen und vermutlich auch Termiten. Die Art ist ovipar.
Terrarienhaltung: Erfahrungen über die Haltung und Pflege dieser sehr spezialisierten Art liegen nicht vor. Sie dürfte kaum an Ersatzfutter zu gewöhnen sein, sodass Futterechsen vorhanden sein müssen.
Die Unterbringung hat in einem Trockenterrarium (1,0 x 0,5 x 0,5 GL; 25 bis 30 °C, nachts 20 bis 24 °C) zu erfolgen, das einen tiefen, lockeren Bodengrund zum Wühlen, flache Steine und Rindenstücke als Verstecke und ein kleines Wassergefäß bietet.

Xenocalamus mechowii inornatus

Familie Nattern (Colubridae)

Mit derzeit 1827 Arten sind die Angehörigen der Natternfamilie äußerst vielfältig in Gestalt und Lebensweise. Es gibt gerade 20 cm lange wie fast 4 m lange Arten. Sie weisen aglyphe wie auch opisthoglyphe Zähne auf. Sie sind tag- oder nachtaktiv, sind Boden-, Baum-, Wasser- oder Wühlschlangen, und neben Allesfressern gibt es ausgesprochene Nahrungsspezialisten. Sie können ovipar oder vivipar sein; einige wenige Arten sind sogar vivipar. Die Aufgliederung dieser Familie in Unterfamilien ist umstritten. Bisher wurde dafür kein befriedigendes System gefunden. Richten wir uns nach dem Stand der Reptiliendatenbank (UETZ et al., 2005), nach der 12 Familien aufgeführt werden. Eine ganze Reihe von Gattungen mit unsicherer taxonomischer Stellung (incertae sedis) werden jeweils einer Familie zugeordnet. Hier sollen Nattern aus zehn Unterfamilien vorgestellt werden. Die früher sehr geläufige Unterfamilie der Trugnattern (Boiginae) existiert nicht mehr; diese giftigen Schlangen wurden vor allem zu den Eigentlichen Nattern (Colubrinae), aber auch zu anderen Unterfamilien der Colubridae gestellt.

Unterfamilie Afrikanische Nattern („Boodontinae")

Zu den in Afrika und auf Madagaskar beheimateten etwa 21 Gattungen dieser Unterfamilie – darunter drei mit unsicherer taxonomischer Stellung – gehören sowohl harmlose Nattern als auch Arten mit Giftzähnen im hinter Oberkieferbereich. Innerhalb der Unterfamilie gibt es ovipare wie auch vivovipare Vertreter.

Duberria lutrix (LINNAEUS, 1758)
– Afrikanischer Schneckenfresser –
Verbreitung: Ostafrika (Äthiopien) bis Südafrika (Kapprovinz)
Lebensraum/Lebensweise: Die systematische Stellung dieser bis 45 cm langen Natter ist unsicher. Sie ist jedoch nicht mit den amerikanischen (Dipsadinae) und asiatischen Schneckennattern (Pareinae) verwandt. Im Gegensatz zu diesen Nattern bevorzugt sie Nacktschnecken, während sie bei Gehäuse-

Duberria lutrix

schnecken das Schneckenhaus auf festen Gegenständen zerschlägt. Vermutlich frisst sie auch Echsen und kleine Schlangen. Die nachtaktive Schlange lebt in Steppengebieten und auf Geröllhalden bis in Höhen von über 3000 m. Sie ist viviovipar und wirft im Mittel sechs, ausnahmsweise bis 12 Junge.
Terrarienhaltung: Das gut beheizte Trockenterrarium (1,0 x 0,5 x 0,5 GL; 28 bis 30 °C, nachts 23 bis 25 °C) sollte einige Rindenstücke und flache Steine sowie ein kleines Wassergefäß enthalten. Nackt- und Gehäuseschnecken stellen die Hauptnahrung dar. Die selten gepflegte Art ist nur Spezialisten zu empfehlen.

Grayia smythii (LEACH, 1818)
– Smyths Wassernatter –
Verbreitung: Afrika (Südsudan, Uganda, Kenia, Tansania, westwärts bis Angola und Senegal)

Lebensraum/Lebensweise: Die sehr kräftige Natter lebt halbaquatisch an Flüssen und Seen, wo sie vorrangig Fische und im Wasser lebende Frösche und deren Kaulquappen fängt. *G. smythii* (mitunter auch *G. smithi*) wird etwa 1,2 m groß, in manchen Populationen können bis zu 2,5 m lange Individuen vorkommen.
Terrarienhaltung: Als Terrarium kommt ein Behälter (1,0 x 0,5 x 0,5 GL) mit großem Wasserteil, trockenen Liegeplätzen, Kletterästen und dunklen Verstecken in Betracht, der Temperaturen von 26 bis 32 °C – nachts kühler – bieten muss. Fische und, falls vorhanden, gezüchtete Krallenfrösche dienen der Ernährung. Über die Fortpflanzung dieser Natter liegen keine Informationen vor.

Lamprophis aurora (LINNAEUS, 1758)
– Aurorahausschlange –
Verbreitung: Südafrika
Lebensraum/Lebensweise: Die 60 bis 90 cm lange nachtaktive Wühlschlange jagt Echsen und Kleinsäuger. Sie ist nicht sehr häufig. Sie bewohnt trockene Gebiete, insbesondere Savannen, und ist auch in Siedlungsnähe zu finden. Je Gelege werden fünf bis zwölf Eier abgesetzt.
Terrarienhaltung: siehe bei *Lamprophis fuliginosus*

◀ *Grayia smythii*

▼ *Lamprophis aurora*

Lamprophis guttatus (SMITH, 1843)
– Gefleckte Hausschlange –
Verbreitung: Namibia, Südafrika (Transvaal, Kapprovinz)
Lebensraum/Lebensweise: Meist wird diese früher zur Gattung *Boaedon* gestellte, maximal 60 cm lange Natter nur etwa 30 cm lang. Lebensraum und Lebensweise entsprechen weitgehend denen von *Lamprophis fuliginosus*.
Terrarienhaltung: siehe bei *Lamprophis fuliginosus*

Lamprophis guttatus

Lamprophis fiski BOULENGER, 1887
– Fisks Hausschlange –
Verbreitung: Südafrika (westliche Kapprovinz)
Lebensraum/Lebensweise: Lebensraum und Lebensweise dieser etwa 35 cm großen nachtaktiven Bodenschlange ähneln denen von *Lamprophis fuliginosus*.
Terrarienhaltung: siehe bei *Lamprophis fuliginosus*.

Lamprophis fiski

Lamprophis fuliginosus (BOIE, 1827)
– Braune Hausschlange –
Verbreitung: Afrika (Südmarokko, oberes Nilgebiet bis Südafrika)
Lebensraum/Lebensweise: *L. fuliginosus* ist eine in ihrer Heimat sehr häufige Schlange, die von vielen Systematikern noch heute zur Gattung *Boaedon* gerechnet wird. Sie ist in trockenen Gebieten vom Rand der Wüste bis zu Waldgebieten zu Hause. Die Eier legende Schlange ernährt sich von Fröschen, Echsen, Kleinsäugern und Vögeln. Ratten und Mäusen stellt sie selbst in menschlichen Ansiedlungen nach. Wildfänge gebärden sich recht wild und beißen um sich. Ihre Bisse sind jedoch harmlos. Die Gelege dieser Art enthalten acht bis 16 Eier.
Terrarienhaltung: Die Braune Hausschlange ist ein gut haltbarer und auch für Terraristikanfänger empfehlenswerter Pflegling. Sie wird sehr zahm und nimmt als Futter problemlos lebende und tote Mäuse an. Tagsüber hält sie sich, wie alle Vertreter ihrer Gattung, in Verstecken unter Steinen oder Rindenstücken verborgen. Das einfach eingerichtete Trockenterrarium (1,0 x 0,5 x 0,5 GL) mit einem Trinkgefäß sollte 22 bis 28 °C warm sein. Nachts kann die Temperatur um etwa 5 K absinken. Die Braune Hausschlange wird regelmäßig nachgezogen. Eine anfängliche Zwangsfütterung der Jungschlangen mit nestjungen Mäusen kann gelegentlich erforderlich sein.

Lamprophis fuliginosus

Lycodonomorphus whytii (BOULENGER, 1897)
– Sumpfnatter –
Verbreitung: Tansania bis Südafrika (Transvaal)
Lebensraum/Lebensweise: Die 60 cm bis knapp 90 cm lange Natter lebt amphibisch in vegetationsreicher Umgebung an Gewässern, wo sie tagsüber nach Froschlurchen und Fischen jagt. Sie legt sechs bis zwölf Eier.
Terrarienhaltung: Die Haltung dieser Art erfordert ein Aquaterrarium (1,0 x 0,5 x 0,5 GL) mit trockenem Landteil, Verstecken und einigen Kletterästen. Die Temperatur sollte zwischen 22 und 28 °C, lokal bis 32 °C, liegen und nachts etwa 5 K niedriger sein. Zur Fütterung können kleine Fische verwendet werden. Über Nachzuchtergebnisse bei Terrarienhaltung ist nichts bekannt.

Lycodonomorphus whytii

Lycophidion capense (SMITH, 1831)
– Kapwolfsnatter –
Verbreitung: Afrika (von Südägypten südwärts bis Südafrika)
Lebensraum/Lebensweise: Die nachtaktive Bodenschlange bewohnt weite Teile des tropischen und südlichen Afrika, wo sie in den Savannen und in Gebirgslagen bis in Höhen von 3000 m vorkommt. Sie ist gewöhnlich kaum länger als 30 cm; einzelne Exemplare können 60 cm erreichen. Zur Vorzugsnahrung zählen Echsen, vor allem die glattschuppigen Skinke, die sie mit ihren großen Fangzähnen sicher packen kann. Die Weibchen legen meist sechs bis acht Eier.
Terrarienhaltung: Das überwiegend trockene Terrarium (1,0 x 0,5 x 0,5 GL) ist mit mehreren Verstecken unter Steinen oder Wurzelwerk und einem kleinen

Wasserbecken auszustatten. Die Terrarientemperatur sollte tagsüber bei 25 bis 30 °C liegen und kann nachts um 5 K sinken. Ihre Vorliebe für Skinke als Beute bringt Probleme bei der Fütterung. Die Art wird kaum im Terrarium gepflegt.

Lycophidion capense

Macroprodoton cucullatus (GEOFFROY, 1827)
– Kapuzennatter –
Verbreitung: Süden der Iberischen Halbinsel, Balearen, Nordafrika von Marokko bis Ägypten sowie Israel
Lebensraum/Lebensweise: Kaum 65 cm wird diese vorwiegend nachts aktive Bodenschlange lang. Sie lebt im Tiefland wie im Hügelland bis in Höhen von 2500 m in trockenen, steinigen Gebieten, an Geröllhängen, auf Waldlichtungen sowie in Ruinen und Legesteinmauern in Siedlungsnähe. Tagsüber verbirgt sie sich unter Steinen oder eingegraben im Boden. Sie frisst Echsen, vor allem Eidechsen und Geckos. Ihre Gelege umfassen fünf bis sieben Eier.
Terrarienhaltung: Die Kapuzennatter ist ein seltener und wegen seiner Futterspezialisierung auch ein

Macroprodoton cucullatus brevis

problematischer Pflegling. Zur Unterbringung ist ein Trockenterrarium (1,0 x 0,5 x 0,5 GL) mit lockerem Bodengrund, flachen Steinen und einem Trinkgefäß erforderlich. Die mittlere Terrarientemperatur sollte bei 25 bis 30 °C liegen und kann nachts um mehr als 5 K niedriger sein. In der Bundesartenschutzverordnung ist die Kapuzennatter als eine auch in Europa vorkommende Art in Anlage 1 erfasst.

Mehelya capensis (SMITH, 1847)
– Kapfeilennatter –
Verbreitung: Sudan bis Südafrika
Lebensraum/Lebensweise: Im Mittel reichlich einen Meter lang, können einzelne Exemplare der nachtaktiven und wahrscheinlich deshalb selten anzutreffenden Natter 1,6 m Gesamtlänge erreichen. Die Bodenschlange trockener Wald- und Savannengebiete fängt Frösche, Kröten und Echsen. Vor allem gehören andere Schlangen, auch Giftschlangen, zu ihrer Beute und sogar Kannibalismus ist nicht selten. Feilennattern legen sechs bis zehn Eier.

Terrarienhaltung: Steht das entsprechende Futter zur Verfügung – es sollen auch Kleinsäuger verzehrt werden –, können Feilennattern sehr ausdauernde Terrarienpfleglinge sein. Einzelhaltung im mäßig feuchten Waldterrarium (1,0 x 0,5 x 0,5 GL) mit Verstecken und einem Wasserbecken ist zu empfehlen. Die Temperatur sollte bei 25 bis 30 °C und nachts etwa 5 K niedriger liegen.

Mehelya crossi (BOULENGER, 1895)
– Westafrikanische Feilennatter –
Verbreitung: Westafrika (Togo bis Nigeria)
Lebensraum/Lebensweise/Terrarienhaltung: Lebensraum und Lebensweise der knapp 90 cm, maximal 1,2 m langen Schlange entsprechen überwiegend denen von *Mehelya capensis*. Die Haltungstemperaturen sollten an der oberen Grenze des angegebenen Temperaturbereichs liegen.

Mehelya capensis

Mehelya crossi

Pseudaspis cana (LINNAEUS, 1758)
– Maulwurfsnatter –
Verbreitung: Angola, Kenia bis Südafrika
Lebensraum/Lebensweise: Grasland, Savannen, Halbwüsten wie auch Gebirgsregionen sind die Heimat dieser massigen, im Boden wühlenden, etwa 1,3 m langen Natter. Aus dem Süden ihres Verbreitungsgebietes sind bis 2,7 m lange Exemplare bekannt. Sie fängt vorrangig kleine Säugetiere, denen sie in deren unterirdischen Bauen nachspürt. Sie frisst jedoch ebenso Echsen und Reptilien sowie Vogeleier. Die Maulwurfsnatter ist vivipar. Ihre 30 bis 50 Jungtiere sind rötlich braun und gefleckt. Sie ernährt sich von Echsen.
Terrarienhaltung: Das Trockenterrarium (1,0 x 0,5 x 0,5 GL) für Maulwurfsnattern muss einen tiefen Bodengrund enthalten. Große flache Steine als Unterschlupf und ein Wasserbecken ergänzen die Einrichtung des Terrariums. 25 bis 30 °C mit nächtlicher Abkühlung auf etwa 20 °C sind anzustreben. Wildfänge sind anfangs oft bissig, gewöhnen sich aber bald ein und fressen lebende wie tote Kleinsäuger. Die Art wurde wiederholt im Terrarium vermehrt. Aus einer Zoonachzucht ist ein Rekordwurf von 95 Jungtieren bekannt.

Pythonodipsas carinata GÜNTHER, 1868
– Gekielte Natter –
Verbreitung: Südangola, Namibia
Lebensraum/Lebensweise: Die gedrungene, kaum 60 cm lange Trugnatter lebt am Boden in wüstenartigen Trockengebieten. Tagsüber unter Steinen und im Boden versteckt, macht sie nachts Jagd besonders auf Echsen sowie Kleinsäuger. Die Art ist relativ selten. Sie ist ovipar und legt sechs bis zehn Eier.

▲ *Pseudaspis cana*

▼ *Pseudaspis cana – Jungtier*

Pythonodipsas carinata

Terrarienhaltung: Diese Natter wird selten im Terrarium (1,0 x 0,5 x 0,5 GL) gepflegt. Ein trockener Bodengrund, Verstecke und ein kleines Wassergefäß bei 25 bis 30 °C und deutlicher nächtlicher Abkühlung müssen geboten werden. Als Futter sind junge Mäuse, notfalls Futterechsen, erforderlich.

Unterfamilie Zwergschlangen (Calamariinae)

Sieben Gattungen umfasst diese Unterfamilie der ostasiatischen Zwergschlangen. Einige Systematiker stellen sie zu den Eigentlichen Nattern (Colubrinae). Die Namen gebende Gattung *Calamaria* allein gliedert sich in 52 Arten. Alle sind harmlose Wühlschlangen, meist mit vorspringendem Schnauzenschild und unterständigem Maul. Sie sind ovipar.

Calamaria lumbricoidea BOIE, 1827
– Variable Zwergschlange –
Verbreitung: Südthailand, Westmalaysia bis Borneo, Sumatra, Java, Philippinen
Lebensraum/Lebensweise: Kaum mehr als 60 cm wird diese vorwiegend nachtaktive Wühlschlange groß. Sie lebt meist im Laub und unter moderndem Holz und frisst Wirbellose (u. a. Insekten und deren Larven) sowie kleine Echsen – insbesondere Skinke. Terrarienhaltung: Über die Haltung dieser Art im Terrarium ist nichts bekannt. Sie würde ein tiefgründiges Glasbecken (1,0 x 0,5 x 0,5 GL) mit einem kleinen Wasserbecken und mit Temperaturen von 25 bis 30 °C benötigen. Ob gebräuchliche Futterinsekten, wie Grillen, angenommen werden, ist nicht sicher.

Unterfamilie Eigentliche Nattern (Colubrinae)

Die Eigentlichen Nattern zeichnen sich durch große Mannigfaltigkeit und weite Verbreitung in Amerika, Asien und Afrika aus. Nur wenige Arten besiedeln Europa, und bis Australien ist gar nur eine Gattung vorgedrungen. Die verwandtschaftlichen Beziehungen sind vielfach noch nicht genügend erforscht. Wegen systematischer Umstellungen und Veränderungen der Unterfamilien – beispielsweise existiert die früher geläufige Unterfamilie der Trugnattern (Boiginae) nicht mehr – stieg die Zahl ihrer Gattungen auf z. Z. nahezu 100 an. Neben tag- oder nachtaktiven Landschlangen gibt es in der Unterfamilie kletternde, häufig dämmerungsaktive Arten wie auch nachtaktive, wühlende Bodenschlangen.

Ahaetulla nasuta (LACÉPÈDE, 1789)
– Nasenbaumschnüffler –
Verbreitung: Sri Lanka, Indien bis Vietnam
Lebensraum/Lebensweise: Mit einer Maximallänge von fast 2 m ist die tag- und dämmerungsaktive

Ahaetulla nasuta

Baumschlange die größte und zugleich häufigste Art ihrer Gattung. Sie lebt in den Baumwipfeln tropischer Regen- und Monsunwälder, aber auch auf Bäumen und Büschen des Kulturlandes und im Schilf. Hier macht sie Jagd auf Echsen – insbesondere Geckos – und Frösche sowie auf Kleinsäuger, Schlangen und vermutlich auf Vögel. Die Weibchen setzen bis zu 23 Jungtiere in einem Wurf ab.
Terrarienhaltung: Zur Haltung der Baumschnüffler ist ein hohes, reichlich bepflanztes Regenwaldterrarium (1,0 x 0,5 x 1,5 GL) mit zahlreichen Kletterästen und einem kleinen Wasserbecken erforderlich. Bei Temperaturen um 26 bis 30 °C und geringer nächtlicher Abkühlung ist durch tägliches Besprühen die relative Luftfeuchtigkeit auf 70 bis 80 % zu halten. Neben Futterechsen und Vögeln werden auch kleine Mäuse und sogar Fische angenommen. Möglicherweise bestehen Unterschiede in der Futterakzeptanz je nach Herkunftsgebiet der Natter. Die Art wurde schon im Terrarium nachgezogen.

Ahaetulla prasina (REINWARDT, 1827)
– Grüner Baumschnüffler –
Verbreitung: Östlicher Himalaja, Südchina über Hinterindien bis zum Indoaustralischen Archipel, Philippinen
Lebensraum/Lebensweise: Nahezu 2 m wird auch diese Art lang. Sie ist häufig an Bachufern zu finden. Ansonsten entsprechen Lebensraum und Lebensweise denen von *Ahaetulla nasuta*. Ihre Würfe umfassen nur vier bis zehn Junge. Drohend reißen sie bei Bedrängnis ihr Maul auf. Nach Bissen können beim Menschen lokal Schmerzen, Schwellungen und ein Gefühl von Taubheit auftreten.

Ahaetulla prasina

Terrarienhaltung: Siehe bei *Ahaetulla nasuta*. Über Nachzuchten liegen keine Angaben vor. Die Art ist im Anhang D der EU-Artenschutzverordnung eingetragen.

Arizona elegans KENNICOTT, 1859
– Arizonanatter –
Verbreitung: USA (Südosttexas und äußerster Südwesten von Nebraska bis Mittelkalifornien) bis Mexiko
Lebensraum/Lebensweise: Knapp 1,8 m kann diese recht im Verborgenen lebende, meist dämmerungs- und nachtaktive Bodenschlange lang werden; meist sind erwachsene Tiere aber kaum länger als einen Meter. Die Arizonanatter ist überwiegend in Trockengebieten, auf offenen Sandflächen und in Waldgegenden zu Hause, wo sie im Boden wühlt oder unter Steinen gefunden werden kann. Sie jagt kleine Säugetiere, Echsen und auch Schlangen. Ihre Gelege umfassen bis über 30 Eier.
Terrarienhaltung: Ein tiefgründiges Trockenterrarium (1,0 x 0,5 x 0,5 GL) mit flachen Steinen und einem Trinkgefäß sowie mit Temperaturen zwischen 24 und 28 °C – lokal bis 33 °C – sind zur Pflege dieser ausdauernden Art erforderlich. Nachts sollte die Terrarientemperatur auf 18 bis 20 °C gesenkt werden. Eingewöhnte Tiere nehmen lebende und tote Mäuse als Futter an.

Arizona elegans elegans

Bogertophis subocularis (BROWN, 1901)
– Transpecosrattennatter –
Verbreitung: USA-Texas (Big Bend und Trans-Pecos-Region), südliches New Mexico, nördliches Mexiko
Lebensraum/Lebensweise: Die Transpecosrattennatter wird mitunter noch zur Gattung *Elaphe* gerechnet, soll jedoch mit der Gattung *Pituophis* näher verwandt sein als mit den Kletternattern. Sie lebt in trockenen Wüstengebieten. Dort hält sie sich tagsüber unter Steinen, in Felsspalten und in den Bauen von Kleinsäugern und Schildkröten verborgen. Die maximal über 1,6 m lange Art ist eine typische Schlange der Chihuahua-Wüste. Ihre Hauptnahrung besteht aus Nagetieren, sie fängt aber auch Vögel, Echsen und Fledermäuse.

▲ *Bogertophis subocularis*

▼ *Bogertophis rosaliae*

Terrarienhaltung: Sandiger Bodengrund, Felsaufbauten mit Verstecken und einige Sukkulenten vermitteln im Terrarium (1,0 x 0,5 x 0,5 GL) den Eindruck eines Wüstenausschnittes. Ein kleines Trinkgefäß ist aber erforderlich. Eine lokale Bodenheizung sollte Temperaturen um 30 °C bieten, nachts kann die Temperatur auf 18 bis 22 °C absinken. Mäuse und Küken werden problemlos gefressen. Die Art wird gelegentlich nachgezogen. Im Handel erhältliche Exemplare sind in der Regel Nachzuchttiere.

Bogertophis rosaliae (MOQUARD, 1899)
– Santa-Rosalia-Rattennatter –
Verbreitung: Mexiko (Baja California und einige Inseln im Golf von Kalifornien)
Lebensraum/Lebensweise: Über die natürliche Lebensweise dieser ebenfalls bisher zur Gattung *Elaphe* gehörenden Art ist wenig bekannt. Sie lebt in vegetationsreicheren trockenen Halbwüstengebieten, wo sie sich tagsüber versteckt hält. Die etwa 1,4 m lange Bodennatter fängt Nagetiere, Fledermäuse und Echsen.
Terrarienhaltung: Diese Art gilt als heikler und für Stress empfindlicher als *Bogertophis subocularis*. Terrariengröße und -einrichtung entsprechen deren ihrer Verwandten. Äste kommen ihrem höheren Kletterbedürfnis nach. Kleine lebende und tote Mäuse werden sowohl am Tag als auch in der Nacht gefressen. Die Art wurde vereinzelt nachgezogen.

Boiga cyanea (DUMÉRIL, BIBRON & DUMÉRIL, 1854)
– Grüne Nachtbaumnatter –
Verbreitung: Vorderindien bis Südchina, Myanmar bis Vietnam, Westmalaysia

Boiga cyanea

Lebensraum/Lebensweise: Diese mehr als 1,8 m lang werdende Baumschlange lebt vorwiegend im Flachland auf Bäumen und im Gebüsch in Wäldern, an Waldrändern sowie in Plantagen. Ihre Vorzugsnahrung sind Echsen und Frösche, mitunter frisst sie auch Schlangen und Kleinsäuger. Die Weibchen legen im Jahr mehrere Gelege mit je vier bis zehn Eiern.
Terrarienhaltung: siehe bei *Boiga dendrophila*

Boiga cynodon (BOIE, 1827)
– Hundezahnnachtbaumnatter –
Verbreitung: Indien über ganz Hinterindien bis zum Indoaustralischen Archipel
Lebensraum/Lebensweise: Die Art ist hauptsächlich auf den Bäumen der Wälder im Flachland zu finden.

Boiga cynodon

Die etwa 2,7 m lang werdende Nachtbaumnatter ist dämmerungs- und nachtaktiv und hält sich dann auch am Boden auf. Ihre Hauptbeute stellen Vögel und deren Eier, ferner Echsen, Frösche und Kleinsäuger. Bissunfälle beim Menschen können lokale Giftwirkung zeigen.
Terrarienhaltung: siehe bei *Boiga dendrophila*

Boiga dendrophila (BOIE, 1827)
– Mangrovennachtbaumnatter –
Verbreitung: Südthailand, Westmalaysia, Borneo, Sumatra, Java, Sulawesi, Philippinen
Lebensraum/Lebensweise: 2,5 m Gesamtlänge kann die wohl bekannteste Nachtbaumnatter erreichen. Sie bewohnt die Regen- und Mangrovenwälder des Flachlandes, wo sie sich tagsüber in Gewässernähe im Laubwerk der Bäume und Büsche versteckt. Nachts jagt sie im Geäst, am Boden und im Wasser nach Vögeln und deren Eiern, nach Fledermäusen, Nagetieren, Fröschen, Echsen und Schlangen. Die Weibchen legen mehrmals im Jahr jeweils vier bis 15 Eier.
Terrarienhaltung: Alle hier erwähnten, überwiegend nachts aktiven Nachtbaumnattern sind in einem bepflanzten und mit zahlreichen Kletterästen bestück-

Boiga dendrophila

tem Regenwaldterrarium unterzubringen. Für Tiere bis 1,5 m Länge sollten die Abmessungen des Terrariums 1,0 x 0,5 x 1,5 der Gesamtlänge, für längere Exemplare 0,75 x 0,5 x 1,0 GL betragen. Durch tägliches Besprühen ist die relative Luftfeuchtigkeit auf 70 bis 90 % zu halten, während die Temperaturen bei geringer nächtlicher Abkühlung zwischen 26 und 30 °C liegen müssen. Ein großer Wasserbehälter ist notwendig. Als Futter können Kleinsäuger, Küken und auch Fische angeboten werden. Verschieden große Exemplare sollten nicht gemeinsam in einem Terrarium gepflegt werden. Die Mangrovennachtbaumnatter wurde schon im Terrarium nachgezogen. Generell sollten Bissunfälle vermieden werden. Die Art ist im Anhang D der EU-Artenschutzverordnung erfasst.

Boiga irregularis (MERREM, 1802)
– Braune Nachtbaumnatter –
Verbreitung: Indonesien, Neuguinea, Nordaustralien, Pazifikinseln
Lebensraum/Lebensweise: Die nachtaktive Baum- und Bodenbewohnerin wird etwa 2 m lang und lebt sowohl in Trocken- wie auch in Regenwäldern bis in 1300 m Höhe. Sie frisst neben Reptilien und Fröschen auch Vögel und Kleinsäuger. Die Schlange wurde nach dem II. Weltkrieg mit Frachtschiffen unter anderem auf die US-amerikanische Pazifikinsel Guam verschleppt, wo sie sich explosionsartig vermehrte, heute nahezu die gesamte Vogelwelt der Insel ausgerottet hat und andere Wirbeltiere bedroht. Auf Guam sind für Kinder gefährliche Bissunfälle bekannt geworden. Trotz intensiver Bekämpfung gelang es auf Guam bisher nicht, die Schlange dort wieder auszurotten.
Terrarienhaltung: siehe bei *Boiga dendrophila*

Boiga irregularis

Boiga ocellata (KROON, 1973)
– Augenfleckennachtbaumnatter –
Verbreitung: Vorder- und Hinterindien bis Vietnam und Nordwestmalaysia
Lebensraum/Lebensweise: Über diese erst in jüngerer Zeit beschriebene Nachtbaumnatter ist wenig bekannt. Sie ist eine bis 2 m lange Baumbewohnerin, die sich von Echsen und Kleinsäugern ernährt. Wie alle *Boiga*-Arten legt sie Eier.
Terrarienhaltung: siehe bei *Boiga dendrophila*

Boiga ocellata

Cemophora coccinea (BLUMENBACH, 1788)
– Scharlachnatter –
Verbreitung: Südöstliche USA (südliches New Jersey bis Florida, westlich bis Oklahoma und Texas)
Lebensraum/Lebensweise: Wälder und angrenzende offene Gebiete mit sandigen oder lehmigen Böden stellen die bevorzugten Lebensräume dieser bis

Cemophora coccinea coccinea

etwa 80 cm langen Schlange. Sie wühlt tagsüber im Boden oder in verrottendem Holz, wo sie gern nach Reptilieneiern stöbert. Sie frisst aber auch Echsen, kleine Schlangen, junge Mäuse und Insekten. Die Weibchen legen drei bis acht längliche Eier.

Terrarienhaltung: Wegen der bevorzugten Ernährung mit Reptilieneiern kann die Haltung der Scharlachnatter Probleme bereiten. Werden nestjunge Mäuse abgelehnt, sind mit der Verfütterung von Hühnereidotter in den Schalen von Reptilieneiern oder mit im Trinkwasser verquirltem Hühnerei schon Erfolge erzielt worden. Das Terrarium (1,0 x 0,5 x 0,5 GL) muss einen tiefen, weitgehend trockenen, lockeren Bodengrund, einige flache Steine und ein kleines Wassergefäß aufweisen. Grundtemperatur am Tage 25 bis 30 °C; nachts etwa 20 °C. Die Art wurde wohl noch nicht im Terrarium nachgezogen.

Chilomeniscus cinctus COPE, 1861
– Gebänderte Sandschlange –

Verbreitung: USA (Kalifornien, Arizona) bis Mexiko (Baja California, Sonora)

Lebensraum/Lebensweise: Diese Wühlschlange wird höchstens 25 cm lang und lebt im sandigen Wüstenboden bis in Höhenlagen um 1000 m. Die ausgesprochen nachtaktive Schlange ernährt sich von Tausendfüßern sowie Insekten und deren Larven. Ihre Gelege umfassen nur wenige Eier.

Terrarienhaltung: Ein kleiner Glasbehälter (1,0 x 0,5 x 0,5 GL) mit etwa 10 cm lockeren Sandboden, einigen flachen Steinen und einem kleinen Trinkgefäß reicht zur Haltung dieser in der Terraristik kaum bekannten Art. Die Temperatur sollte tagsüber 25 bis 30 °C betragen und nachts auf etwa 20 °C sinken. Die Ernährung mit den in der Terraristik üblichen Futterinsekten dürfte möglich sein.

Chilomeniscus cinctus

Chionactis occipitalis (HALLOWELL, 1854)
– Westliche Schaufelnasennatter –

Verbreitung: USA (Südnevada, Kalifornien, Arizona) bis Mexiko (Sonora, Baja California)

Chionactis occipitalis occipitalis

Lebensraum/Lebensweise: Gut 40 cm lang kann diese im lockeren Sand trockener Wüstengebiete und in Dünen, wie auch auf felsigen Berghängen lebende nachtaktive Art werden. Mitunter wurde ihre Gattung auch zu den Wolfszahnnattern (Lycodontinae) gezählt. Ihre Nahrung schließt Tausendfüßer, Skorpione und Insekten ein. Die Gelege umfassen gewöhnlich zwei bis vier Eier.

Terrarienhaltung: Haltung und Pflege entsprechen denen von *Chilomeniscus cinctus*.

Chionactis palarostris (KLAUBER, 1937)
– Sonora-Schaufelnasennatter –

Verbreitung: USA (südwestliches Arizona – Organ Pipe Cactus National Park) bis in den mexikanischen Teil der Sonora-Wüste.

Lebensraum/Lebensweise/Terrarienhaltung: Die für *Chionactis occipitalis* getroffenen Bemerkungen treffen auch für diese Art zu.

Chionactis palarostris

Chrysopelea ornata (SHAW, 1802)
– Gewöhnliche Schmuckbaumnatter –
Verbreitung: Indien, Sri Lanka, Südchina, Malaysia, Indonesien, Philippinen
Lebensraum/Lebensweise: Schmuckbaumnattern sind vorwiegend auf Bäumen und Büschen lebende, tagaktive Schlangen, die sich hauptsächlich von Echsen wie auch von Mäusen, Fledermäusen, Schlangen und sogar Insekten ernähren. *C. ornata* wird höchstens 1,5 m lang und ist insbesondere in Sekundärwäldern und in der Nähe menschlicher Siedlungen zu finden.
Terrarienhaltung: Schmuckbaumnattern brauchen ein hohes Regenwaldterrarium (1,0 x 0,5 x 1,5 GL) wie es bei *Boiga dendrophila* beschrieben wurde. Ein Wildfangtier fraß beim Autor bereits kurz nach Erhalt nestjunge Mäuse. Später biss es einen im gleichen Terrarium gehaltenen Baumschnüffler (*Ahaetulla prasina*), der nach wenigen Minuten verendete. Über die Giftwirkung nach Bissunfällen wurde berichtet. *C. ornata* wurde bereits nachgezogen.

Chrysopelea paradisi   DDS

Chrysopelea ornata

Chrysopelea paradisi BOIE, 1827
– Paradiesschmuckbaumnatter –
Verbreitung: Hinterindien, Sumatra, Java, Borneo, Philippinen
Lebensraum/Lebensweise: Lebensraum und Lebensweise dieser *Chrysopelea*-Art entsprechen denen von *Chrysopelea ornata*. Die Paradiesschmuckbaumnatter ist in der Lage, durch eine spezielle Abplattung der Körpers beim Fallen eine Art „Gleitflug" zu absolvieren. Diese Fähigkeit hat allen Schmuckbaumnattern die spektakuläre Bezeichnung „fliegende Schlangen" eingebracht. Die Weibchen legen fünf bis acht Eier je Gelege.
Terrarienhaltung: siehe bei *Chrysopelea ornata*

Coelognathus helenus (DAUDIN, 1803)
– Schönnatter, Indische Schmucknatter –
Verbreitung: Indischer Subkontinent
Lebensraum/Lebensweise: In Buschzonen des Regenwaldrandes, auf Plantagen, Wiesen und Reisfeldern – generell in Nähe von Gewässern – ist die meist 1,0 bis 1,3 m (Maximum knapp 1,7 m) messende Natter zu Hause. Sie lebt weitgehend am Boden, ist aber auch im Geäst zu beobachten. Die Hauptaktivität entwickelt diese ruhige und langsame Schlange in den Abendstunden, wenn sie Jagd auf kleine Säugetiere, aber auch auf Vögel, Echsen und vermutlich auch Frösche macht. Die Weibchen legen drei bis 12 Eier, wobei die Fortpflanzung wahrscheinlich nicht an eine bestimmte Jahreszeit gebunden ist.

Terrarienhaltung: Die generell für Kletternattern empfohlene Terrariengröße (1,0 x 0,5 x 1,0 GL) ist für diese ruhige Art reichlich bemessen. Kletteräste und ein Wasserbecken sind erforderlich. Eine Tagestemperatur von 25 bis 29 °C (nachts 20 °C) und eine relative Luftfeuchtigkeit von 70 bis 80 % sind zu empfehlen. Mittelgroße Mäuse werden gewöhnlich problemlos gefressen. Bis fünf Gelege und mehr mit im Mittel fünf Eiern sind schon bei Terrarientieren erzielt worden. Das harmlose, speziell für Wildtiere typische Drohverhalten mit senkrecht aufgeblähtem, S-förmig gekrümmtem Hals zeigen Nachzuchttiere nur selten.

Coelognathus radiatus (BOIE, 1827)
– Strahlennatter –
Verbreitung: Nordostindien über ganz Südostasien bis Java und Borneo
Lebensraum/Lebensweise: Die Strahlennatter wird 1,5 bis 1,8 m, ausnahmsweise bis 2,3 m lang und lebt im Flachland und im Gebirge bis in Höhen um 1500 m, meist in Gewässernähe. Sie hält sich vorwiegend am Boden auf, klettert aber auch geschickt. Trotz ihrer Häufigkeit und ihres Vorkommens sogar in Großstädten ist die vorwiegend dämmerungs-

◄ *Coelognathus helenus*

▼ *Coelognathus radiatus*

und nachtaktive Art nur selten zu beobachten. Zur Hauptbeute zählen vor allem Kleinsäuger, seltener Fische, Echsen und Vögel. Die Gelege, oft mehrere im Jahr, umfassen meist sechs bis 15 Eier.

Terrarienhaltung: Wegen ihrer Größe und ihres oft ungestümen Wesens brauchen Strahlennattern ein großes Terrarium (1,0 x 0,5 x 1,0 GL) mit einem Unterschlupf – beispielsweise unter einem Baumstubben –, Klettermöglichkeiten und ein Wasserbecken. Die Terrarientemperatur sollte am Tage bei 25 bis 29 °C liegen und nachts bis auf 20 °C sinken. Zu trockene Haltung führt zu Häutungsschwierigkeiten. Bei vermeintlicher Bedrohung imponiert die Strahlennatter durch Aufblähen und S-förmiges Aufrichten des Vorderkörpers – ein Verhalten, das sich selbst bei längerer Pflege kaum legt. Die Art wird gelegentlich nachgezogen. *C. radiatus* ist einschließlich seiner Häute im Anhang D der EU-Artenschutzverordnung erfasst.

Coluber constrictor LINNAEUS, 1758
– Schwarznatter –

Verbreitung: Südwestkanada über USA, Mexiko bis Nordguatemala

Lebensraum/Lebensweise: Nahezu zwei Meter messen die größten Exemplare der Schwarznatter, bei der eigentlich nur die Nominatform eine schwarze Färbung zeigt. Die Tiere sind sehr scheu, wissen sich aber auch durch Bisse zu verteidigen. Offenes

Coluber constrictor constrictor – Jungtier

Gelände – Buschland, Weiden, Wiesen, Feldränder, steinige Berghänge oder lichte Kiefernwälder – bis in Höhen von über 2100 m bietet dieser tagaktiven Natter Lebensraum. Sie macht am Boden, aber auch im Geäst von Büschen und Bäumen Jagd auf Kleinsäuger, Vögel, Echsen, Schlangen, Frösche und sogar Insekten. Im Widerspruch zu ihrem wissenschaftlichen Artnamen (*constrictor* = Zusammenschnürer) erdrosselt die Schwarznatter ihre Beute nicht, sondern drückt sie mit Kopf und Körper gegen den Boden und verschlingt sie oft noch vor deren Tod. Die Gelege umfassen etwa 30 Eier.

Terrarienhaltung: Wie die meisten Vertreter verwandter Arten gewöhnen sich auch viele Exemplare der Schwarznatter nur schwer an Terrarienbedingungen. Sie bleiben schreckhaft, bissig und verweigern

Coluber constrictor constrictor

Coluber constrictor flaviventris

mitunter das ihnen angebotene Futter. Andere Individuen werden zahm und fressen problemlos Mäuse und Küken. Das sehr geräumige Trockenterrarium (1,5 x 0,5 x 0,75 GL) sollte den Tieren ausreichend Platz, Verstecke unter Baumstubben und ähnlichem, einige Kletteräste sowie ein großes Badebecken bieten. Die Grundtemperatur muss 24 bis 28 °C bei einem „Sonnenplatz" mit 30 bis 35 °C betragen. Nachts sollte die Temperatur im Terrarium auf 18 bis 20 °C sinken. Die Nachzucht ist wiederholt gelungen.

Coluber karelini (BRANDT, 1838)
– Quergestreifte Zornnatter –
Verbreitung: Iran, von der Ostküste des Kaspischen Meeres bis Tadschikistan
Lebensraum/Lebensweise: Rund 1,3 m Maximallänge erreicht diese Natter aus den trockenen Steppen- und Halbwüstengebieten Mittelasiens, wo sie bis in Höhen um 1800 m zu finden ist. Die tagaktive Natter fängt Echsen und Kleinsäuger. Die Weibchen legen vier bis neun Eier. Die abgebildete *C. k. mintonorum* ist möglicherweise eine eigene Art.

Coluber karelini mintonorum

Terrarienhaltung: Einige trockene Grasbüschel, flache Steine und Wurzeln, sandiger Untergrund sowie ein Trinkgefäß genügen zur Unterbringung dieses Bodenbewohners im Terrarium (1,0 x 0,5 x 0,5 GL; 24 bis 28 °C, lokal bis 35 °C, nachts unter 20 °C). Wenn keine jungen Mäuse angenommen werden, ist die Haltung dieser Zornnatter problematisch.

Coronella austriaca LAURENTI, 1768
– Glattnatter –
Verbreitung: Weite Teile Europas vom Norden der Iberischen Halbinsel über Frankreich, Südengland, Mitteleuropa, Südskandinavien, Italien bis zur Balkanhalbinsel sowie vom nördlichen Kleinasien und dem Kaukasusgebiet bis westliches Kasachstan

Coronella austriaca

Lebensraum/Lebensweise: Die 60 bis 75 cm lange, tagaktive und häufig kletternde Bodenschlange kann in den unterschiedlichsten Biotopen angetroffen werden. Sie liebt jedoch sonniges, nicht zu trockenes und oft steiniges Gelände, Waldränder, Wiesen, Geröllhalden, Legesteinmauern. Bemerkenswert ist ihre geschlechtsspezifische Färbung: Die Grundfärbung der Männchen ist meist braun oder rotbraun, die der Weibchen grau oder braunschwarz. Ihre Beute (Eidechsen, Blindschleichen, kleine Schlangen [!], Mäuse) wird erdrosselt und dann erst verschlungen. („Schlingnatter"). Die Glattnatter bringt sieben bis 14 lebende Junge zur Welt.
Terrarienhaltung: Die Temperaturansprüche im Terrarium (1,0 x 0,5 x 0,5 GL) sind nicht hoch: 20 bis 25 °C reichen aus, allerdings sollte ein bestrahlter Liegeplatz mit etwa 30 °C zur Verfügung stehen. Eine nächtliche Abkühlung auf 15 bis 18 °C ist notwendig. Die meisten Exemplare tolerieren als Futter Mäuse passender Größe. Glattnattern wurden wiederholt nachgezogen. Nach der Bundesartenschutzverordnung steht die Art unter Schutz.

Coronella girondica (DAUDIN, 1803)
– Girondeglattnatter –
Verbreitung: Iberische Halbinsel, Südfrankreich, Italien, westliches Nordafrika
Lebensraum/Lebensweise: Die Girondeglattnatter ähnelt sehr *Coronella austriaca*, hat jedoch ein ruhigeres Temperament und legt bis etwa zehn Eier. Sie besiedelt ähnliche Lebensräume, ist aber mehr dämmerungsaktiv und meidet Sonnenbestrahlung.
Terrarienhaltung: Haltung und Pflege wie bei *C. austriaca*. Die Temperaturen müssen jedoch 2 bis 3 K höher liegen. Als Futter werden gewöhnlich nur Echsen angenommen. Die Art ist gleichfalls nach der Bundesartenschutzverordnung geschützt.

Crotaphopeltis hotamboeia (LAURENTI, 1768)
– Weißlippenschlange –
Verbreitung: Mittel- bis Südafrika
Lebensraum/Lebensweise: Sehr unterschiedliche, trockene und feuchtere Gebiete, auch Gärten – grundsätzlich aber in der Nähe von Gewässern – liebt diese maximal 1,1 m lange Trugnatter. Meist ist sie jedoch nur etwa 70 cm lang. Die Lippenschilder südafrikanischer Exemplare sind meist kräftig rot, daher auch der Trivialname „Rotlippenschlange". Die vorwiegend nachtaktive Natter frisst Kröten und Frösche. Stehen nicht genügend Froschlurche zur Verfügung, werden auch Reptilien, kleine Fische und Kleinsäuger erbeutet. Die Art legt sechs bis zwölf Eier.
Terrarienhaltung: Die Weißlippenschlange wird gelegentlich gepflegt und auch nachgezogen. Ein halbfeuchtes, bepflanztes Terrarium (1,0 x 0,5 x 0,5 GL) mit Wasserbecken und Versteckplätzen und einer Grundtemperatur von 25 bis 30 °C sowie nächtlicher Abkühlung um etwa 5 K ist zur Verfügung zu stellen. Nach anfänglicher Futterverweigerung nehmen auch Wildfänge mit Froschgeruch verwitterte nestjunge Mäuse und Ratten. Die Aufzucht der Jungschlangen ist problematisch. Möglicherweise werden weichhäutige Insektenlarven angenommen.

◀ *Coronella girondica*

▼ *Crotaphopeltis hotamboeia*

Dasypeltis inornata (SMITH, 1849)
– Braune Eierschlange –
Verbreitung: Mosambik bis östliches Südafrika
Lebensraum/Lebensweise: Meist 75 bis 90 cm, nur
selten bis 1,15 m wird diese einfarbige Schlange des
Graslandes lang. Die Vertreter der Gattung, die früher einer eigenen Unterfamilie angehörten, sind
weitgehend nachtaktiv. Am Boden wie auf Bäumen
ist die Natter auf der Suche nach Vogelnestern. Ihre
Nahrung stellen ausnahmslos Vogeleier dar. Die
Weibchen legen im Mittel zwölf Eier.

Dasypeltis inornata

Terrarienhaltung: Alle Afrikanischen Eierschlangen
können unter denselben Terrarienbedingungen gehalten und gepflegt werden. Siehe unter *Dasypeltis
scabra*.

Dasypeltis scabra (LINNAEUS, 1758)
– Afrikanische Eierschlange –
Verbreitung: Ägypten, Südwestarabien über
ganz Ostafrika bis Südafrika
Lebensraum/Lebensweise: Ein weites Verbreitungsgebiet mit den unterschiedlichsten Lebensräumen bewohnt diese meist nur 70 cm,
selten über 90 cm messende, mehr oder weniger nachtaktive Natter. Die Afrikanische Eierschlange meidet nur Wüsten und geschlossene
Regenwaldgebiete. In trockenen Busch- und
Waldlandschaften klettert sie gern auf Bäumen, wo sie beispielsweise die Nester der
Webervögel plündert. Sie frisst nichts anderes
als Vogeleier. Außerhalb der Brutzeit der Vögel
können Eierschlangen oft über Monate hungern. Die Färbung der einzelnen Populationen
ist sehr variabel. Wegen ihrer Zeichnung und

ihres Warngeräusches, das sie durch Aneinanderreiben ihrer gekielten Schuppen erzeugt, wird sie in
ihrer Heimat oft mit einigen Giftschlangenarten verwechselt und deshalb verfolgt. Ihre Gelege umfassen etwa 12 Eier.
Terrarienhaltung: Wegen ihrer Nahrungsspezialisierung sind Eierschlangen interessante und relativ
häufig gepflegte Terrarientiere. Ihr Trockenterrarium
(1,0 x 0,5 x 1,0 GL) – ausgestattet mit Klettermöglichkeiten und einem Trinkgefäß – ist auf 25 bis 30 °C
bei geringer nächtlicher Abkühlung zu beheizen.
Eingewöhnte Exemplare und Nachzuchttiere nehmen problemlos Vogeleier passender Größe, vornehmlich in den Abendstunden. Verwendung finden
dafür gewöhnlich Eier von Wellensittichen, Japanischen Mövchen, Zebrafinken, Wachteln, Tauben
oder Zwerghühnern. Adulte Eierschlangen können
auch normale Hühnereier verschlingen. Durch Bezüngeln wird der Entwicklungsstand des angebotenen Eies geprüft. Bevorzugt werden frisch gelegte
oder lediglich kurzzeitig bebrütete Eier angenommen. Ein irrtümlich aufgenommener größerer Vogelkeimling wird wieder ausgewürgt. Nahrungsverweigernde Exemplare sind schon jahrelang mit frischem
Ei, das mit einer Spritze über einen Schlauch bis in
den Magen der Schlange gedrückt wurde, zwangsernährt worden. Zur Regulierung des Kalkhaushaltes
empfiehlt sich dabei, winzige Eierschalenstücke mit
zu verabreichen. Afrikanische Eierschlangen werden
regelmäßig nachgezogen. Schon im Alter von wenigen Tagen können kleinste Eier gefressen werden.

Dasypeltis scabra

Dendrelaphis calligastra (GÜNTHER, 1867)
– Nördliche Bronzenatter –
Verbreitung: Neuguinea, angrenzende Inseln, Nordaustralien (östlicher Teil von Cape York)
Lebensraum/Lebensweise: Größe, Lebensraum und Lebensweise ähneln denen von *Dendrelaphis picta*, jedoch wird die Nähe menschlicher Ansiedlungen weitgehend gemieden. Reptilieneier stellen einen Großteil der Nahrung.
Terrarienhaltung: Haltung und Pflege siehe *Dendrelaphis picta*.

Dendrelaphis picta (GMELIN, 1789)
– Gefleckte Bronzenatter –
Verbreitung: Ganz Hinterindien bis Südchina, Hainan, Philippinen und südlich bis Timor

Dendrelaphis picta

Lebensraum/Lebensweise: Unter den in Monsun-, Regen- und Bergregenwäldern lebenden *Dendrelaphis*-Arten gehört *D. picta* zu den Kulturfolgern, die auch in der Nähe menschlicher Siedlungen sowohl im Geäst als auch auf dem Boden, so auf Reisfeldern, anzutreffen ist. Die bis 1,2 m lange Schlange ist tag- wie nachtaktiv. Frösche stellen ihre Hauptnahrung dar, gelegentlich werden auch Echsen – insbesondere Geckos – gefangen. Jungtiere fressen Insekten. Die Weibchen legen drei bis neun längliche Eier.
Terrarienhaltung: Ein gut bepflanztes Regenwaldterrarium (1,5 x 0,5 x 0,75 GL) mit Kletterästen und einem kleinen Wasserbecken bietet mit Temperaturen von 25 bis 30 °C bei nur geringer nächtlicher Abkühlung und hoher Luftfeuchtigkeit von 70 bis 90 % gute Haltungsbedingungen. Zur Fütterung werden Futtergeckos und Frösche – unter Umständen überfahrene, zerteilte und gefrierkonservierte Exemplare – benötigt. Die Art wurde vermutlich noch nicht nachgezogen.

Dendrelaphis punctulata (GRAY, 1827)
– Australische Bronzenatter –
Verbreitung: Neuguinea und benachbarte Inseln, Nord- und Ostaustralien

Dendrelaphis punctulata

Dendrelaphis calligastra

Lebensraum/Lebensweise: Meist 1 m, selten bis 2 m Länge erreicht diese Baumbewohnerin, die in der Hauptsache Frösche, Vögel, Reptilien und deren Eier und gelegentlich auch Kleinsäuger erbeutet. Ihre Gelege umfassen acht bis zwölf Eier.

Terrarienhaltung: Haltung und Pflege entsprechend weitgehend denen von *Dendrelaphis picta*. Ihre breitere Nahrungspalette bietet Chancen, gegebenenfalls kleine Säugetiere und Vögel zu verfüttern.

Dinodon rufozonatum DUMÉRIL & BIBRON, 1853
– Großzahnnatter –
Verbreitung: China einschließlich Taiwan und Hainan, Grenzgebiet zu Russland im Fernen Osten, Korea, Japan, Laos, Nordvietnam
Lebensraum/Lebensweise: Die mit den Wolfzahnnattern (*Lycodon*) eng verwandte Art ist eine nachtaktive Bodenschlange, die in feuchteren vegetationsreichen Lebensräumen zu finden ist, wo sie auch gern das Wasser aufsucht. *D. rufozonatum* wird knapp einen Meter groß. Ihre Hauptbeute sind Fische, Froschlurche, Echsen und Schlangen. Als passive Abwehr nimmt sie die so genannte Ballstellung ein.

Dinodon rufozonatum

Terrarienhaltung: Über die Terrarienhaltung dieser Art ist wenig bekannt. Das Feuchtterrarium (1,0 x 0,5 x 0,5 GL) mit einem großen Wasserteil ist reichlich zu bepflanzen. 24 bis 28 °C bei nächtlicher Abkühlung auf 18 bis 20 °C sind ausreichend. Es sollte versucht werden, dass sich die zu pflegenden Tiere von Fischen ernähren.

Dipsadoboa aulica (GÜNTHER, 1864)
– Königskatzenaugenschlange –
Verbreitung: Südwestkenia, Malawi bis Südafrika

Dipsadoboa aulica

Lebensraum/Lebensweise: Die etwa 1 m lange Trugnatter ist in Regen- und Galeriewäldern, in Bambus- und Palmendickichten und selbst in Parks und in der Nähe menschlicher Siedlungen zu Hause, wo sie als nachtaktive Baumbewohnerin Jagd auf kleine Frösche macht. Die Vertreter der Gattung legen etwa sechs Eier.

Terrarienhaltung: Ein dicht bepflanztes, feuchtwarmes Terrarium (1,0 x 0,5 x 1,0 GL) mit Temperaturen um 25 bis 30 °C, mit zahlreichen Kletterästen und einem Wasserbecken ist für die Haltung dieser Art bereitzustellen. Es sollte versucht werden, mit Froschgeruch verwitterte nestjunge Mäuse zu verfüttern. Über Nachzuchten liegen keine Angaben vor.

Dipsadoboa pulverulentus (FISCHER, 1856)
– Tropenkatzenaugenschlange –
Verbreitung: Liberia bis Uganda und Angola
Lebensraum/Lebensweise/Terrarienhaltung: Die systematische Stellung dieser Afrikanerin ist umstritten (*Toxicodryas, Boiga*). Ihre Lebensräume und ihre Lebensweise ähneln denen von *Dipsadoboa aulica*. Das gilt auch für die Haltung und Pflege im Terrarium.

Dipsadoboa pulverulentus

Dispholidus typus

Dispholidus typus (SMITH, 1829)
– Boomslang –
Verbreitung: Afrika (von Senegal bis Eritrea, südwärts bis zur Kapprovinz)
Lebensraum/Lebensweise: Die Boomslang bewohnt Buschlandschaften, Savannen und lichte Wälder. Die tagaktive Trugnatter lebt fast ausschließlich auf Bäumen und im Gebüsch. Sie kommt nicht einmal unbedingt zur Eiablage auf den Boden; sie legt ihre acht bis über 20 Eier auch in Baumhöhlen ab. Sie wird 1,3 bis 1,5 m, selten mehr als 1,8 m lang. Die äußerst flinke Schlange frisst vorwiegend Echsen, besonders Chamäleons, aber auch Frösche, Mäuse, Vögel, Vogeleier und andere Schlangen. Ihr Gift ist äußerst wirksam. Da ihre opisthoglyphen Zähne im Oberkiefer weit vorn stehen, ist ihr Biss auch für den Menschen sehr gefährlich. Todesfälle sind schon wiederholt bekannt geworden.
Terrarienhaltung: D. typus ist in einem hohen, geräumigen Trockenterrarium (1,25 x 0,75 x 1,25 GL) mit zahlreichen Kletterästen, widerstandsfähiger Bepflanzung und einem Trinkgefäß unter den Bedingungen der Giftschlangenhaltung unterzubringen. Die Tagestemperatur muss zwischen 25 und 30 °C liegen und sollte nachts auf 20 bis 22 °C absinken. Die meisten Exemplare akzeptieren, zumindest nach einer Eingewöhnungsphase, Mäuse und Vögel als Futter. Boomslangs werden wiederholt im Terrarium nachgezogen. Bei ihrer Haltung sollte unbedingt schneller Zugang zu dem monovalenten „Boomslang antivenom" gegeben sein. Polyvalente „Afrika"-Antiseren sind unwirksam.

Drymarchon corais (BOIE, 1827)
– Indigonatter –
Verbreitung: Südosten der USA (Georgia, Florida, Alabama, Texas) bis Venezuela und Argentinien
Lebensraum/Lebensweise: Mit maximal über 2,6 m Länge ist die Indigonatter die größte nordamerikanische Schlange. Offene Waldgebiete mit Kiefern, Palmen und Eichen in der Nähe von Gewässern sind das Jagdrevier dieser tagaktiven, meist am Boden lebenden Natter. Neben Kleinsäugern und Vögeln, einschließlich deren Eier, frisst sie auch Echsen, Schlangen, auch giftige, Frösche und, als Kuriosität für eine Schlange, kleine Schildkröten. Die Gelege mit bis zu 12 Eiern werden meist in verrotteten Baumstubben oder in den unterirdischen Bauen von Kleinsäugern oder Schildkröten abgesetzt.
Terrarienhaltung: Indigonattern brauchen ein sehr geräumiges Terrarium (1,25 x 0,5 x 0,75 GL) mit Kletterästen, Verstecken und mit einem großen Wasser-

Drymarchon corais corais

Drymarchon corais couperi

Drymarchon corais couperi – Jungtier

becken. (Temperatur 25 bis 28 °C, lokal bis 32 °C, nachts 5 K niedriger). Wegen Neigung zu Kannibalismus sollten unterschiedlich große Exemplare getrennt gepflegt werden. Mäuse, Ratten und Küken werden, bei individuellen Präferenzen, problemlos angenommen. Manche Tiere fressen sogar Fische. Die Nachzucht ist wiederholt gelungen. Wegen der Zerstörung ihrer Lebensräume ist die Art gefährdet und in den USA streng geschützt.

Drymarchon corais melanurus

Drymobius margaritiferus (SCHLEGEL, 1837)
– Perlnatter –
Verbreitung: USA (Südtexas) entlang der Ostküste Mittelamerikas bis nördliches Südamerika (Kolumbien)
Lebensraum/Lebensweise: Die vorwiegend dämmerungs- und nachtaktive, flinke und knapp 1,3 m lange Bodenschlange liebt dichte feuchte Wälder und Berghänge in Gewässernähe. Frösche sind ihre bevorzugte Beute, sie frisst aber auch Echsen, Kleinsäuger und Vögel. Ihre Gelege umfassen nur vier bis acht Eier.
Terrarienhaltung: Das halbfeuchte Terrarium (1,5 x 0,5 x 0,75 GL) muss ihrem Bewegungsdrang entsprechen und neben einem Badebecken auch Klettermöglichkeiten bieten. Bei Temperaturen zwischen 25 und 30 °C ist eine nächtliche Abkühlung um etwa 5 K erforderlich. Ein trockener Liegeplatz ist bis auf 35 °C zu temperieren. Gewöhnlich werden Mäuse und Küken als Futter angenommen.

Drymobius margaritiferus

Eirenis collaris (MÉNÉTRIÉS, 1832)
– Halsbandzwergnatter –
Verbreitung: Vorderasien bis Transkaukasien
Lebensraum/Lebensweise: Lediglich 30 cm wird diese kleine, dämmerungsaktive Natter lang, die auf trockenen, mit Büschen und Gräsern spärlich bewachsenen Hängen lebt und sich tagsüber unter Steinen verbirgt. Sie ernährt sich von Gliederfüßern (Grillen, Tausendfüßer, Skorpione) und kleinen Echsen wie Skinke und Geckos. Sie legt zwei bis acht relativ große, walzenförmige Eier.

Eirenis collaris

Terrarienhaltung: Zwergnattern sind einfache Pfleglinge kleiner Terrarien (1,0 x 0,5 x 0,5 GL) mit mäßiger Beheizung (22 bis 26 °C, nachts 18 bis 20 °C), eingerichtet mit einigen Steinen, entsprechender Bepflanzung und einem kleinen Wassergefäß. Als Futter werden Grillen, Heuschrecken und Spinnen angenommen. Gezüchtete Futtertiere sollten vor der Verfütterung stets mit einem Vitamin-Kalk-Präparat bestäubt werden. Über eine echte Nachzucht im Terrarium ist nichts bekannt.

Eirenis rothi JAN, 1863
– Roths Zwergnatter –
Verbreitung: Küstenregion des östlichen Mittelmeers von Südtürkei bis Israel
Lebensraum/Lebensweise: Über die Lebensweise dieser kaum 40 cm langen Zwergnatter ist wenig bekannt. Lebensraum, Nahrung und Fortpflanzung entsprechen denen anderer Zwergnattern. Siehe *Eirenis collaris*.
Terrarienhaltung: siehe *Eirenis collaris*

Eirenis rothi

Elaphe carinata (GÜNTHER, 1864)
– Königskletternatter, Stinknatter –
Verbreitung: Ostasien (China, Taiwan und nahe gelegene Inseln, Nordvietnam)
Lebensraum/Lebensweise: Steiniges, offenes Wald- und Buschgelände und Bambusdickichte, auch in höheren Lagen, sowie Kulturland gehören zum Lebensraum dieser tag- und nachtaktiven kräftigen, maximal 2,4 m messenden Kletternatter. Sie kann recht aggressiv sein. Sie trägt den Trivialnamen Stinknatter nach dem unangenehm riechenden Sekret ihrer Postanaldrüsen, das sie beim Ergreifen ausspritzt. Sie frisst Säugetiere, Vögel, Vogeleier, Amphibien sowie Reptilien und deren Eier. Weil sie auch Schlangen nicht verschmäht, wird sie „Königskletternatter" genannt. Gewöhnlich werden sechs bis 12, maximal bis zu 20, recht große Eier abgelegt.
Terrarienhaltung: Im Terrarium (1,0 x 0,5 x 1,0 GL) bleibt *E. carinata* meist scheu und schreckhaft. Ein tiefer, weicher Bodengrund kommt ihren Wühlaktivitäten entgegen. Ferner sollten kräftige Äste, stabile Verstecke und ein großes Wasserbecken zur Verfügung stehen. Eine Terrarientemperatur von 22

Elaphe carinata

bis 28 °C bei nächtlicher Abkühlung auf 18 bis 20 °C ist ausreichend. Ein Ruheplatz sollte bis auf 32 °C beheizt werden. Da auch Schlangen zur Beute dieser Kletternatter gehören, dürfen nur gleichgroße Tiere gemeinsam gehalten werden. Die Art wurde wiederholt erfolgreich nachgezogen. Sie ist im Anhang D der EU-Artenschutzverordnung eingetragen, wonach auch alle Häute von dieser Listung betroffen sind.

Elaphe schrenckii STRAUCH, 1874
– Amurnatter –

Verbreitung: Russland (Amurgebiet) über Mandschurei, Korea bis Südchina

Lebensraum/Lebensweise: Lichte Wald- und Buschlandschaften und sogar Feuchtbiotope, landwirtschaftlich und gärtnerisch genutzte Flächen, Gestrüpp und Wegränder, wo die 1,3 bis 1,8 m lange Natter unter Wurzelstöcken, in Schotter- und Holzhaufen oder in Baumhöhlen Unterschlupf findet, zählen zu ihren Lebensräumen. Sie hält sich häufig im Geäst auf, wo sie sich tagsüber wie auch am Boden von Kleinsäugern einschließlich Fledermäuse, von Vögeln und Vogeleiern ernährt. Ihre Gelege umfassen gewöhnlich sechs bis etwa 20 Eier. Höhere Eizahlen sind die Ausnahme.

Terrarienhaltung: Die lackschwarze und mit gelb gezeichnete Nominatform der Amurnatter wurde zeitweise in großen Stückzahlen aus ihrer Heimat importiert und wurde zu einem beliebten und empfehlenswerten Terrarientier. Obwohl wild lebende Individuen heftig beißen sollen, ist mir bei Terrarienhaltung noch keine aggressive Amurnatter begegnet. Amurnattern sind in einem geräumigen Terrarium (1,0 x 0,5 x 1,0 GL) bei 22 bis 28 °C (nachts 18 bis 20 °C; lokal 28 bis 32 °C) mit kräftigen Kletterästen, einem stabilen Unterschlupf und einem Badebecken problemlos zu halten. Lebende wie auch tote Mäuse und Küken sowie kleine Hühnereier werden sogar von Wildfängen ohne Schwierigkeiten angenommen. Die Nachzucht ist bei beiden Unterarten regelmäßig gelungen, trotzdem ist diese auch für den Einsteiger zu empfehlende Art heutzutage nur noch relativ selten in Terrarien anzutreffen.

Elaphe schrenckii schrenckii

Euprepiophis mandarinus (CANTOR, 1842)
– Mandarinnatter –
Verbreitung: Nordostindien, Myanmar, Nordvietnam, weite Teile Chinas sowie Taiwan
Lebensraum/Lebensweise: In lichten Bergwäldern, offenen wie auch mit Buschwerk besetzten felsigen Gebieten und selbst auf landwirtschaftlichen Nutzflächen führt die Mandarinnatter eine verborgene Lebensweise und hält sich häufig unter Steinen und in Erdlöchern versteckt. Meist 1,0 bis 1,2 m lang, erbeutet sie vorwiegend junge Mäuse.

Euprepiophis mandarinus

Terrarienhaltung: Die Haltung von Wildfängen gilt als problematisch. Häufig verweigert die sehr scheue Art die ihr angebotenen Futtertiere. Deshalb sollte das nicht zu trockene Terrarium (1,0 x 0,5 x 0,5 GL) einen tiefen und lockeren Bodengrund mit dunklen, engen Verstecken sowie ein kleines Wasserbecken aufweisen. Die Tagestemperaturen dürfen, ihrem Vorkommen in höheren Lagen entsprechend, nur 20 bis 25 °C betragen und müssen nachts bis auf 17 °C abkühlen. Als Futter werden gewöhnlich kleine und oft nur nestjunge Mäuse akzeptiert. Jungtiere gewöhnen sich leichter ein. Die Nachzucht dieser recht gefragten Kletternatter ist bereits mehrfach gelungen. Die Gelege bestanden aus jeweils drei bis zehn Eiern.

Ficimia streckeri TAYLOR, 1931
– Mexikanische Hakennasentrugnatter –
Verbreitung: USA (Südtexas) bis Mexiko (nördliches Veracruz)
Lebensraum/Lebensweise: 40 bis maximal 48 cm erreicht diese Wühlschlange, die sich nur nachts oder nach Regenfällen an der Oberfläche blicken lässt. Dornbuschgebiete im Norden und Bergregenwälder

Ficimia streckeri

bis in 1500 m Höhe im Süden des Verbreitungsgebietes gehören zu den sehr unterschiedlichen Lebensräumen dieser Schlange. Zur Hauptnahrung der Eier legenden Art zählen Spinnen und Tausendfüßer.
Terrarienhaltung: Über die Haltung dieser Art im Terrarium (1,0 x 0,5 x 0,5 GL) liegen keine Erfahrungen vor. Ein tiefer lockerer Bodengrund, Rindenstücke, ein kleines Wassergefäß und Temperaturen von 25 bis 30 °C sind erforderlich. Als Futter sind verschiedene Gliederfüßer anzubieten.

Gonyosoma oxycephalum (BOIE, 1827)
– Spitzkopfnatter –
Verbreitung: Südostasien einschließlich Indoaustralischer Archipel und Philippinen
Lebensraum/Lebensweise: Die Spitzkopfnatter lebt ausschließlich auf Bäumen im Regenwald, an Gewässern und in Mangrovensümpfen. Sie ist tagaktiv und kann sogar Vögel im Flug erhaschen. Es zählen aber Baum bewohnende Säugetiere und Fledermäuse zur Vorzugsnahrung. Die Nattern werden meist um 1,7 m, selten bis 2,4 m lang.

Gonyosoma oxycephalum

Terrarienhaltung: Während Wildfänge wegen Erkrankungen und Futterverweigerung häufig Schwierigkeiten bereiten, sind die inzwischen überall gehandelten Nachzuchttiere in einem Regenwaldterrarium (1,0 x 0,5 x 1,5 GL) bei 25 bis 29 °C und hoher relativer Luftfeuchtigkeit (80 bis 90 %) gut haltbar. Der mit Kletterästen und einem kleinen Wassergefäß ausgestattete Behälter kann, insbesondere bei der Haltung jüngerer Exemplare, reich bepflanzt werden. Das Terrarium ist täglich auszusprühen. Gefressen werden Mäuse, junge Ratten und Küken. Die Gelege umfassen fünf bis acht, selten bis 12 walzenförmige Eier. Die Aufzucht der Jungschlangen mit nestjungen Mäusen ist nicht einfach, manche Exemplare müssen zunächst gestopft werden.

Gyalopion canum

Gyalopion canum COPE, 1860
– Westliche Hakennasentrugnatter –
Verbreitung: USA (Westtexas bis Südostarizona)
Lebensraum/Lebensweise: Die 30 bis 40 cm lange wühlende Bodenschlange ist mit den Arten der Gattung *Ficimia* eng verwandt. Über Lebensräume, Lebensweise sowie Terrarienhaltung siehe bei *Ficimia*

streckeri. Zu ihrer Nahrung zählen vermutlich auch kleine Echsen.

Gyalopion quadrangularis (GÜNTHER, 1893)
– Wüsten-Hakennasentrugnatter –
Verbreitung: USA (Südarizona) bis Mexiko (Nayarit)
Lebensraum/Lebensweise/Terrarienhaltung: Über diese bis 35 cm lange Art siehe bei *Gyalopion canum*.

Gyalopion quadrangularis

Hapsidrophis lineata FISCHER, 1856
– Schwarzgestreifte Grünnatter –
Verbreitung: Afrika (Guinea, Angola bis Uganda, Kenia, Tansania)
Lebensraum/Lebensweise: Die nachtaktive Baumschlange ist eine Bewohnerin tropischer Galerie-, Regen- und Berggregenwälder bis in Höhenlagen um 2000 m. Sie wird etwa 1,1 m lang und ernährt sich vorwiegend von Fröschen. Die Art ist ovipar.
Terrarienhaltung: Erfahrungen über Haltung und

Hapsidrophis lineata

Pflege dieser Baumschlange sind nicht bekannt. Sie braucht ein üppig bepflanztes Regenwaldterrarium (1,0 x 0,5 x 1,5 GL) bei Temperaturen um 25 bis 30 °C und geringer nächtlicher Abkühlung mit Kletter-

zweigen und einem kleinen Wasserbecken. Es sollte versucht werden, ob neben Fröschen auch mit Froschgeruch verwitterte nestjunge Mäuse gefressen werden. Über eine Nachzucht im Terrarium liegen keine Angaben vor.

Hemorrhois hippocrepis (LINNAEUS, 1758)
– Hufeisennatter –
Verbreitung: Iberische Halbinsel, Sardinien, Nordwestafrika, Pantelleria
Lebensraum/Lebensweise: Die vorwiegend tagaktive, lebhafte und bissige Natter wird mehr als 1,5 m lang und lebt bevorzugt an trockenen, mit Büschen bestandenen Geröllhängen. Sie kommt sogar in Halbwüstengebieten vor. Hufeisennattern jagen aktiv Kleinsäuger, Vögel und Echsen an Boden und klettern kaum. Die Weibchen legen fünf bis zehn Eier.
Terrarienhaltung: Die Hufeisennatter ist ein relativ problemloser Terrarienpflegling, der wiederholt nachgezogen wurde und der Mäuse und Küken frisst. Das Terrarium (1,0 x 0,5 x 0,5 GL) muss trockenen Bodengrund, Versteckplätze und ein Wasserbecken sowie Tagestemperaturen von 24 bis 28 °C (lokal bis 35 °C) und Nachttemperaturen von 18 bis 20 °C bieten. Nach der Bundesartenschutzverordnung ist die Hufeisennatter als eine vom Aussterben bedrohte Art geschützt.

Hemorrhois hippocrepis

Hemorrhois ravergieri MENTRIES, 1832
– Bunte Zornnatter –
Verbreitung: Transkaukasien, Vorder- und Mittelasien
Lebensraum/Lebensweise: Diese Zornnatter mit der charakteristischen dunklen Rautenzeichnung ist eine kräftige, schnelle und tagaktive Natter der Halbwüsten, Steppen und buschreichen Berghänge ihrer Heimat. Im Gebirge kommt sie bis in 2600 m Höhe vor. Ihre Hauptnahrung besteht aus Mäusen und anderen Kleinsäugern, Echsen und Jungvögeln. Gelegegröße: vier bis zehn Eier.

Hemorrhois ravergieri

Terrarienhaltung: Im Terrarium (1,0 x 0,5 x 0,75 GL) mit einigen Kletterästen, flachen Steinen und einem kleinen Wasserbecken ist diese Schlange gewöhnlich problemlos zu halten. Neben einer Grundtemperatur von 24 bis 28 °C ist ein Liegeplatz auf 30 bis 35 °C zu erwärmen. Nachts sollte die Temperatur auf unter 20 °C sinken. Mäuse werden meist ohne Schwierigkeiten angenommen. Da schon über Vergiftungserscheinungen beim Menschen (Schwellungen, Kreislaufprobleme, Schmerzen) nach dem Biss dieser Zornnatter berichtet wurde, ist Vorsicht geboten. Die Art wurde im Terrarium noch nicht nachgezogen.

Hierophis jugularis (LINNAEUS, 1758)
– Pfeilnatter –
Verbreitung: Balkanhalbinsel, Schwarzmeerküsten, nördlich des Kaukasus bis zum Kaspischen Meer
Lebensraum/Lebensweise: Aufgrund besonderer anatomischer Merkmale (Schädelbau, Wirbel, Hemipenes) wurden die frühere Unterart *caspius* als *Hierophis caspius* und ihre rotbraune transkaukasische Unterart als *H. schmidti* verselbstständigt. Als größte europäische Schlange erreicht sie im Mittel knapp 2 m, in Ausnahmefällen beinahe 3 m Gesamtlänge.

Hierophis jugularis

Geröllhalden mit Gestrüpp, Waldlichtungen, lichte Laubwälder werden besiedelt. Ihre Beute (Kleinsäuger, Vögel, Echsen, Schlangen, Insekten) jagt sie am Tage. Ihre Gelege enthalten normalerweise sechs bis zwölf Eier.
Terrarienhaltung: Zur Einrichtung des Terrariums (1,5 x 0,5 x 0,75 GL; 24 bis 28 °C, lokal bis 35 °C, nachts 18 bis 20 °C) gehören Verstecke unter Baumstubben oder in Korkröhren und kräftige Kletteräste. Ratten, Mäuse und Küken werden ohne Schwierigkeiten erbeutet. Aus Gelegen von Wildfängen geschlüpfte Jungtiere können mit nestjungen Mäusen aufgezogen werden. Große Exemplare können ganz empfindlich beißen. Die Art ist geschützt nach Anhang 1 des Bundesartenschutzgesetzes.

Lampropeltis alterna (BROWN, 1901)
– Graugebänderte Königsnatter –
Verbreitung: USA (Südwesttexas, äußerster Südosten von New Mexico), Nordmexiko

Lampropeltis alterna

Lebensraum/Lebensweise: Trockene halbwüsten- und wüstenartige Gebiete bis in Höhenlagen um 2000 m gehören zu den Lebensräumen dieser bis 1,2 m langen Natter, die nur nachts ihre unterirdischen Verstecke verlässt, um nach Echsen, kleinen Schlangen, Kleinsäugern und Froschlurchen zu jagen.

Terrarienhaltung: Diese Schlange ist eine der beliebten *Lampropeltis*-Arten mit kompletter Korallentracht. Die Haltung in einem Trockenterrarium (1,0 x 0,5 x 0,5 GL) mit sandigem Bodensubstrat, Versteckplätzen und einem Wassergefäß bei 25 bis 30 °C und nächtlicher Abkühlung um etwa 5 K hat sich bewährt. Die Umstellung der als Futter Echsen bevorzugenden Wildfänge auf Mäuse kann Schwierigkeiten bereiten. Ansonsten ist ihre Ernährung mit Kleinsäugern problemlos. Die Art wird regelmäßig nachgezogen. Ihre Gelege umfassen zwischen vier und 14 Eier.

Lampropeltis getula (LINNAEUS, 1766)
– Kettennatter –

Verbreitung: USA (Südliches New Jersey bis Florida, westlich bis Südwestoregon und Südkalifornien), Mexiko (Baja California, nördliche Landesteile bis Zacatecas)

Lebensraum/Lebensweise: Die mehr als 2 m groß werdende Art untergliedert sich in ihrem weiten Verbreitungsgebiet in sieben Unterarten, die trockene, felsige Waldgebiete, Prärien und Wüsten ebenso bevölkern, wie Sumpfgebiete und Küstenmarschen. Die tagaktive Schlange ist in den heißen Sommermonaten auch nachts unterwegs. Sie lebt am Boden, klettert im Gestrüpp und erbeutet Schlangen – ein-

Lampropeltis getula californiae – gestreifteVariante

schließlich Giftschlangen –, Echsen, Kleinsäuger, Vögel und deren Eier. Die Gelege der Kettennatter können 25 und mehr Eier umfassen.

Terrarienhaltung: Im Terrarium (1,0 x 0,5 x 0,5 GL) ist die Kettennatter ein anspruchsloser Pflegling, der gewöhnlich Kleinsäuger und Küken frisst. Da in der Natur auch Schlangen zu ihrer Nahrung zählen, sollten nur gleichgroße Exemplare gemeinsam gepflegt werden. Wegen ihrer Futtergier ist die Fütterung generell zu beaufsichtigen, um Unfälle zu vermeiden. Die Temperaturen müssen sich auf 25 bis 30 °C bei nächtlicher Absenkung auf 20 bis 25 °C belaufen. Ein verrotteter Kiefernstubben und einige Kletteräste ergänzen die übliche Terrarieneinrichtung. Die Kettennatter gehört zu den am häufigsten nachgezogenen *Lampropeltis*-Arten, vor allem die Unterart *L. g. californiae*. Auch werden verschiedene Farbvarianten gezüchtet.

Lampropeltis getula californiae – geringelte Variante

Lampropeltis getula floridana

Lampropeltis mexicana (GARMAN, 1884)
– Mexikanische Königsnatter –
Verbreitung: Nordmexiko (insbesondere Chihuahua-Wüste)
Lebensraum/Lebensweise: Mit einer Gesamtlänge von höchstens einem Meter handelt es sich bei dieser äußerst variabel gefärbten und in ihrer Unterartgliederung umstrittenen Königsnatter um eine nur mittelgroße Art. Sie bevorzugt Eichen- und Kiefernwälder sowie Grasland in trockenen und bergigen Gebieten bis in Höhen von 2200 m. Lebensweise und Nahrungsspektrum entsprechen denen von *L. alterna*.
Terrarienhaltung: Wie die anderen *Lampropeltis*-Arten ist auch die Mexikanische Königsnatter ein idealer Terrarienpflegling, der nach Eingewöhnung Mäuse als ausschließliche Nahrung akzeptiert und auch – selbstverständlich nach Unterarten getrennt – in Gruppen gehalten werden kann. Sie wird regelmäßig vermehrt. Ihre sechs bis zwölf Eier sind, wie auch bei ihren Verwandten, häufig miteinander verklebt.

Lampropeltis pyromelana knoblochi

Lampropeltis mexicana „greeri"

Lampropeltis pyromelana (COPE, 1867)
– Arizonakönigsnatter –
Verbreitung: USA (Arizona, isolierte Populationen auch in Utah und Nevada), Mexiko (Chihuahua, Sonora)
Lebensraum/Lebensweise: Lichte Kiefernwälder, Bergwiesen und felsige Gebiete, Schluchten und Geröllhalden – oft in Wassernähe – in Höhen zwischen 850 und 2800 m gehören zum Lebensraum dieser mehr als einen Meter lang werdenden nacht-

aktiven Königsnatter. Sie erbeutet Echsen und kleine Nagetiere. Die Weibchen legen drei bis zehn längliche Eier je Gelege.
Terrarienhaltung: Ein lockerer Bodengrund ermöglicht im Terrarium (1,0 x 0,5 x 0,5 GL) eine gewisse Feuchtigkeit. Rindenstücke und flache Steine, ein Kletterast und ein Badebecken runden die Terrarieneinrichtung ab. 25 bis 30 °C bei starker nächtlicher Abkühlung sind erforderlich. Während Alttiere meist ohne Probleme Mäuse fressen, verweigern die meisten Jungtiere zunächst nestjunge Mäuse und müssen zwangsernährt werden. Manche Jungtiere fressen nach der Winterruhe dann freiwillig, spätestens aber dann, wenn sie groß genug sind, um behaarte Jungmäuse zu überwältigen.

Lampropeltis triangulum (LACÉPÈDE, 1788)
– Dreiecksnatter –
Verbreitung: Kanada (südliche Teile von Ontario und Quebec), USA (östlich der Rocky Mountains) über Mittelamerika bis in nordwestliche Gebiete von Venezuela, Kolumbien und Ecuador

Lampropeltis triangulum annulata

Lampropeltis triangulum campbelli

Lampropeltis triangulum sinaloe

Lampropeltis triangulum elapsoides

Lebensraum/Lebensweise: Die weite Verbreitung ihrer etwa 25 Unterarten deutet bereits an, dass die unterschiedlichsten Lebensräume von Wüstengebieten bis zum tropischen Regenwald in Höhenlagen vom Meeresspiegel bis zu 2700 m besiedelt werden. Die Validität mancher Unterarten ist allerdings umstritten; Farb- und Zeichnungsvarianten und natürliche Bastardierungen verwirren zusätzlich. Oft sind genaue Fundortangaben erforderlich, um die Zugehörigkeit zu einer Unterart belegen zu können. Ihre maximalen Körperlängen liegen zwischen 56 cm (*L. t. elapsoides*) und 199 cm (*L. t. micropholis*). Das breite Nahrungsspektrum der am Boden lebenden Milchschlangen umfasst Echsen und Schlangen, Kleinsäuger, Vögel, Eier, jedoch auch Wirbellose und Amphibien.

Terrarienhaltung: Die weitgehend nachtaktiven Dreiecksnattern sind generell in einem auf 25 bis 30 °C (nachts 5 K niedriger) temperierten Terrarium

Lampropeltis triangulum syspila

Lampropeltis triangulum triangulum

(1,0 x 0,5 x 0,5 GL) mit lockerem, zum Wühlen geeigneten Bodengrund, Versteckplätzen unter Wurzelwerk oder Steinen, Klettermöglichkeiten und einem Wasserbecken unterzubringen. Einzelhaltung ist grundsätzlich angeraten, da viele Tiere sehr futterneidisch sind. Eingewöhnte Exemplare fressen gewöhnlich Mäuse; Jungtiere müssen häufig zwangsgefüttert werden, da sie entweder die angebotenen nestjungen Mäuse verweigern oder diese für Jungtiere kleinerer Unterarten gar zu groß sind, um verschlungen zu werden. Viele der Unterarten sind beliebte und häufig gepflegte Terrarientiere, die regelmäßig nachgezogen werden. Die anfangs hohen Preise für Nachzuchttiere sind in den letzten Jahren erheblich gefallen. Von mehreren Unterarten sind auch amelanistische, anerythristische und melanotische Zuchtformen sowie Albinos bekannt.

Lampropeltis zonata (LOCKINGTON, 1835)
– Bergkönigsnatter –
Verbreitung: USA (Südwestoregon, Kalifornien), Mexiko (nördliche Baja California)
Lebensraum/Lebensweise: Unter Baumwurzeln, Rindenstücken und Steinen, häufig in der Nähe von Gewässern in Wäldern und Schluchten, versteckt sich die bis in Höhen von 2400 m lebende Bergkönigsnatter am Tage. Reptilien, Kleinsäuger und Jungvögel wie auch Vogeleier werden von der maximal gut einen Meter langen Art gejagt.
Terrarienhaltung: Haltung und Pflege entsprechen denen von *Lampropeltis pyromelana*.

Leptodrymus pulcherrimus (COPE, 1874)
– Guatemalanatter –
Verbreitung: Mittelamerika (Guatemala bis Costa Rica)
Lebensraum/Lebensweise: Trockene Waldgebiete, Waldränder und Gebiete mit Dornbuschvegetation im Flachland sind der Lebensraum dieser bis 1,2 m langen Bodenschlange, die gern auch im Gestrüpp klettert. Die Eier legende Art ernährt sich vorwiegend von Kleinsäugern und Echsen.
Terrarienhaltung: Die Art wird selten gepflegt. Ihr Trockenterrarium (1,0 x 0,5 x 0,5 GL; 25 bis 30 °C) sollte einige Verstecke, Kletteräste und ein kleines Wassergefäß aufweisen. Die Ernährung mit kleinen Mäusen erscheint möglich. Über eine Nachzucht im Terrarium ist nichts bekannt.

Leptodrymus pulcherrimus

Lampropeltis zonata

Leptophis ahaetulla (LINNAEUS, 1758)
– Dünnschlange –
Verbreitung: Mexiko bis Argentinien
Lebensraum/Lebensweise: Tagaktiv, Baum bewohnend und gut an ihren Lebensraum in den trockenen tropischen Wäldern und Buschlandschaften ihrer Heimat angepasst, reagiert die Art bei Belästigung aggressiv, droht mit weit geöffnetem Maul und

Leptophis ahaetulla

beißt auch kräftig zu. Die bis 1,3 m lange Art ernährt sich insbesondere von Fröschen, aber auch von Kleinsäugern, Vögeln und Reptilien, die sie am Boden wie auch im Gezweig fängt. Die Leptophis-Arten besitzen keine Giftzähne; ihr Speichel zeigt jedoch bei ihren Beutetieren Giftwirkung. Die Weibchen legen fünf bis 15 Eier.

Terrarienhaltung: Im gut bepflanzten Trockenterrarium (1,0 x 0,5 x 1,5 GL) mit zahlreichen Kletterästen und einem Wasserbecken sollten tagsüber 25 bis 30 °C herrschen. Nachts kann die Temperatur um etwa 5 K absinken. Kleine Mäuse werden meist problemlos gefressen.

Leptophis diplotropis (GÜNTHER, 1872)
– Sunrise-Dünnschlange –
Verbreitung: Südöstliches Mexiko
Lebensraum/Lebensweise: Über Lebensraum und Lebensweise dieser etwa 1,3 m langen Dünnschlange ist wenig bekannt, sie dürften mit denen von L. ahaetulla identisch sein.
Terrarienhaltung: Zur Haltung und Pflege sind die Darlegungen bei Leptophis ahaetulla zutreffend.

Leptophis mexicanus
DUMÉRIL, BIBRON & DUMÉRIL, 1854
– Mexikanische Dünnschlange –
Verbreitung: Südmexiko über Yucatán bis Costa Rica
Lebensraum/Lebensweise/Terrarienhaltung: siehe bei Leptophis ahaetulla

Leptophis mexicanus

Leptophis diplotropis

Lycodon aulicus (LINNAEUS, 1758)
– Gemeine Wolfsnatter –
Verbreitung: Südasien (Indien, Sri Lanka bis West-
indonesien, Südchina, Philippinen
Lebensraum/Lebensweise: Die Wolfsnatter ist in
ihrem weiten Verbreitungsgebiet recht häufig. Sie
wird kaum länger als 80 cm. In ihren recht unterschiedlichen, häufig sehr steinigen Lebensräumen –
auch in der Nähe menschlicher Siedlungen – verbirgt sie sich tagsüber unter Steinen, umgestürzten
Baumstämmen und in anderen Verstecken. Nachts
klettert sie auf der Jagd nach Echsen, vorwiegend
Geckos, gern im Gebüsch und sogar im Gebälk der
Häuser. Mitunter werden auch Frösche und nestjunge Nagetiere gefressen. Wolfsnattern legen zwei
bis zwölf relativ große Eier.

Lycodon striatus bicolor

Lycodon aulicus

Terrarienhaltung: Zur Pflege der wegen ihrer Vorliebe
für Echsen problematischen Natter ist ein Trockenterrarium (1,0 x 0,5 x 0,5 GL) mit Verstecken, einigen
Kletterästen und einem kleinen Wasserbecken erforderlich. Angebotene nestjunge Mäuse
sollten bei Ablehnung mit Echsengeruch
verwittert werden. Über Terrariennachzuchten liegen keine Informationen vor.

Lycodon striatus (SHAW, 1802)
– Zweifarbige Wolfsnatter –
Verbreitung: Turkmenistan, Tadschikistan, Indien, Sri Lanka
Lebensraum/Lebensweise: Lebensraum
und Lebensweise dieser Natter ähneln
weitgehend denen von *Lycodon aulicus*.
Sie erreicht aber nur eine mittlere Gesamtlänge von etwa 50 cm.
Terrarienhaltung: siehe bei *Lycodon
aulicus*

Lycodon subcinctus BOIE, 1827
– Gebänderte Wolfsnatter –
Verbreitung: Südchina, Hainan, Philippinen, Hinterindien bis Indoaustralischer Archipel
Lebensraum/Lebensweise/Terrarienhaltung: Lebensraum, Lebensweise und die Haltung im Terrarium
entsprechen bei dieser mit etwa 1 Meter Länge größten Art ihrer Gattung denen von *Lycodon aulicus*.

Lycodon subcinctus

Lytorhynchus maynardi ALCOCK & FINN 1896
– Maynards Schnauzennatter –
Verbreitung: Pakistan, Afghanistan
Lebensraum/Lebensweise/Terrarienhaltung: siehe
Lytorhynchus ridgewayi

Lytorhynchus maynardi

Lytorhynchus ridgewayi BOULENGER, 1887
– Afghanische Schnauzennatter –
Verbreitung: Iran, Turkmenistan, Afghanistan, Süd-
westpakistan
Lebensraum/Lebensweise: Höchstens 36 cm wird
diese dämmerungs- und nachtaktive scheue Wühlschlange lang. Steinige, mit spärlicher Vegetation
bewachsene Trockengebiete, Steppen und Halbwüsten stellen ihren Lebensraum. Dort jagt sie Echsen
und große Gliederfüßer wie Grillen, Heuschrecken
und Tausendfüßer. Die Weibchen legen lediglich drei
bis vier, allerdings relativ große Eier.
Terrarienhaltung: Ein tiefer, lockerer Bodengrund,
flache Steine, Wurzelwerk und ein Trinkgefäß gehö-

Lytorhynchus ridgewayi

ren ins Terrarium (1,0 x 0,5 x 0,5 GL) einer Schnauzennatter. Die Temperatur muss bei 25 bis 30 °C liegen und nachts um mindestens 5 K absinken. Neben
Futterechsen (Geckos) sollten verschiedene Gliederfüßer und nestjunge Mäuse angeboten werden.
Über die Vermehrung dieser selten gepflegten Eier
legenden Schlange im Terrarium ist nichts bekannt.

Masticophis bilineatus JAN, 1863
– Sonorapeitschennatter –
Verbreitung: USA (Zentral- und Südarizona) bis
Mexiko
Lebensraum/Lebensweise: Tagaktiv und äußerst
flink ist die bis 1,7 m lange schlanke Natter, die im
Dornengestrüpp der Wüstengebiete und in lichten
Kiefern-Eichen-Wäldern des Berglandes bis in Höhen
von über 1800 m lebt. Sie klettert im Unterholz und
auf Bäumen, wo sie vor allem Echsen und Vögel –
besonders deren Nestjungen – fängt. Die Gelege
umfassen sechs bis 13 Eier.

Masticophis bilineatus

Terrarienhaltung: Für die Haltung dieser und anderer Arten der Gattung ist ein sehr geräumiges, absolut trockenes Terrarium (1,5 x 0,5 x 0,75 GL) mit einigen Kletterästen und einem Trinkgefäß erforderlich. Die mittlere Tagestemperatur sollte zwischen 25 und 30 °C liegen bei 30 bis 35 °C an einem „Sonnenplatz". Eine nächtliche Temperaturabsenkung um 5 K ist angezeigt. Wildfänge sind anfangs recht hektisch und bissig, werden aber bald ruhiger und vertilgen dann bereitwillig die ihnen angebotenen Mäuse, Ratten und Küken. Die Nachzucht der Peitschennattern ist möglich.

Masticophis flagellum (SHAW, 1802)
– Peitschennatter –
Verbreitung: USA (von Nordkarolina über den gesamten Süden des Landes bis Mittelkalifornien) bis Zentralmexiko

Lebensraum/Lebensweise: Die weit verbreitete Art kann Längen von mehr als 2,5 m erreichen und bewohnt die unterschiedlichsten Trockenhabitate bis in 2150 m Höhe. Die äußerst behände Schlange weist eine breite Nahrungspalette von Insekten (Heuschrecken, Zikaden u. a.) über Echsen und Schlangen bis zu Vögeln und Kleinsäugern auf. Sogar Frösche und kleine Schildkröten können mitunter erbeutet werden. Die Gelege umfassen gewöhnlich vier bis 16 Eier.
Terrarienhaltung: Haltung und Pflege dieser häufiger im Terrarium zu findenden Art entsprechen denen von *Masticophis bilineatus*. Die angebotene Nahrung, auch tote Mäuse und Küken, wird gierig gefressen. Die Art wurde wiederholt im Terrarium nachgezogen.

Masticophis flagellum

Masticophis lateralis (HALLOWELL, 1853)
– Kalifornische Peitschennatter –
Verbreitung: USA (entlang der Küste Kaliforniens) bis Mexiko (Baja California)
Lebensraum/Lebensweise: Lebensraum und Lebensweise unterscheiden sich kaum von *Masticophis flagellum*. Die Art wird aber nur etwa 1,5 m lang. Sie fängt Frösche, Echsen, Schlangen, Vögel und Kleinsäuger. Jungtiere ernähren sich vor allem von Insekten.
Terrarienhaltung: siehe bei *Masticophis bilineatus*

Masticophis lateralis euryxanthus

Masticophis taeniatus (HALLOWELL, 1852)
– Gestreifte Peitschennatter –
Verbreitung: Westliche USA (von Washington entlang des Great Basin bis Texas) bis Zentralmexiko
Lebensraum/Lebensweise: Die flinke, am Boden wie auch auf Bäumen und im Gestrüpp zu findende Schlange kann reichlich 1,8 m lang werden und

Masticophis taeniatus schotti

dringt in Höhenlagen bis 2850 m über dem Meeresspiegel vor. Sie ernährt sich hauptsächlich von Echsen und Kleinsäugern, frisst aber auch kleine Schlangen und Vögel. Die Gelege umfassen bis zwölf Eier.
Terrarienhaltung: Haltung und Pflege siehe unter *Masticophis bilineatus*.

Mastigodryas bifossatus (RADDI, 1820)
– Gebänderte Peitschennatter –
Verbreitung: Venezuela, Kolumbien, südlich bis Nordargentinien
Lebensraum/Lebensweise: Die in ihrem Verbreitungsgebiet recht häufige Schlange ist eine Bodenbewohnerin der Savannen und Waldrandgebiete des Tieflandes. Die tagaktive Natter wird 1,4 bis nahezu 2 m lang und ernährt sich von Kleinsäugern und Echsen, dürfte aber auch Vögel und deren Eier nicht verschmähen. Ihre Gelege können bis zu zwölf Eier enthalten.

Mastigodryas bifossatus

Terrarienhaltung: Da die Art den Vertretern der Gattung *Coluber* biologisch nahe steht, entsprechen Haltung und Pflege beispielsweise denen von *Coluber constrictor*. Über Nachzuchten im Terrarium ist nichts bekannt.

Oligodon taeniatus (GÜNTHER, 1861)
– Gestreifte Kukrinatter –
Verbreitung: Südchina, Thailand, Laos, Kambodscha, Südvietnam
Lebensraum/Lebensweise: Die kaum 40 cm lange Schlange hält sich tagsüber in Verstecken am Boden verborgen und ist in der Dämmerung sowie in der Nacht auf der Suche nach Echsen, Fröschen und Reptilieneier. Sie legt Eier. Alle Kukrinattern zeigen ein charakteristisches Abwehrverhalten, indem sie ihren

Oligodon taeniatus

Schwanz seitlich einrollen, anheben und dem potenziellen Gegner die Schwanzunterseite entgegenhalten.
Terrarienhaltung: siehe bei *Ologodon taeniolatus*

Oligodon taeniolatus (JERDON, 1853)
– Bunte Kukrinatter –
Verbreitung: Turkmenistan, südwärts bis Sri Lanka
Lebensraum/Lebensweise: Diese dämmerungs- und nachtaktive, etwa 50 cm lange Kukrinatter lebt in den unterschiedlichsten Lebensräumen – in Trockengebieten, an Waldrändern und selbst in Ortschaften. Sie verbirgt sich tagsüber unter Steinen, Wurzelwerk und Laub. Ihre Bahrung besteht vorrangig aus Vogel- und Reptilieneiern sowie aus Echsen. Sie soll auch Froschlaich verzehren. Sie legt Eier.
Terrarienhaltung: Das mit lockeren Bodengrund, einem Wurzelstock sowie mit einer Laubschicht ausgestattete Terrarium (1,0 x 0,5 x 0,5 GL) ist auf 26 bis 32 °C zu beheizen. Ein größeres Trinkgefäß ist erforderlich. Manche Kukrinattern haben im Terrarium kleine Mäuse und Frösche angenommen. Ansonsten müssen Futterechsen zur Verfügung stehen. Über Nachzuchten im Terrarium ist nichts bekannt.

Oocatodus rufodorsatus (CANTOR, 1842)
– Rotbauchkletternatter –
Verbreitung: Ostasien (Amurgebiet, koreanische Halbinsel bis China)
Lebensraum/Lebensweise: Wegen der großen Zeichnungsvariabilität sind häufig weder der wissenschaftliche Artname noch der deutsche Trivialname zutreffend. *O. rufodorsatus* ist in seiner Heimat eine der häufigsten Schlangen und wird bis 90 cm lang. Er lebt semiaquatisch an stehenden Gewässern, an Reisfeldern, Wiesen und auch in Gärten. Die tagaktive Art jagt Fische, Echsen, Lurche, Mäuse sowie Insekten und mitunter kleine Schlangen. Die Natter ist viviovipar und bringt bis zu 25 Junge zur Welt.

Oligodon taeniolatus

Oocatodus rufodorsatus

Terrarienhaltung: Im Terrarium (1,0 x 0,5 x 1,0 GL) ist die Rotbauchkletternatter bei 25 bis 28 °C (nachts 18 bis 20 °C) relativ einfach zu pflegen. Ein Wassergefäß und ein Baumstubben runden die Einrichtung des Terrariums ab. Ein absolut trockener Liegeplatz, der eine Erwärmung auf 28 bis 30 °C ermöglicht, muss geboten werden. Nestjunge Mäuse und kleine Fische werden in der Regel problemlos als Nahrung angenommen. Die Art wurde wiederholt nachgezogen.

Orthriophis moellendorffi (BOETTGER, 1886)
– Blumennatter, Moellendorffs Kletternatter –
Verbreitung: Nordvietnam und Südchina
Lebensraum/Lebensweise: 1,6 bis 1,8 m wird diese schöne Schlange groß. Längen von bis zu 2,5 m sind eher die Ausnahme. Über ihre Lebensweise und ihre Fortpflanzungsbiologie in der Natur ist kaum etwas bekannt. Karstiges Gelände, auch in Gewässernähe, wird offensichtlich bevorzugt. Ihre Beute besteht aus Kleinsäugern (Mäuse, Ratten, Fledermäuse), nur selten aus Vögeln.

Orthriophis moellendorffi

Terrarienhaltung: Erfahrungen über die Haltung und Pflege dieser Kletternatter liegen erst seit einigen Jahren vor. Auf alle Fälle muss ein geräumiges, nicht zu helles Terrarium (1,0 x 0,5 x 1,0 GL) mit Temperaturen von 18 bis 25 °C und einer erhöhten relativen Luftfeuchtigkeit von etwa 70 % geboten werden. Junge Ratten sowie Mäuse werden gefressen. Die Nachzucht dieser Art ist wiederholt gelungen. Die Weibchen legten fünf bis zehn Eier ab.

Orthriophis taeniurus (COPE, 1861)
– Schönnatter, Streifennatter –
Verbreitung: Ost- und Südostasien bis zu den Großen Sundainseln
Lebensraum/Lebensweise: Die Systematik der Schönnatter – derzeit mit sieben Unterarten – bedarf der Überarbeitung. Ihre Gesamtlänge variiert zwischen 1,3 bis etwa 2,5 m. Die ausgesprochen tagaktive Schlange bevorzugt Buschlandschaften, Waldränder, mäßig feuchtes und felsiges Gelände – immer aber in Gewässernähe. Sie hält sich sowohl am Boden als auch auf Bäumen und Sträuchern auf. Ihre Nahrung besteht aus Mäusen, Ratten, Fledermäusen, Vögeln und deren Brut. Die Gelege enthalten fünf bis 15 Eier.
Terrarienhaltung: *O. taeniurus* ist ein idealer Terrarienpflegling, braucht aber ein sehr geräumiges Terrarium (1,0 x 0,5 x 1,0 GL) mit einer Grundtemperatur von 25 bis 28 °C, mit einem Wärmeplatz (bis 32 °C) und einer nächtlichen Temperaturabsenkung auf 18 bis 22 °C. Mäuse und Ratten wie auch Küken und Hühnereier können verfüttert werden. Die meisten Unterarten werden regelmäßig, mitunter in großen Stückzahlen nachgezogen, sodass auf Wildfänge weitgehend verzichtet werden kann. Zu beachten ist, dass die Art und ihre Häute Schutz nach Anhang D der EU-Artenschutzverordnung genießen.

Orthriophis taeniurus friesei

Opheodrys aestivus (LINNAEUS, 1766)
– Raue Grasnatter –
Verbreitung: USA (gesamter Südosten von New Jersey südwärts) bis Nordostmexiko
Lebensraum/Lebensweise: Feuchtere Lebensräume mit Gebüsch in Gewässernähe bis in 1500 m Höhe bieten der tagaktiven und recht ruhigen Natter Jagdgründe mit den verschiedensten Gliederfüßern (Heuschrecken, Grillen, Raupen, Spinnen u. a.). Sie soll jedoch auch Schnecken und Frösche verzehren. Die Raue Grasnatter kann 1,15 m lang werden, bleibt aber meist kleiner. Sie schwimmt gut und flüchtet häufig ins Wasser. Die Gelege enthalten drei bis zwölf walzenförmige Eier.

Opheodrys vernalis

Opheodrys aestivus

Terrarienhaltung: Die Raue Grasnatter ist ein beliebtes Terrarientier, das ein reichlich bepflanztes Aquaterrarium (1,0 x 0,5 x 1,0 GL) mit Zweigen und trockenen Liegeplätzen benötigt. Das Terrarium ist auf 25 bis 30 °C zu temperieren; der Liegeplatz sollte bis zu 33 °C aufweisen. Nachts sinkt die Temperatur um etwa 5 K. Vor allem Grillen, Heuschrecken und Spinnen werden gern gefressen. Gezüchtete Futtertiere sollten vor der Verabreichung mit einem Vitamin-Kalk-Präparat eingestäubt werden. Die Art wird des Öfteren nachgezogen. Es wird über gemeinsame Eiablageplätze mehrerer Weibchen berichtet.

Opheodrys vernalis (HARLAN, 1827)
– Glatte Grasnatter –
Verbreitung: Südostkanada und USA (Nordosten sowie weitere inselförmige Vorkommen)
Lebensraum/Lebensweise: Die im Gegensatz zu *Opheodrys aestivus* weitgehend am Boden lebende Natter wird maximal 66 cm lang, ist tagaktiv und

jagt im Gras und im niedrigen Gestrüpp nach Insekten und Spinnen. Sie lebt auf trockenen Wiesen, in lichten Wäldern und auf Brachland, ist aber auch in feuchteren Gebieten und sogar in Sümpfen bis in Höhenlagen um 2900 m zu finden. Ihre Gelege umfassen drei bis elf Eier.
Terrarienhaltung: Die Glatte Grasnatter hält sich im Terrarium (1,5 x 0,5 x 0,5 GL) weniger gut als ihre Verwandte mit den gekielten Schuppen. Häufig wird das angebotene Futter verweigert. Grasbüschel wie auch zartere Pflanzen, die Klettermöglichkeiten bieten, einige Verstecke und ein Wassergefäß bilden die Terrarieneinrichtung. 25 bis 30 °C (nachts 5 K weniger) und ein Liegeplatz mit 28 bis 30 °C sind erforderlich. Aus den Gelegen trächtig gefangener Weibchen schlüpften äußerst schlanke und etwa 12 cm lange Jungtiere.

Oxybelis aeneus (WAGLER, 1824)
– Erzspitznatter –
Verbreitung: USA (Südarizona), Mexiko bis Brasilien und Bolivien

Oxybelis aeneus

Lebensraum/Lebensweise: Die tagaktiven Spitznattern leben auf Bäumen und im Gebüsch in der Nähe von Gewässern, in Galeriewäldern sowie im tropischen Regenwald. Mitunter treten sie als Kulturfolger auf. Die bis 1,9 m lange Erzspitznatter streift am Tage durch das Geäst auf der Jagd nach Echsen und erbeutet gelegentlich auch Frösche und kleine Vögel (Kolibris). Bei ihren Beutetieren zeigt der Giftbiss eine starke Wirkung. Wird sie gestört, reißt sie ihren Rachen auf, beißt aber nur selten zu. Es werden vier bis sechs Eier abgesetzt.

Terrarienhaltung: Zur Unterbringung von Spitznattern ist ein Terrarium für Baumschlangen erforderlich (1,0 x 0,5 x 1,0 GL), das bei einer relativen Luftfeuchtigkeit von 70 bis 90 % 25 bis 30 °C warm sein sollte und nachts um höchstens 5 K abkühlen darf. Kletteräste, eine üppige Bepflanzung und ein kleines Wasserbecken gehören zur Einrichtung des Terrariums. Die Ernährung ist nicht unproblematisch, da Frösche, Echsen und junge Vögel als Nahrung erwartet werden. Die Erzspitznatter wird bisher nicht im Terrarium nachgezogen.

Oxybelis argenteus (DAUDIN, 1803)
– Silberspitznatter –
Verbreitung: nördliches Südamerika östlich der Anden
Lebensraum/Lebensweise/Terrarienhaltung: Weiteres über die etwa 1,2 m lange Art siehe bei *Oxybelis aeneus*.

Oxybelis brevirostris (COPE, 1861)
– Kurzschnauzenspitznatter –
Verbreitung: Westkolumbien, Ecuador
Lebensraum/Lebensweise/Terrarienhaltung: siehe bei *Oxybelis aeneus*

Oxybelis brevirostris

Oxybelis fulgidus (DAUDIN, 1803)
– Glanzspitznatter –
Verbreitung: Mexiko bis nördliches Südamerika östlich der Anden
Lebensraum/Lebensweise/Terrarienhaltung: Diese Art kann über 2 m lang werden und frisst im Terrarium neben Futterechsen auch junge Mäuse. Sie wurde schon vereinzelt nachgezogen. Die Jungtieraufzucht ist recht problematisch. Weiteres siehe bei *Oxybelis aeneus*.

Oxybelis argenteus

Oxybelis fulgidus

Pantherophis emoryi (BAIRD & GIRARD, 1853)
– Präriekornnatter –
Verbreitung: Mittlerer Süden der USA, Nordmexiko
Bis zur Revision der Gattung *Elaphe* gehörten der
Kornnatter (*Elaphe guttata*) mehrere Unterarten an.
Inzwischen wurde nicht nur die Präriekornnatter
eine selbstständige Art, sondern es wurde mit *Pantherophis slowinskii* sogar eine weitere Art abgetrennt. Deren Verbreitung erstreckt sich auf ein kleines Territorium im Osten von Texas und im westlichen Louisiana.

Pantherophis emoryi

Lebensraum/Lebensweise: Prärien, Farmland, Auen,
offene Wälder, felsige Gelände bis über 1900 m ü. NN
Terrarienhaltung: siehe bei *P. guttatus*

Pantherophis guttatus (LINNAEUS, 1766)
– Kornnatter –
Verbreitung: Östliche und zentrale USA, Nordmexiko
Lebensraum/Lebensweise: Eine große Anpassungsfähigkeit ermöglicht es der bis gut 1,8 m lang werdenden Kornnatter, die unterschiedlichsten Lebensräume zu besiedeln. Sandige Kiefernwälder wie auch
Sumpfgebiete werden bewohnt, wo sie, vorwiegend

am Boden jedoch auch auf Bäumen anzutreffen ist.
Gern hält sie sich tagsüber im Wurzelwerk alter
Bäume, in Felsspalten, unter abgestorbener Rinde
oder gar in menschlichen Bauwerken verborgen. Das
Beutespektrum der Kornnatter ist sehr breit (Kleinsäuger einschließlich Fledermäuse, Vögel, Vogeleier,
Echsen, Frösche), kann sich jedoch je nach räumlicher oder zeitlicher Häufigkeit ihrer Beutetiere auf
eine Beutetiergruppe konzentrieren. Es können bis
zu 30 Eier in einem Gelege produziert werden.
Terrarienhaltung: Die Kornnatter ist dank ihrer Anpassungsfähigkeit und ihres attraktiven Aussehens
eine der am häufigsten im Terrarium gepflegten
Schlangenarten. Ihre Haltungsansprüche (Terrarium
1,0 x 0,5 x 1,0 GL; 22 bis 28 °C am Tage, 18 bis 20 °C
in der Nacht; Kletteräste, Verstecke und ein Badebecken), die Annahme selbst toter Mäuse und Küken
als Nahrung und nicht zuletzt ihre hohe Fortpflanzungsbereitschaft haben diese Kletternatter schon
fast zum Haustier werden lassen. Ihre farbliche Variabilität, relativ häufige Färbungs- und Zeichnungsmutationen und ihre einfache Vermehrung werden
sehr häufig zu Züchtungsversuchen genutzt.

Pantherophis guttatus

Pantherophis obsoletus (SAY, 1823)
– Erdnatter, Pilotnatter –
Verbreitung: Osthälfte Nordamerikas von Südostkanada über Florida bis Westtexas und angrenzende
Gebiete Mexikos
Lebensraum/Lebensweise: Unter den mehr oder weniger gesicherten Unterarten der Erdnatter sind die
deutlich unterschiedlich gefärbten Unterarten *P. o.
quadrivittatus* (Kükennatter), *P. o. rossalleni* (Evergla-
deskükennatter), *P. o. obsoletus* (Schwarze Pilotnatter), *P. o. spiloides* (Graue Pilotnatter) sowie *P. o. lindheimeri* (Texaskükennatter) am bekanntesten. Mit
über 2,5 m Maximallänge sind die Erdnattern die
größten Kletternattern Amerikas. Die Art kommt
generell in allen Lebensräumen, in der Ebene wie im
Hochland, in trockenen wie in feuchten Habitaten,
am Boden wie auf Bäumen vor und ist nachts wie
auch am Tage außerhalb ihrer Verstecke anzutreffen.
Sie frisst bevorzugt Kleinsäuger aller Art sowie Vögel
und deren Eier. Jungtiere erbeuten auch Echsen, Frösche und nestjunge Mäuse. Aufgefundene Gelege
zählten meist zehn bis 20 Eier; es wurden aber auch
Gemeinschaftsgelege entdeckt.
Terrarienhaltung: Neben der Kornnatter zählen die
Unterarten der Erdnatter zu den am häufigsten gepflegten Kletternattern, da sie sich durch relativ einfache Lebensansprüche und hohe Fortpflanzungsleistungen auszeichnen. Das geräumige Terrarium
(1,0 x 0,5 x 1,0 GL) mit zahlreichen Kletterästen,
einem geschützten Versteck sowie einem großen
Wasserbecken muss über Temperaturen zwischen
22 und 28 °C bei nächtlicher Abkühlung auf 18 bis
20 °C und einen Liegeplatz mit 28 bis 32 °C verfügen.
Eine gewisse Aggressivität mancher Exemplare ist
meines Erachtens individuell bedingt und nicht – wie
man des Öfteren lesen kann – unterarttypisch. Eine
optimale Fütterung mit lebenden oder toten Mäusen, Ratten und Küken führt bei älteren Weibchen zu
Gelegegrößen von 20 bis 30 Eiern. Zur Reinhaltung
der Unterarten sind diese grundsätzlich separat zu
pflegen. Zuchtformen mit unterschiedlichen Färbungsvarianten sind inzwischen nicht selten. Bemerkenswert ist auch die relativ einfache Arthybridi-
sierung mit der Kornnatter (*Pantherophis guttatus*),
deren Produkte selbst fortpflanzungsfähig sind.

▼ *Pantherophis obsoletus spiloides*　　　　　　　　　　▲ *Pantherophis obsoletus quadrivittatus*

Pantherophis vulpinus (BAIRD & GIRARD, 1853)
– Fuchsnatter –
Verbreitung: USA (südlich und südwestlich der Großen Seen)

Pantherophis vulpinus

Lebensraum/Lebensweise: Gewöhnlich liegt die Gesamtlänge der Fuchsnatter zwischen 1,0 und 1,4 m. Sie kann in seltenen Fällen aber nahezu 1,8 m Länge erreichen. Das Sekret ihrer Postanaldrüsen, das insbesondere Wildtiere beim Ergreifen absondern, weist einen beißenden, fuchsähnlichen Geruch auf. Fuchsnattern leben fast ausschließlich am Boden in der offenen Prärie, an Waldrändern, in Feuchtgebieten oder auf landwirtschaftlichen Nutzflächen. Sie sind weitgehend tagaktiv und fressen hauptsächlich mäuseartige Nagetiere, denen sie in deren unterirdischen Bauen nachspüren. Es werden jedoch auch andere Kleinsäuger, Vögel und deren Brut sowie Frösche erbeutet. Die Weibchen nutzen häufig gemeinschaftliche Eiablageplätze. Die frühere Unterart *gloydi* wurde inzwischen zur eigenen Art erhoben.
Terrarienhaltung: Fuchsnattern haben einen hohen Bewegungsdrang und wühlen häufig im Bodengrund ihres Terrariums (1,0 x 0,5 x 0,5 GL). Die Grundtemperatur sollte lediglich bei 20 bis 27 °C liegen und nachts auf 17 °C gesenkt werden. Die Schlange ist ein sehr gieriger Mäusefresser und akzeptiert auch totes Futter. Die wiederholt nachgezogene Art legt sieben bis 29 Eier. Die Aufzucht der Jungtiere mit nestjungen Mäusen verläuft problemlos.

Philothamnus hoplogaster (GÜNTHER, 1863)
– Grüne Buschschlange –
Verbreitung: Südöstliches Afrika von der Republik Kongo und Tansania bis zur Kapprovinz
Lebensraum/Lebensweise: 60 cm, selten 90 cm erreicht diese harmlose Natter. Sie ist in den Regen- und Galeriewäldern zu Hause, wo sie am und im Wasser lebt und Frösche, Kaulquappen und kleine Fische fängt. Je nach Art und Größe des Weibchens werden von den Gattungsvertretern sechs bis zwölf Eier gelegt.
Terrarienhaltung: *Philothammnus*-Arten werden gelegentlich im Terrarium gepflegt und vereinzelt auch nachgezogen. *P. hoplogaster* sollte in einem Aquaterrarium (1,0 x 0,5 x 0,5 GL) mit einem trockenen Landteil und einigen Kletterästen bei 25 bis 30 °C und geringer nächtlicher Abkühlung gehalten werden. Kleine Fische, Frösche und Kaulquappen können als Futter angeboten werden.

Philothamnus hoplogaster

Philothamnus semivariegatus (SMITH, 1847)

– Gefleckte Buschschlange –
Verbreitung: Äthiopien und südlicher Sudan bis zum
Golf von Guinea, südwärts bis Transvaal
Lebensraum/Lebensweise: Die 90 bis 120 cm lange
Art lebt hauptsächlich auf Bäumen und Büschen der
Galerie- und Regenwälder, oft weit vom Wasser ent-
fernt. Erbeutet werden Froschlurche, Echsen und ver-
mutlich auch kleine Schlangen.

Phyllorhynchus browni lucidus

Philothamnus semivariegatus

Terrarienhaltung: Das Regenwaldterrarium (1,0 x 0,5
x 1,5 GL) sollte bei 25 bis 30 °C und geringer nächtlicher Abkühlung einen Liegeplatz mit 28 bis 33 °C
bieten. Kletteräste und ein Wasserbecken gehören
zur Terrarieneinrichtung. Wenn keine Frösche oder
Echsen geboten werden können, sollte die Fütterung
mit entsprechend verwitterten nestjungen Mäusen
versucht werden.

Phyllorhynchus browni STEJNEGER, 1890

– Plattnasennatter –
Verbreitung: USA (Arizona) bis Nordwestmexiko
Lebensraum/Lebensweise: Felsige und sandige Wüsten mit dornigem Buschwerk und Kakteen in 300 bis
900 m Höhe sind der Lebensraum dieser tagsüber
sehr versteckt unter Steinen, in Felsspalten oder in
unterirdischen Bauen von Säugetieren lebenden bis
50 cm langen Bodenschlange. Nachts fängt sie vor
allem Geckos und andere Echsen. Sie frisst aber auch
Reptilieneier und Gliederfüßer. Die Weibchen legen
zwei bis fünf Eier. In der deutschsprachigen Fachliteratur werden die *Phyllorhynchus*-Arten in Überset-
zung ihrer wissenschaftlichen wie auch englischen

Namen „Blattnasennattern" genannt – eine Trivial-
bezeichnung, die gleichermaßen die *Langaha*-Arten
tragen. Deren Nasenfortsatz als Blättchen zu bezeichnen, ist aber treffender. Wegen ihres platten-
förmigen Nasenschildes sollten die hier vorgestellten Arten deshalb besser Plattnasennattern genannt
werden.
Terrarienhaltung: Wegen ihrer Nahrungsspezialisierung ist ihre Haltung problematisch. Zur Unterbringung genügt ein einfaches Trockenterrarium (1,0 x
0,5 x 0,5 GL) mit mindestens 10 cm tiefem Bodengrund und einem kleinen Wassergefäß. Temperatur:
28 bis 32 °C, nachts starke Abkühlung auf etwa
20 °C. Plattnasennattern wurden im Terrarium wohl
noch nicht nachgezogen.

Phyllorhynchus decurtatus (COPE, 1868)

– Gefleckte Plattnasennatter –
Verbreitung: USA (Südwestnevada, Südostkalifornien, Arizona), Mexiko (Baja California, Sinaloa)
Lebensraum/Lebensweise/Terrarienhaltung: Lebensraum, Lebensweise wie auch die problematische Terrarienhaltung entsprechen denen von *Pyllorhynchus
browni.*

Phyllorhynchus decurtatus perkinsi

Pituophis catenifer (BLAINVILLE, 1835)
– Gophernatter –
Verbreitung: westliche USA (Oregon bis Kalifornien), Nordmexiko
Lebensraum/Lebensweise: Vielfach wieder als Unterart von *P. melanoleucus* angesehen, gilt *P. catenifer* auch als eigene Art mit etwa zehn Unterarten. Mit einer Gesamtlänge von bis zu 2,75 m ist sie eine der größten Schlangen Nordamerikas. Lebensraum und Lebensweise siehe unter *P. melanoleucus*. Wegen der Nutzung von Wohnhöhlen der Gopherschildkröten (*Gopherus*) hat sie ihren volkstümlichen Namen erhalten.
Terrarienhaltung: Die Gophernatter ist unter denselben Terrarienbedingungen wie *P. melanoleuca* zu pflegen. Sie wird häufig nachgezogen. Ihre Jungen messen beim Schlupf etwa 30 cm.

Pituophis deppei (DUMÉRIL, 1853)
– Mexikanische Bullennatter –
Verbreitung: Zentrales Mexiko (Chihuahua, Coahuila bis Chiapas)
Lebensraum/Lebensweise: Das mexikanische Hochland mit Grasland und Halbwüsten ist der Lebensraum der tagaktiven und etwa 1,5 m messende Natter, die – meist am Boden lebend – Vögel und kleine Säugetiere fängt. Sie ist recht wehrhaft und zögert nicht, beim Ergreifen heftig zuzubeißen. Alle *Pituophis*-Arten sind eierlegend.
Terrarienhaltung: Die Mexikanische Bullennatter wird gelegentlich im Terrarium (1,0 x 0,5 x 0,75 GL) gehalten und auch zur Fortpflanzung gebracht. Kletteräste, Verstecke unter Steinen oder einem verrottenden Baumstubben sowie ein Wasserbecken sind notwendige Einrichtungsgegenstände. Die Tagestemperatur von 25 bis 30 °C sollte nachts deutlich absinken. Ein „Sonnenplatz" mit 28 bis 33 °C ist erforderlich. Mäuse, Ratten und Küken werden in der Regel bereitwillig gefressen.

Pituophis deppei deppei

Pituophis catenifer

Pituophis melanoleucus (DAUDIN, 1803)
– Kiefernnatter –

Verbreitung: Zentrales Nordamerika von Südkanada bis Nordostmexiko

Lebensraum/Lebensweise: Von den zahlreichen Unterarten der weit verbreiteten und mehr als 2,5 m lang werdenden kräftigen Schlange werden einige als eigene Arten angesehen. Alle leben in trockenen, sandigen Kiefern- und Eichenwäldern, auf Kulturland, Prärien, offenem Buschland und selbst in felsigen Wüstengebieten bis in Höhen von 2750 m. Die Vorliebe für lichte Kiefernwälder verhalf ihr zu ihrem Trivialnamen. In heißen Gegenden halten sich diese Nattern auch tagsüber häufig in Bauen von Nagern und Schildkröten, in selbst gegrabenen Gängen oder unter großen Felsen und umgestürzten Bäumen verborgen. Die überwiegende Nahrung sind Nagetiere. Ihre Aggressivität gegenüber dem Menschen ist individuell verschieden.

Pituophis melanoleucus melanoleucus

Terrarienhaltung: Kiefernnattern werden häufig im Terrarium (1,0 x 0,5 x 0,75 GL) gehalten und nachgezogen. Zahlreiche Verstecke im Boden, Kletteräste und ein Wasserbecken müssen vorhanden sein. Die Tagestemperatur von 25 bis 30 °C, lokal bis 33 °C, kann nachts um 5 K absinken. Als Futter können Mäuse, Ratten, Küken und Hühnereier angeboten werden. Die aus den mehr als 20 Eiern eines Geleges schlüpfenden, recht großen Jungschlangen lassen sich problemlos mit Mäusen passender Größe aufziehen. Farbzuchten sind heutzutage nicht selten. Albinos der Nominatform sollen interessanterweise alle auf ein Mitte der achtziger Jahre des vorigen Jahrhunderts gefangenes Exemplar zurückgehen.

Pituophis ruthveni STULL, 1929
– Louisiana-Kiefernnatter –

Verbreitung: USA (Louisiana und Osttexas)

Lebensraum/Lebensweise: Die gelegentlich als Unterart von *P. melanoleucus* angesehene Natter wird heute als valide Art geführt. Ihr Lebensraum und ihre Lebensweise ähneln denen von *P. melanoleucus*.

Terrarienhaltung: siehe unter *Pituophis melanoleucus*

Pituophis ruthveni

Pituophis sayi SCHLEGEL, 1837
– Bullennatter –

Verbreitung: USA (Alberta, Wisconsin, Indiana, südwärts bis Texas), Nordostmexiko

Lebensraum/Lebensweise: Auch diese Art galt lange Zeit als Unterart von *P. melanoleucus*, heute manchmal auch von *P. catenifer*. Auf Grasland, auf mit Kakteen bestandenen Halbwüsten wie auch auf landwirtschaftliche Nutzflächen werden von der vor allem tagaktiven Schlange gleichfalls unterirdische Hohlräume genutzt. Die Hauptnahrung stellen Nagetiere, es werden gelegentlich aber auch Vögel und Vogeleier verzehrt.

Terrarienhaltung: siehe bei *Pituophis melanoleucus*

Pituophis sayi

Platyceps najadum (EICHWALD, 1831)
– Schlanknatter –
Verbreitung: Südliche Balkanhalbinsel, Transkaukasus bis südwestliches Vorderasien
Lebensraum/Lebensweise: Die im Mittel 1 m, aber bis 1,4 m lang werdende tagaktive Bodenschlange, die im Buschwerk von Berghängen, lichten Wäldern, Weinbergen und verwilderten Gärten lebt, frisst in erster Linie Echsen, jedoch auch junge Mäuse und große Insekten (Heuschrecken). Die Gelege umfassen drei bis fünf Eier.

Prosymna bivittata

Platyceps najadum dahli

Terrarienhaltung: Eingelebte und Mäuse fressende Exemplare der Schlanknatter können im Terrarium (1,5 x 0,5 x 0,5 GL; tags 24 bis 28 °C, lokal bis 35 °C, nachts unter 20 °C) sehr ausdauernde Pfleglinge sein. Über eine echte Nachzucht unter Terrarienbedingungen ist nichts bekannt.
C. najadum ist nach der Bundesartenschutzverordnung geschützt.

Prosymna bivittata WERNER, 1903
– Zweistreifen-
schaufelnasennatter –
Verbreitung: Afrika (Namibia, Botswana, Westsimbabwe, Südmosambik, Transvaal)
Lebensraum/Lebensweise: Sehr trockene Lebensräume – Steppen, Savannen und Halbwüsten – bewohnt diese kaum 35 cm lange Wühlschlange. Bei ihrer unterirdischen Lebensweise sucht die Schlange ihre Hauptnahrung – die Eier verschiedener Echsen und

Schlangen. Wahrscheinlich gehören auch Termiten und andere Insekten, Würmer sowie kleine grabende Echsen zu ihrer Beute. Sie legt drei bis acht Eier.
Terrarienhaltung: Wegen ihrer Nahrungsspezialisierung kommt die Terrarienhaltung dieser Schlange kaum in Frage. Ein Glasbehälter (1,5 x 0,5 x 1,0 GL) mit 20 cm tiefem Bodengrund und einigen Steinplatten bei 25 bis 30 °C ist ausreichend. Ein kleines Trinkgefäß sollte nicht fehlen.

Prosymna frontalis (PETERS, 1867)
– Südwestafrikanische Schaufelnasennatter –
Verbreitung: Namibia
Lebensraum/Lebensweise/Terrarienhaltung: siehe bei *Prosymna bivittata*

Prosymna frontalis

Eigentliche Nattern

Pseustes poecilonotus (GÜNTHER, 1858)
– Zischnatter –
Verbreitung: Mexiko bis Peru, Bolivien und Brasilien
Lebensraum/Lebensweise: Mit nahezu 3 m Maximallänge gehört die Gattung *Pseustes* zu den größten Nattern Mittel- und Südamerikas. Ihre systematische Stellung ist umstritten. Die auf Bäumen wie am Boden sich aufhaltenden Arten leben in Regenwäldern und deren Randgebieten bis in Höhen von 2500 m. Die tag- und dämmerungsaktiven Tiere fangen vor allem Kleinsäuger, fressen aber auch Vögel und Vogeleier. Junge Exemplare ernähren sich vermutlich auch von Echsen und Fröschen. Alle *Pseustes*-Arten legen Eier.

Terrarienhaltung: Zischnattern werden selten im Terrarium gepflegt. Wegen ihrer Lebensweise ist ein hohes Terrarium (1,0 x 0,5 x 1,0 GL) mit starken Kletterästen, einem Badebecken und einem Wärmestrahler erforderlich. Die Tagestemperaturen von 25 bis 30 °C sollten nachts etwas absinken. Wildfänge können anfangs recht bissig sein. Sie gewöhnen sich freilich bald ein und akzeptieren dann als Futter sogar tote Nagetiere und Küken.

Pseustes sulphureus (WAGLER, 1824)
– Gelbkehlzischnatter –
Verbreitung: Nördliches Südamerika
Lebensraum/Lebensweise/Terrarienhaltung: siehe bei *Pseustes poecilonotus*

Ptyas dhumnades (CANTOR, 1842)
– Gekielte Rattennatter –
Verbreitung: Südchina einschließlich Taiwan
Lebensraum/Lebensweise: Offene Wälder, Gras- und Kulturland, meist jedoch die Nähe von Gewässern bevorzugt die tagaktive, äußerst flinke Natter. Sie jagt am Boden vor allem Kleinsäuger und in Gewässernähe auch Frösche. Sie klettert gern und sonnt sich im Geäst. Gekielte Rattennattern werden um 1,8 m lang. Die aus den Eiern schlüpfenden Jungschlangen sind zunächst schwarzbraun und noch nicht gestreift. Manche Systematiker ordnen diese Art in eine eigene Gattung *Zaocys*.

▲ *Pseustes poecilonotus*   ▼ *Pseustes sulphureus*

Ptyas dhumnades

Terrarienhaltung: Haltung und Pflege dieser selten im Terrarium (1,5 x 0,75 x 0,5 GL) anzutreffenden Schlange entsprechen weitgehend denen von *Ptyas mucosus*. Die Art ist samt ihren Häuten nach der EU-Artenschutzverordnung, Anhang D, geschützt.

Ptyas korros (SCHLEGEL, 1837)
– Gelbbäuchige Rattenschlange –
Verbreitung: Myanmar bis Südchina, südlich bis Indoaustralischer Archipel
Lebensraum/Lebensweise: Die bis 2,6 m messende tagaktive, überwiegend am Boden lebende Schlange hält sich nachts gern im Gebüsch oder auf Bäumen auf, kann gut schwimmen und tauchen. Sie lebt im Flachland in Regenwäldern, lichten Buschlandschaften, Plantagen und Sumpfwäldern der Küstengebiete. Die Schlange frisst Vögel, Echsen, Frösche wie auch

Schlangen. In der Nähe menschlicher Siedlungen jagt sie Ratten und Mäuse. Je Gelege werden vier bis zwölf Eier abgesetzt.
Terrarienhaltung: siehe bei *Ptyas mucosus*. Die Art wie auch ihre Häute sind nach Anhang D der EU-Artenschutzverordnung geschützt.

Ptyas korros

127

Ptyas mucosus (LINNAEUS, 1758)
– Gebänderte Rattenschlange –
Verbreitung: Iran, Afghanistan, südöstliches Turkmenistan, der indische Subkontinent sowie Südostasien bis Sumatra und Java

Ptyas mucosus

Lebensraum/Lebensweise: Zwei bis drei Meter, mitunter bis 3,7 m Gesamtlänge erreicht diese Art, die sowohl offene Kulturlandschaften wie lichte Wälder und Plantagen in der Ebene und im Hügelland bewohnt. Die tag- und dämmerungsaktive Art lebt am Boden, kann jedoch ausgezeichnet klettern. Sie fängt Ratten, Mäuse und andere Kleinsäuger, Vögel, Echsen, Schlangen und Frösche. Ihre Gelege umfassen sechs bis 18 Eier.

Terrarienhaltung: Manche Exemplare der Rattenschlange sind sehr aggressiv und gewöhnen sich nur schwer ein. Ihre Ernährung mit Mäusen, Ratten und Küken bereitet aber keine Schwierigkeiten. Allerdings muss ein geräumiges Terrarium (1,25 x 0,75 x 1,0 GL) mit Kletterästen, gut verankerten Versteckmöglichkeiten und einem großen Badebecken zur Verfügung stehen. Ein trockener „Sonnenplatz" mit einer Temperatur von 35 °C muss geboten werden. Ansonsten sollte die Terrarientemperatur bei 25 bis 30 °C liegen. Sie kann nachts um etwa 5 K absinken. Die Gebänderte Rattenschlange wurde bereits im Terrarium erfolgreich nachgezogen. Sie ist im Anhang B der EU-Artenschutzverordnung eingetragen.

Rhinechis scalaris (SCHINZ, 1822)
– Treppennatter –
Verbreitung: Iberische Halbinsel, außer Norden, bis nach Südfrankreich sowie auf Menorca und den Iles d'Hyères
Lebensraum/Lebensweise: Nur selten erreicht die Treppennatter eine Länge von 1,5 m. Sie gibt trockenen, häufig stark besonnten Lebensräumen, Hängen mit Geröll und Buschwerk, lichten Wäldern, Lege-

Rhinechis scalaris

steinmauern und Ruinen den Vorzug. In der Nähe menschlicher Behausungen jagt sie Mäuse und Ratten. Ansonsten stehen auch andere Kleinsäuger, Vögel und deren Eier auf ihrem Speiseplan. Die aus ihren Gelegen mit fünf bis 20 Eiern geschlüpften Jungtiere ernähren sich von kleinen Echsen und Insekten (Grillen, Heuschrecken).

Terrarienhaltung: Der Art sollten im Terrarium (1,0 x 0,5 x 1,0 GL) 26 bis 30 °C, lokal bis 35 °C, geboten werden. Die Nachttemperaturen können auf 19 bis 22 °C absinken. Ein großer Wasserbehälter sowie einige Kletteräste sind erforderlich. Mäuse, junge Ratten und Küken werden im Prinzip problemlos gefressen. Die Art wurde häufig nachgezogen. Sie ist als Europäerin nach der Bundesartenschutzverordnung geschützt.

Rhinobothryum bovalli ANDERSON, 1916
– Costa-Rica-Baumschlange –

Verbreitung: Guatemala, Honduras, Costa Rica bis Nordwestkolumbien, Nordwestvenezuela, Ecuador

Lebensraum/Lebensweise: Die nachtaktive Baumschlange lebt in Niederungswäldern und wird bis 1,3 m lang. Sie trägt eine vollständige Korallentracht und ist eine der Arten, die der Volksmund „Falsa coral" nennt. Ihre Nahrung sind Echsen, Frösche, Kleinsäuger und Vögel. Die beiden *Rhinobothryum*-Arten sind vermutlich ovipar.

Rhinobothryum bovalli

Terrarienhaltung: Die selten gepflegte Art benötigt ein Regenwaldterrarium (1,0 x 0,5 x 1,0 GL) mit Kletterästen, Bepflanzung, Waldboden und einem kleinen Wasserbecken. Die Temperatur soll 25 bis 30 °C betragen und nachts nur wenig absinken. Als Futter sind vorwiegend Kleinsäuger zu verabreichen. Über Nachzuchtergebnisse ist nichts bekannt.

Rhinocheilus lecontei BAIRD & GIRARD, 1853
– Langnasennatter –

Verbreitung: Südwestliche USA bis Nordostmexiko

Lebensraum/Lebensweise: Trockene Prärien, Buschland, Wüsten in der Ebene wie im Bergland bis in Höhen von über 1600 m werden von dieser gern wühlenden Schlange bewohnt. Tagsüber hält sie sich unter Steinen, altem Holz und im Boden verborgen. Nachts erbeutet die kaum mehr als einen Meter Länge erreichende Natter Echsen, kleine Schlangen, Reptilieneier und Kleinsäuger. Wird sie ergriffen, zeigt sie eine ungewöhnliche Abwehrreaktion: sie vibriert mit dem Schwanzende, dreht sich um ihre Längsachse und scheidet neben dem übel riechenden Sekret ihrer Analdrüsen auch eine blutige Flüssigkeit, vermischt mit Kot, aus.

Rhinocheilus lecontei tessellatus

Terrarienhaltung: Ein Sand-Walderde-Gemisch als Bodengrund, einige Verstecke unter flachen Steinen und ein kleines Wasserbecken genügen für die Einrichtung des Terrariums (1,0 x 0,5 x 0,5 GL). Bei einer Tagestemperatur von 25 bis 30 °C lässt sich die Langnasennatter nur während der Dämmerung und nachts blicken, wenn die Temperatur um etwa 5 K abgesunken ist. Eingewöhnte Tiere fressen junge Mäuse. Die Eier legende Schlange (4 bis 9 Eier) wurde schon nachgezogen.

Eigentliche Nattern

Rhynchocalamus melanocephalus (JAN, 1862)
– Schwarzkopfnatter –
Verbreitung: Südliches Transkaukasien, Osttürkei, Nordiran, Syrien, Libanon, Israel
Lebensraum/Lebensweise: Die kleine nachtaktive Natter ist mit 36 cm Gesamtlänge ausgewachsen. Die flinke Bodenschlange lebt auf Trockenhängen mit spärlicher Vegetation bis in Höhen von 1500 m, oft in Tälern in der Nähe von Wasserläufen. Sie frisst neben kleinen Echsen vor allem Gliederfüßer wie Grillen, Heuschrecken, Ameisen und Tausendfüßer.

Rhynchocalamus melanocephalus

Ihre Fortpflanzungsbiologie ist nur wenig bekannt. Sie legt Eier.
Terrarienhaltung: Die Schwarzkopfnatter wird kaum im Terrarium gepflegt. Ihr Trockenterrarium (1,0 x 0,5 x 0,5 GL) ist mit Sand als Bodengrund sowie Steinaufbauten mit Verstecken und einem kleinen Trinkgefäß einzurichten. Die Terrarientemperatur sollte zwischen 24 und 28 °C liegen und nachts stark absinken. Als Futter sind verschiedene Futterinsekten anzubieten.

Salvadora deserticola SCHMIDT, 1940
– Wüstenpflasternasennatter –
Verbreitung: USA (Big-Bend-Region in Texas bis Südostarizona), Nordwestmexiko
Lebensraum/Lebensweise: Die tagaktive, flinke Natter kommt in der Ebene wie im Bergland bis in 1500 m Höhe in Halbwüsten und Wüsten mit Buschwerk vor und wird reichlich einen Meter lang. Sie toleriert sehr hohe Temperaturen und macht Jagd auf Echsen, wenn andere Schlangen sich vor der Hitze zurückgezogen haben. Die Schlange legt fünf bis zehn Eier; über ihre Fortpflanzungsbiologie ist aber wenig bekannt.
Terrarienhaltung: siehe bei *Salvadora grahamiae*

Salvadora deserticola

Salvadora grahamiae grahamiae

Salvadora grahamiae BAIRD & GIRARD, 1853
– Bergpflasternasennatter –
Verbreitung: USA (Südostarizona bis Texas, Mexiko (Chihuahua, Coahuila, Sonora)
Lebensraum/Lebensweise: Knapp 1,2 m lang, tagaktiv und am Boden lebend ist die Echsen fressende Natter, die bei Störungen schnell in den Bauen von Kleinsäugern oder im Geröll verschwindet. Offene Waldgebiete, Buschland und Prärien bis in 2000 m über dem Meeresspiegel gehören zum bevorzugten Lebensraum dieser Natter. Ihre Gelege zählen sechs bis zehn Eier.
Terrarienhaltung: Ein Trockenterrarium (1,25 x 0,75 x 0,5 GL) mit sandigem Bodengrund und karger Bepflanzung, flachen Steinen und einem Trinkgefäß sowie Temperaturen von 25 bis 30 °C bei nächtlicher Abkühlung sind für Pflasternasennattern erforderlich. Ein Wärmeplatz mit Temperaturen bis zu 35 °C sollte geboten werden. Wildfänge von *S. grahamiae* nahmen beim Autor nach einigem Zögern nestjunge Mäuse als Nahrung an. Ansonsten sollten Futterechsen zur Verfügung stehen. Von tragend gefangenen Weibchen abgelegte Eier wurden erfolgreich gezeitigt.

Salvadora mexicana
(DUMÉRIL, BIBRON & DUMÉRIL, 1854)
– Mexikanische Pflasternasennatter –
Verbreitung: Mexiko (Sinaloa bis Westoaxaca)
Lebensraum/Lebensweise/Terrarienhaltung: siehe bei *Salvadora grahamiae*

Salvadora mexicana

Scaphiodontophis annulatus
(DUMÉRIL, BIBRON & DUMÉRIL, 1854)
– Amerikanische Vielzahnnatter –
Verbreitung: Mittelamerika (Yucatán bis Honduras)

Scaphiodontophis annulatus

Lebensraum/Lebensweise: Die 70 bis 80 cm lange, Boden bewohnende Natter lebt in den Bergregenwäldern meist in der Nähe von Gewässern, oft auf felsigen Arealen. Meist versteckt sie sich tagsüber in Felsspalten oder unter umgestürzten Baumstämmen. Zu ihrer Vorzugsnahrung zählen Skinke, eventuell auch kleine Schlangen und Frösche. Sie ist eierlegend, ansonsten ist über ihre Fortpflanzung kaum etwas bekannt.

Terrarienhaltung: Wegen ihrer Spezialisierung auf Skinke kommt eine Terrarienhaltung dieser Natter kaum in Betracht. Ihr sollte ein Feuchtterrarium (1,0 x 0,5 x 0,5 GL) mit Versteckmöglichkeiten und einem kleinen Wasserbecken mit Lufttemperaturen von 24 bis 28 °C und nächtlicher Abkühlung um etwa 5 K zur Verfügung gestellt werden.

Scolecophis atrocinctus (SCHLEGEL, 1837)
– Schwarzgebänderte Wühltrugnatter –
Verbreitung: Pazifikküste von El Salvador bis Costa Rica
Lebensraum/Lebensweise: In den tropischen Regenwäldern lebt diese etwa 40 cm lange Bodenschlange, über deren Biologie kaum etwas bekannt ist. Sie verbirgt sich tagsüber unter Laub und Holz und kommt nur nachts auf Beutesuche hervor. Neben Gliederfüßern werden wahrscheinlich Frösche und Echsen erbeutet.
Terrarienhaltung: Es wäre eine dankbare Aufgabe, diese Art in einem halbfeuchtem Waldterrarium (1,0 x 0,5 x 1,0 GL) mit Laubboden, einem Baumstubben und einem Wasserbecken zu pflegen, zu beobachten und möglichst auch zur Fortpflanzung zu bringen. Die Temperatur sollte tagsüber 25 bis 30 °C betragen und kann nachts etwas niedriger liegen.

Scolecophis atrocinctus

Senticolis triaspis (COPE, 1866)
– Grüne Rattennatter –
Verbreitung: USA (Südarizona) bis Costa Rica

Senticolis triaspis triaspis

Lebensraum/Lebensweise: Lange Zeit zur Gattung *Elaphe* (Kletternattern) gerechnet, ist diese 70 bis 120 cm, ausnahmsweise bis 1,6 m lange Natter in der Färbung und Zeichnung adulter Tiere sehr unterschiedlich, wobei die Zugehörigkeit zu drei Unterarten mitunter angezweifelt wird. Tatsächlich grün ist lediglich *S. t. intermedia*, die nördlichste Form, die auch in Arizona zu finden ist. Die Grüne Rattennatter lebt am Boden bis in Höhen von über 2100 m in relativ trockenen bis mäßig feuchten, bergigen und bewaldeten Gebieten, auch entlang von Flüssen, in Wüsten und Dornbuschlandschaften und klettert kaum. Kleinsäuger und Vögel stellen die Hauptnahrung. Junge Exemplare bevorzugen Echsen.

Terrarienhaltung: Das geräumige, trockene Terrarium (1,0 x 0,5 x 0,5 GL; 25 bis 30 °C, lokal bis 35 °C, nachts um 20 °C) muss ausreichend Unterschlupfmöglichkeiten aufweisen. Kletteräste werden kaum angenommen. Ein kleines Wasserbecken ist erforderlich. Als Nahrung werden tote wie lebende halbwüchsige Mäuse meist problemlos gefressen. Die Nachzucht ist bei allen Unterarten schon des Öfteren gelungen. Es wurden jeweils drei bis neun Eier abgelegt.

Senticolis triaspis intermedia

Sonora aemula (COPE, 1879)
– Strahlen-Erdtrugnatter –
Verbreitung: Mexiko (Chihuahua)

Sonora aemula

Lebensraum/Lebensweise: Die etwa 40 cm lange nachtaktive Wühlschlange bildet nach Ansicht mancher Systematiker die monotypische Gattung *Procinura*. Sie lebt in Kakteenwüsten und anderen trockenen Lebensräumen bis in Höhen von 2800 m. Gliederfüßer und kleine Echsen zählen zu ihrer Nahrung. Wie alle *Sonora*-Arten ist diese Schlange ovipar.
Terrarienhaltung: siehe bei *Sonora semiannulata*

Sonora michoacanensis (DUGÈS, 1884)
– Michoacan-Erdtrugnatter –
Verbreitung: Mexiko (Zacatecas, Jalisco, Michoacán, Guerrero)
Lebensraum/Lebensweise/Terrarienhaltung: Die etwa 50 cm lange Natter mit Korallentracht ist kaum bekannt und vermutlich noch nie im Terrarium gepflegt worden. Gliederfüßer stellen die Hauptnahrung. Weiteres siehe bei *Sonora semiannulata*.

Sonora michoacanensis

Sonora semiannulata BAIRD & GIRARD, 1853
– Great-Plains-Erdtrugnatter –
Verbreitung: Westen der USA bis Nordwestmexiko
Lebensraum/Lebensweise: Die kaum 50 cm lange
Natter zeigt selbst im gleichen Verbreitungsgebiet
eine sehr stark variierende Zeichnung und Färbung.
Sie liebt offene Gebiete mit lockerem Sandboden,
steinige, mit Gebüsch bewachsene Hänge, Wüstengebiete und Buschdickichte entlang der Flüsse bis
in Höhenlagen von 1800 m. Die nachtaktive Art lebt
sehr versteckt wühlend im Boden und ernährt sich
von Skorpionen, Spinnen, Tausendfüßern und verschiedenen Insekten und deren Larven. Die Weibchen legen etwa sechs Eier.

Terrarienhaltung: Für die *Sonora*-Arten ist ein Wüstenterrarium (1,0 x 0,5 x 0,5 GL) mit einem mindestens 10 cm tiefen Bodengrund, mit Versteckplätzen
unter Steinen und einem Trinkgefäß erforderlich.
Während die mittlere Temperatur im Terrarium tagsüber zwischen 25 und 30 °C beträgt, ist ein Liegeplatz auf 30 bis 35 °C zu erwärmen. Nachts sollte die
Temperatur auf 18 bis 20 °C sinken. Als Futter sind
die verschiedene Gliederfüßer, vorrangig Futterinsekten, anzubieten. Über eine echte Nachzucht
unter Terrarienbedingungen ist nichts bekannt.

Drei Abbildungen: *Sonora semiannulata* – **Zeichnungsvarianten**

Spalerosophis arenarius (BOULENGER, 1890)
– Rotgefleckte Diademnatter –
Verbreitung: Pakistan, Nordwestindien
Lebensraum/Lebensweise/Terrarienhaltung: Lebensraum, Lebensweise und Terrarienhaltung dieser etwa
1,4 m langen Natter entsprechen denen von *Spalerosophis diadema*.

Spalerosophis arenarius

Spalerosophis diadema

Spalerosophis diadema (SCHLEGEL, 1837)
– Diademnatter –
Verbreitung: Nordafrika über Kleinasien, Arabische
Halbinsel, Turkmenistan bis Pakistan und Nordwestindien
Lebensraum/Lebensweise: Die um 1,5 m, selten 2 m
lange, flinke Wüstenschlange bewohnt einen tagsüber sehr heißen Lebensraum, der sich nachts erheblich abkühlt. Im Sommer ist sie deshalb meist
nachts aktiv und verbirgt sich tagsüber in Felsspalten, unter Steinen und in Nagetierbauen. Sie lebt in
der Ebene und im Gebirge bis in Höhen um 2000 m.
Ihre Hauptnahrung sind Echsen, Schlangen, Kleinsäuger und Vögel. Die Gelege umfassen bis zu 16
Eier.
Terrarienhaltung: Die Diademnatter ist – wie auch
ihre Verwandten – in einem geräumigen Trockenterrarium (1,75 x 0,75 x 0,5 GL) mit steinigen Verstecken und Sandboden sowie einem kleinen Trinkgefäß am Tage bei 25 bis 30 °C und einem Wärmeplatz
von 35 °C unterzubringen. Die Nachttemperatur
sollte auf wenigstens 20 °C absinken. Die Diademnatter wurde vereinzelt im Terrarium nachgezogen.

Spilotes pullatus (Linnaeus, 1758)
– Hühnerfresser –
Verbreitung: Südmexiko bis Nordargentinien
Lebensraum/Lebensweise: Der bis 2,5 m lange, kräftige und tagaktive Hühnerfresser ist in den verschiedensten Lebensräumen in Galerie- und Regenwäldern wie auch in der Nähe menschlicher Siedlungen – generell häufig in Gewässernähe – anzutreffen. Er jagt sowohl am Boden als auch auf Bäumen und im Strauchwerk nach Kleinsäugern, Vögeln, Echsen, Schlangen und Fröschen. In den Dörfern wird neben Ratten vor allem das Hausgeflügel eine leichte Beute. Seine Gelege umfassen 15 bis 25 Eier.
Terrarienhaltung: Hühnerfresser werden relativ häufig im Terrarium gepflegt, wenngleich sie ihr wildes Verhalten nur selten ablegen. Das Regenwaldterrarium (1,0 x 0,5 x 1,0 GL) sollte stets eine hohe Luftfeuchtigkeit aufweisen. Deshalb ist täglich mit lauwarmem Wasser zu sprühen. Bodenverstecke, Kletteräste und ein großes Wasserbecken gehören zur Mindestausstattung des Behälters. Einige kräftige Pflanzen vervollständigen das künstliche Regenwaldbiotop. Mäuse, Ratten und Küken zählen zum Standardfutter. Der Hühnerfresser wurde vereinzelt nachgezogen.

Spilotes pullatus

Stilosoma extenuatum Brown, 1890
– Kurzschwanznatter –
Verbreitung: USA (mittleres Florida)

Lebensraum/Lebensweise: Über die Lebensweise der in trockenen Kiefernwäldern ihres kleinen Verbreitungsgebietes lebenden, höchstens 65 cm langen Wühlschlange ist wenig bekannt. Sie frisst kleine Schlangen und Echsen und legt Eier.
Terrarienhaltung: Ein kleines Terrarium (1,0 x 0,5 x 0,5 GL) mit lockerem Bodengrund, ein verrottender Kiefernstubben und ein Wassergefäß mit Temperaturen von 25 bis 30 °C, nachts 5 K kühler, bietet dieser nur selten gepflegten Art eine entsprechende Unterkunft. Ihre Nahrungsspezialisierung auf Echsen und kleine Schlangen macht ihre Haltung problematisch. Über Terrariennachzuchten ist nichts bekannt.

Stilosoma extenuatum

Stenorrhina freminvelli

Stenorrhina freminvellei

DUMÉRIL, BIBRON & DUMÉRIL, 1854
– Rauschuppen-Erdschlange –
Verbreitung: Mexiko (Oaxaca, Veracruz bis Yucatán) bis Panama
Lebensraum/Lebensweise: Diese Bodennatter lebt tagsüber sehr versteckt sowohl in trockenen als auch in recht feuchten Gebieten und in Wäldern. Sie misst etwa 75 cm und fängt neben Gliederfüßern auch Echsen. Die Vertreter dieser Gattung legen Eier.
Terrarienhaltung: S. *freminvellei* kann bei Terrarienhaltung wegen Futterverweigerung ernste Probleme bereiten. Trotzdem sollten verschiedene Insekten, Spinnen und Futterechsen angeboten werden. Zur Unterbringung empfiehlt sich ein halbfeuchtes Terrarium (1,0 x 0,5 x 0,5 GL) mit lockerem Bodengrund, Rindenstücken als Verstecken und gegebenenfalls einem Baumstubben. Ein kleines Wasserbecken ist erforderlich. Die Tagestemperatur von 25 bis 30 °C kann nachts leicht abgesenkt werden. Nachzuchtergebnisse liegen nicht vor.

Tantilla nigriceps KENNICOTT, 1860

– Plains-Schwarzkopfschlange –
Verbreitung: USA (von Nebraska bis Arizona und Texas), Mexiko (Chihuahua)
Lebensraum/Lebensweise: 63 Arten umfasst gegenwärtig die Gattung der Schwarzkopfschlangen (*Tan-tilla*) vom Süden der USA bis nach Argentinien. Sie alle sind nachtaktiv und leben in trockenen Buschsteppen, auf Geröllfeldern in mittleren Gebirgslagen bis hin zu den Randgebieten der Regenwälder. Diese Wühlschlangen fressen die verschiedensten Wirbellosen und wahrscheinlich auch kleine Echsen. Alle Arten sind eierlegend. T. *nigriceps* wird etwa 35 cm lang und legt ein bis drei Eier.
Terrarienhaltung: Die Art ist in einem Trockenterrarium (1,0 x 0,5 x 0,5 GL) mit zahlreichen Verstecken, einem Trinkgefäß und Tagestemperaturen zwischen 25 und 30 °C unterzubringen. Berichte über ihre Haltung liegen nicht vor. Es sollten neben Futterinsekten und deren weichen Larven auch Regenwürmer und Nacktschnecken angeboten werden.

Tantilla nigriceps

Tantilla rubra COPE, 1876
– Big-Bend-Schwarzkopfschlange –
Verbreitung: USA (Südtexas), Mexiko (Puebla, Oaxaca)
Lebensraum/Lebensweise/Terrarienhaltung: Diese
Schwarzkopfschlange wird maximal 55 cm lang und
legt ein bis zwei Eier. Sie sollte etwas feuchter ge-
halten werden als *Tantilla nigriceps*. Weiteres siehe
dort.

Telescopus beetzii

Lebensraum/Lebensweise/Terrarienhaltung: Siehe
bei Telescopus semiannulatus. Die Namibkatzennatter wird im Mittel nur 30 cm lang, einzelne Exemplare erreichen 60 cm. Erfahrungen zur Haltung im
Terrarium sind nicht bekannt.

Telescopus dhara (FORSSKAL, 1775)
– Großaugenkatzennatter –
Verbreitung: Arabische Halbinsel, Nordost- und Ost-
afrika (Somalia, Nordkenia), Mauretanien bis Nigeria
Lebensraum/Lebensweise/Terrarienhaltung: siehe
bei *Telescopus semiannulatus*

Tantilla rubra cucullata

Telescopus beetzii (BARBOUR, 1922)
– Namibkatzennatter –
Verbreitung: Namibia, nordwestlicher Teil der Kap-
provinz

Telescopus dhara

Telescopus fallax (FLEISCHMANN, 1831)
– Europäische Katzennatter –
Verbreitung: Südosteuropa über Kaukasien, Kleinasien bis Syrien und Iran
Lebensraum/Lebensweise: Die Europäische Katzennatter hält sich vor allem in trockenem, steinigem und mit Buschwerk bewachsenem Gelände auf, wo die dämmerungs- und nachtaktive Trugnatter nach Echsen, weniger nach Mäusen jagt. Sie wird nur selten länger als 1 m. Tagsüber verbirgt sie sich in Felsspalten oder unter Steinen. Die Weibchen legen fünf bis sieben Eier.

Telescopus semiannulatus

Telescopus fallax

Terrarienhaltung: Langjährige Haltungsversuche sind wegen fehlender geeigneter Nahrung selten. Futterechsen werden gefressen, die meisten Exemplare verweigern jedoch die Annahme von jungen Mäusen. Das Terrarium (1,0 x 0,5 x 0,5 GL) sollte zahlreiche Verstecke und Klettermöglichkeiten in Form von fest verankerten Steinaufbauten bieten. Die Tagestemperatur muss 24 bis 28 °C betragen und kann nachts um etwa 5 K ab sinken. Ein kleines Wassergefäß reicht aus. Die Europäische Katzennatter wurde bisher nicht im Terrarium nachgezogen. Ihre Haltung ist nach der Bundesartenschutzverordnung genehmigungspflichtig.

Telescopus semiannulatus SMITH, 1849
– Getigerte Katzennatter –
Verbreitung: Kenia und Republik Kongo bis Südafrika
Lebensraum/Lebensweise: Die weitgehend nachtaktive Bodenschlange wird 70 cm, selten 1 m lang und klettert kaum. Sie kommt in trockenen Gebieten wie Savannen und an den Rändern von Wüsten vor. Ihre Hauptnahrung besteht aus Echsen (Geckos) und kleinen Nagetieren, vereinzelt auch Schlangen und sogar nestjungen Vögeln. Die Weibchen legen sechs bis 20 Eier.
Terrarienhaltung: Die Art ist ein beliebtes Terrarientier, auch wenn sie selbst nach jahrelanger Pflege bei der geringsten Störung aggressiv reagiert. Für den Menschen sind ihre Bisse harmlos. Zur Haltung ist ein Trockenterrarium (1,0 x 0,5 x 0,5 GL) mit Versteckplätzen unter flachen Steinen und Rindenstücken sowie ein Trinkgefäß erforderlich. Die Tagestemperatur muss zwischen 25 und 30 °C liegen und kann nachts abgesenkt werden. Ein erwärmter Liegeplatz ist empfehlenswert. T. semiannulatus kann mit nestjungen Mäusen ernährt werden und wurde bereits nachgezogen. Mitunter werden mehrere Gelege im Jahr abgesetzt.

Thelotornis capensis SMITH, 1849
– Vogelnatter –
Verbreitung: Tansania, Republik Kongo, Angola, südwärts bis nördliches Südafrika
Lebensraum/Lebensweise: Die 60 bis 100 cm messende Baumbewohnerin besiedelt die Busch-Akazien-Gebiete und ernährt sich von Echsen, wie auch von Jungvögeln, Fröschen, Kleinsäugern und Schlangen. Ihre orangefarbene Zunge mit schwarzen Spitzen fungiert als Lockmittel für Echsen, die sie für ein Insekt halten. Die Weibchen legen vier bis 13 Eier.
Terrarienhaltung: Die Eingewöhnung von Vogelnattern im Terrarium ist schwierig. Ein Verzicht auf Echsen als Futtergrundlage ist kaum möglich. Das Terrarium (1,0 x 0,5 x 1,0 GL) ist mit Kletterästen und einem Trinkgefäß zu versehen. Eine dichte Bepflanzung, in der sich die Tiere verbergen können, ist erforderlich. Während die Grundtemperatur im Terra-

Thelotornis capensis

rium 25 bis 30 °C beträgt, muss ein Liegeplatz im Geäst 30 bis 35 °C warm sein. Eine nächtliche Abkühlung auf 20 bis 22 °C ist zu empfehlen. Da das Gift der Vogelnatter für den Menschen tödlich sein kann, sind die Grundprinzipien der Giftschlangenhaltung strikt zu beachten. Ein Antivenin ist nicht verfügbar. Das trifft auch auf die gleichfalls gefährliche Lianennatter (*Thelotornis kirtlandii*) zu.

Trimorphodon biscutatus
(DUMÉRIL, BIBRON & DUMÉRIL, 1854)
– Küstenlyraschlange –
Verbreitung: Mexiko bis Guatemala und Costa Rica
Lebensraum/Lebensweise: Die nachtaktive, maximal 1,2 m lange Schlange lebt in trockenen Wäldern, Fels-, Steppen- und Wüstengebieten bis in einer Höhe von 3500 m über dem Meeresspiegel, vorwiegend am Boden. Sie wird aber auch in feuchteren Lagen vorgefunden. Die Natter erbeutet Echsen, Schlangen, Kleinsäuger und Vögel. Sie legt Eier.

Trimorphodon biscutatus biscutatus

Terrarienhaltung: Lyraschlangen werden gelegentlich im Terrarium gepflegt. Das Trockenterrarium (1,0 x 0,5 x 0,5 GL) sollte einige Kletteräste und ein Trinkgefäß enthalten. Rindenstücke werden als Verstecke genutzt. Die Tagestemperatur von 25 bis 30 °C kann nachts auf 18 bis 22 °C absinken. *T. biscutatus* wurde bereits nachgezogen. Ein Weibchen legte 14 Eier.

Zamesis longissimus (LAURENTI, 1768)
– Äskulapnatter –
Verbreitung: Nordostspanien, Mittelfrankreich, Österreich, Italien, Deutschland (Restpopulationen unter anderem in Taunus, Odenwald, südlicher Schwarzwald), Südpolen bis Griechenland und Türkei, ostwärts bis Transkaukasien und Nordiran

Zamesis longissimus

Lebensraum/Lebensweise: Die 1,4 bis 1,6 m, maximal 2 m lange Kletternatter liebt sonnige Lebensräume am Ufer von Gewässern, in lichten Wäldern, auf Hängen mit Geröll und Buschwerk, in Ruinen und Legesteinmauern bis in Höhenlagen von 1500 m über dem Meeresspiegel. Hier hält sich die vor allem tagsüber aktive Schlange oft am Boden auf der Jagd nach Kleinsäugern und Echsen auf. Kletternd erbeutet sie Vögel sowie deren Eier und Junge. Die Äskulapnatter legt fünf bis zehn längliche Eier; die Jungschlangen ernähren sich von kleinen Echsen und nestjungen Mäusen.
Terrarienhaltung: Haltung und Pflege der Äskulapnatter entsprechen denen von *Rhinechis scalaris*. Die Art wird vereinzelt nachgezogen. Sie ist nach Anlage 1 der Bundesartenschutzverordnung wie die Vierstreifennatter (*Elaphe quatuorlineata*) und die Leopardnatter (*Zamesis situla*) als eine vom Aussterben bedrohte Art geschützt.

Unterfamilie **Dipsadinae**

Diese Unterfamilie hat gleichfalls in der letzten Zeit erhebliche Veränderungen erfahren. Früher umfasste sie lediglich drei Gattungen, heute sind es 22, zu denen noch einmal 23 mit unsicherer taxonomischer Stellung zählen. Der deutsche Name „Amerikanische Schneckennattern" ist deshalb nicht mehr passend. Einige Wissenschaftler haben die Unterfamilie auch schon als „Mittelamerikanische Xenodontinae" bezeichnet. Hier soll kein künstlicher Trivialname geprägt werden.

Carphophis amoenus (SAY, 1825)
– Wurmnatter –
Verbreitung: Östliche und mittlere USA
Lebensraum/Lebensweise: Die maximal 37 cm lange, nachtaktive, wühlende Bodenschlange – gewöhnlich irreführend „Wurmschlange" genannt – gehört zu den Arten mit unsicherer Zugehörigkeit. Sie lebt in lichten Waldgebieten, auf Grasland und Berghängen in Flussnähe wie auch an den Rändern von Kulturflächen bis in Höhen von 1300 m. Sie hält sich in feuchter Umgebung unter Steinen, Baumstümpfen oder im lockeren Boden auf, wo sie nach Regenwürmern sucht. Sie legt ein bis acht längliche, dünnschalige Eier.
Terrarienhaltung: Erfahrungen über die Haltung dieser versteckt lebenden kleinen Natter im Terrarium liegen nicht vor. Erforderlich wäre ein kleiner Glasbehälter (1,0 x 0,5 x 1,0 GL) mit tiefem, lockerem und partiell feuchtem Bodengrund, einigen Verstecken unter einem Baumstubben und Rindenstücken sowie ein nicht zu kleines Wasserbecken. Temperatur: 22 bis 28 °C, nachts 5 K kühler. Als Futter sind Regenwürmer anzubieten.

Carphophis amoenus amoenus

Coniophanes imperialis (KENNICOT, 1859)
– Königs-Schwarzstreifennatter –
Verbreitung: USA (Südtexas) bis Mittelamerika
Lebensraum/Lebensweise: Halbtrockene Küstengebiete beherbergen diese höchstens 50 cm lange, dämmerungs- und nachtaktive Natter. Zu ihrer Nahrung gehören kleine Kröten, Frösche, Echsen, Schlangen und kleine Mäuse. Die Weibchen legen zwei bis zehn Eier. Ihre Bisse können beim Menschen lokale Giftwirkung zeigen.
Terrarienhaltung: Die tagsüber verborgen lebende Bodennatter braucht ein trockenes Terrarium (1,0 x 0,5 x 0,5 GL) mit Verstecken und einem kleinen Wassergefäß sowie Temperaturen von 25 bis 30 °C. Als Futter sollten nestjunge Mäuse angeboten werden. Erfahrungen über die Haltung und Vermehrung im Terrarium liegen nicht vor.

Coniophanes imperialis

Coniophanes piceivittis COPE, 1869
– Schwarzstreifennatter –
Verbreitung: Mexiko (Oaxaca, Chiapas) bis Costa Rica
Lebensraum/Lebensweise/Terrarienhaltung: siehe bei *Coniophanes imperialis*

Coniophanes piceivittis

Contia tenuis (BAIRD & GIRARD, 1852)
– Dornschwanzschlange –
Verbreitung: Westküste Nordamerikas in Kanada (British Columbia) und USA (Washington bis Mittelkalifornien)

Contia tenuis

Lebensraum/Lebensweise: Feuchte Wiesen und Wälder in der Nähe von Gewässern bevorzugt diese ungefähr 45 cm lange Bodenschlange, die sich am Tage unter Baumstubben und Steinen aufhält. Die Hauptnahrung dieser Natter besteht aus Nacktschnecken und anderen Wirbellosen. Die Weibchen legen zwei bis acht Eier je Gelege. Die taxonomische Stellung der Art ist unsicher.
Terrarienhaltung: Ein halbfeuchtes Terrarium (1,0 x 0,5 x 0,5 GL) mit einem großen Wasserbecken, Wurzeln und Rindenstücken genügt den Ansprüchen dieser kleinen Natter, die selten im Terrarium gepflegt wird. Neben Nacktschnecken können Futterinsekten angeboten werden.

Diadophis punctatus (LINNAEUS, 1766)
– Ringhalsnatter –
Verbreitung: Südostkanada bis Florida und westwärts bis zur Pazifikküste (USA) sowie bis Zentralmexiko
Lebensraum/Lebensweise: Die Taxonomie dieser Gattung ist umstritten. In ihrem weiten Verbreitungsgebiet werden etwa zwölf Unterarten registriert. Die bis 76 cm lange Art liebt feuchte Lebensräume in Wäldern, auf Grasland, steinigen Berghängen und sogar in Wüsten in der Nähe von Flüssen. Sie ist bis in Höhen von 2150 m zu finden. Die Ringhalsnatter lebt sehr versteckt und verbirgt sich tagsüber unter flachen Steinen, gefällten Baumstämmen oder unter der losen Rinde toter Bäume. Sie

▲ ▼ *Diadophis punctatus pulchellus*

Diadophis punctatus amabilis

frisst neben kleinen Schwanz- und Froschlurchen auch Echsen und kleine Schlangen und nimmt ebenso mit Insekten und Regenwürmern vorlieb. In Erregung versucht sie den vermeintlichen Feind mit der leuchtend gefärbten Unterseite ihres spiralig aufgerollten Körperendes abzuschrecken. Die Weibchen legen bis zu zehn Eier.

Diadophis punctatus regalis

Terrarienhaltung: Die dämmerungs- und nachtaktive Ringhalsnattern werden wegen ihrer versteckten Lebensweise nur gelegentlich im Feuchtterrarium (1,0 x 0,5 x 0,5 GL) mit Wasserbecken und Rindenstücken als Versteck gepflegt. Die Tagestemperatur im Terrarium muss 22 bis 26 °C betragen und kann nachts leicht abgesenkt werden. Ein Tier des Verfassers fraß problemlos Regenwürmer. Es sollten jedoch möglichst auch andere Futtertiere zur Verfügung stehen. Über eine echte Nachzucht im Terrarium ist nichts bekannt.

Dipsas catesbyi (Sentzen, 1796)
– Catesbys Dickkopfnatter –
Verbreitung: Nördliches Südamerika
Lebensraum/Lebensweise: Diese Dickkopfnattern bewohnen Tieflandregenwälder. Dort leben sie sowohl am Boden als auch im Geäst von Büschen und Bäumen. Tagsüber verstecken sich die kaum 1 m langen Tiere gern in Bromelientrichtern. Ihre Gelege können bis zu sechs Eier enthalten.
Terrarienhaltung: *Dipsas*-Arten sind interessante Pfleglinge in einem Terrarium (1,0 x 0,5 x 1,0 GL), das, mit Kletterästen versehen, reichlich mit Bromelien und anderen Pflanzen des Regenwaldes zu bepflanzen ist. Die Temperatur sollte zwischen 25 und 30 °C liegen, bei geringer nächtlicher Abkühlung. Die relative Luftfeuchtigkeit muss 70 bis 90 % betragen. Ein kleines Wasserbecken ist vorzusehen. Die Fütterung kann mit einheimischen Gehäuseschnecken, insbesondere den verschiedenen Schnirkel-

Dipsas catesbyi

schnecken (*Cepea, Helix*) erfolgen. Von diesen Schnecken ist ein Wintervorrat anzulegen, da mit einem Bedarf von drei bis acht Schnecken in der Woche zu rechnen ist. Nacktschnecken werden wegen ihrer stärkeren Schleimabsonderung weniger gern gefressen. Über Nachzuchten im Terrarium ist nichts bekannt.

Enulius flavitorques (Cope, 1869)
– Mexikanische Bodennatter –
Verbreitung: Südmexiko bis Kolumbien
Lebensraum/Lebensweise: Über die Biologie dieser wühlenden Bodenschlange ist wenig bekannt. Die kaum 40 cm lange Trugnatter ist eine Waldbewohnerin, die vor allem Wirbellose, vermutlich auch kleine Reptilien frisst. Sie ist eierlegend.
Terrarienhaltung: Diese Schlange ist vermutlich noch nie im Terrarium gepflegt worden. Empfehlenswert sind ein halbfeuchtes Becken (1,0 x 0,5 x 0,5 GL) mit tiefem, lockerem Bodengrund sowie eine Grundtemperatur von 25 bis 30 °C.

Enulius flavitorques

Hypsiglena torquata (GÜNTHER, 1860)
– Nachtschlange –
Verbreitung: Südwestliche USA bis Costa Rica
Lebensraum/Lebensweise: Bei einer Maximallänge von 66 cm zeigt die Bodenschlange eine ausgesprochen nachtaktive Lebensweise. Sie bevorzugt trockenes Gras- und Buschland, felsige Gebiete und Wälder bis in Höhen von 2100 m. Sie verbirgt sich tagsüber unter Steinen, altem Holz und Laub. Vor allem Frösche und Echsen sind ihre Nahrungsgrundlage. Ihre Gelege umfassen etwa vier bis sechs Eier.

Hypsiglena torquata texana

Terrarienhaltung: Das Trockenterrarium (1,0 x 0,5 x 0,5 GL) muss einige Versteckplätze unter Steinaufbauten oder Rindenstücken, ein Trinkgefäß sowie einige Kletteräste enthalten. Die Tagestemperatur von 24 bis 28 °C kann nachts deutlich auf 18 bis 20 °C abgesenkt werden. Bei Futterverweigerung sollten nestjunge Mäuse mit dem Geruch von Fröschen oder Echsen verwittert werden. Über eine echte Nachzucht im Terrarium liegen keine Informationen vor.

Imantodes cenchoa (LINNAEUS, 1758)
– Riemennatter –
Verbreitung: Mexiko bis Bolivien, Paraguay, Argentinien
Lebensraum/Lebensweise: Die fast 2 m Gesamtlänge erreichende, extrem schlanke Natter lebt in den höheren Etagen des tropischen und des Bergregenwaldes, wo sie nachts auf der Jagd nach Echsen, vor allem Anolis, sowie nach Fröschen geht und auch Froschlaich nicht verschmäht. Tagsüber hält sie sich vielfach im Gewirr der Bromelien verborgen. Gelegentlich ist sie sogar in Siedlungsnähe zu finden. Riemennattern legen etwa vier Eier.

Imantodes cenchoa

Terrarienhaltung: Zur Haltung braucht man für Riemennattern ein reichlich bepflanztes und mit Kletterästen versehenes Regenwaldterrarium (1,0 x 0,5 x 1,0 GL) mit hoher Luftfeuchtigkeit. Tägliches Besprühen der Terrarieneinrichtung ist notwendig. Dagegen ist nur ein kleines Wassergefäß erforderlich. Die Grundtemperatur im Terrarium sollte 25 bis 30 °C betragen und nachts um etwa 5 K absinken. Für eine erfolgreiche Haltung wird die Verabreichung von Futterechsen und -fröschen nicht zu umgehen sein. Über Nachzuchten liegen keine Angaben vor.

Leptodeira annulata (LINNAEUS, 1758)
– Bananennatter –
Verbreitung: Mexiko bis Argentinien

Leptodeira annulata

Lebensraum/Lebensweise: Die Bananennatter führt in trockenen und feuchteren Waldgebieten, in Bananenplantagen – immer in der Nähe von vegetationsreichen Gewässern – eine nächtliche Lebensweise. Sie ernährt sich insbesondere von Fröschen und Echsen sowie von verschiedenen Gliederfüßern. Die Natter wird etwa 80 cm lang und legt sechs bis zwölf Eier.

Terrarienhaltung: Katzenaugennattern (Gattung *Leptodeira*) sind in einem bepflanzten, nicht zu trockenen Terrarium (1,0 x 0,5 x 1,0 GL) mit zahlreichen Klettermöglichkeiten und einem großen Wasserbecken unterzubringen. Ein Baumstubben oder Rindenstücke können Versteckplätze bieten. Die Lufttemperatur muss am Tage 25 bis 30 °C betragen und sollte nachts nur wenig absinken. Als Futter sind Frösche und Echsen erforderlich. Die Art wurde nachgezogen; es sind sogar Fälle über mehrere Jahre dauernder Amphigonia retardata bekannt. Wegen möglichen Kannibalismus ist Einzelhaltung zu empfehlen.

Leptodeira nigrofasciata GÜNTHER, 1868
– Schwarzgestreifte Katzenaugennatter –
Verbreitung: Mexiko bis Costa Rica
Lebensraum/Lebensweise: Tropische Waldgebiete wie auch Kulturland sind der Lebensraum dieser nachtaktiven, etwa 80 cm langen Baum- und Bodenbewohnerin. Sie frisst vor allem Baumfrösche und deren Laich sowie Echsen, kleine Schlangen, Kleinsäuger und Fische.
Terrarienhaltung: Haltungsbedingungen siehe bei *Leptodeira annulata*. Die breite Nahrungspalette sollte die Fütterung dieser selten gepflegten Art einfacher gestalten. Auch sie wurde schon im Terrarium nachgezogen.

Leptodeira septentrionalis KENNICOT, 1759
– Gebänderte Katzenaugennatter –
Verbreitung: USA (Südtexas) über Mittelamerika bis Peru
Lebensraum/Lebensweise: Bis einen Meter Länge erreicht diese mehr kletternde Natter, die sich neben Fröschen und Echsen auch von Schlangen und Kleinsäugern ernährt. Sie legt etwa zehn Eier.
Terrarienhaltung: siehe bei *Leptodeira annulata*. Im Terrarium akzeptieren manche Tiere neben Fröschen auch nestjunge Mäuse.

Leptodeira septentrionalis

Ninia sebae (DUMÉRIL, BIBRON & DUMÉRIL, 1854)
– Rote Kaffeeschlange –
Verbreitung: Südliches Mexiko bis Costa Rica und Panama
Lebensraum/Lebensweise: Die Art führt eine sehr versteckte Lebensweise. Über ihre Biologie ist wenig bekannt. Sie ist eine nachtaktive Bodenschlange, die

Leptodeira nigrofasciata

Ninia sebae

etwa 50 cm lang wird, zwei bis vier Eier legt und sich vorrangig von Echsen ernährt.

Terrarienhaltung: Erfahrungen zur Terrarienhaltung liegen nicht vor. Ihr Terrarium (1,0 x 0,5 x 0,5 GL) sollte einen tiefen Bodengrund zum Wühlen und zahlreiche Verstecke unter flachen Steinen und Rindenstücken aufweisen. Die Temperatur muss zwischen 25 und 30 °C liegen und kann nachts leicht absinken. Futterechsen müssen wohl zur Verfügung stehen.

Rhadinaea brevirostris (PETERS, 1863)
– Amazonas-Kurznasennatter –
Verbreitung: Amazonasgebiet

▲ *Rhadinaea brevirostris*

▼ *Rhadinaea flavilata*

Lebensraum/Lebensweise: Die 35 Arten dieser südamerikanischen Gattung wurden mitunter auch den Trugnattern (Boiginae) oder gar den Eigentlichen Nattern (Colubrinae) zugeordnet. Alle Arten besiedeln sehr unterschiedliche Lebensräume von Regen- und Galeriewäldern über Sumpfgebiete bis in Bananenplantagen. Die etwa einen halben Meter lang werdende *R. brevirostris* lebt am Boden, ist tagaktiv und frisst Frösche, Echsen und auch kleine Schlangen.

Terrarienhaltung: Ihr feuchtwarmes Terrarium (1,0 x 0,5 x 0,5 GL; Temperatur 28 bis 30 °C, relative Luftfeuchtigkeit 70 bis 90 %) mit Verstecken sowie einer Badegelegenheit kann bepflanzt werden. Als Futter sollten Echsen oder Frösche zur Verfügung stehen. Eventuell werden mit dem Geruch der natürlichen Beute verwitterte nestjunge Mäuse angenommen.

Rhadinaea flavilata (COPE, 1871)
– Kiefernwaldschlange –
Verbreitung: USA (Küstengebiete von North Carolina bis Ostlouisiana, weite Teile Floridas)
Lebensraum/Lebensweise: Diese maximal 40 cm erreichende Schlange ist die einzige Vertreterin ihrer Gattung in Nordamerika. Sie lebt in Sumpfgebieten und feuchten Kiefernwäldern und hält sich unter umgestürzten Baumstämmen, im Laub oder im lo-

ckeren Boden verborgen. Bei ihrer Beute – Frösche und Echsen – zeigt ihr Biss eine leichte Giftwirkung. Terrarienhaltung: Die selten gepflegte Art sollte ein Terrarium (1,0 x 0,5 x 0,5 GL; 25 bis 30 °C, nachts 5 K niedriger) mit tiefem Bodengrund, einem Kiefernstubben und einem kleinen Wasserbecken zur Verfügung gestellt bekommen. Kleinsäuger dürften nur nach Verwitterung mit dem Geruch ihrer eigentlichen Beutetiere akzeptiert werden. Im Terrarium wurden schon Salamander und kleine Schlangen gefressen.

Sibon nebulata (LINNAEUS, 1758)
– Schneckennatter –
Verbreitung: Südostmexiko bis Nordwestecuador, Trinidad, Tobago
Lebensraum/Lebensweise: Die fast ausschließlich auf Bäumen lebende Natter lebt in tropischen Regenwäldern bis in Höhenlagen von 1300 m und wird über 70 cm lang. Sie frisst neben Schnecken vermutlich auch Baumfrösche und kleine Echsen.
Terrarienhaltung: siehe bei *Dipsas catesbyi*

Sibon nebulata

Thamnodynastes strigatus (GÜNTHER, 1858)
– Amazonas-Großaugennatter –
Verbreitung: Süd- und Südostbrasilien, Paraguay, Nordargentinien

Thamnodynastes strigatus

Lebensraum/Lebensweise: Die nachtaktive, gelegentlich im Gebüsch und auf Bäumen anzutreffende Bodenschlange wird etwa 80 cm lang. Sie bewohnt Waldränder, Sekundärwälder wie auch Plantagen im Tiefland und frisst vorwiegend Echsen und Kleinsäuger. Die Art ist vivipar.
Terrarienhaltung: Ein halbfeuchtes Waldterrarium (1,0 x 0,5 x 1,0 GL), ein Baumstubben, einige Kletteräste, Rindenstücke als Tagesverstecke sowie eine Wasserschale genügen zur Unterbringung dieser Natter. Die anzubietenden jungen Mäuse sollten bei Futterverweigerung mit Echsengeruch verwittert werden. Über Terrariennachzuchten ist nichts bekannt.

Tomodon dorsatus
(DUMÉRIL, BIBRON & DUMÉRIL, 1854)
– Braungefleckte Nachttrugnatter –
Verbreitung: Zentrales und südöstliches Brasilien, Nordargentinien
Lebensraum/Lebensweise: Die 50 bis 75 cm lange Schlange bewohnt trockene Waldgebiete, Savannen sowie die Randgebiete von Sekundärwäldern. Über die viviviparen, am Boden wie im Gebüsch zu findenden Tiere ist nur wenig bekannt. Sie ernähren sich von Echsen und Kleinsäugern. Die taxonomische Stellung der Gattung ist unsicher.
Terrarienhaltung: Erfahrungen zur Haltung, Pflege und Vermehrung dieser Art im Terrarium sind nicht bekannt. Das weitgehend trockene Terrarium (1,0 x 0,5 x 0,5 GL) sollte über Kletteräste und mehrere Ver-

Tomodon ocellatus

Tomodon dorsatus

stecke verfügen und auf 25 bis 30 °C beheizt werden. Als Futter sind junge Mäuse – bei Verweigerung mit Echsengeruch verwittert – anzubieten.

Tomodon ocellatus
DUMÉRIL, BIBRON & DUMÉRIL, 1854
– Augenflecken-Nachttrugnatter –
Verbreitung: Brasilien, Paraguay, Uruguay, Argentinien
Lebensraum/Lebensweise/Terrarienhaltung: siehe bei *Tomodon dorsatus*

Xenopholis scalaris WUCHERER, 1861
– Amazonassteppennatter –
Verbreitung: Amazonasbecken (Peru, Bolivien, Ecuador, Brasilien)
Lebensraum/Lebensweise: Über die Lebensweise dieser kleinen Bodenschlange des tropischen Regenwaldes ist so gut wie nichts bekannt. Sie dürfte sich von Wirbellosen (u. a. Regenwürmern, Nacktschnecken) und vermutlich auch von Fröschen ernähren. Sie ist die einzige Vertreterin ihrer Art.
Terrarienhaltung: Ein Terrarium (1,0 x 0,5 x 0,5 GL; 25 bis 30 °C) mit lockerem Bodengrund, Falllaub, einigen Verstecken und einem Wassergefäß müsste den Ansprüchen dieser Art genügen. Ob die genannte Nahrung akzeptiert wird, ist auszuprobieren.

Xenopholis scalaris

Unterfamilie Wassertrugnattern ("Homalopsinae")

Ihre Lebensweise im Süß- wie auch im Meerwasser Asiens und Australiens sowie ihre opisthoglyphen Zähne im hinteren Teil des Oberkiefers gaben den Wassertrugnattern ihren Namen. In der Unterfamilie sind elf Gattungen, davon eine unsicher, erfasst.

Cerberus rhynchops (SCHNEIDER, 1799)
– Hundskopfwassertrugnatter –
Verbreitung: Küstenregionen von Indien, Sri Lanka, Hinterindien, des Indoaustralischen Archipels sowie der Philippinen und von Nordaustralien.
Lebensraum/Lebensweise: Die Art verlässt nur selten das Wasser und – obwohl sie gut schwimmen kann – kriecht sie meist am Boden der Gewässer umher. Dabei werden Mangrovensümpfe und Brackwasserbereiche bevorzugt. Sie ist aber auch in Flüssen, Tümpeln und auf Reisfeldern fern der Küste zu finden. Die über 1 m lange Schlange erbeutet vorwiegend Fische, gelegentlich auch Krebse und Frösche. Sie bringt acht bis 26 voll entwickelte Jungtiere zur Welt.
Terrarienhaltung: Zur Haltung dieser Wassertrugnatter ist ein Aquaterrarium (1,0 x 0,5 x 0,5 GL) mit kleinem Landteil und einigen Kletterästen erforderlich. Die Verwendung von Brackwasser ist nicht unbedingt nötig. Die Temperatur im Terrarium, auch des Wassers, muss 25 bis 30 °C betragen. Ein Wärmestrahler sollte den Liegeplatz auf 28 bis 33 °C erwärmen. Wildfänge gewöhnen sich schnell ein und fressen lebende und tote Fische. Über die echte Nachzucht im Terrarium ist nichts bekannt.

Cerberus rhynchops

Enhydris chinensis (GRAY, 1842)
– Chinesische Wassertrugnatter –
Verbreitung: Südchina, Taiwan, Hainan, Nordvietnam
Lebensraum/Lebensweise: Die recht häufige und kaum 1 m lang werdende Schlange ist mehr ans Süßwasser gebunden und wird auch häufiger tagsüber an Land angetroffen, als die Vertreter der anderen Gattungen der Unterfamilie. Da die Art die Nähe des Menschen nicht sonderlich meidet, ist sie vielfach auf Reisfeldern, in Bewässerungskanälen und stehenden Gewässern in der Nähe von Siedlungen zu finden. Die vivovipare Art (bis 13 Jungtiere) ernährt sich von Fischen und Fröschen.
Terrarienhaltung: siehe bei *Cerberus rhynops*. Süßwasser und ein größerer Landteil sind zu empfehlen. Die Art ist, wie auch drei weitere ihrer Gattung, einschließlich ihrer Häute im Anhang D der EU-Artenschutzverordnung aufgelistet.

Enhydris chinensis

Enhydris jagori (PETERS, 1863)
– Jagors Wassertrugnatter –
Verbreitung: Mittelthailand bis Südvietnam

Enhydris jagori

Lebensraum/Lebensweise: Diese maximal 70 cm lange Wassertrugnatter bewohnt ähnliche Lebensräume und führt eine Lebensweise wie *Enhydris chinensis.*
Terrarienhaltung: siehe bei *Enhydris chinensis.*

Enhydris plumbea (BOIE, 1827)
– Olivfarbene Wassertrugnatter –
Verbreitung: Hinterindien, Südchina, Taiwan, Hainan sowie südlich bis zum Indoaustralischen Archipel
Lebensraum/Lebensweise: Diese dämmerungs- und nachtaktive Wassertrugnatter lebt im Flachland wie auch in Höhen bis 1000 m auf Reisfeldern, in Teichen, Kanälen und Fließgewässern aber auch in Mangrovensümpfen, wo sie Fische und Frösche erbeutet. Sie wird etwa 50 cm lang und setzt mehrmals im Jahr bis zu 30 Jungtiere ab. Ihre gefürchtete Bissigkeit ist sicher individuell sehr unterschiedlich ausgeprägt. Über eine Giftwirkung beim Menschen ist nichts bekannt.
Terrarienhaltung: siehe bei *Enhydris chinensis.* Die Schlange gehört, wie *E. chinensis,* zu den nach Anhang D der EU-Artenschutzverordnung geschützten Arten.

Enhydris plumbea

Erpeton tentaculatus LACÉPÈDE, 1800
– Fühlerschlange –
Verbreitung: Hinterindien
Lebensraum/Lebensweise: Die höchstens 90 cm messende, sehr ruhige und vorwiegend dämmerungsaktive Wassertrugnatter verlässt die von ihr bevorzugten langsam fließenden oder stehenden, meist trüben und schlammigen Gewässer (Sümpfe, Teiche, Reisfelder, Kanäle) nie. Sie verzehrt Fische und Krebstiere. Ihre Würfe umfassen fünf bis 13 Jungtiere.

Erpeton tentaculatus

Terrarienhaltung: Die Fühlerschlange ist in einem bepflanzten Süßwasseraquarium (1,0 x 0,5 x 0,5 GL) bei 25 bis 27 °C Wassertemperatur unterzubringen. Für eine ausbruchsichere Abdeckung des Behälters ist zu sorgen. Nach dem Gutachten über Mindestanforderungen an die Haltung von Reptilien (1997) wird ein pH-Wert des Wassers von 6,0 bis 6,5 empfohlen. Die Fütterung erfolgt mit Fischen. Eine echte Nachzucht der Schlange in Menschenhand ist wohl noch nicht gelungen.

Unterfamilie Wassernattern (Natricinae)
Die weltweit verbreitete Unterfamilie der Wassernattern stellt eine Gruppe recht uneinheitlicher, mittelgroßer Schlangen dar, zu denen 33 Gattungen – davon fünf unsicher – gezählt werden. Aufgrund neuerer wissenschaftlicher Erkenntnisse musste die Unterfamilie erst in jüngerer Zeit einige Gattungen an andere Unterfamilien abtreten und erhielt wieder andere neu zugesprochen. Zu den allgemeinen gemeinsamen Merkmalen der Wassernattern gehören die Kopfbeschilderung und die Rückenbeschuppung, bei der gekielte Schuppen vorherrschen. Sehr uneinheitlich ist die Bezahnung. Während die meisten Wassernattern zwar für den Menschen völlig harmlos sind, tragen einige Arten opisthoglyphe Giftzähne und haben schon tödlich verlaufene Bissunfälle verursacht. Auch ihre ökologischen Ansprüche können sehr verschieden sein. Vorwiegend aquatisch lebenden Arten stehen mehr oder weniger an Land lebende, mitunter wühlende Arten gegenüber, die nicht ans offene Wasser gebunden sind.

Amphiesma stolatum (LINNAEUS, 1758)
– Gelbbandwassernatter –
Verbreitung: Pakistan, Indien, Sri Lanka, Hinterindien bis Südchina
Lebensraum/Lebensweise: Grasland, Wälder, Reisfelder gehören zum Lebensraum dieser rund 70 cm langen Wassernatter, die mehr oder weniger die Wassernähe sucht. Die tagaktive Schlange ernährt sich von Froschlurchen, Fischen, Echsen und Würmern. Sie legt etwa sechs Eier. Ihre Zähne im hinteren Teil des Oberkiefers sind deutlich vergrößert. Über eine Giftwirkung ihres Bisses ist aber nichts bekannt.
Terrarienhaltung: Die Gelbbandwassernatter akzeptiert im Terrarium gewöhnlich ohne Schwierigkeiten Fisch – sogar Fischstreifen – und Regenwürmer, sodass keine größeren Haltungsprobleme bestehen dürften. Das halbfeuchte Terrarium (1,25 x 0,5 x 0,5 GL) muss ein großes Wasserbecken mit absolut trockenen „Sonnenplätzen" enthalten. Verstecke unter Rindenstücken und Moospolstern sowie wenige Kletteräste genügen bei der Einrichtung. Die Grundtemperatur muss 25 bis 30 °C betragen und kann nachts leicht abkühlen. Die Art wurde schon vereinzelt nachgezogen.

Amplorhinus multimaculata SMITH, 1847
– Vielflecken-Kapnatter –
Verbreitung: Südost- und Südafrika
Lebensraum/Lebensweise: Die meist tagaktive Bodenschlange ist in Sumpfgebieten und im Schilfgürtel stehender Gewässer zu Hause. Sie wird bis 70 cm lang und bringt vier bis fünf Junge zur Welt. Zu ihrer Hauptnahrung gehören Frösche, Echsen und Kleinsäuger. Obwohl sie recht bissig sein kann, sind ihre Bisse für den Menschen harmlos.

Amplorhinus multimaculata

Amphiesma stolatum

Terrarienhaltung: Ein Aquaterrarium (1,0 x 0,5 x 0,5 GL) mit größerem trockenen Landteil, einigen Verstecken und geeigneter Bepflanzung bietet bei Temperaturen von 25 bis 30 °C, lokaler Strahlungswärme und geringer nächtlicher Temperaturabsenkung gute Haltungsbedingungen. Nestjungen Mäuse sollten als Futtertieren der Vorrang vor Echsen und Fröschen gegeben werden. Über Nachzuchtergebnisse liegen keine Angaben vor.

Natriciteres olivacea (PETERS, 1854)
– Olivfarbene Sumpfnatter –
Verbreitung: Sudan bis Ghana und südwärts bis Südafrika
Lebensraum/Lebensweise: Lange Zeit gehörte die Gattung zu den Wassernattern (Natricinae). Sie lebt zumeist in den Savannen in unmittelbarer Nähe von Gewässern, dringt aber auch im Gebirge bis in Höhen von 2100 m vor. Die kaum 60 cm messende, am Boden und im Wasser lebende Natter fängt Fische, Froschlurche und Kaulquappen, mitunter auch Heuschrecken und Raupen. Sie versteckt sich tagsüber unter Steinen und trockenem Wurzelwerk in der Nähe der Gewässer. Vorsicht ist beim Ergreifen geboten: Wie bei Eidechsen kann der Schwanz abbrechen. Sechs bis acht Eier sind die Norm.

Terrarienhaltung: Die sehr ans Wasser gebundene Art benötigt ein Aquaterrarium (1,0 x 0,5 x 0,5 GL) mit trockenem Landteil und Verstecken unter flachen Steinen und Rindenstücken. Die Temperatur muss bei 25 bis 30 °C liegen, nachts 5 K weniger. Auch Wildfänge gewöhnen sich im Terrarium schnell ein und nehmen Fische, auch zerschnitten, ohne Probleme an. Über Nachzuchten im Terrarium ist nichts bekannt.

Natrix maura (LINNAEUS, 1758)
– Vipernnatter –
Verbreitung: Iberische Halbinsel, Südfrankreich, südwestliche Schweiz, westliches Oberitalien, Sardinien, Balearen, Iles d'Hyéres sowie westliches Nordafrika
Lebensraum/Lebensweise: Die Vipernnatter besiedelt langsam fließende und stehende Gewässer mit reichlich gegliederten Uferzonen, die Sonnenplätze wie auch Deckung bieten. Diese kleinste europäische Wassernatter wird 60 bis 80 cm, einzelne alte Exemplare reichlich 1 m lang. Sie ist tagaktiv und fängt im Wasser kleine Fische und Kaulquappen, an Land auch Molche, Frösche und Kröten. Bei Gefahr flieht sie ins Wasser. Die Weibchen legen sechs bis 20 Eier.

Natriciteres olivacea

Natrix maura

Terrarienhaltung: Die Vipernatter war jahrzehntelang ein sehr beliebtes und empfehlenswertes Terrarientier, dessen Haltung heute aufgrund der Bundesartenschutzverordnung reglementiert ist. Im halbfeuchten Terrarium (1,0 x 0,5 x 0,5 GL) mit flachen Steinen und einem Baumstubben als Unterschlupf muss ein großes Wasserbecken vorhanden sein. Bei

einer Grundtemperatur von 20 bis 28 °C und stärkerer nächtlicher Abkühlung sollte eine trockener „Sonnenplatz" mit etwa 30 °C zur Verfügung stehen. Kletteräste sind nicht erforderlich. Vipernnattern fressen problemlos Fisch, auch zerschnitten aus einer Schale. Beim Autor setzten Vipernattern trotz längerer kalter Winterruhe bis zu drei Gelege in der Saison ab. Auch die Jungschlangen fraßen zerschnittenen Fisch.

Natrix natrix (LINNAEUS, 1758)
– Ringelnatter –
Verbreitung: Nordwestafrika, Iberische Halbinsel, Frankreich, Südengland, Südskandinavien, Deutschland, Italien und ostwärts bis zum Baikalsee und in die Nordwestmongolei
Lebensraum/Lebensweise: Als größte der vier *Natrix*-Arten erreicht die Ringelnatter gewöhnlich 70 bis 100 cm Gesamtlänge. Den Längenrekord hält mit 205 cm Gesamtlänge ein Weibchen von der Insel Krk (Adria). Ringelnattern sind tagaktiv. Sie bevorzugen die Uferbereiche der verschiedensten Gewässer, Moorgebiete, Bruch- und Auwälder und sind selbst in größerer Entfernung von Gewässern in Wäldern und sogar Gärten bis in Höhen von etwa 2300 m anzutreffen. Neben Frosch- und Schwanzlurchen sowie deren Larven gehören Fische, seltener Echsen, Mäuse und in Einzelfällen sogar junge Vögel zu ihrer Nahrung. Ein Weibchen kann bis zu 50 Eier absetzen. Es wurden auch schon Gemeinschaftsablageplätze mit mehreren tausend Eiern gefunden.

Natrix natrix natrix – Jungtier, DDS

Terrarienhaltung: Haltung und Pflege der Ringelnatter entsprechen denen von *Natrix maura*. Fische
werden gewöhnlich problemlos gefressen. Ringelnattern wurden schon häufig nachgezogen. Ihre
Haltung ist entsprechend der Bundesartenschutzverordnung genehmigungspflichtig.

Natrix tessellata (LAURENTI, 1768)
– Würfelnatter –
Verbreitung: Südliches Mittel- und Südosteuropa,
vereinzelte Populationen in Deutschland, Kleinasien,
Mittelasien bis Nordwestindien und Westchina
Lebensraum/Lebensweise: Zu den Lebensräumen
der Würfelnatter zählen die Uferbereiche und Schilf-
zonen stehender und langsam fließender Gewässer.
Sie geht selbst ins Meer, wo sie tagsüber nach Fischen
jagt. Amphibien und deren Larven werden gleichfalls
erbeutet. Würfelnattern werden 60 bis 90 cm lang,
alte Weibchen können sogar fast 1,5 m Gesamtlänge
erreichen. Die Gelegegrößen liegen zwischen sechs
und 25 Eiern. Auch von der Würfelnatter sind Mas-
senablageplätze bekannt.
Terrarienhaltung: Haltung und Pflege der Würfelnatter entsprechen denen von *Natrix maura*. Der ausgesprochenen Wassernatter kann auch ein Aquaterrarium mit trockenem Landteil angeboten werden.
Beim Autor fraßen selbst Wildfänge ohne Probleme
lebende und tote Fische. Die Art wird gelegentlich
nachgezogen. Nach der Bundesartenschutzverordnung gilt die Art als vom Aussterben bedroht. Zur Erhaltung der deutschen Populationen wurde ein spezielles Wiederansiedlungs- und Schutzprogramm
ins Leben gerufen, das durchaus erfolgreich verläuft.

Natrix tessellata

Nerodia cyclopion
(DUMÉRIL, BIBRON & DUMÉRIL, 1854)
– Grüne Wassernatter –
Verbreitung: USA (küstennahe Gebiete im Südosten
bis nach Osttexas)
Lebensraum/Lebensweise: Dichtbewachsene Uferbereiche stehender und fließender Gewässer wie
auch Sumpfgebiete sind die Heimat der maximal
1,9 m lang werdenden Schwimmnatter. Sie frisst
überwiegend Fische und kann bis zu 100 Jungtiere
je Wurf gebären.
Terrarienhaltung: siehe bei *Nerodia fasciata*.

Nerodia cyclopion

Nerodia erythrogaster (FORSTER, 1771)
– Rotbauchwassernatter –
Verbreitung: Östliches Nordamerika von den Gro-
ßen Seen bis Nordostmexiko
Lebensraum/Lebensweise: Etwa 1,2 m ist diese
robuste Wassernatter gewöhnlich lang; 1,57 m gilt
als Rekordlänge. Ihrem Trivialnamen wird lediglich
die Nominatform gerecht. Über Lebensraum und
Lebensweise siehe bei *Nerodia fasciata*.
Terrarienhaltung: siehe bei *Nerodia fasciata*.

Nerodia erythrogaster erythrogaster

Nerodia fasciata (LINNAEUS, 1766)
– Gebänderte Wassernatter –
Verbreitung: USA (Ebenen an der Küste von North Carolina bis Osttexas)
Lebensraum/Lebensweise: Die Amerikanischen Schwimmnattern (Gattung *Nerodia*) sind mit mehreren Arten über weite Teile Nordamerikas bis nach Mexiko verbreitet. Sie sind alle viviovipar. Die Gebänderte Wassernatter kann bis zu 1,6 m Gesamtlänge erreichen. Sie ist sowohl in der Nähe von Gewässern mit Süßwasser, wie auch mit Brack- und Salzwasser zu finden. Sie sonnt sich gern und ist oft nachts nach Regenfällen auf der Jagd nach Fröschen unterwegs. Ansonsten gehören Fische zur Hauptnahrung. Sie wird in ihrer Heimat häufig mit der giftigen Wassermokassinschlange (*Agkistrodon piscivorus*) verwechselt und deshalb erschlagen.
Terrarienhaltung: Gebänderte Wassernattern – insbesondere die Nominatform und die Floridawassernatter (*N. f. pictiventris*) – gehören zu den am häufigsten im Terrarium gepflegten Wassernattern überhaupt. Ihre Anspruchslosigkeit und ihre Vermehrungsfreudigkeit machen sie zu empfehlenswerten Schlangen für Einsteiger in die Schlangenpflege. Alle *Nerodia*-Arten können in einem Aquaterrarium mit trockenem Landteil gehalten werden. Ein halbfeuchtes Terrarium (1,25 x 0,5 x 0,5 GL) mit großem Wasserbecken, Moospolstern und einem

Nerodia fasciata fasciata – Jungtier

verrotteten Baumstubben als Versteck und „Sonnenplatz" ist nach Erfahrungen des Autors pflegeleichter und erfüllt alle Lebensansprüche der Tiere auch bei langjähriger Haltung über viele Generatio-

Nerodia fasciata pictiventris – gedunkeltes Alttier

Nerodia fasciata confluens

nen. Die Grundtemperatur im Terrarium sollte 20 bis 28 °C betragen; ein bestrahlter Liegeplatz mit 25 bis 30 °C ist erforderlich. Nachts kann die Temperatur um 5 K absinken. Die Fütterung mit lebenden und toten Fischen bereitet keine Probleme. Stehen, beispielsweise für Jungtiere, keine Fische geeigneter Größe zur Verfügung, wird auch zerschnittener Fisch aus einer Futterschale gefressen. Die Amerikanischen Schwimmnattern vermehren sich regelmäßig. Die Wurfgrößen liegen bei 20 bis 50 Jungschlangen; Rekordwürfe erreichten um 100 Junge. Manche Exemplare und vor allem Jungtiere können recht bissig sein. Die Bisse können stark bluten, sind aber sonst harmlos.

Nerodia rhombifera (HALLOWELL, 1852)
– Diamantwassernatter –
Verbreitung: Zentrale USA, südwärts bis Nordostmexiko
Lebensraum/Lebensweise/Terrarienhaltung: siehe bei *Nerodia fasciata*. Die Diamantwassernatter kann eine Gesamtlänge von 1,6 m erreichen, bleibt jedoch in der Regel kleiner.

Nerodia rhombifera rhombifera

Psammodynastes pulverulentus (BOIE, 1827)
– Gewöhnliche Scheinviper –
Verbreitung: Indien über Hinterindien, China, Philippinen, Indoaustralischer Archipel
Lebensraum/Lebensweise: In Monsun- und Bergwäldern in Höhen bis 1600 m, aber auch in der Ebene, selten auf Kulturland ist die um 65 cm lange Nattern zu Hause. Tagsüber verbergen sie sich unter Steinen und Wurzeln. Nachts sind sie am Boden und im Gestrüpp auf der Jagd nach Echsen (Skinke, Geckos), gelegentlich auch nach Fröschen und sogar Schlangen. Die Weibchen setzen mehrmals im Jahr drei bis zehn Jungtiere ab. Unsichere taxonomische Stellung.

Psammodynastes pulverulentus

Terrarienhaltung: Die Art benötigt ein bepflanztes Waldterrarium (1,0 x 0,5 x 1,0 GL) mit Kletterästen, einem Wasserbecken und Rindenstücken oder einem Baumstubben als Versteckmöglichkeit. Die Temperatur muss zwischen 25 und 30 °C liegen – bei nächtlicher Temperaturabsenkung um etwa 5 K. Durch tägliches Besprühen mit lauwarmem Wasser ist eine hohe relative Luftfeuchtigkeit zu gewährleisten. Futterechsen und -frösche sind zur Ernährung dieser selten gepflegten Schlange erforderlich.

Regina grahami (BAIRD & GIRARD, 1853)
– Grahams Königinnennatter –
Verbreitung: USA (Iowa und Illinois bis Louisiana und Osttexas)
Lebensraum/Lebensweise/Terrarienhaltung:
Mit maximal fast 1,2 m und Wurfgrößen mit bis zu 39 Jungtieren übertrifft diese Königinnennatter die Verwandten in ihrer Gattung. Sie frisst neben frisch gehäuteten Krebsen auch Frösche und Nacktschnecken. Weitere Angaben siehe bei *Regina septemvittata*.

Regina grahami

Regina rigida (SAY, 1825)
– Glänzende Königinnennatter –
Verbreitung: USA (Küstengebiete von North Carolina bis Zentalflorida, westwärts bis Osttexas)
Lebensraum/Lebensweise/Terrarienhaltung: Nähere Angaben siehe unter *Regina septemvittata*. *R. rigida* wird maximal knapp 80 cm lang; meist bleibt sie erheblich kleiner und wirft höchstens 14 Jungtiere. Neben Krebsen frisst sie auch Zwergarmmolche (*Pseudobranchus*), Fische, Frösche und Libellenlarven.

Regina rigida rigida

Regina septemvittata (SAY, 1825)
– Königinnennatter –
Verbreitung: USA (Gebiet der Großen Seen bis südwestliches Missouri und Nordwestarkansas)
Lebensraum/Lebensweise: Steinige Ufer von Flüssen und Bächen bieten die Hauptlebensräume der Königinnennattern, wo sie ihre fast ausschließliche Nahrung – frisch gehäutete Krebse – finden. Die tag- und nachtaktive, maximal etwa 90 cm lange Art hält sich überwiegend im Wasser auf, das sie nur verlässt, um sich zu sonnen. Die Art bringt fünf bis über 20 Jungtiere zur Welt.

Regina septemvittata

Terrarienhaltung: Haltung und Pflege dieser Art sind wegen ihrer Futterspezialisierung sehr schwer. Das Aquaterrarium (1,25 x 0,75 x 0,75 GL; 20 bis 26 °C, nachts wenig kühler, Wärmeplatz mit 26 bis 30 °C) muss einen trockenen Landteil, einige Kletteräste sowie Moospolster als Versteckplätze enthalten. Mitunter werden kleine Fische und Frösche angenommen. Tiere des Autors mussten über Jahre mit Fisch gestopft werden. Von einem trächtig gefangenen Weibchen abgesetzte Jungtiere wurden mit zerkleinertem Fisch über eine Sonde zwangsernährt. Die Aufzucht misslang.

Rhabdophis subminiatus (SCHLEGEL, 1837)
– Rothalskielrückennatter –
Verbreitung: Östliches Indien, Südchina und Taiwan, Malaysia, Indonesien
Lebensraum/Lebensweise: 50 bis 70 cm Länge erreichen diese Boden bewohnenden Wassernattern, die vegetationsreiche Gebiete in der Nähe von Gewässern, verschiedenen Feuchtgebieten und Reisfeldern bewohnt. Sie sind nachtaktiv, halten sich tagsüber

Rhabdophis subminiatus

meist in ihren Verstecken verborgen. Die Art ist eierlegend. Ihre Hauptnahrung sind Froschlurche. Es werden aber auch Fische erbeutet, vor allem von jungen Tieren. Wie alle *Rhabdophis*-Arten besitzt auch diese Natter zwei vergrößerte Zähne im Oberkiefer, über die ein sehr wirksames Gift in das gebissene Beutetier gelangt.
Terrarienhaltung: Die Rothalskielrückennattern sind leicht zu pflegende Terrarienbewohner, die aber unter Umständen erst an den Verzehr von Fischen zu gewöhnen sind. Ein teilweise feuchtes Terrarium (1,0 x 0,5 x 0,5 GL) mit großem Wasserbecken und Temperaturen zwischen 26 und 30 °C, nachts geringfügig

kühler, sowie mit einem „Sonnenplatz" mit einer Temperatur bis zu 35 °C ist erforderlich. Über Nachzuchten ist nichts bekannt. Da Bissunfälle beim Menschen mit schweren Vergiftungserscheinungen bekannt sind, sollten die Grundprinzipien der Giftschlangenpflege beachtet werden. Der Schutz der Natter wie auch ihrer Häute ist nach Anhang D der EU-Artenschutzverordnung geregelt.

Rhabdophis tigrinus (BOIE, 1827)
– Tigernatter –
Verbreitung: Ferner Osten Russlands über Korea und Nordostchina, Taiwan, Hainan, Japan
Lebensraum/Lebensweise: Die bis 1,3 m lange Wassernatter legt 18 bis 22 Eier. Ihre Lebensräume und ihre Lebensweise entsprechen denen von *Rhabdophis subminiatus*. Für die Tigernatter sind bereits mehrere tödlich verlaufene Bissunfälle beim Menschen verbürgt.
Terrarienhaltung: Die Art ist wie *R. subminiatus* zu halten und zu pflegen. Die Regeln der Giftschlangenhaltung müssen unbedingt beachtet werden. In Japan wird gegen das Gift der Tigernatter ein Antiserum hergestellt („Anti-Yamakagashi"), das auch bei Giftbissen von *R. subminiatus* helfen soll.

Seminatrix pygea (COPE, 1871)
– Sumpfnatter –
Verbreitung: Südosten der USA, insbesondere Florida

Seminatrix pygea

Lebensraum/Lebensweise: Kaum mehr als 40 cm wird diese das Wasser liebende Natter lang, die zwei bis etwa 13 lebende Jungtiere zur Welt bringt. Sümpfe und Gewässer mit dichtem Schwimmpflanzenbewuchs (*Eichornia*) sind die bevorzugten Lebensräume dieser Schlange, wo sie Blutegel, kleine Fische, Frösche, Kaulquappen und aquatisch lebende Schwanzlurche verzehrt.
Terrarienhaltung: Die Art wird selten im Terrarium gepflegt. Sie ist in einem Aquaterrarium (1,0 x 0,5 x 0,5 GL) mit trockenem Landteil, Kletterästen und einigen Verstecken unterzubringen. Ein Teil des Wasserbeckens kann mit Wasserhyazinthen (*Eichornia*) bedeckt sein. Temperaturen: 20 bis 28 °C; Liegeplatz etwa 30 °C.

Rhabdophis tigrinus, DDS

Storeria dekayi (HOLBROOK, 1842)
– Nördliche Braunnatter –
Verbreitung: Östliches Nordamerika (Südostkanada, USA) bis Mittelamerika (Mexiko, Guatemala, Honduras)
Lebensraum/Lebensweise: Von feuchten Wäldern höherer Lagen bis zu Süß- und Salzwassermarschen, Sumpfgebieten, Parkanlagen und sogar in Siedlungen findet man diese nur 35 bis 50 cm messende Bodenschlange. Sie ist tagaktiv, bei warmem Wetter aber auch in der Nacht unterwegs, immer auf der Suche nach Nacktschnecken, Regenwürmern, Insekten und kleinen Fröschen. Die Jungtiere – drei bis über 30 je Wurf – sind gerade mal 7 bis 10 cm groß.
Terrarienhaltung: Im Feuchtterrarium (1,25 x 0,75 x 0,75 GL) bei Temperaturen von 20 bis 26 °C und ge-

ringer nächtlicher Abkühlung mit großem Wasserbecken, Moospolstern und wenigen Zweigen finden diese Nattern Unterkunft. Die Braunnattern fraßen beim Autor problemlos Regenwürmer. Die von trächtigen Weibchen abgesetzten Jungschlangen können mit kleinen Regenwürmern und Taufliegen (*Drosophila*) gefüttert werden.

Storeria occipitomaculata (STORER, 1839)
– Rotbauchbraunnatter –
Verbreitung: Östliches Nordamerika (außer Südflorida)
Lebensraum/Lebensweise/Terrarienhaltung: *S. occipitomaculata* ist weniger ans Wasser gebunden als *Storeria dekayi*. Ansonsten ähneln sich ihre Lebensräume. Zur Haltung und Pflege im Terrarium siehe bei *Storeria dekayi*.

▲ *Storeria dekayi dekayi*

Storeria occipitomaculata

▼ *Storeria dekayi victa*

Thamnophis brachystoma COPE, 1900
– Kurzkopfstrumpfbandnatter –
Verbreitung: USA (Südliches New York und Nordwesten von Pennsylvania)
Lebensraum/Lebensweise: Die rund 40 cm, höchstens 55 cm lange Schlange gibt offenen Landschaften den Vorrang und verbirgt sich gern unter Steinen und vermoderndem Holz in Gewässernähe. Sie frisst vor allem Schnecken, Regenwürmer und andere Wirbellose. Die Würfe umfassen bis zu 15 Junge.
Terrarienhaltung: siehe unter *Thamnophis sirtalis*. Die Art spielt in der Terraristik eine nur geringe Rolle.

Thamnophis brachystoma

Thamnophis cyrtopsis (KENNICOTT, 1860)
– Schwarznackenstrumpfbandnatter –
Verbreitung: USA (Utah, Colorado) über Mexiko bis Honduras
Lebensraum/Lebensweise: Über einen Meter lang kann die in Gebirgslagen bis in Höhen von 3000 m beheimatete Strumpfbandnatter werden. Sie hält sich in trockenen lichten Wäldern an Fließgewässern auf und schwimmt gern. Dort fängt sie Amphibien und deren Kaulquappen, Fische und verschiedene Wirbellose. Sie setzt sieben bis 25 Jungschlangen je Wurf ab.
Terrarienhaltung: siehe bei *Thamnophis sirtalis*. *T. cyrtopsis* wurde im Terrarium wiederholt nachgezogen.

Thamnophis cyrtopsis

Thamnophis eques (REUSS, 1834)
– Mexikanische Strumpfbandnatter –
Verbreitung: USA (Arizona, New Mexico), Mexiko (bis Oaxaca)

Thamnophis eques megalops

Lebensraum/Lebensweise: Im Gebirge in Höhenlagen von 600 bis 2600 m ist diese maximal einen Meter messende Natter anzutreffen. Hier bewohnt sie Trockengebiete wie offenes Grasland und Mischwälder in Gewässernähe. Die Hauptnahrung stellen Froschlurche. Wurfgrößen von 20 bis 25 Jungtieren sind die Norm.
Terrarienhaltung: siehe bei *Thamnophis sirtalis*

Thamnophis hammondi (KENNICOTT, 1860)
– Zweistreifenstrumpfbandnatter –
Verbreitung: USA (Südkalifornien), Mexiko (Baja California)
Lebensraum/Lebensweise: Bis in 2000 m Höhe kommt die stark ans Wasser klarer, steiniger Bäche gebundene Natter vor. Dort lebt sie in den bewachsenen Uferzonen und flüchtet meist ins Wasser. Sie erreicht eine Länge von 90 cm. Die hauptsächlichen Beutetiere sind Fische, Lurche und Wirbellose.
Terrarienhaltung: siehe unter *Thamnophis sirtalis*

Thamnophis hammondi

Thamnophis marcianus (BAIRD & GIRARD, 1853)
– Gefleckte Strumpfbandnatter –
Verbreitung: USA (Südwestkansas, Texas, Südarizona, Südostkalifornien), Mexiko bis Costa Rica
Lebensraum/Lebensweise: Die Gefleckte Strumpfbandnatter lebt in recht trockenen, oft baumlosen Lebensräumen, häufig jedoch in der Nähe kleiner Wasserläufe. Hier fängt die bis 1,1 m lang werdende Schlange neben Amphibien, Fischen und Regenwürmern auch Echsen und Kleinsäuger. Im Süden des Verbreitungsgebietes ist sie vorwiegend nachtaktiv. Die Weibchen bringen bis zu 20 Junge zur Welt.

Terrarienhaltung: siehe bei *Thamnophis sirtalis*. Tiere des Autors fraßen ohne Probleme fast ausschließlich zerschnittene Fische, gelegentlich auch nestjunge Mäuse. Die Art wird häufig gepflegt und regelmäßig nachgezogen.

Thamnophis ordinoides BAIRD & GIRARD, 1852
– Westliche Strumpfbandnatter –
Verbreitung: Kanada (British Columbia, Vancouver Islands), USA (Washington, Nordoregon, Nordkalifornien)
Lebensraum/Lebensweise: Diese Strumpfbandnatter ist sowohl im Flachland als auch in Höhen bis zu 1400 m – selbst in größerer Entfernung von Gewässern – beheimatet. Hier lebt sie auch auf Ödländereien, an Waldrändern sowie auf Wiesen und Weiden. Sie ernährt sich von Froschlurchen, verschiedenen Wirbellosen (Würmer, Schnecken) sowie gelegentlich von Fischen. Ihre Wurfgrößen liegen zwischen drei und 15 Jungtieren.
Terrarienhaltung: siehe bei *Thamnophis sirtalis*

◀ *Thamnophis marcianus*

▼ *Thamnophis ordinoides*

Thamnophis proximus (SAY, 1823)
– Westliche Bändernatter –
Verbreitung: Zentrale USA vom südlichen Wisconsin und Indiana südwärts bis Texas, über Mexiko bis Costa Rica

Thamnophis proximus proximus

Lebensraum/Lebensweise: Mit einer Gesamtlänge bis zu 1,25 m ist die Westliche Bändernatter eine der längsten Arten der Gattung. Sie besiedelt die unterschiedlichsten Lebensräume in Gewässernähe.

Offene, trockene Gebiete, dicht bewachsene Areale und sogar Mangrovensümpfe gehören dazu. Sie ist bis in Höhen von 2400 m über dem Meeresspiegel vorgedrungen. Diese Art klettert gern und lässt sich bei Störung von ihrem Sonnenplatz im Gezweig ins Wasser fallen. Frosch- und Schwanzlurche wie auch Fische gehören zu ihrer Beute. Sie ist, wie die meisten *Thamnophis*-Arten, viviovipar (Wurfgröße bis 27 Junge).
Terrarienhaltung: siehe bei *Thamnophis sirtalis*. Sie wird im Terrarium regelmäßig nachgezogen.

Thamnophis radix BAIRD & GIRARD, 1853
– Präriestrumpfbandnatter –
Verbreitung: Kanada (Alberta) bis USA (nördliches New Mexico)
Lebensraum/Lebensweise: Die Präriestrumpfbandnatter ist sehr anpassungsfähig – an die unterschiedlichsten Lebensräume, selbst in der Nähe menschlicher Siedlungen, wie auch an die verschiedensten Beutetiere (Lurche, Kleinsäuger). Die Tiere sind 50 cm bis über 1 m lang, ihre Würfe können bis zu 60 Jungtiere umfassen.
Terrarienhaltung: siehe bei *Thamnophis sirtalis*. Die für die Terrarienhaltung sehr empfehlenswerte Art wird bereits seit vielen Generationen nachgezogen. Tiere aus nördlicheren Gebieten sind auch für die Freilandhaltung geeignet.

Thamnophis radix

Thamnophis sauritus Linnaeus, 1766
– Östliche Bändernatter –
Verbreitung: USA (gesamter Osten)
Lebensraum/Lebensweise: Unterschiedliche Landschaften, immer aber Gewässernähe, bieten die Lebensräume der Östlichen Bändernatter. Hier sonnt
sich die flinke Natter gern im Gebüsch. Sie wird
50 cm bis 1 m lang und ernährt sich hauptsächlich
von Fischen und Lurchen sowie deren Kaulquappen.
Terrarienhaltung: siehe bei *Thamnophis sirtalis*. Wildfänge gelten anfangs als etwas heikel. Ein zunächst
Futter verweigerndes Exemplar gewöhnte sich beim
Autor aber bald an das angebotene Futter. Die Art
wird regelmäßig nachgezogen.

Thamnophis sirtalis (Linnaeus, 1758)
– Gemeine Strumpfbandnatter –
Verbreitung: Nordamerika von Kanada (Saskatche-
wan, Alberta) über USA bis Nordmexiko
Lebensraum/Lebensweise: 40 bis 70 cm, in Einzel-
fällen bis zu 1,35 m lang wird diese am weitesten
verbreitete und stellenweise häufigste Schlange
Nordamerikas. In Kanada überschreitet sie als einzi-

Thamnophis sirtalis concinnus

ges Reptil den 60. Breitengrad nach Norden. In ihrem
riesigen Verbreitungsgebiet nutzt sie die unterschiedlichsten Lebensräume. So werden die Ufer von
Gewässern, Sümpfe, offene Wälder, Ödländer sowie
Kulturland wie Plantagen, Weiden und Parkanlagen
bewohnt. Sie ist auch fern von Gewässern unterwegs. *Thamnophis sirtalis* ist vorwiegend tagaktiv.
Ihre breite Nahrungspalette umfasst Frosch- und
Schwanzlurche, Fische, Schnecken, Würmer, Insek-

Thamnophis sauritus nitae

ten wie auch gelegentlich Kleinsäuger, Vögel und Reptilien – sogar kleine Schlangen. Zur Überwinterung, oft in Massenquartieren, unternehmen die Strumpfbandnattern häufig lange Wanderungen. Die mittleren Wurfgrößen liegen bei 15 bis 40 Jungen. *T. sirtalis* ist eine echt lebend gebärende (vivipare) Schlange: zur zusätzlichen Ernährung der Feten besitzt sie ein der Plazenta ähnliches Organ. Ein Rekordwurf mit 85 Jungtieren ist bemerkenswert.

Terrarienhaltung: Strumpfbandnattern gehören zu den beliebtesten und für die Pflege im Terrarium auch für Anfänger empfehlenswertesten Schlangen. Das gilt vor allem für die Nominatform der Gemeinen Strumpfbandnatter und ihr Unterart *T. s. parietalis* (Rotgefleckte Strumpfbandnatter). Bei gewissen Besonderheiten einiger Arten hinsichtlich der Feuchtigkeits- und Temperaturverhältnisse im Terrarium eignet sich grundsätzlich zur Haltung aller Arten ein nicht zu kleines, nicht zu feuchtes Terrarium (1,25 x 0,75 x 0,5 GL) mit einem größeren Wasserbecken, einem halbverrotteten Baumstubben zum Verstecken und als trockener Liegeplatz, mit Moospolstern und einigen Rindenstücken. Die Grundtemperatur im Terrarium sollte bei 22 bis 28 °C liegen. Nachts kann sie auf 18 bis 20 °C absinken. Ein Wärmestrahler muss am Liegeplatz Temperaturen von 26 bis 30 °C bieten. Strumpfbandnattern aus nördlichen Breiten können in einem geeigneten, ausbruchsicheren Freilandterrarium untergebracht werden. Die Ernährung der Strumpfbandnattern bereitet keine Probleme: Fische geeigneter Größe, lebend oder tot sowie zerschnittener Fisch werden von den meisten Exemplaren gefressen, so dass auf das Verfüttern von Lurchen gänzlich verzichtet werden kann. Regenwürmer werden gern angenommen, dürfen aber nicht als ausschließliches Futter dienen. Manche Strumpfbandnattern fressen auch gern

Thamnophis sirtalis parietalis

Thamnophis sirtalis sirtalis

Thamnophis sirtalis tetrataenia

nestjunge Mäuse und Ratten, besonders wenn sie mit Fischgeruch behaftet sind. *T. sirtalis* wird, wie die meisten anderen *Thamnophis*-Arten auch, regelmäßig im Terrarium über Generationen nachgezogen. Als Mutationen werden auch Albinos und Teilalbinos gezüchtet. Die Aufzucht der Jungschlangen mit Regenwürmern und zerschnittenem Fisch ist problemlos.

Tropidoclonion lineatum (HALLOWELL, 1856)
– Streifenwassernatter –
Verbreitung: USA (von South Dakota südwärts bis Texas)

Lebensraum/Lebensweise: Die dämmerungs- und nachtaktive Natter hält sich tagsüber und Steinen oder Schutt versteckt und bewohnt ähnliche Lebensräume wie die Strumpfbandnattern (*Thamnophis*). Die bis etwa 50 cm messende Bodenbewohnerin frisst vor allem Würmer und wirft zwei bis zwölf Jungtiere.
Terrarienhaltung: Die Art wird nur selten im Terrarium gepflegt. Ihre Haltung entspricht der von *Thamnophis sirtalis*. Als Futter dienen vor allem Regenwürmer.

Tropidoclonion lineatum texanum

Virginia valeriae
(BAIRD & GIRARD, 1853)
– Glatte Erdschlange –
Verbreitung: USA (New Jersey bis Nordflorida, westwärts bis in die östlichen Teile von Kansas, Oklahoma und Texas)
Lebensraum/Lebensweise: Die kleine, höchstens 33 cm lange Natter verbirgt sich meist unter Steinen. Nur nach Regengüssen ist sie auch im Freien zu finden. Feuchte Landschaften, Grasland und Wälder, auch Parks und Gärten werden von ihr besiedelt. Als Nahrung dienen Regenwürmer, diverse Gliederfüßer sowie kleine Lurche und Echsen. Ihre Würfe können bis zu 14 Junge groß sein.
Terrarienhaltung: Die Haltung der Erdschlangen kann unter den gleichen Bedingungen erfolgen, wie sie für *Thamnophis sirtalis* empfohlen werden.

Virginia valeriae valeriae

Xenochrophis piscator (SCHNEIDER, 1799)
– Fischnatter –
Verbreitung: Pakistan bis Südchina, südwärts bis zum Indoaustralischen Archipel
Lebensraum/Lebensweise: Die tags wie auch nachts aktive Fischnatter bevorzugt stehende und langsam fließende, schlammige Gewässer und ist deshalb auch auf Reisfeldern recht häufig. Sie kann Längen von 1,2 m erreichen. Sie ist eine gute Schwimmerin und frisst hauptsächlich Fische, Frösche und gelegentlich auch Mäuse. Ihre Gelege können bis zu 87 Eier umfassen. Die Artzugehörigkeit der Fischnatter wird diskutiert und eine Zuordnung zu *X. flavipunctatus* erwogen. Auch die Stellung der Gattung zu den Wassernattern ist unsicher.
Terrarienhaltung: Ein geräumiges Aquaterrarium (1,25 x 0,75 x 0,5 GL) mit trockenen Liegeplätzen oder ein Behälter mit großem Wasserbecken mit einer Temperatur von 25 bis 30 °C, nachts nur wenig kühler, wird den Lebensbedürfnissen der mehr oder weniger amphibisch lebenden Art gerecht. Als Haupt-

futter sind Fische anzubieten. Wildfänge, die der Autor erhielt, erwiesen sich als äußerst bissig, wobei die starken Blutungen nur schwer zu stillen waren. Interessanterweise zogen diese Tiere nestjunge Ratten Fischen vor. Die Fischnatter wird gelegentlich im Terrarium nachgezogen. Sie steht nach der EU-Artenschutzverordnung, Anhang C, unter Schutz.

Xenochrophis piscator

Unterfamilie **Asiatische Schneckennattern (Pareatinae)**

Die Asiatischen Schneckennattern sind das morphologische und biologische Gegenstück zu den amerikanischen Schneckennattern. Durch einige Besonderheiten im Schädelbau sind sie in der Lage, Schnecken aus ihrem Gehäuse zu ziehen und zu verzehren. Ihre Unterkiefer sind relativ starr, und sie besitzen kräftige Fangzähne im vorderen Teil des Unterkiefers. Die relativ kleinen, nachtaktiven und ungiftigen Schlangen fressen fast ausschließlich Schnecken. Die Unterfamilie umfasst lediglich drei Gattungen, von denen die Gattung *Pareas* mit elf Arten die Mehrzahl aller Arten stellt.

Pareas carinatus WAGLER, 1830
– Gekielte Schneckennatter –
Verbreitung: Hinterindien bis Indoaustralischer Archipel (Lombok)

Pareas carinatus

Lebensraum/Lebensweise: Im Flachland ist diese Art mit einer Gesamtlänge von über 60 cm recht häufig. Die Tiere suchen in der Dämmerung und nachts recht gemächlich nach Gehäuse- und Nacktschnecken. Bei Störungen rollen sie sich zusammen, beißen aber nicht. Ihre Gelege umfassen drei bis acht Eier. Terrarienhaltung: Siehe bei *Dipsas catesbyi*. Wer Wert auf eine geographisch korrekte Terrarienbepflanzung legt, sollte südostasiatische Pflanzen ins Terrarium einsetzen.

Pareas formosensis (VANDENBURGH, 1909)
– Formosa-Schneckennatter –
Verbreitung: China, Taiwan
Lebensraum/Lebensweise/Terrarienhaltung: siehe bei *Pareas carinatus* und *Dipsas catesbyi*

Pareas formosensis

Pareas margaritophorus (JAN, 1866)
– Weißfleckenschneckennatter –
Verbreitung: Südchina, Hainan, Hinterindien bis Malaysia
Lebensraum/Lebensweise: Die etwa 50 cm lange Schneckennatter dringt bis in Höhen von 1650 m vor, wo die besonders nach abendlichen Regenfällen aktive Bodenschlange in Wäldern, Plantagen und Gärten zu finden ist. Sie frisst Gehäuse- und Nacktschnecken. Die Weibchen legen zwei bis neun Eier. Terrarienhaltung: siehe bei *Pareas carinatus* und *Dipsas catesbyi*

Pareas margaritophorus

Unterfamilie **Sandschlangen** (Psammophiinae)

Früher zu den Trugnattern, von anderen Systematikern zu den Eigentlichen Nattern gerechnet und von wieder anderen als Tribus Psammophiini bezeichnet, umfasst diese Kategorie sechs Gattungen, von denen die Sandrennnattern (*Psammophis*) und die Eidechsennattern (*Malpolon*) die in der Terraristik bekanntesten sind.

Hemirhagerrhis nototaenia (GÜNTHER, 1864)
– Östliche Rindennatter –
Verbreitung: Ost- bis Südostafrika
Lebensraum/Lebensweise: In Savannen und Waldgebieten bis in Höhen von 1800 m über dem Meeresspiegel lebt diese dämmerungs- und nachtaktive, bis 40 cm lange Trugnatter. Tagsüber hält sie sich meist unter der losen Rinde von Bäumen verborgen, nachts geht sie auf die Suche nach Echsen – besonders Skinke und Geckos – sowie nach Froschlurchen. Die Weibchen legen ihre etwa zwei bis sieben länglichen Eier häufig unter der Baumrinde ab.
Terrarienhaltung: Ihrer natürlichen Lebensweise entsprechend, sollte ein Trockenterrarium (1,0 x 0,5 x 1,0 GL; 25 bis 30 °C, nachts 20 bis 24 °C) mit einem Kletterstamm und zahlreichen Rindenstücken sowie einem kleinen Wassergefäß eingerichtet werden. Eine Ernährung mit Futterechsen wird kaum zu umgehen sein.

Hemirhagerrhis nototaenia

Malpolon moilensis (REUSS, 1834)
– Moilanatter –
Verbreitung: Nordafrika (Mauretanien bis Ägypten, Sudan), Arabische Halbinsel, Irak, Iran
Lebensraum/Lebensweise: Steinwüsten mit geringer Buschvegetation bis in Höhen von maximal 1500 m, mitunter selbst in Siedlungsnähe bieten Lebensräume dieser nur selten über einen Meter langen, scheuen und schnellen Trugnatter. Sie jagt am Tage Echsen, Schlangen, Kleinsäuger und Vögel. Jungtiere erbeuten neben kleinen Echsen vor allem Insekten. Ein Drohverhalten mit abgeflachtem Nacken und erhobenem Vorderkörper sowie ihre Abwehrbisse sollen vermeintliche und tatsächliche Feinde abschrecken. Für den Menschen sind derartige Bisse gewöhnlich harmlos. Die Weibchen legen ihre vier bis 18 Eier an feuchten Stellen im Erdreich oder unter Laub ab.

Malpolon moilensis

Terrarienhaltung: Der aktiven Bodenschlange ist ein Terrarium zur Verfügung zu stellen, das ihrem Bewegungsdrang gerecht wird (1,5 x 0,5 x 0,5 GL) und das bei einer Grundtemperatur von 25 bis 30 °C einen warmen „Sonnenplatz" mit bis zu 35 °C bietet. Die Nachttemperatur sollte um mindestens 5 K absinken. Eingewöhnte Exemplare akzeptieren kleine Mäuse. Die Art wird selten gepflegt und wurde noch nicht nachgezogen.

Malpolon monspessulanus (HERMANN, 1804)
– Eidechsennatter –
Verbreitung: Iberische Halbinsel, Mittelmeerküste von Frankreich, Norditalien, westliche und südliche Balkanhalbinsel, Kleinasien bis zum Kaspischen Meer, Nordafrika

Malpolon monspessulanus

Mimophis mahafalensis

Lebensraum/Lebensweise: Mit einer Gesamtlänge von über zwei Meter ist die Eidechsennatter eine der größten Schlangen Europas. Trockenes, stark bewachsenes Gelände (Macchien), Berghänge und Weingärten zählen zu ihren beliebtesten Lebensräumen. Die sehr scheuen und flinken Nattern jagen oft in der heißesten Tageszeit Echsen und Schlangen wie auch Kleinsäuger und Vögel. Jungtiere fressen vorrangig große Insekten. Obwohl ihr Gift recht wirksam ist, werden ihre Bisse dem Menschen kaum gefährlich. Da Wildtiere beim Ergreifen wild um sich beißen, sollte man sich trotzdem vor ihren Bissen in Acht nehmen. Die Gelege umfassen bis zu 20 Eier.
Terrarienhaltung: Eidechsennattern lassen sich trotz ihres anfänglich recht ungestümen Verhaltens gut an die Haltung im Terrarium gewöhnen. Ihr Trockenterrarium muss jedoch sehr geräumig sein (1,5 x 0,5 x 1,0 GL) und Klettermöglichkeiten, Versteckplätze und ein Wassergefäß bieten. Auf einem bestrahlten Liegeplatz soll zur Mittagszeit eine Temperatur von 32 bis 35 °C herrschen. Sonst reicht eine Grundtemperatur von 25 bis 30 °C bei stärkerer nächtlicher Abkühlung. Mäuse, Ratten und Küken werden selbst von Wildfängen angenommen. Über eine erfolgreiche Nachzucht im Terrarium ist nichts bekannt.

Mimophis mahafalensis (GRANDIDIER, 1867)
– Mahafalynatter –
Verbreitung: Madagaskar
Lebensraum/Lebensweise: Die hauptsächlich tagaktive Bodennatter ist eine recht häufige Schlange, die in Trockenwäldern wie auch in den Savannen zu Hause ist. Sie kann eine Gesamtlänge von 75 cm erreichen. Ihre Beute sind vorrangig Echsen wie auch

Kleinsäuger. Über ihre Reproduktion ist kaum etwas bekannt; sie legt vermutlich Eier. Mimophis „madagascariensis" ist ein Synonym, wird aber von einigen Herpetologen als Unterart von M. mahafalensis angesehen.
Terrarienhaltung: Den Nattern ist ein Trockenterrarium (1,0 x 0,5 x 0,5 GL) mit einem Kletterast, Verstecken und einem kleinen Wassergefäß bei einer Grundtemperatur von 25 bis 30 °C und lokaler Strahlungswärme von etwa 35 °C zu bieten. Kleine Mäuse werden gewöhnlich als Futter akzeptiert. Nachzuchtergebnisse liegen nicht vor.

Mimophis „madagascariensis"

Psammophis jallae PERACCA, 1896
– Jallas Sandrennnatter –
Verbreitung: Südostangola, Westsambia, Nordostnamibia, Botswana, Simbabwe bis Transvaal

Psammophis jallae

Lebensraum/Lebensweise: Als Bewohnerin sandiger Böden im offenen Baumland verdient die recht seltene Art als eine der wenigen Sandrennnattern diesen Namen auch wirklich. Die tagaktiven, scheuen und recht bissigen Tiere fressen ausschließlich Echsen, vor allem Skinke und Eidechsen. Sie werden etwa 90 cm lang. Wie alle Gattungsvertretern besitzen sie die Fähigkeit zur Autotomie. Der Schwanz bricht beim unvorsichtigen Ergreifen zwischen den Wirbeln und nicht wie bei den Eidechsen in einem Wirbelkörper. Alle Sandrennnattern sind ovipar.
Terrarienhaltung: siehe bei *Psammophis lineolatus*

Psammophis leightoni BOULENGER, 1902
– Westliche Kapsandrennnatter –
Verbreitung: Namibia, Südafrika
Lebensraum/Lebensweise: Sandwüsten, Savannen, Grasländer wie auch die Küstenmacchie gehören zum Lebensraum der etwa einen Meter langen Trugnatter. Als Nahrung dienen vor allem Echsen, mitunter Schlangen, Kleinsäuger und vermutlich auch Frösche.
Terrarienhaltung: siehe bei *Psammophis lineolatus*

Psammophis leightoni trinasalis

Psammophis leithi GÜNTHER, 1869
– Gebänderte Sandrennnatter –
Verbreitung: Westpakistan bis Nordindien
Lebensraum/Lebensweise: Diese asiatische Art erreicht knapp einen Meter Gesamtlänge. Sie liebt, das ist bemerkenswert, feuchteres Grasland und Sumpfgebiete, lebt aber auch an der Küste sowie in Sandwüsten. Die äußerst gewandte und schnelle Bodenschlange klettert gelegentlich im Buschwerk. Ihre Nahrung besteht ausschließlich aus Echsen.
Terrarienhaltung: Siehe bei *Psammophis lineolatus*. Etwas feuchtere Stellen und ein größeres Wassergefäß sind erforderlich.

Psammophis leithi

Psammophis lineolatus (BRANDT, 1838)
– Steppenrennnatter –
Verbreitung: Nordiran bis Mongolei, Nordwestchina
Lebensraum/Lebensweise: Die Steppenrennnatter wird etwa einen Meter lang. Sie lebt in Halbwüsten und Steppengebieten und ernährt sich fast ausnahmslos von Echsen. Auf der Flucht zieht sie sich vor allem in Nagerbaue zurück. Die Weibchen legen zwei bis sechs Eier.
Terrarienhaltung: Die Rennnattern benötigen ein Trockenterrarium mit großer Bodenfläche (1,5 x 0,75 x 0,5 GL), einzelnen Klettermöglichkeiten sowie einem tiefgründigen Sandboden. Ein kleines Trink-

gefäß reicht aus. Als Versteck kann eine kleine Holz-kiste mit Schlupfloch oder ähnliches angeboten werden. Die sehr Sonne liebenden, tagaktiven Tiere sollten tagsüber einer Temperatur von 26 bis 32 °C ausgesetzt werden. Ein „Sonnenplatz" ist auf 35 bis 38 °C zu erwärmen. In der Nacht kann die Tempera-tur auf 15 bis 22 °C sinken. Grundsätzlich werden Echsen als Futter bevorzugt. Einige Arten fressen auch junge Mäuse. Bei Futterverweigerung sollte eine Verwitterung der Mäuse mit Echsengeruch ver-sucht werden. Die Bisse sind für den Menschen harmlos. Einige Rennnatterarten wurden bereits im Terrarium nachgezogen.

Psammophis phillipsi

Psammophis phillipsi (HALLOWELL, 1844)
– Phillips Sandrennnatter –
Verbreitung: Westafrika (Guinea bis zum Kongo-gebiet)
Lebensraum/Lebensweise: Im Gegensatz zu den meisten anderen *Psammophis*-Arten lebt diese bis etwa 1,7 m lange Art auf Lichtungen im Regenwald. Sie ist sogar in den Berg- und Nebelwäldern ihrer

Heimat zu finden. Sie ernährt sich von Kleinsäugern, Echsen (Skinke), Fröschen und Vögeln. Über ihre Fortpflanzung ist nur wenig bekannt. Die Weibchen legen zehn bis 30 Eier.
Terrarienhaltung: Haltung und Pflege siehe bei *Psammophis lineolatus*, jedoch ihrem natürlichen Lebensraum entsprechend etwas feuchter.

Psammophis lineolatus

Psammophylax rhombeatus
(LINNAEUS, 1758)
– Gefleckter Skaapsteker –
Verbreitung: Südwestangola, Südnamibia, Südafrika
Lebensraum/Lebensweise: 1,2 m kann diese tagaktive Art lang werden. In Morphologie und Lebensweise ähneln die Skaapsteker den *Psammophis*-Arten. Sie sind in Steppen, Savannen und Halbwüsten beheimatet, wo sie neben Echsen und Fröschen vor allem Kleinsäuger jagen. Das Gift dieser Schlange soll für den Menschen nicht ungefährlich sein. Skaapsteker legen bis zu 30 Eier.
Terrarienhaltung: Die *Psammophylax*-Arten sind wie bei *Psammophis lineolatus* beschrieben unterzubringen. Verfüttert werden hauptsächlich Mäuse. Skaapsteker wurden schon im Terrarium nachgezogen.

Psammophylax rhombeatus

Psammophylax tritaeniatus (GÜNTHER, 1868)
– Gestreifter Skaapsteker –
Verbreitung: Äthiopien bis Südafrika, westwärts bis Namibia
Lebensraum/Lebensweise/Terrarienhaltung: siehe bei *Psammophylax rhombeatus*

▲▼ *Psammophylax tritaeniatus*

Rhamphiophis oxyrhynchus (REINHARDT, 1843)
– Schnabelnasennatter –
Verbreitung: Äthiopien, Südsudan, Zentralafrika bis Südafrika

Lebensraum/Lebensweise: Meist um 90 cm, in Ausnahmefällen aber bis 1,5 m lang wird diese Bodenschlange sandiger und steiniger Trockengebiete, der Savannen, Dornbusch- und Wüstengebiete. Sie wühlt im Boden und durchsucht die Erdbaue von Kleinsäugern nach Wirbellosen (Insekten), Echsen, Fröschen, anderen Schlangen und Kleinsäugern. Trotz ihrer Tagaktivität sind die Tiere deshalb nur selten zu beobachten. Ihre zehn bis zwölf Eier sollen die Weibchen nicht auf einmal, sondern über einen Zeitraum von mehreren Tagen ablegen.
Terrarienhaltung: Ein Trockenterrarium (1,0 x 0,5 x 0,5 GL) mit unterirdischen Verstecken (Schlupfkasten, Baumwurzeln), ein paar Kletterästen und einem Wassernapf ist auf 25 bis 30 °C zu temperieren. Die Nachttemperatur kann um etwa 5 K abgesenkt werden. Es ist zu versuchen, die selten gepflegte Art mit Kleinsäugern und Futterinsekten zu ernähren. Verschiedene Arten der Gattung *Rhamphiophis* wurden bereits nachgezogen.

▲▼ *Rhamphiophis oxyrhynchus rostratus*

Unterfamilie **Madagassische Nattern** (Pseudoxyrhophiinae)

Ihren Namen verdankt die Unterfamilie den Bachnattern (Brook snakes) der Gattung *Pseudoxyrhopus* von Madagaskar. Sie erfasst 19 Gattungen. Zusammen mit den „Boodontinae" wurden sie auch schon als Lamprophiinae zusammengefasst.

Leioheterodon madagascariensis
DUMÉRIL & BIBRON, 1854
– Madagaskarnatter –
Verbreitung: Madagaskar (Küstenregion außer Westen)

▲ *Leioheterodon madagascariensis*, DDS

Lebensraum/Lebensweise: Die am Tage und in der Dämmerung aktive, in ihrem Verbreitungsgebiet recht häufige Natter wird etwa 1,5 m lang. Sie lebt in den unterschiedlichsten Lebensräumen, auf Grasland, Baumsavannen und in Wäldern, selbst in der Nähe von Siedlungen, bevorzugt aber die Nähe von Gewässern. Sie fängt Kleinsäuger bis zur Größe von Ratten, Vögel, Echsen und Frösche. Ihre Gelege umfassen meist zehn bis zwölf Eier.

Terrarienhaltung: Erforderlich ist ein großes, nicht zu trockenes Terrarium (1,0 x 0,5 x 0,5 GL) mit Bodengrund zum Wühlen, Versteckmöglichkeiten und einem Wasserbecken. Die Temperatur sollte zwischen 26 und 30 °C liegen und nachts um 2 bis 4 K absinken. Lebende und tote Mäuse, Ratten und Küken sind ihr Standardfutter im Terrarium. Die Art wurde erfolgreich nachgezogen. Nach Anhang D der EU-Artenschutzverordnung ist sie geschützt.

Liophidium vaillanti (MOCQUARD, 1901)
– Streifenvielzahnnatter –
Verbreitung: West- und Südmadagaskar, Réunion
Lebensraum/Lebensweise: Die nachtaktive, versteckt lebende Bodenschlange wird etwa 50 cm lang und bewohnt verschiedene Waldbiotope. Nur gelegentlich verlässt sie am frühen Morgen ihr Tagesversteck, um sich zu sonnen. Vermutlich fängt sie Echsen und Frösche. Über ihre Lebensweise ist wenig bekannt.
Terrarienhaltung: Wegen ihrer ungeklärten Nahrungsspezialisierung ist die Pflege dieser Art problematisch. Ihr Terrarium (1,0 x 0,5 x 0,5 GL) sollte jedoch Temperaturen von 24 bis 28 °C aufweisen, die in der Nacht deutlich niedriger liegen.

▼ *Liophidium vaillanti*

Liopholidophis sexlineatus

Liopholidophis sexlineatus (GÜNTHER, 1882)
– Sechsstreifennatter –
Verbreitung: Madagaskar (zentrale Landesteile und Süden)
Lebensraum/Lebensweise: Etwa 80 cm misst diese tagaktive, sehr ans Wasser gebundene Natter. Sie lebt am Boden und jagt an und in Gewässern hauptsächlich nach Fröschen. Die Art legt Eier.
Terrarienhaltung: Vertreter der Gattung werden nur selten im Terrarium gepflegt. *L. sexlineatus* benötigt ein Aquaterrarium (1,0 x 0,5 x 0,5 GL) mit trockenem Landteil und Temperaturen von 26 bis 30 °C. Ein „Sonnenplatz" mit höherer Temperatur ist anzubie-

ten. Ob sie von ihrer Vorzugsnahrung – Fröschen – abgeht, ist fraglich. Es sollten auch kleine Fische angeboten werden.

Liopholidophis stumpffi (BOETTGER, 1881)
– Stumpffs Natter –
Verbreitung: Madagaskar (entlang der Ostküste)
Lebensraum/Lebensweise: Diese ebenfalls etwa 80 cm lange Bodennatter bevorzugt waldreichere Gebiete, immer jedoch in Gewässernähe. Frösche stellen ihre Hauptbeute dar. Vermutlich frisst sie auch Echsen und Kleinsäuger. Trächtig gefangene Weibchen legten drei bis sechs Eier.
Terrarienhaltung: Das feuchtwarme Regenwaldterrarium (1,0 x 0,5 x 0,5 GL) mit Wasserbecken, einigen Kletterästen und dunklen Verstecken unter Rindenstücken ist tagsüber auf 26 bis 30 °C zu beheizen. Ein wärmerer Liegeplatz ist angezeigt. Es sollte versucht werden, die Art mit nestjungen Mäusen, gegebenenfalls verwittert mit Froschgeruch, zu ernähren. Über Nachzuchten ist nichts bekannt.

Madagascarophis colubrinus (SCHLEGEL, 1837)
– Madagaskar-Plumpnasennatter –
Verbreitung: Nördliches und mittleres Madagaskar
Lebensraum/Lebensweise: Die dämmerungs- und nachtaktive Trugnatter lebt vorzugsweise am Boden, kann aber auch gut klettern. Tagsüber hält sie sich beispielsweise unter Steinen oder in Baumhöhlen verborgen, kommt jedoch bei intensiven Regenfällen

Liopholidophis stumpffi

ans Tageslicht. Sie wird mehr als einen Meter lang. Sie liebt die Nähe von Gewässern in trockenen und feuchteren Waldgebieten und dringt bis in die Nähe menschlicher Besiedlungen vor. Sie ist mancherorts recht häufig. Ihre Hauptnahrung sind Frösche, Echsen (Skinke, Chamäleons), Schlangen sowie Vögel und Kleinsäuger. Die Weibchen legen zwei bis drei Eier.

Terrarienhaltung: Im halbfeuchten Waldterrarium (1,0 x 0,5 x 0,5 GL) mit Beheizung auf 28 bis 30 °C und nächtlicher Temperaturabsenkung, einigen Kletterästen, einem Wasserbecken und zahlreichen Verstecken kann diese Natter problemlos auf die ausschließliche Ernährung mit Mäusen umgestellt werden. Nachzuchtergebnisse sind nicht bekannt.

Madagascarophis colubrinus

Unterfamilie **Höckernattern** („Xenodermatinae")

Lediglich 17 Arten in sechs Gattungen – alle in Süd- bis Ostasien zu Hause – gehören zu dieser Unterfamilie, die ihren Namen nach der monotypischen Javahöckernatter (*Xenodermus javanicus*) trägt. Die früheren Vertreter der Neuen Welt nehmen jetzt unter den Dipsadianae eine unsichere Stellung ein, wurden aber auch schon zu den Xenodontinae gestellt. Einige morphologische Eigenheiten sind bemerkenswert: Die Nattern besitzen am Lippenrand nach oben gebogene Schuppen und Knochenplatten an den Wirbelfortsätzen.

Xenodermus javanicus REINHARDT, 1836
– Javahöckernatter –
Verbreitung: Südthailand, westliches Malaysia, Sumatra, Borneo, Java
Lebensraum/Lebensweise: Sumpfgebiete und auch Reisfelder – bevorzugt in Höhen von 500 bis 1100 m – gehören zum Lebensraum der nachtaktiven, auf und im feuchten, lockeren Boden lebenden Schlange. Javahöckernattern werden etwa 65 cm groß. Die amphibisch lebenden Tiere fressen vorwiegend Frösche und Kaulquappen. Sie legen zwei bis vier Eier.
Terrarienhaltung: Im Terrarium (1,0 x 0,5 × 0,5 GL; 26 bis 30 °C) braucht die selten gepflegte Art ein großes Wasserbecken, Versteckplätze und einen leicht feuchten, lockeren Bodengrund. Absolut trockene Liegeplätze mit lokaler Erwärmung auf bis zu 30 °C sind erforderlich. Stehen keine Froschlurche und deren Larven als Futter zur Verfügung, sollte von der Haltung dieser Schlange abgesehen werden.

Alsophis vudi picticeps

Unterfamilie **Ungleichzähnige Nattern** (Xenodontinae)

Eine recht heterogene Bezahnung, etliche Arten tragen sogar opisthoglyphe Giftzähne, war Namen gebend für die zurzeit 43 Gattungen, davon drei mit taxonomisch unsicherer Stellung, umfassende umfangreiche Unterfamilie der Colubridae. Unter den meist mittelgroßen Nattern gibt es Boden bewohnende Arten wie auch ausgesprochene Baumbewohner. Mitunter werden sogar alle Vertreter der Dipsadinae dieser Unterfamilie zugeschlagen. Der Vollständigkeit halber sei noch die Unterfamilie Pseudoxenodontinae mit nur elf Arten in zwei Gattungen erwähnt, die ausschließlich im südlichen und östlichen Asien beheimatet sind.

Alsophis vudi COPE, 1863
– Bahamanatter –
Verbreitung: Bahamas
Lebensraum/Lebensweise: Die gut einen Meter lange Schlange ist eine tagaktive Bodenbewohnerin, die zwar in trockeneren Gebieten, in Sekundärwäldern und Buschland lebt, aber auch in Gewässernähe zu finden ist. Sie ernährt sich von Kleinsäugern und Echsen; auch Fische dürften zu ihrer Nahrung gehören.
Terrarienhaltung: Das Terrarium (1,0 x 0,5 x 0,5 GL) sollte neben einigen Kletterästen verschiedene Verstecke und ein kleines Wasserbecken enthalten. Die Tagestemperatur von 25 bis 28 °C (lokal bis 33 °C) kann nachts um etwa 5 K absinken. Kleinsäuger müssen im Terrarium die Hauptbeutetiere ausmachen.

Clelia clelia (DAUDIN, 1803)
– Mussurana –
Verbreitung: Südmexiko, Belize, Guatemala bis Ecuador und Argentinien
Lebensraum/Lebensweise: Die meist mehr oder weniger nachtaktiven, kräftigen und bis 2,5 m erreichenden Bodenschlangen werden von manchen Systematikern in die Gattung *Pseudoboa* gestellt. Bemerkenswert ist ihr attraktives Jugendkleid, das sich mit zunehmendem Alter verliert. Die Art lebt in Galeriewäldern, an Waldrändern, auf Grasland und sogar in Siedlungsnähe, meist in der Nähe von Gewässern. Sie ernährt sich von Echsen und Schlangen,

Clelia clelia clelia

vor allem Giftschlangen der Gattung *Bothrops*. Gegen deren Gift scheint sie in gewissem Grade immun zu sein. Die Weibchen legen bis zu 40 Eier.

Terrarienhaltung: Da Schlangen auf ihrem Speiseplan stehen, ist die Einzelhaltung der Mussurana unbedingt erforderlich. Die Art wird selten gepflegt, da eine längere Haltung ohne die Verfütterung von Reptilien kaum möglich erscheint. Nur einzelne Exemplare fressen auch tote Kleinsäuger. In ihrem trockenen Terrarium (1,0 x 0,5 x 0,75 GL) sind ein ausreichend großer Unterschlupf und ein großes Badebecken erforderlich. Die Temperatur sollte bei 25 bis 30 °C liegen und nachts um etwa 5 K sinken. Über Nachzuchten im Terrarium ist nichts bekannt. Die Art ist nur selten beißlustig, trotzdem sei vor eventuellen

Bissen gewarnt. *Clelia clelia* ist im Anhang B der EU-Artenschutzverordnung erfasst.

Clelia clelia clelia – **Jungtier**

Clelia occipitolutea
(Duméril, Bibron & Duméril, 1854)
– Gelbkopf-Mussurana –
Verbreitung: Südbrasilien bis Uruguay sowie Nord- und Mittelargentinien
Lebensraum/Lebensweise/Terrarienhaltung: siehe bei *Clelia clelia*.

Clelia occipitolutea

Clelia rustica (Cope, 1878)
– Braune Mussurana –
Verbreitung: Südbrasilien bis Nordwestargentinien
Lebensraum/Lebensweise/Terrarienhaltung: siehe bei *Clelia clelia*.

Clelia rustica

Conophis lineatus
(Duméril, Bibron & Duméril, 1854)
– Mexikanische Erdnatter –
Verbreitung: Mexiko (Veracruz, Yucatan) bis Costa Rica
Lebensraum/Lebensweise: Der mitunter gebrauchte deutsche Trivialname „Mexikanische Trugnatter" ist irreführend und sollte nicht verwendet werden. Die Boden bewohnende Schlange wird über 40 cm lang und lebt in trockenen Habitaten, sogar in Halbwüsten. Echsen und wahrscheinlich auch Wirbellose liefern ihnen Nahrung.
Terrarienhaltung: Das trockene Terrarium (1,0 x 0,5 x 0,5 GL) sollte sowohl Möglichkeiten zum Wühlen wie auch zum Klettern sowie einige Verstecke und ein Trinkgefäß bieten. Die Tagestemperaturen von 25 bis 28 °C – lokal bis 33 °C – können nachts auf 20 °C fallen. Ob im Terrarium Kleinsäuger als Futter akzeptiert werden, ist nicht bekannt.

Conophis lineatus

Elapomorphus bilineatus
Duméril, Bibron & Duméril, 1854
– Zweistreifengrabnatter –
Verbreitung: Südbrasilien, Uruguay, Paraguay, Argentinien
Lebensraum/Lebensweise: Nur etwa 30 cm wird die wühlende Bodenschlange des tropischen Regenwaldes lang. Sie frisst Insekten, Würmer und Reptilien sowie kleine Echsen und Schlangen. Die Art ist ovipar.
Terrarienhaltung: Ein halbfeuchtes Glasterrarium (1,0 x 0,5 x 0,5 GL) mit tiefem, lockerem Bodengrund, mit Rindenstücken als Verstecken, einem Wassergefäß und einer Grundtemperatur von 25 bis 30 °C sind zur Haltung dieser wenig bekannten Art erforderlich. Neben verschiedenen Wirbellosen sollten auch mit Echsengeruch verwitterte nestjunge Mäuse angeboten werden.

Elapomorphus bilineatus

Erythrolamprus aesculapii (LINNAEUS, 1766)
– Äskulaps Falsche Korallenotter –
Verbreitung: Ostvenezuela, Insel Tobago, Amazonasgebiet
Lebensraum/Lebensweise: Die nachtaktiven, etwa einen Meter messenden Falschen Korallenottern halten sich tagsüber in ihren Verstecken am Boden trockener wie feuchter Waldgebiete auf. Mit ihrer Korallentracht ähneln sie den Vertretern der sehr giftigen Gattung *Micrurus*. Da die Tiere recht aggressiv reagieren können, ist wegen eines Giftbisses Vorsicht angeraten. Sie ernähren sich von Fröschen, Echsen und Schlangen – selbst giftigen Arten – sowie Kleinsäugern. Alle Arten der Gattung sind ovipar.

Terrarienhaltung: Unter Beachtung ihrer potenziellen Gefährlichkeit sind die Falschen Korallenschlangen einzeln in einem Waldterrarium (1,0 x 0,5 x 0,5 GL) mit tiefem Bodengrund zum Wühlen, zahlreichen Verstecken unter Rindenstücken oder einem Baumstubben sowie einem kleinen Wasserbecken zu halten. Die Tagestemperatur von 25 bis 30 °C sollte nachts nur gering sinken. Da Frösche und Reptilien als Futter vorgezogen werden, kann sich die Pflege dieser Tiere als problematisch erweisen und muss Spezialisten vorbehalten bleiben.

Erythrolamprus aesculapii

Erythrolamprus bizona

Erythrolamprus bizona JAN, 1863
– Schlanke Falsche Korallenotter –
Verbreitung: Costa Rica über Kolumbien bis Nord-
westvenezuela
Lebensraum/Lebensweise/Terrarienhaltung: siehe
bei *Erythrolamprus aesculapii*

Farancia abacura (HOLBROOK, 1836)
– Schlammnatter –
Verbreitung: USA (Ostküste von Virginia über Florida bis Osttexas)
Lebensraum/Lebensweise: Die Schlammnatter bewohnt feuchte Niederungen, Zypressensümpfe und
die verschiedensten Gewässer im Tiefland. Ihren

Farancia abacura abacura

Schlupfwinkel verlässt die nur ausnahmsweise zwei
Meter lang werdende Art nur nach Regenfällen und
in der Dämmerung. Zur bevorzugten Beute gehören
Schwanzlurche der Gattungen *Amphiuma* und *Siren*.
Andere Luche, Fische und Würmer werden weniger
gefressen. Schlammnattern gehören zu den frucht-
barsten Schlangen. Ein Gelege bestand gar aus 104
Eiern.
Terrarienhaltung: Schlammnattern sind in einem
Aquaterrarium (1,0 x 0,5 x 0,5 GL) mit trockenem
Landteil und einem Baumstubben als Versteck bei
25 bis 30 °C – nachts 18 bis 22 °C – unterzubringen.
Die Fütterung kann Probleme bereiten. Ein Wildfangweibchen der Unterart *F. a. reinwarthi* verwei-
gerte beim Autor alle ihr angebotenen Futtertiere –
auch Schwanzlurche – und musste mit Fisch gestopft werden. Aus einem 26 sehr weichschalige Eier
umfassenden Gelege schlüpften 24 Jungtiere, die
außer nachgezogenen Kubalaubfröschen kein anderes Futter selbständig annahmen. Über echte Nachzuchten wurde schon wiederholt berichtet.

Farancia erythrogramma (LATREILLE, 1802)
– Regenbogennatter –
Verbreitung: USA (Küstengebiete von Südmaryland
bis Zentralflorida, westwärts bis Mississippi)
Lebensraum/Lebensweise: Auf lockeren Sandböden
in der Nähe von Gewässern ist diese maximal 1,6 m
lange nachtaktive Schlange beheimatet. Ihre Beute
sind fast ausschließlich Aale. Schlüpflinge fressen

Farancia erythrogramma erythrogramma

auch Schwanzlurche und Kaulquappen. Die 20 bis über 50 Eier eines Geleges werden im Sandboden abgelegt.

Terrarienhaltung: Als Futter werden gewöhnlich nur Aale genommen. Ansonsten ist die Art wie die Schlammnatter (*Farancia abacura*) zu halten.

Helicops carinicaudus (WIED, 1825)
– Kielschwanznatter –
Verbreitung: Südostbrasilien, Uruguay bis Argentinien
Lebensraum/Lebensweise: Die Scheelaugennattern (*Helicops*) wurden früher zur Unterfamilie Natricinae gezählt. Ihre äußere Erscheinung mit den nach oben gerichteten Augen und Nasenlöchern weist auf ihre stark aquatische Lebensweise hin. Im Flachland ist die Kielschwanznatter überall sehr häufig. Die weitgehend tagaktiven scheuen Tiere gehen nur selten ans Land und fressen Fische und Frösche, gelegentlich auch Echsen. Alle Arten werden bis einen Meter lang und legen etwa zehn Eier. Sie sind recht bissig, und obwohl sie keine Giftzähne besitzen, scheint ihr Speichel eine gewisse Giftwirkung zu haben.
Terrarienhaltung: Im Aquaterrarium (1,0 x 0,5 x 0,5 GL) verweilen die Scheelaugennattern oft tagelang im Wasser. Trotzdem brauchen sie trockene Liegeplätze an Land und auf Kletterästen. Die Temperatur im Terrarium sollte 20 bis 30 °C betragen und nachts nur leicht absinken. Als Standardfutter sind Fische anzubieten. Über Nachzuchten ist nichts bekannt.

◀ *Farancia erythrogramma erythrogramma* – **Jungtier**

▼ *Helicops carinicaudus*

Helicops leopardinus (SCHLEGEL, 1837)
– Gefleckte Scheelaugennatter –
Verbreitung: Guyana und Surinam über Brasilien bis Nordargentinien
Lebensraum/Lebensweise/Terrarienhaltung: siehe bei *Helicops carinicaudus.*

Heterodon nasicus

Helicops leopardinus

Heterodon nasicus BAIRD & GIRARD, 1852
– Westliche Hakennasennatter –
Verbreitung: Südkanada über USA (bis südöstliches Arizona und Texas) bis nach Nordmexiko
Lebensraum/Lebensweise: Prärien, Grasländer, Sand-dünen, aber auch bewaldete Berghänge, sumpfige Gebiete und Gewässerufer gehören zu den vielfältigen Lebensräumen dieser tagaktiven, am Boden lebenden Schlange mit der typischen aufgebogenen

Schnauzenspitze. Große Exemplare können 90 cm Länge erreichen. Bei intensiver Belästigung werfen sich die Tiere auf den Rücken und stellen sich tot. Frösche und Kröten gehören zu ihrer Hauptbeute. Sie frisst aber ebenso Echsen, Mäuse, kleine Vögel und Reptilieneier.

Heterodon nasicus kennerlyi

Terrarienhaltung: Wildfänge gewöhnen sich bald ein und nehmen sogar die ihnen angebotenen toten Mäuse an. Tiefer sandiger Bodengrund zum Wühlen und ein Wassergefäß gehören zur Mindestausstattung ihres Terrariums (1,0 x 0,5 x 0,5 GL; Grundtemperatur 25 bis 30 °C, nachts 18 bis 20 °C, lokale Maximaltemperatur 28 bis 33 °C). Ein großes Exemplar des Autors frisst problemlos tote Eintagsküken. Die Weibchen legen bis zu 40 Eier. Die Art wird häufig nachgezogen.

Heterodon nasicus

Heterodon platyrhinos (LATREILLE, 1801)
– Östliche Hakennasennatter –
Verbreitung: Östliche USA, westlich bis Kansas und Texas
Lebensraum/Lebensweise: Im Gegensatz zu ihrer westlichen Verwandten wird die Östliche Hakennasennatter bis 115 cm lang und frisst vornehmlich Amphibien. Lebensraum und Lebensweise entsprechen denen der Westlichen Hakennasennatter.

Heterodon platyrhinos

Terrarienhaltung: Haltung und Pflege stimmen mit denen von *Heterodon nasicus* überein. Die Futteraufnahme kann Probleme bereiten, wenn keine Frösche oder Kröten zur Verfügung stehen.

Heterodon platyrhinos – sich tot stellend

Heterodon simus (LINNAEUS, 1758)
– Südliche Hakennasennatter –
Verbreitung: Südosten der USA vom südöstlichen North Carolina, Florida, westlich bis südöstliches Mississippi
Lebensraum/Lebensweise: Auch diese Vertreterin der Gattung *Heterodon* bevorzugt trockene Habitate, Kulturflächen und trockene Flussgebiete. Über die

Heterodon simus

Lebensweise und Vermehrung (sechs bis zehn Eier) dieser etwa 60 cm langen Art ist wenig bekannt. Auch sie frisst vorzugsweise Froschlurche.
Terrarienhaltung: Die Anforderungen an das Terrarium entsprechen denen von *Heterodon nasicus*. Vermutlich werden nur Froschlurche toleriert.

Hydrodynastes bicinctus (HERRMANN, 1804)
– Doppeltgebänderte Wassernatter –
Verbreitung: Guyana bis Amazonasbecken
Lebensraum/Lebensweise: Die bis 2 m lange, halbaquatile Bodenschlange lebt in den regenreichen Niederungswäldern ihrer Heimat, wo sie am und im Wasser Jagd auf Frösche und Kröten macht. Die Art legt Eier.
Terrarienhaltung: Als Wasserschlange braucht *Hydrodynastes bicinctus* ein Aquaterrarium (1,0 x 0,5 x 0,5 GL) mit einem trockenen Landteil, einem Versteck und einigen Kletterästen. Die Temperatur sollte bei 25 bis 30 °C liegen und nachts um etwa 5 K absinken. Ihr Liegeplatz ist bis auf 35 °C zu erwärmen. Als Futterspezialistin wird die Schlange wohl kaum ohne Froschlurche auskommen. Über Nachzuchten im Terrarium ist nichts bekannt.

Hydrodynastes bicinctus

Hydrodynastes gigas
(DOWLING & DUELLMANN, 1978)
– Brasilianische Glattnatter –
Verbreitung: Ostbolivien, Paraguay, Südbrasilien, Nordargentinien

Hydrodynastes gigas

Lebensraum/Lebensweise: Die mehr als zwei Meter lange, kräftige Schlange lebt in Gewässernähe auf trockenem Buschland, in Sekundärwäldern, auf Plantagen wie auch in der Nähe menschlicher Siedlungen. Erwachsene Männchen zeigen – im Gegensatz zu den Weibchen mit blasserer Zeichnung – schwarzbraune Querstreifen. In Erregung flacht die Brasilianische Glattnatter ihren Hals ab und lässt ein lautes Fauchen hören. Ihre Hauptbeute besteht aus Fischen, Fröschen, Kleinsäugern und Vögeln. Die Weibchen legen bis zu 36 Eier.
Terrarienhaltung: H. gigas ist ein beliebter Terrarienpflegling, der in einem geräumigen Terrarium (1,0 x 0,5 x 0,75 GL) mit einem großen Wasserbecken, einem Versteck und einem „Sonnenplatz" sowie einigen Kletterästen gut haltbar ist und wiederholt nachgezogen wurde. Die Terrarientemperatur sollte 25 bis 30 °C, am Liegeplatz bis 35 °C, betragen und nachts um 5 K niedriger liegen. Kleinsäuger, Küken und Fische werden von eingewöhnten oder nachgezogenen Exemplaren problemlos gefressen. Die in ihrer Heimat von der Ausrottung bedrohte Art ist im Anhang B der EU-Artenschutzverordnung eingetragen.

Liophis anomalus (GÜNTHER, 1858)
– Paranagoldbauchnatter –
Verbreitung: Südbrasilien, Nordargentinien, Uruguay, Paraguay
Lebensraum/Lebensweise: Die etwa 75 cm lange tagaktive Natter lebt an Gewässern, wo sie wie eine Wassernatter neben Amphibien auch Fische erbeu-

Liophis anomalus

tet. Über ihre Lebensweise in der Natur ist nur wenig bekannt. Ihre Gattung umfasst 49 Arten.
Terrarienhaltung: Das Aquaterrarium (1,25 x 0,5 x 0,5 GL) sollte zu einem Drittel einen trockenen Landteil mit Verstecken und einigen Kletterästen und zu zwei Dritteln einen Wasserteil besitzen. Temperaturen tagsüber 25 bis 28 °C mit nächtlicher Abkühlung auf 20 bis 25 °C. Die Nattern nehmen lebende und tote Fische und sogar Fischstreifen an. Über eine Nachzucht im Terrarium ist nichts bekannt.

Liophis epinephelus (COPE, 1862)
– Glatte Goldbauchnatter –
Verbreitung: Panama, Kolumbien, Ecuador, Venezuela, Nordperu
Lebensraum/Lebensweise: Etwa 75 cm wird diese sowohl in Höhenlagen bis 3400 m wie auch im heißen Tiefland vorkommende tagaktive Natter lang. Ihre Nahrung besteht aus Frosch- und Schwanzlurchen. Die Art wird auch der Gattung Dromicus zugeordnet.
Terrarienhaltung: Haltung und Pflege siehe bei Liophis anomalus. Vermutlich nimmt die meist Lurche fressende Schlange auch Fische als Futter an.

Liophis epinephelus

Liophis reginae

Liophis reginae (LINNAEUS, 1758)
– Königsgoldbauchnatter –

Verbreitung: Nördliches Südamerika östlich der Anden bis Brasilien

Lebensraum/Lebensweise: Die Natter wird etwa 70 cm lang. Die tagaktive Bodenschlange bewohnt ähnliche Biotope wie die anderen Vertreter ihrer Gattung. In der Natur werden Amphibien als Nahrung bevorzugt. Vermutlich werden auch Echsen und Kleinsäuger toleriert.

Terrarienhaltung: Haltung und Pflege siehe bei *Liophis anomalus*. Die Fütterung mit nestjungen Kleinsäugern, gegebenenfalls mit Froschgeruch verwittert, sollte versucht werden.

Lystrophis dorbignyi
(DUMÉRIL, BIBRON & DUMÉRIL, 1854)
– Südamerikanische Hakennatter –

Verbreitung: Südostbrasilien, Südparaguay, Zentralargentinien, Uruguay

Lebensraum/Lebensweise: An Waldrändern, in den Savannen und Pampas der südamerikanischen Tropen und Subtropen sind diese Nattern zu finden. Die etwa 60 cm langen Bodenschlangen jagen nachts auf Kröten und Frösche.

Terrarienhaltung: Das weitgehend trockene Terrarium (1,0 x 0,5 x 0,5 GL) mit Versteckplätzen aus Rindenstücken und Wurzelwerk muss tagsüber auf 25 bis 30 °C beheizt werden. Nachts kann die Temperatur um etwa 5 K absinken. Um Froschlurche als Nahrungsangebot wird der Terrarianer kaum herumkommen. Über eine Vermehrung im Terrarium ist nichts bekannt.

▲▼ *Lystrophis dorbignyi*

Lystrophis semicinctus
(DUMÉRIL, BIBRON & DUMÉRIL, 1854)
– Halbgestreifte Hakennatter –
Verbreitung: Südwestbrasilien, Südbolivien, Paraguay, Nordargentinien
Lebensraum/Lebensweise: Größe, Lebensraum und Lebensweise entsprechen denen von *Lystrophis dorbignyi*.

Terrarienhaltung: Diese Natter ist wie ihre Verwandte, *Lystrophis dorbignyi*, zu halten und zu pflegen.

Oxyrhopus petola (LINNAEUS, 1758)
– Mondnatter –
Verbreitung: Mexiko bis Amazonasbecken
Lebensraum/Lebensweise: Die *Oxyrhopus*-Arten sind tag- und nachtaktive Bodenbewohner aus der dichten Bodenvegetation tropischer Regenwälder, die 12 bis 18 Eier legen. Die Hauptnahrung besteht aus Echsen und Kleinsäugern. *O. petola* kann 2 m lang werden. Ihre Korallentracht führt mitunter zu Verwechslungen mit den giftigen Korallenottern (*Micrurus*).
Terrarienhaltung: Als Bodennattern sollten die Mondnattern ein langes Waldterrarium (1,5 x 0,5 x 0,5 GL) mit einigen Kletterästen, einer Wasserschale, Verstecksplätzen unter Rindenstücken oder unter einem Baumstubben erhalten. Die Tagestemperatur von 26 bis 32 °C kann nachts gering absinken. Futterechsen sollten nur bei absoluter Verweigerung von Kleinsäugern verabreicht werden. Über Nachzuchten im Terrarium ist nichts bekannt.

◀ *Lystrophis semicinctus*

▼ *Oxyrhopus petola*

Oxyrhopus rhombifer

Oxyrhopus rhombifer
DUMÉRIL, BIBRON & DUMÉRIL, 1854
– Argentinische Mondnatter –
Verbreitung: Amazonasbecken bis Argentinien
Lebensraum/Lebensweise/Terrarienhaltung: siehe
bei *Oxyrhopus petola*.

Oxyrhopus trigeminus
(DUMÉRIL, BIBRON & DUMÉRIL, 1854)
– Rotbäuchige Mondnatter –
Verbreitung: Südwestvenezuela, Paraguay, Brasilien

Lebensraum/Lebensweise/Terrarienhaltung: siehe
bei *Oxyrhopus petola*. Da diese Art auch in der Steppe sowie auf Kulturland zu finden ist, können die
Haltungsbedingungen etwas trockener als bei den
anderen Arten sein.

Philodryas baroni BERG, 1895
– Langnasenstrauchnatter –
Verbreitung: Argentinien, Bolivien, Paraguay
Lebensraum/Lebensweise: Bis 2 m soll diese tagaktive, am Boden wie auch im Geäst lebende Schlange
lang werden. Meist messen die Tiere um 1,2 m und
halten sich hauptsächlich in Wäldern in Gewässernähe auf. Sie erbeuten Kleinsäuger, Vögel, Echsen,
Frösche und auch Fische.

Oxyrhopus trigeminus

Philodryas baroni

191

Terrarienhaltung: Ein Regenwaldterrarium (1,0 x 0,5 x 1,0 GL) mit Kletterästen, einem großen Wasserbecken, reichlicher Bepflanzung und mit einer relativen Luftfeuchtigkeit von 70 bis 90 % ist Voraussetzung für die erfolgreiche Pflege dieser Art. Die Tagestemperaturen zwischen 26 und 30 °C sollten auch nachts kaum absinken. Mäuse werden problemlos als Futter angenommen. Die Strauchnatter wurde schon nachgezogen, wobei die Weibchen um 12 Eier legen. Bemerkenswert ist, dass die Jungschlangen aus demselben Gelege grün oder braun gefärbt sein können, ohne dass eventuell eine Unterartkreuzung vorliegt. Da von den Arten *P. olfersii* und *P. chamissonis* Giftbisse bekannt sind, sei bei den hier aufgeführten Arten auf eine mögliche Gefährlichkeit hingewiesen.

Philodryas psammophideus GÜNTHER, 1872
– Bolivianische Strauchnatter –
Verbreitung: Ostbolivien, Südwestbrasilien
Lebensraum/Lebensweise: *P. psammophideus* hält sich mehr am Boden und in niedrigem Buschwerk

auf. Ansonsten ist der Lebensraum dieser recht anpassungsfähigen Art ähnlich dem von *P. baroni*.
Terrarienhaltung: Die Terrarienhaltung entspricht der von *P. baroni*. Die Art wird allerdings noch seltener gepflegt. Über Eiablagen im Terrarium ist nichts bekannt.

Phimophis guerini
(DUMÉRIL, BIBRON & DUMÉRIL, 1854)
– Schnauzennatter –
Verbreitung: Südostbrasilien bis Argentinien
Lebensraum/Lebensweise: Die bis 1 m lange Schnauzennatter bewohnt Tieflandsavannen, Gras- und Buschsteppen sowie Halbwüsten. Als überwiegend nachtaktive Wühlschlange lebt sie im und auf dem Erdboden, wo sie vor allem Echsen sowie Gliederfüßer – besonders Insekten und deren Larven – verzehrt. Sie ist ovipar.
Terrarienhaltung: Ihrem Leben im Boden entsprechend ist im Trockenterrarium (1,0 x 0,5 x 0,5 GL) ein tiefer, lockerer Bodengrund mit Rindenstücken und flachen Steinen einzubringen. Trockengräser und ein

Philodryas psammophideus

Phimophis guerini

Trinkgefäß ergänzen die Einrichtung. Die Temperatur muss tagsüber 26 bis 32 °C betragen und kann nachts auf 20 bis 25 °C absinken. Als Futtertiere kommen vorrangig Insekten und Insektenlarven in Betracht. Über Nachzuchtergebnisse dieser kaum im Terrarium gepflegten Art ist nichts bekannt.

Pseudoboa neuwiedii
(DUMÉRIL, BIBRON & DUMÉRIL, 1854)
– Neuwieds Pseudoboa –
Verbreitung: Panama bis Brasilien, Trinidad und Tobago
Lebensraum/Lebensweise: Die nachtaktive Bodenschlange wird etwa 1,2 m lang und lebt in der Nähe

Pseudoboa neuwiedii

Phimophis guerini

von Gewässern in Regen- wie in Trockenwäldern. Echsen und Kleinsäuger stellen ihre Hauptbeute. Die Weibchen legen ihre vier bis sechs Eier u. a. in Ameisenhügel.

Terrarienhaltung: Für diese Art ist ein halbfeuchtes Waldterrarium (1,0 x 0,5 x 0,5 GL) mit großem Wasserbecken, einem Baumstubben und einer Laubschicht als Versteckmöglichkeiten sowie einigen Kletterästen einzurichten. Die Tagestemperatur muss bei 25 bis 30 °C liegen und sollte nachts kaum absinken. Als Futter sind Kleinsäuger geeigneter Größe anzubieten. Über eine erfolgreiche echte Nachzucht im Terrarium liegen keine Informationen vor.

Uromacer dorsalis DUNN, 1920
– Hispaniolaspitzkopfnatter –
Verbreitung: Haïti, Ile de la Gonâve
Lebensraum/Lebensweise: Etwa 1,6 m erreicht diese tagaktive, vorwiegend auf Bäumen lebende Natter in den trockenen Wäldern ihrer Heimat. Zu ihrer Nahrung gehören Echsen – insbesondere Anolis – sowie Frösche. Ergriffen, reißt sie drohend ihr Maul auf, ohne jedoch zu beißen. Trotzdem sollte man sich vor dem Gift ihrer opisthoglyphen Zähne in Acht nehmen. Die Weibchen legen fünf bis 12 Eier.

Terrarienhaltung: *U. dorsalis* ist in einem geräumigen, gut bepflanzten Baumschlangenterrarium (1,0 x 0,5 x 1,0 GL) mit einem großen Wasserbecken und Tagestemperaturen zwischen 25 und 28 °C (nachts um 20 °C) zu pflegen. Zur ausreichenden Ernährung ist aller zwei bis drei Tage eine Futterechse erforderlich. Über echte Nachzuchten im Terrarium ist nichts bekannt.

▲▼ *Uromacer dorsalis*

Xenodon merremi (WAGLER, 1824)
– Merrems Haubennatter –
Verbreitung: Guayana, Brasilien, Bolivien, Paraguay, Nord- und Zentralargentinien

Xenodon merremi

Lebensraum/Lebensweise: Die Gattung *Xenodon* ist namengebend für die Unterfamilie der Xenodontinae. Die Maximallänge dieser Boden bewohnenden Art von knapp zwei Meter erreichen nur wenige Exemplare. Sie lebt in Wäldern und auf Waldlichtungen in Gewässernähe, wo Frösche und Kröten, möglicherweise auch Kleinsäuger, gefangen werden. Über ihre Lebensweise in der Natur ist wenig bekannt. Die Haubennattern generell besitzen zwar keine opisthoglyphen Giftzähne, dennoch wird eine Giftse-

kretion angenommen, sodass Vorsicht geboten erscheint. Zeichnung und Verhalten dieser Schlangen erinnern an Giftschlangen, weshalb die Einheimischen sie auch als „Falsche Klapperschlangen" oder „Falsche Lanzenottern" bezeichnen.
Terrarienhaltung: Das feuchtwarme Terrarium (1,0 x 0,5 x 0,5 GL) sollte einen tiefen Bodengrund aus lockerer Walderde und kräftiges Wurzelwerk mit Versteckplätzen sowie einem Trinkgefäß enthalten. Tagsüber hat die Terrarientemperatur 25 bis 30 °C zu betragen, nachts sollte sie kaum sinken. Die relative Luftfeuchtigkeit muss über 90 % liegen. Während Froschlurche ohne Probleme im Terrarium gefressen werden, wurde Fisch nicht angenommen. Allerdings sollen Kleinsäuger gelegentlich nicht verschmäht werden. Trächtige Wildfänge haben schon befruchtete Gelege im Terrarium abgesetzt.

Xenodon rhabdocephalus (WIED, 1824)
– Mittelamerikanische Haubennatter –
Verbreitung: Mexiko bis Bolivien
Lebensraum/Lebensweise: Bei einer mittleren Größe von 1,3 m bewohnt diese Art ähnliche Biotope wie *X. merremi*. Neben Froschlurchen sollen auch Kleinsäuger zur Nahrung zählen.
Terrarienhaltung: siehe unter *Xenodon merremi*

Xenodon rhabdocephalus

Familie **Giftnattern und Seeschlangen** (Elapidae)

Die Vertreter der Elapidae ähneln in ihrem Körperbau den Nattern (Colubridae). Charakteristisch ist die proteroglyphe Bezahnung: Giftzähne, deren Furche meist weitgehend geschlossen ist, stehen im vorderen Bereich des Oberkiefers. Das Gift enthält sehr wirksame Bestandteile, die das Nervensystem schädigen und auch für den Menschen tödlich sein können. Aus diesen Gründen sind die meisten Arten sehr gefährlich. Auch erfahrene Giftschlangenpfleger sollten stets Zugang zu den entsprechenden Antiveninen haben. Neuerdings werden die nahe verwandten Seeschlangen als Unterfamilie gleichrangig neben die Giftnattern gestellt. Ihnen gehören jetzt eine größere Anzahl Land bewohnende Schlangen an, die mit den „echten" Seeschlangen näher verwandt sind, als die Plattschwanzseeschlangen (*Laticauda*) mit den Ruderschwanzseeschlangen.

Unterfamilie **Giftnattern** (Elapinae)

Nach UETZ et al. (2005) gehören der Unterfamilie Elapinae nunmehr 17 Gattungen an. Die meisten Arten werden kaum einen Meter lang. Andererseits gehören die größten rezenten Giftschlangen, die Königskobra (*Ophiophagus*) mit 5,6 m und der Taipan (*Oxyuranus*) mit etwa 4 m Gesamtlänge zu dieser Kategorie. Die Heimat der Giftnattern sind tropische und subtropische Regionen mit Ausnahme in Europa. Mit 66 Arten dominieren die Echten Korallenschlangen (*Micrurus*). Nach ökologischen und morphologischen Gesichtspunkten lassen sich die Giftnattern in mehrere Gruppen einordnen: – kleine, nachtaktive, wühlende Bodenbewohner; – große, meist tagaktive, schnelle und häufig aggressive Bodenbewohner; – schlanke, tagaktive Baumbewohner unterschiedlicher Größe; – amphibisch lebende Arten. Viele Arten sind wegen ihrer Gewandtheit und der schnell wirkenden Nervengifte außerordentlich gefährlich. Einige vermögen ihr Gift ihrem Gegenüber zielsicher entgegenzusprühen. Trotzdem werden zahlreiche Arten im Terrarium gepflegt und einige sogar bereits über Generationen nachgezogen. Die Grundregeln der Giftschlangenpflege sind konsequent einzuhalten.

Aspidelaps lubricus (LAURENTI, 1768)
– Kapschildnasenkobra –
Verbreitung: Südafrika (Kapprovinz)
Lebensraum/Lebensweise: Die relativ träge, oft wühlende Giftnatter bewohnt steinige und sandige Regionen in Savannen und Halbwüsten, wo sie Echsen, kleine Schlangen, Froschlurchen, Kleinsäugern und Vögeln auflauert. Sie wird 45, maximal 75 cm lang und ist dämmerungs- und nachtaktiv. In Erregung richten die Vertreter der Gattung ihren Vorderkörper kobraähnlich drohend auf. Sie sind alle Eier legend. Die Gelege umfassen bis zu elf Eier.

Aspidelaps lubricus

Terrarienhaltung: Das nicht zu trockene Terrarium (1,0 x 0,5 x 0,5 GL) für die am und im Boden lebende Schildnasenkobra muss einen tiefen, lockeren Bodengrund und ein Trinkgefäß enthalten. Die Temperaturen müssen tagsüber bei 26 bis 32 °C (lokal 35 bis 38 °C) liegen und können nachts auf 18 bis 22 °C sinken. Als Futter sind kleine Mäuse anzubieten, Echsen werden jedoch bevorzugt. Die Nachzucht im Terrarium ist wiederholt gelungen. Bisse können beim Menschen zum Versagen der Atmung führen. Ein Antivenin ist nicht verfügbar.

Aspidelaps scutatus (SMITH, 1849)
– Schildnasenkobra –
Verbreitung: Namibia, Botswana, südwärts bis Südafrika
Lebensraum/Lebensweise/Terrarienhaltung: siehe bei *Aspidelaps lubricus*. *A. scutatus* ist noch nicht nachgezogen worden.

Aspidelaps scutatus

Boulengerina annulata (BUCHHOLZ & PETERS, 1877)
– Wasserkobra –
Verbreitung: Kamerun, Gabun, Kongobecken
Lebensraum/Lebensweise: Die meist im Wasser lebende, tag- und nachtaktive Giftnatter besiedelt die
steinigen Ufer von Flüssen und Seen, wo sie Jagd auf
Fische und Frösche macht. Die Art wird etwa 1,5 m
lang und kann in Ausnahmefällen sogar 2,6 m erreichen. Sie ist eine nervöse, jedoch wenig aggressive
Schlange. Sie droht mit weit aufgerissenem Maul.
Terrarienhaltung: Wasserkobras sind in einem geräumigen Aquaterrarium (1,5 x 0,75 x 0,5 GL) mit trockenem Landteil bei Temperaturen von 26 bis 30 °C
(lokal bis 35 °C) und geringer Abkühlung in der Nacht
unterzubringen. Einige Kletteräste und ein Schlupfkasten, der in keinem Giftschlangenterrarium fehlen sollte, vervollständigen die Einrichtung. Fische
werden als Futter lebend und tot akzeptiert. Die Art
wurde bereits nachgezogen. Ein Antiserum wird
nicht produziert.

Bungarus caeruleus (SCHNEIDER, 1801)
– Indischer Krait –
Verbreitung: Westpakistan, Indien, Sri Lanka
Lebensraum/Lebensweise: Der Indische Krait bevorzugt als Lebensraum offenes, trockenes Grasland,
auch Ackerland, vor allem in Gewässernähe. Tagsüber hält er sich unter altem Holz, unter Steinen
oder in Erdlöchern verborgen. Neben seiner Hauptbeute Schlangen werden auch Echsen, Froschlurche
sowie gelegentlich Kleinsäuger verzehrt. Die Weibchen legen sechs bis zehn Eier.

Bungarus caeruleus sindanus

Terrarienhaltung: Das Terrarium (1,0 x 0,75 x 0,5 GL)
muss zahlreiche Versteckplätze und ein Wassergefäß
bieten. Die Schlangen fressende Art ist einzeln zu
halten. Nur wenige Individuen akzeptieren Mäuse,
andere verhungern eher, wenn sie keine Schlangen
oder Echsen angeboten bekommen und müssen
zwangsernährt werden. Über Nachzuchten im Terrarium ist nichts bekannt. Es werden mehrere mono-
und polyvalente Antiseren hergestellt.

Boulengerina annulata

197

Bungarus candidus (LINNAEUS, 1758)
– Blauer Krait –

Verbreitung: Hinterindien, Indoaustralischer Archipel

Lebensraum/Lebensweise: Der Blaue Krait wird gewöhnlich 1,0 bis 1,6 m lang und bewohnt Flachland in Gewässernähe, auch Reisfelder unweit von Ortschaften. Seine Hauptnahrung besteht aus Schlangen und Echsen (Skinke). Die Gelege umfassen vier bis zehn Eier.

Terrarienhaltung: Haltung und Pflege entsprechen denen von *Bungarus fasciatus*. Ein spezifisches Antiserum ist nicht verfügbar. In Thailand verursacht er die meisten tödlichen Unfälle.

Bungarus fasciatus (SCHNEIDER, 1801)
– Bänderkrait –

Verbreitung: Vorder- und Hinterindien, Westmalaysia, Sumatra, Java, Borneo

Lebensraum/Lebensweise: Der wohl bekannteste Krait bevorzugt offenes Grasland, Waldränder, Kulturland in der Nähe von Gewässern, auch in Höhen von 2300 m, und ist selbst in Großstädten zu finden. Er wird 1,5 bis 1,7 m lang; die größeren Männchen können sogar 2,2 m Gesamtlänge erreichen. Bei

Bungarus fasciatus

Tageslicht gilt die nachtaktive Giftnatter als beißfaul und versteckt bei Störung ihren Kopf unter Körperschlingen. Ihre Hauptnahrung sind Schlangen wie auch Fische, Frösche und Echsen. Die Weibchen legen fünf bis 15 Eier.

Terrarienhaltung: Die Kraits sind in einem Feuchtterrarium (1,0 x 0,75 x 0,5 GL) mit lockerem Bodengrund, einem Baumstubben, flachen Steinen und

Bungarus candidus

Rindenstücken sowie einem großen Wasserbecken zu pflegen. Wegen der Neigung zu Kannibalismus ist Einzelhaltung zu empfehlen. Die Tagestemperatur sollte 28 bis 31 °C betragen, ohne oder mit nur geringer nächtlicher Abkühlung. Fische werden nicht immer von vornherein angenommen. Von trächtigen Weibchen gelegte Eier wurden schon erfolgreich inkubiert. Als Antiseren stehen „Banded krait" sowie „Monovalent (Krait)" zur Verfügung.

Bungarus flaviceps REINHARDT, 1843
– Rotkopfkrait –
Verbreitung: Hinterindien, Westmalaysia, Sumatra, Java, Borneo
Lebensraum/Lebensweise: Diese Giftnatter ist in den Regenwäldern des Berglandes beheimatet und kann etwa 2 m lang werden. Die versteckt lebende, weitgehend nachtaktive Schlange soll neben Schlangen auch Echsen, Froschlurche und in Ausnahmefällen auch Kleinsäuger fressen.

Bungarus flaviceps

Terrarienhaltung: Siehe bei *Bungarus fasciatus*. Trotz ihrer generellen Beißfaulheit gilt der Rotkopfkrait als gefährlich. Ein geeignetes Antiserum wird nicht hergestellt.

Bungarus multicinctus BLYTH, 1860
– Vielbindenkrait –
Verbreitung: Südchina, Hainan, Taiwan, östliches Myanmar, Laos, Nordvietnam
Lebensraum/Lebensweise: Der Vielbindenkrait, meist 1,2 bis 1,4 m lang, lebt immer in der Nähe von Gewässern in verschiedenen Biotopen des Tieflandes und dringt bis in die Städte vor. Er verzehrt Schlangen, Echsen, Lurche, Fische und gelegentlich Klein-

Bungarus multicinctus

säuger. Als nachtaktive Art ist diese Giftnatter nachts erheblich bewegungsfreudiger und bissiger als am hellen Tage.
Terrarienhaltung: Haltung und Pflege siehe bei *Bungarus fasciatus*. Lebende und tote Futterschlangen werden problemlos angenommen, Mäuse dagegen meist zurückgewiesen. An Antiseren werden monovalente („Antivenom of B. multicinctus BLYTH") wie auch polyvalente Präparate („*Naja-Bungarus* antivenin", „*Bungarus* antivenin") angeboten.

Calliophis sauteri (STEINDACHNER, 1913)
– Sauters Schmuckotter –
Verbreitung: China, Taiwan
Lebensraum/Lebensweise: Die in Südost- bis Ostasien beheimateten Schmuckottern (Gattung *Calliophis*) werden etwa 50 cm lang und leben in tropischen Niederungs- und Bergregenwäldern. Es sind nachtaktive Giftnattern, die am Boden leben und gern wühlen. Sie fressen vorwiegend kleine Schlangen (Blindschlangen) sowie Echsen, möglicherweise auch Würmer und Insektenlarven. Sie legen Eier.
Terrarienhaltung: Im gut beheizten (25 bis 30 °C) halbfeuchten Waldterrarium (1,0 x 0,5 x 0,5 GL) mit

Calliophis sauteri

lockerem Bodengrund zum Wühlen sind einige Kletteräste, Verstecke und ein kleines Wasserbecken zur Verfügung zu stellen. Erfahrungen über die Pflege im Terrarium liegen nicht vor. Über Bissunfälle beim Menschen ist nichts bekannt. Ein Antiserum gibt es nicht.

Calliophis macclellandi (REINHARDT, 1844)
– MacClellands Schmuckotter –
Verbreitung: Indien (Assam, Darjeeling) ostwärts bis Vietnam, Südchina, Taiwan, Japan (Ryukyu-Inseln)
Lebensraum/Lebensweise/Terrarienhaltung: siehe bei *Calliophis sauteri*.

Calliophis macclellandi

Dendroaspis angusticeps (SMITH, 1849)
– Gewöhnliche Mamba –
Verbreitung: Kenia bis Südafrika (Natal) einschließlich Malawi und Ostsimbabwe

Lebensraum/Lebensweise: Die im Mittel 1,8 m Gesamtlänge erreichende, sehr gewandte, auf Bäumen lebende Giftnatter kann weit über 2 m lang werden. Sie lebt meist in feuchteren Busch- und Waldgebieten, Galeriewäldern, Küstenwäldern wie auch im Regen- und Sekundärwald. Sie ist scheu und kaum aggressiv. Ihre hauptsächliche Nahrung besteht aus Vögeln, Baumfröschen, Echsen (u. a. Chamäleons) und Nagetieren. Etwa zehn Eier deponiert sie in Baumhöhlen oder Laubhaufen. Wie alle Mambas kann diese Art ihre Giftzähne aufrichten und sie damit noch wirksamer einsetzen.

Terrarienhaltung: Die Gewöhnliche Mamba braucht ein großes Giftschlangenterrarium (1,0 x 0,75 x 1,0 GL) mit dichtem Astwerk, reichlicher Bepflanzung und einem Wassergefäß. Die Temperatur im Terrarium soll zwischen 26 und 30 °C liegen und nachts nur gering absinken. Ein Heizstrahler muss tagsüber eine lokale Erwärmung auf 35 °C ermöglichen. Durch häufiges Besprühen der Terrarieneinrichtung ist die relative Luftfeuchtigkeit auf 60 bis 90 % zu halten. Zur Fütterung können kleine Mäuse angeboten werden, die aber nicht von allen Tieren gern genommen werden. Die Art wurde schon wiederholt nachgezogen. Bissunfälle sind sehr ernst zu nehmen. Eine Mortalität ist selbst nach umgehender Verabreichung eines Gegengiftes („Polyvalent antivenom", „*Dendroaspis* antivenom") nicht auszuschließen. Mambas sollten nur von sehr erfahrenen Giftschlangenpflegern betreut werden.

Dendroaspis angusticeps

Dendroaspis jamesoni (TRAILL, 1843)
– Jamesons Mamba –
Verbreitung: Guinea bis Westkenia
Lebensraum/Lebensweise/Terrarienhaltung: *Dendroaspis jamesoni* ist ein typischer Regenwaldbewohner. Die Schlange wird selten über 2,4 m lang. Weiteres siehe bei *Dendoaspis angusticeps*.

Dendroaspis jamesoni

Dendroaspis polylepis GÜNTHER, 1864
– Schwarze Mamba –
Verbreitung: Somalia, Äthiopien bis Südafrika (Natal) einschließlich Uganda bis Angola, Botswana
Lebensraum/Lebensweise: Die äußerst gewandte Schwarze Mamba wird 3 m (Maximum bis 4,2 m) lang und hält sich mehr am Erdboden als im Geäst auf. Sie bevorzugt trockenes Buschland und versteckt sich gern in Felsspalten, verrotteten Baumstämmen, Nagetierbauen sowie in verlassenen Termitenhügeln. Sie ernährt sich vor allem von Vögeln und

Dendroaspis polylepis

Kleinsäugern, die sie aktiv jagt. Die Weibchen legen ihre 12 bis 14 Eier in Erdlöcher, Termitenbauten oder unter loser Rinde ab. Die größte und zugleich gefürchtetste Giftschlange Afrikas greift nicht an oder verfolgt gar den Menschen, sie setzt sich aber in Bedrängnis zur Wehr.
Terrarienhaltung: Die Schwarze Mamba wird häufig gepflegt. Ihr Terrarium (1,5 x 0,75 x 0,5 GL) ist trockener zu halten als das anderer Mamba-Arten. Bei gleicher Tagestemperatur und lokaler Bestrahlung (26 bis 30 °C bzw. bis 35 °C) kann die Temperatur nachts auf etwa 20 °C absinken. Die Art ist ein gieriger Fresser, der lebende und tote Kleinsäuger wie auch Küken zu sich nimmt. Sie wurde schon im Terrarium nachgezogen. Zur Wirkung und zur Behandlung von Bissen siehe bei *D. angusticeps*. Schwarze Mambas sind nur unter besonderen Sicherheitsvorkehrungen von erfahrenen Terrarianern zu pflegen.

Elapsoidea sundevalli (SMITH, 1848)
– Sundevalls Giftnatter –
Verbreitung: südliches Afrika außer Süden der Kapprovinz

Elapsoidea sundevalli boulengeri

Lebensraum/Lebensweise: Die 50 bis 70 cm lange Bodenschlange hält sich am Tage versteckt, oft verborgen in Termitenbauten. Savannen- und Wüstengebiete gehören zu ihren Lebensräumen. Echsen (Geckos) und deren Gelege sind ihre Vorzugsnahrung. Die Weibchen legen acht bis zwölf Eier.
Terrarienhaltung: Ein Trockenterrarium (1,0 x 0,5 x 0,5 GL) mit Sandboden und flachen Steinen als Versteck sowie ein Trinkgefäß genügen dieser Giftnatter. Die Temperatur soll zwischen 24 und 28 °C liegen. Futtergeckos müssen zur Verfügung stehen. Von folgenschweren Bissunfällen ist nichts bekannt. Ein Antiserum gibt es nicht.

Giftnattern

Hemachatus haemachatus (LACÉPÈDE, 1790)
– Ringhalskobra –
Verbreitung: Südost- und Südafrika
Lebensraum/Lebensweise: Die tag- und nachtaktive, stellenweise sehr häufige Giftnatter bewohnt die Ebenen und das Hochland bis in Höhen vom 3000 m. Sie wird reichlich 1 m lang, kann aber auch 1,5 m erreichen. Ihre Zeichnung ist sehr variabel. Trockensteppen und Savannen sind der Lebensraum dieser Bodenschlange. Als Beute kommen Froschlurche, Echsen und Schlangen in Betracht. Im Unterschied zu den echten Kobras sind Ringhalskobras eilebendgebärend und können bis zu 60 Jungtiere zur Welt bringen. In Bedrängnis gebracht, können Ringhalskobras unterschiedlich reagieren: Sie werfen sich auf den Rücken und erstarren – mit heraushängender Zunge – wie tot. Sie können aber auch ihr Gift, wie

Speikobras, ihrem Gegenüber zielsicher in die Augen sprühen, was zu starken Schmerzen und Entzündung bis hin zum Erblinden führen kann. Bissunfälle sind dagegen selten.
Terrarienhaltung: Ringhalskobras sollten möglichst einzeln in einem geräumigen Trockenterrarium (1,0 x 0,75 x 0,75 GL) mit einem größeren Badebecken und Schlupfkasten gepflegt werden. Bei Tagestemperaturen zwischen 26 und 30 °C und lokaler Beheizung auf 35 bis 38 °C trägt ein nächtlicher Temperaturabfall auf 18 bis 22 °C zum Wohlbefinden der Tiere bei. Lebende und tote Mäuse und sogar Fische werden im Allgemeinen problemlos gefressen. Trächtige Wildfangtiere setzten schon wiederholt Jungtiere ab, die aufgezogen werden konnten. Ansonsten gewöhnen sich Wildfänge bald ein und reagieren nicht aggressiv. Trotzdem ist beim Öffnen des Terrariums stets ein Gesichtsschutz zu tragen. Ein „Polyvalent antivenom" kann für eine spezifische Therapie eingesetzt werden.

Großes Bild: *Hemachatus haemachatus*

Kleines Bild:
Hemachatus haemachatus – gebänderte Variante

Homoroselaps lacteus (LINNAEUS, 1758)
– Harlekinschlange –
Verbreitung: Südafrika
Lebensraum/Lebensweise: Die etwa 30 cm messen-
den Giftschlangen sind nachtaktiv und leben über-
wiegend unterirdisch, wobei oft Termitenbauten als
Unterschlupf dienen. Ihre Hauptbeutetiere sind Ech-
sen (Geckos) und kleine Schlangen (Blindschlangen).
Sie legen etwa sechs Eier.
Terrarienhaltung: Die Art ist nach den Grundsätzen
der Giftschlangenpflege zu halten und zu pflegen.
Das Trockenterrarium (1,0 x 0,5 x 0,5 GL) mit tiefem
Bodengrund, einigen flachen Steinen und einem
Trinkgefäß ist auf 25 bis 30 °C zu temperieren. Die
Nachttemperatur sollte lediglich bei 18 bis 22 °C lie-
gen. Ohne die Bereitstellung von Futtergeckos dürfte
die Pflege dieser Art nur schwer möglich sein.

Micruroides euryxanthus (KENNICOTT, 1860)
– Arizonakorallenschlange –
Verbreitung: USA (mittleres Arizona bis zum Südwesten von New Mexico), Mexiko (Sinaloa)
Lebensraum/Lebensweise: Die nur 30 bis 40 cm, selten 50 cm lange Giftnatter bewohnt Trockengebiete
mit lichtem Wald, Gestrüpp und Grasbestand, aber
auch Geröllhänge bis in Höhenlagen von 1800 m.
Ihre Verstecke unter Steinen und im Erdboden ver-

Micruroides euryxanthus

lässt sie erst nach Eintritt der Dämmerung oder nach
warmen Regenschauern auf der Jagd nach Gliederfüßern, Echsen, kleinen Schlangen (Blindschlangen)
und vermutlich auch nestjungen Nagetieren. Die
Weibchen legen zwei oder drei Eier.
Terrarienhaltung: Haltung und Pflege dieser Giftnatter gelten als problematisch. Ihr Trockenterrarium
(1,0 x 0,5 x 0,5 GL) mit flachem, lockerem Bodengrund, einem Trinkgefäß und einigen Steinen muss
tagsüber 26 bis 30 °C warm sein. Nachts sollte die
Temperatur auf 18 bis 20 °C abgesenkt werden. Einzelhaltung ist empfehlenswert. Die Verabreichung
von Echsen und Schlangen als Futter ist wohl nicht
zu umgehen. Bissunfälle sind äußerst selten. In
einem Fall wurde von Übelkeit berichtet; Todesfälle
sind nicht bekannt.

Homoroselaps lacteus

Micrurus corallinus (MERREM, 1820)
– Gemeine Korallenotter –
Verbreitung: Zentralbrasilien, Argentinien, Uruguay
Lebensraum/Lebensweise/Terrarienhaltung: *Micrurus*-Arten sind die einzigen Vertreter der Giftnattern
in Amerika. Weitere Angaben siehe bei *Micrurus fulvius*. Die Tagestemperatur von 26 bis 32 °C im Terrarium dieser etwa 1,2 m langen Art sollte aber nachts
nicht sinken. Als Gegengifte kommen mehrere polyvalente Antiseren („Antimicrurus") südamerikanischer Hersteller in Betracht.

Micrurus corallinus corallinus

Micrurus dumerili (JAN, 1858)
– Dumerils Korallenotter –
Verbreitung: Kolumbien, Nordvenezuela, Ecuador
Lebensraum/Lebensweise/Terrarienhaltung: Siehe
bei *Micrurus fulvius*. Die Nachttemperatur sollte nicht
abgesenkt werden. Zur spezifischen Therapie eines
Bisses dieser etwa einen Meter langen Giftnatter
können polyvalente Antiseren herangezogen werden.

Micrurus frontalis
(DUMÉRIL, BIBRON & DUMÉRIL, 1854)
– Kobrakorallenotter –
Verbreitung: Südwestliches Brasilien, Uruguay, Paraguay, Nordargentinien
Lebensraum/Lebensweise/Terrarienhaltung: Die vor
allem in Wäldern lebende Giftnatter kann bis zu
1,3 m lang werden. Die Terrarientemperatur von 26
bis 30 °C sollte auch in der Nacht konstant bleiben.
Weiters siehe bei *Micrurus fulvius*.

▲ *Micrurus frontalis frontalis*

▼ *Micrurus dumerili*

Micrurus fulvius (LINNAEUS, 1766)
– Harlekinkorallenotter –
Verbreitung: USA (Südliches North Carolina süd-
wärts bis Florida, westlich bis Texas) bis Nordostmexiko (Tamaulipas)
Lebensraum/Lebensweise: Die einzige Korallenschlange Nordamerikas lebt in den unterschiedlichsten Lebensräumen des Flachlandes. Sie bewohnt
Küstenniederungen wie trockene Kiefernwälder mit
Sandboden und ist auch in unmittelbarer Nähe von
Gewässern zu finden. Die streng nachtaktive, 50 bis
60 cm lange Schlange (Maximallänge 1,2 m) verbringt den Tag unter Laub, verrottetem Holz oder in
Erdlöchern. Beim Pflügen wird sie auf dem Ackerland
zutage gefördert. Kleine Schlangen und Echsen stellen ihre fast ausschließliche Nahrungsquelle dar. Es
werden drei bis zwölf längliche Eier abgelegt. Bissunfälle in der Natur sind selten, können bei unsach-
gemäßer Behandlung jedoch tödlich verlaufen.
Terrarienhaltung: Die enge Futterspezialisierung auf
Schlangen und Echsen sowie häufige Futterverweigerung machen die Korallenottern zu problematischen Pfleglingen. Auf alle Fälle ist Einzelhaltung
erforderlich. Ihr Terrarium (1,0 x 0,5 x 0,5 GL) ist mit

Micrurus fulvius tenere

einem flachen Bodengrund, einem Trinkgefäß sowie
flachen Steinen, Rindenstücken und einem kleinen
Schlupfkasten als Versteckmöglichkeiten auszustatten. Wenn die Schlangen sind nicht in einem tiefen Bodengrund vergraben können, ist ihre Position
in den angebotenen Verstecken besser zu kontrollieren. Die Terrarientemperatur von 26 bis 30 °C ist
nachts auf 18 bis 20 °C zu senken. Als Ersatznahrung
wird das Stopfen mit kleinen Fischen oder die Verabreichung eines Futterbreies über eine Sonde emp-

Micrurus fulvius barbouri

Micrurus fulvius fulvius

fohlen. Von Nachzuchten der Korallenottern im Terrarium ist nichts bekannt. Bissunfällen ist größte Beachtung zu schenken. Nach einem Biss von *M. fulvius* ist eine Therapie mit einem monovalenten Antiserum („Wyeth Antivenin *Micrurus fulvius*") oder mit einem der verschiedenen für *Micrurus*-Arten polyvalenten Seren möglich.

Micrurus lemniscatus (Linnaeus, 1758)
– Große Korallenotter –
Verbreitung: Nördliches Südamerika, Trinidad
Lebensraum/Lebensweise/Terrarienhaltung: Die Art wird reichlich einen Meter lang. Von einer nächtlichen Temperaturabsenkung im Terrarium ist abzusehen. Als Antiserum können polyvalente Präparate Verwendung finden. Weitere Informationen siehe bei *Micrurus fulvius*.

Micrurus lemniscatus carvalhoi

Micrurus nigrocinctus (GIRARD, 1854)
– Schwarzgebänderte Korallenotter –
Verbreitung: Mittelamerika
Lebensraum/Lebensweise/Terrarienhaltung: Diese Korallenschlange wird knapp 1 m lang. Weiteres siehe bei *Micrurus fulvius*. Die Temperatur in ihrem Terrarium sollte nachts nicht absinken. Zur Therapie bei Bissen stehen mehrere polyvalente Präparate zur Verfügung. *M. nigrocinctus* ist gemeinsam mit *M. diastema* im Anhang C der EU-Artenschutzverordnung registriert.

▲ *Micrurus nigrocinctus nigrocinctus*

Naja haje (LINNAEUS, 1758)
– Uräusschlange –
Verbreitung: Afrika (Arabische Halbinsel, südwärts bis nördliches Südafrika)
Lebensraum/Lebensweise: Die Uräusschlange liebt trockene Gebiete mit niedrigem Gestrüpp, bewachsene steinige Berghänge und ist selbst an Feldrändern und auf zerfallenem Mauerwerk zu finden. In die Enge getrieben, zeigt die Uräusschlange die für alle Kobras charakteristische Drohstellung mit erhobenem Vorderkörper und gespreizter Halsregion („Hut"). Die sehr ortstreue und gewandte Giftnatter erbeutet vorwiegend nachts Kleinsäuger, Vögel, Reptilien, Froschlurche und Vogeleier. Die Weibchen legen acht bis 20 Eier.
Terrarienhaltung: Zur Unterbringung der häufig gepflegten Art empfiehlt sich wegen ihrer großen Fressgier und ihrer Aggressivität gegenüber Artgenossen Einzelhaltung. *Naja haje* wurde wiederholt nachgezogen. Die Schlüpflinge bevorzugen kleine Froschlurche. Nestjunge Mäuse werden oft erst später angenommen. Die weitere Aufzucht ist dann kein Problem mehr. Weitere Hinweise siehe bei *Naja naja*.

▼ *Naja haje*

207

Naja kaouthia LESSON, 1831
– Monokelkobra –
Verbreitung: Ostpakistan, Nordindien, Südwestchina, Hinterindien bis Nordmalaysia

▲▼ *Naja kaouthia*

Lebensraum/Lebensweise: Die dämmerungs- und nachtaktive Art – früher eine Unterart von *Naja naja* – misst gewöhnlich 1 bis 1,5 m und wird nur in Ausnahmefällen über 2 m lang. Sie bewohnt die vielfältigsten Lebensräume, meist in der Nähe von Gewässern. Auch Plantagen, Reisfelder und Gärten gehören dazu. Sie dringt sogar bis in Gebäude vor. Neben Froschlurchen, Echsen, Schlangen und Vögeln werden vor allem Kleinsäuger (Mäuse, Ratten) erbeutet. Die Gelege bis zehn bis 30 Eiern sind in leicht feuchtem Erdreich unter Steinen, altem Holz oder Laubhaufen zu finden.
Terrarienhaltung: Die Monokelkobra gehört zu den am häufigsten gepflegten Kobraarten. Sie wird regelmäßig vermehrt. Weiteres siehe bei *Naja naja*.

Naja melanoleuca HALLOWELL, 1858
– Schwarzweiße Kobra –
Verbreitung: Afrika südlich von 15° nördlicher Breite
Lebensraum/Lebensweise: In subtropischen und tropischen Regenwäldern lebt diese Giftnatter meist in der Nähe von Gewässern, wo sie sich tagsüber in hohlen Bäumen, Erdlöchern oder Termitenbauten versteckt. Ihre breite Nahrungspalette umfasst alle Wirbeltiere geeigneter Größe. Exemplare mit halbaquatischer Lebensweise erbeuten sogar Fische. Die Weibchen legen bis 15 Eier.

▲▼ *Naja melanoleuca*

Terrarienhaltung: Die Schwarzweiße Kobra kann bei entsprechender Pflege im Terrarium über Jahrzehnte ausdauern. Die Art wurde schon wiederholt nachgezogen. Weitere Hinweise zur Haltung und Pflege im Terrarium siehe bei *Naja naja*.

Naja mossambica PETERS, 1854
– Mosambikspeikobra –
Verbreitung: Ostafrika vom Nordsudan bis östliches Südafrika, westwärts bis Ghana
Lebensraum/Lebensweise: 1,2 m, selten 1,5 m, erreicht diese in ihrem Verbreitungsgebiet stellenweise sehr häufige Giftnatter. Sie bewohnt gern felsige Flussufer und flieht bei Störung nicht selten ins Wasser. Sie frisst mit Vorliebe Kröten, geht aber ebenso auf Jagd nach Echsen, Schlangen, Kleinsäugern und Vögeln. Auch Vogeleier werden erbeutet. Die Weibchen legen zehn bis 22 Eier. In Bedrängnis geratene Tiere richten sich auf und können bis zu 4 m weit ihr Gift zielsicher dem Gegner entgegensprühen. Die frühere Unterart *Naja pallida* ist inzwischen eine selbstständige Art der insgesamt 20 *Naja*-Arten.
Terrarienhaltung: Die Haltung und Pflege dieser Tiere bereitet keine Probleme. Beim Öffnen des Terrariums ist unbedingt ein transparentes Schild, das das gesamte Gesicht schützt, zu verwenden. Auch die Hände sollten vor den ätzenden Giftspritzern bewahrt werde. Die Art wurde bereits nachgezogen. Weitere Informationen siehe bei *Naja naja*.

Naja mossambica

Naja pallida

Naja naja (Linnaeus, 1758)
– Brillenschlange –
Verbreitung: Südasien, Indoaustralischer Archipel
Lebensraum/Lebensweise: Die systematische Untergliederung von *Naja naja* ist vielfach umstritten. Sie gilt jetzt als monotypisch. Die Art wird gewöhnlich 1,5 bis 2,2 m lang und hält sich in den verschiedensten Lebensräumen in der Nähe von Gewässern auf. Sie ist auch im Gebirge bis in Höhen von mehr als 1800 m zu Hause. Sie meidet menschliche Siedlungen nicht, lebt aber sehr versteckt. Ihr breites Beutespektrum reicht von Insekten – bei Jungtieren – über Lurche, Reptilien, Vögel und deren Eier bis zu Säugetieren. Die Gelege enthalten gewöhnlich zwölf bis 30 Eier. Sammelgelege sind keine Seltenheit.
Terrarienhaltung: Die Haltung von Kobras generell verlangt die strikte Einhaltung aller Prinzipien der Giftschlangenpflege. Die Körpergröße und die beim Biss abgegebene Menge ihres hochwirksamen Nervengiftes machen Kobras auch für den Menschen zu sehr gefährlichen Lebewesen. Ihr Gift führt bei geringer lokaler Beeinträchtigung an der Bissstelle zu Lähmungserscheinungen vor allem auch des Atmungsapparates, oft mit tödlichem Ausgang. Zur speziellen Therapie von Bissunfällen steht eine Reihe meist polyvalenter Antiseren zur Verfügung, die mitunter auch für andere Gattungen und Arten des gleichen Verbreitungsgebietes geeignet sind. Die spezifische Wirksamkeit gegen die unterschiedlichen Toxine, insbesondere auch der afrikanischen und asiatischen Arten ist stets zu kontrollieren. Kobras sind in

Naja naja ▼ ▶

einem geräumigen Trockenterrarium (1,5 x 0,75 x 0,75 GL) mit einem sicher verschließbaren Schlupfkasten und einem der artspezifischen Vorliebe für feuchtere Lebensräume und Gewässernähe angepassten, mehr oder weniger großen Wasserbecken unterzubringen. Die Tagestemperatur im Terrarium muss bei 26 bis 32 °C liegen. Auf einen „Sonnenplatz" ist eine lokale Strahlungswärme von 35 bis 38 °C anzustreben. Bei Kobras aus subtropischen Gebieten kann die Temperatur nachts um 10 K absinken. Bei Tieren aus tropischen Zonen ist der nächtliche Temperaturabfall gering zu halten. Kleinsäuger und Küken werden gewöhnlich von allen Arten akzeptiert. Die gemeinsame Haltung mehrerer Tiere in einem Terrarium kann mitunter zu Problemen führen.

Die meisten Kobraarten wurden schon im Terrarium nachgezogen. Die Aufzucht der Jungtiere bereitet in der Regel nur geringe Schwierigkeiten. Es existieren auch verschiedene Farbmutationen. Die Haltung aller Kobras sollte ausgesprochenen Giftschlangenspezialisten vorbehalten bleiben. Falsche Renommiersucht ist sowohl für den Terrarianer als auch für seine Umwelt äußerst gefährlich. *N. naja* ist als einzige *Naja*-Art nach der EU-Artenschutzverordnung geschützt. Sie ist im Anhang B eingetragen.

Naja nigricollis REINHARDT, 1843
– Speikobra –
Verbreitung: Afrika südlich von 25° nördlicher Breite
Lebensraum/Lebensweise: Die Afrikanische Speikobra lebt in Savannen, lichten Baum- und Buschbeständen sowie auf steinigen Böden bis in Höhen von 2500 m und meidet den feuchten Regenwald.

Die 1,5 bis 1,8 m lange Bodenschlange kann in Ausnahmefällen 2,8 m Gesamtlänge erreichen. Sie frisst Froschlurche, Echsen, Schlangen, Kleinsäuger, gelegentlich auch Fische und klettert auf der Suche nach Vögeln und Vogeleiern auf Bäume. Wenngleich wenig aggressiv, ist sie in der Lage, auf eine Entfernung von bis zu 4 m ihre Gift als Aerosol einem vermeintlichen oder tatsächlichen Gegner zielsicher ins Gesicht zu sprühen. Speikobras legen bis über 20 Eier.
Terrarienhaltung: Die Art kann bei sachgerechter Haltung und Pflege im Terrarium sehr alt werden. Sie wurde mehrfach nachgezogen. Die Fähigkeit zum plötzlichen Versprühen von Gift ist immer zu berücksichtigen. Giftspritzer in den Augen und auf der Haut müssen sofort verdünnt und ausgewaschen werden. Schutzschild benutzen!

Naja nivea (LINNAEUS, 1758)
– Kapkobra –
Verbreitung: Namibia, Südafrika
Lebensraum/Lebensweise: Die in trockenen, steinigen Gebieten bis in Höhen von 2000 m über dem Meeresspiegel vorkommende Kapkobra lebt fast ausschließlich in den unterirdischen Bauen von Säugetieren. Die Tiere erreichen im Allgemeinen eine Länge von 1,3 bis 1,6 m und werden selten über 2 m groß. Lurche, Reptilien, Vögel und Kleinsäuger geeigneter Größe gehören zu ihrer Beute. Die Weibchen setzen je Gelege acht bis 20 Eier ab.
Terrarienhaltung: Kapkobras werden hin und wieder nachgezogen. Nach anfänglichen Problemen nehmen die Jungtiere bald nestjunge Mäuse und können problemlos aufgezogen werden. Weiteres zur Haltung und Pflege dieser Art siehe bei *Naja naja*.

Naja nigricollis

Naja nivea

Naja oxiana (EICHWALD, 1831)
– Mittelasiatische Kobra –
Verbreitung: Südturkmenistan, Südusbekistan, Südwesttadschikistan
Lebensraum/Lebensweise: Die am weitesten nach Norden vorgedrungene Kobra-Art erreicht eine Gesamtlänge von 1,75 m, bleibt meist jedoch kleiner. Sie hält sich in Erdlöchern mit höherer Luftfeuchtigkeit versteckt, jagt am Boden Reptilien und kleine Säugetiere. Seltener stehen Vögel und Vogeleier auf dem Speiseplan.

Naja oxiana

Terrarienhaltung: Die Art wird selten gepflegt; über echte Terrariennachzuchten liegen keine Berichte vor. Haltung und Pflege entsprechen unter Berücksichtigung niedrigerer Tiefsttemperaturen weitgehend denen von *Naja naja*.

Ophiophagus hannah (CANTOR, 1836)
– Königskobra –
Verbreitung: Nordindien, Hinterindien, Südchina, Indoaustralischer Archipel bis Bali, Philippinen
Lebensraum/Lebensweise: Trotz zahlreicher Farbvarianten werden in dem riesigen Verbreitungsgebiet dieser mit einer mittleren Gesamtlänge von 4 m größten Giftschlange keine Unterarten unterschieden. Als Rekordlänge werden 5,58 m angegeben. Lichter Dschungel bis in Höhenlagen von 2000 m, Plantagen und sogar Mangrovensümpfe werden als Lebensraum genutzt. Die Hauptnahrung der Königs-

kobra besteht fast ausschließlich aus Schlangen – nur selten werden Echsen gefressen, die die tag- und nachtaktive Giftnatter am Boden aber auch im Geäst fängt. Bemerkenswert und einzigartig unter den Schlangen ist ihre ausgeprägte Brutpflege. Aus Laub und anderem Pflanzenmaterial wird – oft in Bambusdickichten – ein Haufen zusammen geschoben, in den 20 bis 40 Eier abgesetzt werden. Im oberen Teil des Nesthaufens lebt das Muttertier, bewacht und verteidigt ihr Gelege bis zum Schlupf der Jungtiere. Ein Bebrüten erfolgt jedoch nicht. Königskobras sind während der Fortpflanzungsperiode leicht erregbar und eigentlich nur dann aggressiv. Unfälle in der Natur sind selten.
Terrarienhaltung: Königskobras werden vor allem in Schauterrarien häufig gepflegt. Ihr Terrarium sollte für Tiere unter 2,5 m Länge 1,25 x 0,5 x 0,75 GL, bei größeren Exemplaren 0,75 x 0,5 x 0,75 GL groß sein.

Ophiophagus hannah

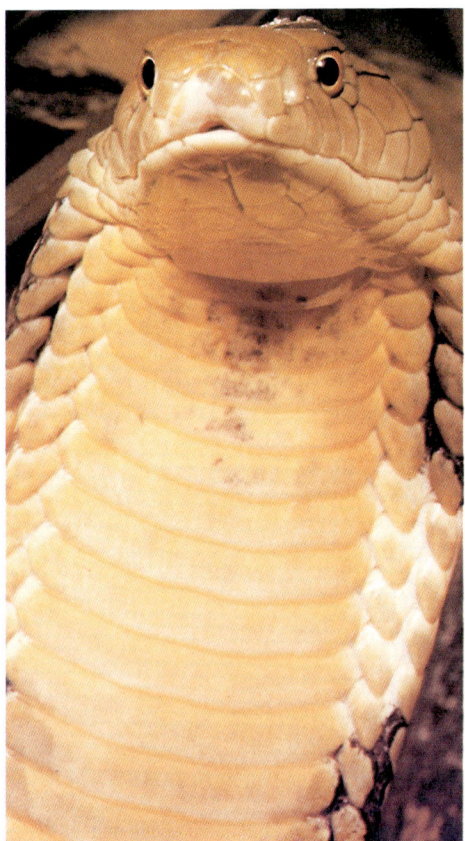

Ophiophagus hannah

Als Tagestemperatur sind 28 bis 32 °C und eine lokale Maximaltemperatur von 35 bis 38 °C anzustreben. Die Nachttemperatur sollte nur wenig absinken. Ein Schlupfkasten und ein großes Wasserbecken müssen geboten werden. Die strenge Futterspezialisierung auf Schlangen bereitet in der Regel unüberwindbare Probleme. Es wurde schon die ersatzweise Verabreichung von Aal und mit Schlangengeruch verwitterten Ratten sowie Fleischstücken erprobt. Königskobras sind schon wiederholt in Menschenhand nachgezogen worden. Obwohl ihr Gift gegenüber dem vieler anderer Giftnattern weniger wirksam ist, stellt die bei einem Biss dieser großen Schlange applizierte Giftmenge eine große Gefahr für den Menschen dar. In der Schlangenfarm des Thailändischen Roten Kreuzes wird ein monovalentes Antiserum („King cobra antivenin") hergestellt. Die Königskobra ist im Anhang B der EU-Artenschutzverordnung eingetragen.

Walterinnesia aegyptia LATASTE, 1887
– Schwarze Wüstenkobra –
Verbreitung: Ostägypten, Arabische Halbinsel, nördlich bis Libanon, ostwärts bis zum Iran
Lebensraum/Lebensweise: In sandigen und steinigen Wüsten, in Oasen und auf verwildertem Kulturland ist die bis 1,2 m lange Bodenschlange heimisch. Sie ist nachtaktiv und lebt weitgehend unterirdisch in Erdspalten, in Säugetierbauten oder unter Felsbrocken. Als Wüstenbewohnerin ist sie noch bei 10 bis 12 °C aktiv. Ihre Beute – Echsen (Geckos), kleine Schlangen, auch Kröten, Mäuse und Jungvögel – sucht sie vor allem mit ihrem gut ausgeprägten Geruchssinn. In Bedrängnis droht sie zischend und mit Scheinbissen, flacht ihren Vorderkörper aber nicht kobraartig ab. Wegen der versteckten Lebensweise dieser zudem sehr seltenen Schlange ist über sie wenig bekannt. Die Art ist eierlegend.

Walterinnesia aegyptia

Terrarienhaltung: Das Wüstenterrarium (1,25 x 0,75 x 0,5 GL) mit tiefem Sandboden, Versteckplätzen – am besten einem Schlupfkasten – und einem Trinkgefäß ist auf 26 bis 30 °C zu beheizen. Eine lokale Bodenheizung sollte 35 bis 38 °C bieten. Wichtig für das Wohlbefinden der Wüstenkobra ist eine deutliche nächtliche Temperaturabsenkung auf 15 bis 20 °C. Als Futter sind lebende und tote Mäuse anzubieten. Von einer Vermehrung im Terrarium ist nichts bekannt. Über Bissunfälle mit lokalen Schmerzen, Schwellungen, Lähmungen sowie Übelkeit und Erbrechen ist berichtet worden. Mit einem polyvalenten Antiserum eines südafrikanischen Herstellers ist die Wirkung des Giftes zu mindern.

Unterfamilie **Seeschlangen (Hydrophiinae)**

Systematiker waren sich einig, dass Giftnattern und Seeschlangen einander nahe stehen und von Vorfahren, die auf dem Lande lebten, erst später etliche Arten sich zum Leben im Meer spezialisierten. Die Reptiliendatenbank (UETZ et al. 2005) folgt ZUG et al. (2001), die etliche Gattungen der Landschlangen in die Unterfamilie Hydrophiinae gestellt haben, was nun verständlicherweise zu Verwirrung führen kann. Diese Kategorie umfasst damit 45 Gattungen. Aus praktischen Gründen werden im Folgenden die an Land lebenden Arten – Australoasiatische (engl. „Australasian" oder auch „Australo-papuan") Giftnattern – und die Seeschlangen im engeren Sinne – Marine Giftnattern – genannt und alphabetisch getrennt aufgeführt. (WÜSTER pers. Mitteilung 2005).

Australoasiatische Giftnattern

Die an Land lebenden Giftnattern dieser Unterfamilie gehören 28 Gattungen an.

Lebensraum/Lebensweise: Todesottern zeigen mit ihrem relativ plumpen Körper eher das Erscheinungsbild einer Viper als das einer Giftnatter. Die im Mittel 40 cm – maximal 1 m – messenden nachtaktiven Bewohner von trockenen Sandböden – bewachsen mit Bäumen und Sträuchern – werden maximal einen Meter lang. Tagsüber recht träge, lauern sie, halb im Boden eingegraben, auf Kleinsäuger und Echsen, wobei das verhornte Schwanzende als Köder eingesetzt wird. Die Weibchen bringen etwa 20 fertig entwickelte Jungtiere zur Welt.

Terrarienhaltung: Für Todesottern ist ein Wüstenterrarium (1,0 x 0,75 x 0,5 GL) mit sandigem Bodengrund und einem Trinkgefäß bei einer Temperatur von 28 bis 32 °C bereitzustellen. Ein Liegeplatz sollte auf etwa 35 °C erwärmt werden. Nachts kann die Temperatur um etwa 10 K abgesenkt werden. Futterverweigerung in der Eingewöhnungsphase von Wildfängen wird gewöhnlich nach einigen Monaten von selbst beendet. Die Nachzucht von Todesottern ist bereits gelungen. Die leicht erregbare Schlange bleibt auch nach längerer Pflege unberechenbar. Für alle Vertreter der Gattung wird ein polyvalentes Antivenin („Death adder antivenom") hergestellt.

Acanthophis antarcticus (SHAW & NODDER, 1802)
– Todesotter –
Verbreitung: Ost- und Südwestaustralien

Acanthophis pyrrhus BOULENGER, 1898
– Wüstentodesotter –
Verbreitung: Wüstenregionen Zentral- und Westaustraliens
Lebensraum/Lebensweise/Terrarienhaltung: siehe bei *Acanthophis antarcticus.*

Acanthophis antarcticus

Acanthophis pyrrhus

Austrelaps superbus (GÜNTHER, 1858)
– Australischer Kupferkopf –
Verbreitung: Südostaustralien, nördliches Tasmanien
Lebensraum/Lebensweise: Die 1,3 m, maximal 1,7 m lange Giftnatter wird gewöhnlich in Sumpfgebieten gefunden. Die tag- wie nachtaktiven Tiere sind auch bei Temperaturen unterwegs, bei denen andere Reptilien nicht mehr aktiv sind und fressen vor allem Frösche. Es wurden bisher Wurfgrößen von neun bis 31 Jungtieren registriert. Das Gift dieser monotypischen Gattung weicht in seiner Wirkung von dem anderer Giftnattern ab; es ist nicht nur ein Nerven- sondern auch ein Blut- und Zellgift.
Terrarienhaltung: Der Australische Kupferkopf ist in einem Terrarium (1,0 x 0,5 x 0,5 GL) mit großem Wasser- und Sumpfteil bei Temperaturen von 20 bis 25 °C, nachts etwa 5 K niedriger, bei lokaler Erwärmung auf 30 °C unterzubringen. Zur Ernährung müssen Futterfrösche zur Verfügung stehen. Als Antiserum ist das polyvalente „Tigersnake antivenom" einzusetzen.

Cacophis squamulosus
(DUMÉRIL, BIBRON & DUMÉRIL, 1854)
– Goldkronenotter –
Verbreitung: Ostküste Australiens (Queensland, Neusüdwales)
Lebensraum/Lebensweise: Die Taxonomie der vier Arten dieser Gattung ist nicht eindeutig geklärt. Die nachtaktive, vor allem in den Savannen im Verborgenen lebende Giftnatter von 50 bis 70 cm Gesamtlänge legt zwei bis 15, im Mittel etwa sechs Eier und frisst vor allem kleine Skinke, vermutlich auch Insekten.
Terrarienhaltung: Die Art wird selten im Terrarium gepflegt. Der trockene Behälter (1,0 x 0,5 x 0,5 GL) sollte zahlreiche Bodenverstecke (Schlupfkasten) und ein kleines Wassergefäß enthalten. Futterechsen müssen vorhanden sein. Ihr Biss wird für den Menschen als wenig gefährlich angesehen. Ein Antiserum steht nicht zur Verfügung.

▲ *Austrelaps superbus*

▼ *Cacophis squamulosus*

Demansia psammophis (Schlegel, 1837)
– Gelbkopfpeitschenschlange –
Verbreitung: Australien (außer tropischer Norden vom östlichen Kimberleyplateau bis Westqueensland)
Lebensraum/Lebensweise: Savannen und andere Trockengebiete von der Küste bis ins Landesinnere stellen die Lebensräume dieser tagaktiven, etwa 80 cm langen Giftnatter. Sie versteckt sich häufig unter flachen Steinen, sonnt sich gern und jagt vor allem kleine tagaktive Echsen. Es sollen aber auch gelegentlich Schlangen, Frösche, Kleinsäuger und Vögel erbeutet werden. Die Gelege können fünf bis 20 Eier umfassen; auch wurden schon Gemeinschaftsablageplätze gefunden.
Terrarienhaltung: Zur Haltung dieser flinken Schlangen ist ein geräumiges Trockenterrarium (1,5 x 0,75 x 0,5 GL) mit Sandboden und flachen Steinen bei einer Temperatur von 25 bis 30 °C bereitzustellen. Nachts kann die Temperatur auf 18 bis 20 °C sinken. Eine lokale Bestrahlung sollte eine Temperatur von 30 bis 35 °C liefern. Als Futter sind vorzugsweise

Echsen anzubieten. Mäuse werden weniger gern genommen. Das Gift führt beim Menschen, insbesondere beim Biss großer Exemplare, zu leichten örtlichen Reaktionen. Ein Antiserum gibt es nicht.

Drysdalia coronoides (Günther, 1858)
– Weißlippenkronenotter –
Verbreitung: Südostaustralien, Tasmanien

▲ *Drysdalia coronoides*

▼ *Demansia psammophis*

Lebensraum/Lebensweise: Über die etwa 40 cm lange Giftnatter ist wenig bekannt. Sie ist vorwiegend nachtaktiv und versteckt sich tagsüber unter Steinen, Geröll und altem Holz. Sie fängt aber auch am Tage kleine Skinke. Je Wurf werden zwei bis zehn Jungschlangen geboren.

Terrarienhaltung: Das einfach mit einigen Verstecken auf sandigem Bodengrund und einem kleinen Wassergefäß eingerichtete Trockenterrarium (1,0 x 0,5 x 0,5 GL) braucht lediglich auf 20 bis 25 °C (lokal bis 30 °C) beheizt zu werden. Nachts sinkt die Temperatur auf 18 bis 20 °C. Futterechsen sind erforderlich. Ihr Biss ist für den Menschen ungefährlich.

Furina diadema (SCHLEGEL, 1837)
– Rotnackenotter –
Verbreitung: Ostaustralien

▲ *Furina diadema*

▼ *Hemiaspis signata*

Lebensraum/Lebensweise: Trockene Areale von der Küste bis weit ins Binnenland bewohnt die 40 cm messende Bodenschlange. Die nachtaktive Giftnatter hält sich bei Sonnenschein unter Steinen, altem Holz, in Erdrissen wie auch in den Bauten von Termiten und Ameisen verkrochen. Sie frisst überwiegend Echsen (Skinke) und verschmäht auch Insekten nicht. In Bedrängnis startet sie Scheinangriffe, meist mit geschlossenem Maul

Terrarienhaltung: Terraristische Erfahrungen liegen nicht vor. Unterbringung und Pflege wie bei *Drysdalia coronoides*.

Hemiaspis signata (JAN, 1858)
– Schwarzbauchsumpfotter –
Verbreitung: Ostküste Australiens
Lebensraum/Lebensweise: Die Art ist meist in der Nähe von Gewässern sowohl im Regen- wie im Trockenwald, auf steinigen Böden, in Dünen und Sumpfgebieten zu finden. Die etwa 60 cm lange Giftnatter ist tag- und dämmerungsaktiv, geht aber bei heißem Wetter auch nachts auf die Jagd. Skinke und Frösche sind ihre Hauptnahrung. Sie bringt bis zu 20 lebende Jungtiere zur Welt.

Terrarienhaltung: Die selten gepflegte Art wird am besten in einem Terrarium (1,0 x 0,5 x 0,5 GL; 25 bis 30 °C, lokal bis 35 °C, nachts 20 bis 25 °C) mit Wasserbecken und Schlupfkasten untergebracht. Futterechsen oder -frösche sollten zur Verfügung stehen. Ihre Bisse können für den Menschen sehr schmerzhaft sein, sind gewöhnlich aber nicht bedrohlich.

Hoplocephalus bitorquatus (JAN, 1859)
– Bleichkopfotter –
Verbreitung: Küstenbereich von Ostaustralien (Neusüdwales, Queensland)
Lebensraum/Lebensweise: Die dämmerungs- und
nachtaktive Baumschlange ist in Regenwäldern wie
auch in trockenen Eukalyptuswäldern zu Hause. Sie
wird etwa 60 cm lang und frisst vornehmlich Frösche
und Echsen. Ihre Würfe umfassen zwei bis mehr als
zehn Junge.

▲ *Hoplocephalus bitorquatus*

Terrarienhaltung: Haltung und Pflege ähneln denen
von *Hemiaspis signata*. Auf eine lokale Beheizung
kann verzichtet werden. Bisse sind selten. Eine Anti-
veningabe ist in der Regel nicht erforderlich. Notfalls
kann eine spezifische Therapie mit „Tiger snake antivenin" versucht werden.

Notechis scutatus (PETERS, 1861)
– Tigerotter –
Verbreitung: Südostaustralien außer Tasmanien
Lebensraum/Lebensweise: Die weit verbreitete, etwa
1,2 m lange, tag- und dämmerungsaktive Giftnatter
bevorzugt feuchtere Lebensräume: feuchte Wälder,
Flussufer und Sumpfgebiete. Bei warmem Wetter ist
sie vorwiegend in der Nacht auf der Jagd nach Frö-
schen. Es werden aber auch Fische, Echsen, Vögel
und Kleinsäuger erbeutet. Ein Weibchen wirft im
Mittel 30 Jungtiere; es wurde schon über einen
Rekordwurf von 109 Jungtieren berichtet. Die Tiger-
otter und ihre Verwandte *N. ater* sollen das stärkste
Gift aller Landschlangen besitzen. Unbehandelte
Bissunfälle haben eine hohe Sterblichkeitsrate zur
Folge.

▼ *Notechis scutatus*

Terrarienhaltung: In einem nicht zu trockenen Terrarium (1,0 x 0,75 x 0,5 GL) mit Schlupfkiste, einigen Klettermöglichkeiten sowie einem Wasserbecken sind Tigerottern nur unter strikter Einhaltung der Prinzipien der Giftschlangenhaltung von erfahrenen Giftschlangenpflegern zu halten. Die Tagestemperatur muss 23 bis 28 °C, die Nachttemperatur 18 bis 20 °C betragen. Lebende und tote Küken, Mäuse und kleine Ratten werden bereitwillig als Futter angenommen. Die Art wurde schon im Terrarium vermehrt. Als Antiserum ist das in Australien hergestellte „Tiger snake antivenom" einzusetzen, das auch die Gifte einiger anderer Arten der Gattungen *Austrelaps*, *Hoplocephalum*, *Pseudechis* u. a. abdeckt.

Oxyuranus scutellatus (PETERS, 1868)
– Taipan –

Verbreitung: Nord- und Nordostaustralien, Küstengebiet im Osten Neuguineas

Lebensraum/Lebensweise: Mit zwei bis über drei Meter Länge zählt der Taipan zu den größten und gefährlichsten Giftschlangen Australiens. Die recht scheue, Boden bewohnende Giftnatter lebt in Savannen, in lichten Wäldern und am Rande des Regenwaldes. Der Taipan ist meist tagaktiv, verbirgt sich aber oft unter Felsen, verrottenden Baumstämmen oder in den Erdbauen kleiner Säugetiere. Er ernährt sich vor allem von Kleinsäugern. Das Weibchen legt zehn bis 20 Eier. In der Natur sind Bissunfälle selten. Wegen der bis 2 cm langen Giftzähne und des hochwirksamen Nervengiftes verlaufen unbehandelte Bisse beim Menschen überwiegend tödlich.

Terrarienhaltung: Der Taipan gehört zu den Schlangen, deren Haltung in Privathand abzulehnen ist. Die Haltung generell ist einfach: In einem geräumigen Trockenterrarium (1,25 x 0,75 x 0,75 GL; 26 bis 30 °C, lokal bis 35 °C) mit Wasserbecken und Schlupfkiste gehen selbst Wildfänge bereits nach kurzer Eingewöhnungszeit ans Futter (Mäuse, Ratten). Der Taipan wurde schon über mehrere Generationen im Terrarium nachgezogen. Zur schnellen Behandlung eines Bisses muss ein polyvalentes Gegengift („Taipan antivenom", „Polyvalent/Australia – New Guinea") zur Verfügung stehen.

Oxyuranus scutellatus

Pseudechis australis (GRAY, 1842)
– Mulgaotter –
Verbreitung: Australien (außer äußerster Süden und Südosten)
Lebensraum/Lebensweise: Die Art ist vom tropischen Regenwald bis zu den Wüsten im Landesinnern zu Hause. Im Süden ihres Verbreitungsgebietes tagaktiv, ist die selten mehr als 2 m lange Bodenschlange im Norden wie auch bei hohen Temperaturen nachtaktiv. Sie erbeutet Kleinsäuger, Reptilien – einschließlich anderer Schlangen – und Frösche. Die Würfe dieser Giftnatter umfassen etwa zwölf Junge.
Terrarienhaltung: Die Mulgaotter wird nur selten in europäischen Terrarien gepflegt. Ein einfach eingerichtetes Trockenterrarium (1,0 x 0,75 x 0,5 GL; 25 bis 30 °C, lokal bis 35 °C) mit Unterschlupf und Wasserbecken genügt. Einzelhaltung ist angebracht. Mäuse werden von den meisten Tieren problemlos als Futter angenommen. Terrariennachzuchten sind vereinzelt gelungen. Die Mulgaotter ist leicht zum Giftbiss zu provozieren. Die anderen Schwarzottern (*Pseudechis*) beißen dagegen nur ungern. Eine große Giftmenge und ihr nervöses Temperament machen die Schlange zu einer der gefährlichsten Giftnattern Australiens. Für die spezifische Therapie eines Bisses stehen für die verschiedenen Arten mehrere polyvalente Antiseren zur Verfügung, die aber bei den einzelnen Arten nicht gleichermaßen wirksam sind.

Pseudechis guttatus DE VIS, 1905
– Gefleckte Schwarzotter –
Verbreitung: Ostaustralien (Südostqueensland, Nordosten von Neusüdwales)
Lebensraum/Lebensweise: Die Gefleckte Schwarzotter liebt feuchtere Lebensräume in der Nähe von Flüssen. Sie wird etwa 1,5 m lang. Weiteres siehe bei *Pseudechis australis*.
Terrarienhaltung: Abgesehen von etwas feuchteren Terrarienbedingungen entsprechen Haltung und Pflege denen von *Pseudechis australis*.

Pseudechis australis

Pseudechis guttatus

Pseudechis porphyriacus

Pseudechis porphyriacus (SHAW, 1794)
– Rotbauchschwarzotter –
Verbreitung: Ostaustralien (Nordqueensland bis südöstliches Südaustralien)
Lebensraum/Lebensweise: Bei einer mittleren Gesamtlänge von 1,5 m kann die Rotbauchschwarzotter Maximallängen von mehr als 2 m erreichen. Diese tag- wie nachtaktive Giftnatter ist stets an die Nähe stehender und fließender Gewässer gebunden. Schwimmend jagt sie Frösche und Fische, negiert aber auch Kleinsäuger, Vögel und Reptilien nicht. Die Wurfgröße liegt zwischen acht und 40 Jungtieren. Ihr Gift ist für den Menschen weniger gefährlich, trotzdem sind tödlich verlaufene Bissunfälle bekannt.
Terrarienhaltung: Haltung und Pflege entsprechen denen von *Pseudechis australis*, doch sollten Rotbauchschwarzottern feuchter gehalten werden. Sie sind vorrangig mit Fröschen und Fischen zu ernähren.

Pseudonaja textilis (DUMÉRIL & BIBRON, 1854)
– Östliche Braunotter –
Verbreitung: Ostaustralien
Lebensraum/Lebensweise: Die sehr behände, tagaktive Giftnatter bewohnt feuchte wie auch trockene Landschaften, Waldgebiete an der Küste und Grasland im Binnenland. Sie wird 1,5 bis 1,8 m lang. Ihre Vorzugsnahrung besteht aus Kleinsäugern und Reptilien. Die Gelege umfassen zehn bis 35 Eier. Die Art verfügt, im Gegensatz zu anderen Vertretern der Gattung, über eines der stärksten bei Schlangen bekannten Nervengifte. Sie gilt im Osten Australiens als ein Hauptverursacher gefährlicher Schlangenbisse; trotzdem sind Todesfälle selten.
Terrarienhaltung: Die Östliche Braunotter ist im Terrarium (1,0 x 0,75 x 0,5 GL) bei 25 bis 30 °C, nachts 20 bis 22 °C, und einer lokalen Bodenheizung gut haltbar und toleriert als Futter Mäuse, junge Ratten wie auch Frösche und Echsen. Die Art wurde schon nachgezogen. Wildfänge bleiben meist recht angriffslustig. Zur Therapie von Giftbissen werden polyvalente Antiseren produziert.

Rhinoplocephalus nigrescens (GÜNTHER, 1862)
– Östliche Kleinaugenotter –
Verbreitung: Ostküste Australiens (Cape York bis südliches Victoria)
Lebensraum/Lebensweise: Die bislang als eine *Cryptophis*-Art eingeordnete Giftnatter ist rund 50 cm (maximal 1,2 m) lang und lebt in verschiedenen Lebensräumen von trockenen Heidelandschaften bis in Regenwaldgebiete. Die Schlange hält sich tagsüber unter Steinen, totem Holz oder im Boden verborgen. Sie frisst grundsätzlich Echsen. Ihre Würfe umfassen zwei bis acht Jungtiere.
Terrarienhaltung: Über die Haltung dieser Art im Terrarium liegen keine Berichte vor. Ihrem Lebensraum und ihrem Verhalten entsprechend ist ein Trockenterrarium (1,0 x 0,5 x 0,5 GL; 25 bis 30 °C) mit lockerem Bodengrund zum Wühlen, zahlreichen Versteckplätzen und einem kleinem Wasserbecken erforderlich. Als Futtertiere müssen Echsen zur Verfügung stehen. Es wird nur eine geringe Giftwirkung bei Bissunfällen vermutet. Ein Antiserum gibt es nicht.

▲ *Rhinoplocephalus nigrescens*

▼ *Pseudonaja textilis*

Rhinoplocephalus nigrostriatus

Rhinoplocephalus nigrostriatus (KREFFT, 1864)
– Schwarzgestreifte Kleinaugenotter –
Verbreitung: Nordostaustralien (Ostküste von Queensland)
Lebensraum/Lebensweise: Die versteckt lebende, in der Nacht aktive Giftnatter findet man unter Baumstämmen oder in der Bodenstreu trockener Waldgebiete. Über die Lebensweise der etwa 50 cm langen Schlange ist wenig bekannt. Ihre Hauptnahrung besteht aus Echsen. Sie bringt lebende Junge zur Welt.
Terrarienhaltung: Erfahrungen über die Haltung im Terrarium liegen nicht vor. Weitere Informationen siehe bei *Rhinoplocephalus nigrescens*.

Suta gouldi (GRAY, 1841)
– Schwarzkopfringelotter –
Verbreitung: Südwesten von Westaustralien
Lebensraum/Lebensweise: Kaum 50 cm lang und nachtaktiv ist diese Giftnatter, die sich in tro-ckenen Busch- und Waldgebieten, auf Heideland und Felskuppen tagsüber verborgen hält. Ihre Hauptbeute sind Echsen. Alle Angehörigen der Gattung sind viviovipar. Über die Giftwirkung ihrer Bisse ist wenig bekannt. Bissunfälle sind ernst zu nehmen, wenn auch nicht mit tödlichen Folgen zu rechnen ist.
Terrarienhaltung: siehe bei *Suta punctata*.

Suta gouldi

Suta punctata

Suta punctata (BOULENGER, 1896)
– Zwergringelotter –
Verbreitung: Nordwestaustralien, ostwärts bis zentrales Queensland
Lebensraum/Lebensweise: Die 40 bis 50 cm lange Zwergringelotter hat ihre Gattungszugehörigkeit wiederholt gewechselt (*Denisonia, Rhinoplocephalus*). Die nachtaktive Bodenschlange bewohnt trockene Areale ihres Verbreitungsgebietes und frisst Echsen (Skinke, Agamen) wie auch Blindschlangen. Die Würfe umfassen zwei bis fünf Jungtiere.
Terrarienhaltung: Terraristische Erfahrungen liegen nicht vor. Ein Trockenterrarium (1,0 x 0,5 x 0,5 GL; 25 bis 30 °C) mit Verstecken unter Steinen und Rindenstücken und einem Trinkgefäß ist ausreichend. Die Wirkung ihrer Giftbisse auf den Menschen ist nicht bekannt. Ein Antivenin ist nicht verfügbar.

Vermicella annulata (GRAY, 1841)
– Bandy-Bandy –
Verbreitung: Australien (nördliches Westaustralien bis zur Ostküste, außer äußerstem Südosten)
Lebensraum/Lebensweise: Wüstengebiete wie auch feuchte Küstenwälder gehören zu den sehr unterschiedlichen Lebensräumen dieser 60 cm, selten 1 m lang werdenden, weitgehend unterirdisch lebenden Giftnatter. Sie kommt gelegentlich nachts und nach heftigen Niederschlägen an die Erdoberfläche. Ihre Nahrung besteht fast ausschließlich aus Blindschlangen (Typhlopidae). In Erregung legt sie ihren Körper in ein oder mehrere Schlingen, die sie empor streckt. Die Vertreter der Gattung *Vermicella* sind eierlegend.
Terrarienhaltung: Die Nahrungsspezialisierung dieser kleinen Giftnatter macht eine Pflege im Terrarium (1,0 x 0,5 x 0,5 GL; 25 bis 30 °C) praktisch kaum möglich. Um der Lebensweise dieser Schlange gerecht zu werden, sind ein tiefer lockerer Bodengrund und einige flache Steine sowie ein kleines Trinkgefäß erforderlich. Sollte ein kaum zu erwartender Bissunfall dennoch eintreten, ist eine symptomlose oder mild verlaufende Vergiftung wahrscheinlich.

Vermicella annulata

Marine Giftnattern („Seeschlangen")

Beim Übergang zum Leben im Salzwasser haben die 17 Gattungen Seeschlangen spezielle Anpassungen ausgebildet: ein seitlich abgeplatteter Ruderschwanz, ein stark vergrößerter linker Lungenflügel, der längere Tauchgänge ermöglicht und wie eine „Schwimmblase" agieren kann, sowie eine Drüse zur Ausscheidung überflüssigen Salzes, das mit Meerwasser aufgenommen wurde. Wie die Giftnattern besitzen die Seeschlangen eine proteroglyphe Bezahnung. Wegen oft winziger Giftzähne, geringer Mengen eines allerdings sehr effektiven Nervengiftes sowie geringer Beißlust außerhalb des Wassers spielen Bissunfälle beim Menschen eine relativ geringe Rolle. Seeschlangen leben in den tropischen und subtropischen Teilen des Indischen Ozeans und des Pazifiks sowie in deren Nebenmeeren. Einige wenige Arten leben in Süßwasserseen. Das Nahrungsspektrum der Seeschlangen besteht ausschließlich aus Wassertieren, vorwiegend Fischen. Einige Seeschlangenarten sind auf bestimmte Fischarten spezialisiert, andere fressen wiederum nur Fischlaich. Wegen des Fangs von Seeschlangen vor allem für die Lederindustrie sind einige Arten nach Anhang D der EU-Artenschutzverordnung geschützt.

Acalyptophis peroni (DUMÉRIL, 1853)
– Perons Seeschlange –
Verbreitung: Küstenbereiche Nordaustraliens
Lebensraum/Lebensweise: Über die etwa 1 Meter lange, überwiegend nachtaktive Seeschlange ist wenig bekannt. Sie lebt vorwiegend in Korallenriffen, wo die Weibchen auch ihre etwa zehn Jungtiere gebären. Zur Hauptnahrung gehören vermutlich vor allem Fische.
Terrarienhaltung: Siehe zur generellen Haltung und Pflege von Seeschlangen bei *Hydrophis cyanocinctus*.

▼ *Acalyptophis peroni*

Aipysurus apraefrontalis SMITH, 1926
– Nordwestaustralische Küstenseeschlange –
Verbreitung: Meeresgebiete vor Nordwestaustralien
Lebensraum/Lebensweise: Diese Seeschlange lebt im Flachwasser an der Riffkante und ist bei Ebbe auch in Höhlungen unter toten Korallenstöcken zu finden. Die 60 cm lange Art ernährt sich von Fischen. Die höchsten vier Jungtiere sind bereits sehr groß.
Terrarienhaltung: Allgemeines zur Seeschlangenhaltung siehe bei *Hydrophis cyanocinctus*.

Aipysurus apraefrontalis

Aipysurus fuscus (TSCHUDI, 1837)
– Braune Küstenseeschlange –
Verbreitung: Kontinentalschelf vor Westaustralien bis zum Großen Barriere-Riff, bei Neuguinea, östlich von Neukaledonien
Lebensraum/Lebensweise: Größe und Lebensweise dieser etwa 80 cm langen Art entsprechen denen von *Aipysurus apraefrontalis*.
Terrarienhaltung: siehe bei *Hydrophis cyanocinctus*.

▲ *Aipysurus fuscus*

Astrotia stokesi (GRAY, 1846)
– Malayenseeschlange –
Verbreitung: Küstengebiete vom Iran und Indien bis Australien

Astrotia stokesi

Lebensraum/Lebensweise: *A. stokesi* – sehr variabel in Färbung und Zeichnung – lebt vor allem im Riffgebiet, mitunter in tieferem Wasser, ist aber nirgends sehr häufig. Wegen ihrer Größe von etwa

1,2 m, maximal nahezu 2 m, ihrer mit 7 mm Länge im Vergleich mit anderen Seeschlangen recht großen Giftzähnen sowie der Eigenschaft, in Bedrängnis zuzubeißen, ist diese Seeschlange auch für den Menschen gefährlich. Ansonsten ähnelt sie den Vertretern der Gattung *Hydrophis*.
Terrarienhaltung: Siehe bei *Hydrophis cyanocinctus*. Zur spezifischen Therapie von Bissen können polyvalente Antiseren („Sea snake antivenom", „Tiger snake antivenom") eingesetzt werden.

Emydocephalus annulatus KREFFT, 1896
– Schildkrötenkopfseeschlange –
Verbreitung: Nordaustralische Gewässer bis Timor und Neukaledonien
Lebensraum/Lebensweise: Im Flachwasser von Korallenriffen ist diese rund 75 cm messende Seeschlange mancherorts sehr häufig. Sie ernährt sich vermutlich ausschließlich vom Laich am Meeresgrund lebender Fische (Grundeln, Schleimfische), den sie vom Sandboden aufliest. Als Folge dieser spezialisierten Ernährung ist von ihrer Bezahnung lediglich ein kleiner, stark nach hinten gekrümmter Giftzahn im Oberkiefer übrig geblieben. Der gesamte Giftapparat ist weitgehend zurückgebildet. Damit besteht keine Gefahr für Giftbisse mehr.
Terrarienhaltung: Die extrem spezialisierte Ernährungsweise macht eine Pflege in menschlicher Obhut praktisch unmöglich.

Emydocephalus annulatus

Enhydrina schistosa (DAUDIN, 1803)
– Schnabelseeschlange –
Verbreitung: Madagaskar, Persischer Golf bis Neuguinea und Nordaustralien

Enhydrina schistosa

Lebensraum/Lebensweise: 1,2 bis 1,6 m wird diese Seeschlange lang. Sie ist nachts an der Wasseroberfläche von Buchten und Hafenbecken zu beobachten. Da sie Brack- und Süßwasser nicht meidet, kommt sie auch in Flussmündungen, weiter flussaufwärts und sogar in Süßwasserseen vor. Sie kann ihre Kiefer weit öffnen, was ihr erlaubt, auch größere Fische wie Welse zu verschlingen. Sie reagiert sehr aggressiv, wenn sie gestört oder gar aus dem Wasser genommen wird. *E. schistosa* besitzt eines der stärksten Schlangengifte. Obwohl beim Verteidigungsbiss kaum Gift abgegeben wird, sind schwere Vergiftungen vor allem bei Fischern nicht selten.
Terrarienhaltung: Allgemeine Hinweise siehe bei *Hydrophis cyanocinctus*. Die bei *Astrotia stokesi* erwähnten polyvalenten Antiseren müssen verfügbar sein.

Hydrophis cyanocinctus DAUDIN, 1803
– Blaugebänderte Ruderschlange –
Verbreitung: Persischer Golf bis Japan
Lebensraum/Lebensweise: Die Gattung der Ruderschlangen (*Hydrophis*) ist mit etwa 22 Arten die artenreichste unter den im Meer lebenden Giftschlangen. Ihre Angehörigen leben in Küstenbereichen, in Korallenriffen wie auch in Mangrovenwäldern. Die Blaugebänderte Ruderschlange wird im Mittel 1,3 bis 1,6 m lang, einzelne Exemplare erreichen etwa 2 m. Auch diese Art ernährt sich von den verschiedensten Fischarten, Aale werden besonders gern gefressen. Sie ist vivovipar und bringt wenige, dafür aber relativ große Junge zur Welt. Bisse von *H. cyanocinctus* erweisen sich als sehr gefährlich, wobei sich die meisten Unfälle beim Entleeren der Fischernetze ereignen. Todesfälle jedoch sind selten die Folge.
Terrarienhaltung: Ruderseeschlangen werden nur selten in Menschenhand gepflegt. Gelegentlich werden sie in Schauaquarien, insbesondere in Japan, ausgestellt. Nahrungsspezialisten, die beispielsweise nur Fischlaich fressen, lassen sich ohnehin nicht artgemäß ernähren. Viele Arten sind auch kaum zu transportieren. Ansonsten ist ein als Korallenriffausschnitt eingerichtetes, gut gefiltertes Meerwasseraquarium (1,0 x 0,75 x 0,75 GL) mit einer Wassertemperatur von 24 bis 26 °C erforderlich. Auf einen Landteil kann bei diesen Arten verzichtet werden. Verschiedene Fische, vor allem aber Aale, werden als Futter meist bereitwillig akzeptiert. Aus Sicherheitsgründen muss eines der polyvalenten Antivenine (beispielsweise „Sea snake antivenom", „Tiger snake antivenom") erreichbar sein. Alle *Hydrophis*-Arten sind einschließlich ihrer Häute im Anhang D der EU-Artenschutzverordnung erfasst.

Hydrophis cyanocinctus

Hydrophis inornatus (Gray, 1849)

– Schwachgestreifte Ruderschlange –
Verbreitung: Philippinen
Lebensraum/Lebensweise/Terrarienhaltung: Diese
Art kann etwa 1,1 m lang werden und wird auch als
Unterart von *Hydrophis ornatus* betrachtet. Weiteres
siehe bei *Hydrophis cyanocinctus*.

Hydrophis inornatus

Hydrophis semperi Garman, 1881

– Taal-See-Ruderschlange –
Verbreitung: Philippinen (Taal-See auf Luzon)
Lebensraum/Lebensweise/Terrarienhaltung: Die
kaum mehr als 50 cm Gesamtlänge erreichende
Schlange lebt ausschließlich in einem Süßwasser-
see. Vielleicht ist sie nur eine Unterart von *Hydrophis
cyanocinctus*. Weitere Informationen siehe dort. Sie
ist jedoch in einem Süßwasseraquarium unterzubringen.

Hydrophis semperi

Laticauda colubrina (Schneider, 1799)

– Natternplattschwanz –
Verbreitung: Küstengebiete von Sri Lanka über Südostasien bis Japan und Fidschi-Inseln
Lebensraum/Lebensweise: Die Vertreter der Gattung
Laticauda (Plattschwänze) verlassen im Gegensatz
zu allen anderen Seeschlangen gelegentlich das
Wasser und halten sich am Strand auf, wo sie auch –
sogar in Massenansammlungen – ihre Eier absetzen. Oft halten sie sich tagsüber in trockenen Fels-
höhlen auf. Ihre Nahrung, Fische – vor allem Aale –,
jagen diese dämmerungs- und nachtaktiven Giftschlangen gewöhnlich mit Hilfe ihres Geruchssinns
in Korallenriffen und Mangrovenwäldern. Sie sind
nicht aggressiv. Bissunfälle sind deshalb selten. Da
ihr Gift sich fast ausschließlich aus Nervengiften zu-
sammensetzt und beim Biss kaum lokale Wirkungen
eintreten, bleibt er unter Umständen zunächst unbemerkt, sodass lebensbedrohliche Folgen auftreten
können.

Laticauda colubrina

Terrarienhaltung: Das Meerwasseraquarium (1,5 x
0,75 x 0,75 GL; Wassertemperatur 24 bis 26 °C) für
Laticauda-Arten ist mit einem Landteil auszustatten,
der etwa ein Fünftel der Grundfläche ausmachen
sollte. Unter einem Wärmestrahler ist ein trockener
Liegeplatz auf 28 bis 30 °C zu temperieren. Die *Laticauda*-Arten sind in der Haltung recht robust und
können auch problemlos wie Landschlangen in geeigneten Beuteln transportiert werden. Sie alle sind
einschließlich ihrer Häute mit der EU-Artenschutzverordnung (Anhang D) unter Schutz gestellt.

Laticauda semifasciata (Reinwardt, 1837)
– Halbgebänderter Plattschwanz –
Verbreitung: Westpazifik (Riu-Kiu-Inseln bis Samoa-Inseln)
Lebensraum/Lebensweise/Terrarienhaltung: siehe bei *Laticauda colubrina.*

Pelamis platurus

Laticauda semifasciata

Pelamis platurus (Linnaeus, 1766)
– Plättchenseeschlange –
Verbreitung: Ostküste Afrikas, östlich bis zur Westküste Amerikas

Lebensraum/Lebensweise: Die in Aussehen und Lebensweise von anderen Seeschlangen stark abweichende Art kann eine Maximallänge von gut einem Meter erreichen. Sie ist die einzige Seeschlange, die auch auf hoher See lebt, wo sie sich auch zwischen treibendem Seetang aufhält oder in einer typischen Ruhestellung an der Wasseroberfläche treibt – jederzeit bereit, vorbeischwimmende Fische zu ergreifen. Trotz ihres starken Nervengiftes scheinen Bissunfälle mit fatalen Folgen selten zu sein. Das gesamte Leben auch dieser Seeschlange, einschließlich Paarung und Geburt der Jungen, läuft im Meer ab.
Terrarienhaltung: Plättchenseeschlangen werden nur selten und über kurze Zeiträume in öffentlichen Meeresaquarien gehalten. Weiteres siehe bei *Hydrophis cyanocinctus.*

Pelamis platurus

Familie **Vipern** (Viperidae)

Nach neueren Erkenntnissen der Systematik wird die Familie der Vipern gewöhnlich in drei Unterfamilien (Azemiopinae, Viperinae, Crotalinae) mit insgesamt 36 Gattungen und 259 Arten aufgegliedert.

Alle Vipern besitzen röhrenförmige (solenoglyphe) Giftzähne, die eingeklappt in einer Hautfalte liegen und die bei Gebrauch nach vor gerichtet wie Injektionskanülen in den Körper des Beutetieres oder eines Gegners gestoßen werden. Viperngifte enthalten vor allem Substanzen, die zu Gewebszerstörung und damit zum Blutaustritt ins Gewebe führen. Bei einigen Arten hemmen Bestandteile des Giftes die Blutgerinnung, wenige Arten besitzen Nervengifte.

Fast allen Vipern ist eine senkrechte Pupille eigen. Mit Ausnahme von Australien leben auf allen Erdteilen Vipern. Als einzige Schlange dringt die Kreuzotter (*Vipera berus*) in Europa und Asien bis jenseits des nördlichen Polarkreises vor. Auf der Südhalbkugel ist die argentinische Yarará nata (*Bothrops ammodytoides*) die südlichste aller Schlangen und am höchsten lebt ebenfalls eine Viper: die Himalajagrubenotter (*Gloydius himalayanus*), die noch in 4900 m Höhe über Normalnull angetroffen werden kann.

Die meisten Arten sind nachtaktive Lauerjäger. Viele sind viviovipar. Die Eier anderer Arten brauchen häufig nur eine kurze Inkubationszeit. Ausschließlich Eier legend sind insbesondere die primitiveren Gattungen. Zahlreiche Vipern werden regelmäßig im Terrarium gepflegt und viele von ihnen auch vermehrt. Etliche Arten werden bereits über mehrere Generationen nachgezogen. Für die Haltung von Vipern sind alle Grundprinzipien der Giftschlangenpflege unbedingt zu beachten.

Unterfamilie **Urtümliche Vipern** (Azemiopinae)

Die urtümlichste Vertreterin der Vipern, die Feaviper (*Azemiops feae*) mit natternähnlichem Körperbau und großen Kopfschildern bildet eine eigene Unterfamilie. Die Eier legende Art ist sehr selten.

Azemiops feae BOULENGER, 1888
– Feaviper –

Verbreitung: Nördliches Myanmar bis Nordvietnam, Süd- und Zentralchina

Lebensraum/Lebensweise: Über die Lebensweise dieser äußerst seltenen, etwa 80 cm langen Bodenschlange ist wenig bekannt. Sie lebt wahrscheinlich in Bergwäldern höherer Lagen. Zur Beute gehören vermutlich vorwiegend Echsen, aber auch Kleinsäuger. Feavipern sind ovipar.

Terrarienhaltung: Über ihre Pflege im Terrarium (1,0 x 0,5 x 0,5 GL) liegen kaum Erfahrungen vor. Bei einer lokalen Wärmequelle sollte die Grundtemperatur im Terrarium kaum über 20 °C liegen. Die wenigen bisher exportierten Exemplare überlebten nicht lange. Ein Tier fraß die ihm angebotenen Mäuse. Über die Giftwirkung ihrer Bisse ist nichts bekannt; ein Antivenin gibt es nicht.

▲▼ *Azemiops feae*

Unterfamilie **Grubenottern (Crotalinae)**

Die Grubenottern (Crotalinae) – früher mitunter auch als selbständige Familie Crotalidae angesehen – besitzen im Unterschied zu den Urtümlichen Vipern (Azemiopinae) und den Echten Vipern (Viperinae) auf beiden Seiten des Kopfes zwischen Nasenöffnung und Auge ein grubenförmiges Temperatursinnesorgan, das ihnen die Orientierung in der Dunkelheit und bei der Nahrungssuche erleichtert. Die ideal zur Injektion von Gift geeigneten solenoglyphen Giftzähne können mit Hilfe des beweglichen Oberkiefers vorgeklappt werden. Das Gift der Grubenottern ist stark hämotoxisch; nur einzelne Arten verfügen zusätzlich über Nervengifte. Bemerkenswert ist die Schwanzrassel der Klapperschlangen (*Crotalus, Sistrurus*). Wir gehen hier von 22 Gattungen aus. In Amerika sind die Grubenottern die einzigen Vertreter der Viperidae. In Asien sind sie weit verbreitet.

Agkistrodon bilineatus GÜNTHER, 1863
– Mexikanische Mokassinschlange –
Verbreitung: Südmexiko bis Nikaragua
Lebensraum/Lebensweise: Die Art lebt in feuchten wie auch trockenen, meist vegetationsreichen Lebensräumen im Hügelland, vor allem zwischen 300 und 800 m Höhe über dem Meeresspiegel. In unmittelbarer Gewässernähe erbeuten diese Schlangen sogar Fische. Ansonsten fressen die 60 bis 90 cm, zuweilen 1,2 m langen Tiere Kleinsäuger, Vögel, Echsen und Froschlurche. Ihre Würfe umfassen etwa zwölf Jungschlangen.

Agkistrodon bilineatus

Terrarienhaltung: Haltung und Pflege entsprechen denen von *Agkistrodon piscivorus* bei ihrem südlicheren Verbreitungsgebiet entsprechenden etwas höheren Temperaturen. *A. bilineatus* wird regelmäßig und über Generationen nachgezogen. Bei Bissunfällen stehen polyvalente Antiseren verschiedener Hersteller zur Verfügung. Die Art ist im Anhang C der EU-Artenschutzverordnung eingetragen.

Agkistrodon contortrix (LINNAEUS, 1766)
– Kupferkopf –
Verbreitung: Osten und Südosten der USA (außer Florida)

Agkistrodon contortrix contortrix

Lebensraum/Lebensweise: Die frühere Gattung Dreiecksköpfe (*Agkistrodon*) wurden entsprechend ihrer geographischen Verbreitung in die nordamerikanischen *Agkistrodon*-Arten sowie – mehr oder weniger konsequent – in die orientalischen Gattungen *Calloselasma*, *Deinagkistrodon* und *Gloydius* aufgeteilt. Sie bevorzugen die unterschiedlichsten ökologischen Bereiche. So lebt der Kupferkopf in lichten Laubwäldern, auf sumpfigen Wiesen, in Auwäldern, auf Weiden und selbst in Ortschaften. Im Hügelland kommt er bis in Höhen von 1500 m vor. Immer liebt er die Nähe von Gewässern. Diese Grubenotter wird 60 bis 90 cm, in Ausnahmefällen bis über 1,5 m lang. Vorwiegend nachtaktiv, versteckt sie sich tagsüber unter Steinen, totem Holz oder im Laub. Auf der Suche nach Nahrung (Kleinsäuger, Vögel, Echsen, Frosch- und Schwanzlurche sowie Insekten) erklettert die vorwiegend am Boden lebende Giftschlange gelegentlich auch Buschwerk. Ihre Würfe umfassen

Agkistrodon contortrix mokasen

15 und mehr bis zu 25 cm lange Jungtiere. Der Kupferkopf zählt zu den weniger gefährlichen Grubenottern. Todesfälle sind beim Menschen sehr selten. Terrarienhaltung: Kupferköpfe gehören mit ihren mehreren Unterarten wohl zu den am häufigsten im Terrarium gepflegten und nachgezogenen Giftschlangen. Ihr Terrarium (1,0 x 0,5 x 0,5 GL) kann unter Berücksichtigung einer feuchteren Stelle weitgehend trocken sein und sollte neben einer Schlupf-

Agkistrodon contortrix pictigaster   **DDS**

kiste einen Baumstubben, Rindenstücke, trockenes Laub sowie ein Wasserbecken enthalten. Während die Tagestemperaturen 25 bis 28 °C – unter einem Wärmestrahler maximal 30 °C – betragen, kann nachts eine Temperaturabsenkung auf etwa 20 °C erfolgen. Der Autor hält seine Kupferköpfe getrennt nach Unterarten in kleinen Zuchtgruppen. Alle Tiere fressen problemlos lebende und tote Kleinsäuger und Küken. Die Jungtiere müssen mitunter anfangs gestopft werden, bis sie selbstständig zu fressen beginnen. Wegen ihrer mäßigen Gefährlichkeit und des vor einem Biss gezeigten Warnverhaltens bereiten Kupferköpfe kaum Probleme. Auf die Verabreichung von Antivenin – beispielsweise „CroFab (Crotalidae Polyvalent Immune [Ovine])" – kann ärztlicherseits meist verzichtet werden. Dem erfahrenen Schlangenpfleger kann zum Einstieg in die Giftschlangenhaltung der Kupferkopf durchaus empfohlen werden. Trotzdem sind die Grundregeln der Haltung von Giftschlangen nie zu vernachlässigen.

Agkistrodon piscivorus (LACÉPÈDE, 1789)
– Wassermokassinschlange –
Verbreitung: Südosten der USA (von Virginia über Florida bis Texas)
Lebensraum/Lebensweise: Die gewöhnlich 80 bis 120 cm lange Schlange kann mehr als 1,8 m Gesamtlänge erreichen und lebt vor allem an stehenden und langsam fließenden Gewässern des Flachlandes bis in höchstens 450 m Höhe, an Teichen, Tümpeln, toten Flussarmen, Sümpfen oder Reisfeldern. Die je nach Witterung tag-, dämmerungs- oder nachtaktiven, massigen Grubenottern fressen wohl alle geeignet erscheinenden Tiere: Fische, Lurche, Reptilien (Echsen, Schlangen, kleine Schildkröten, junge Alligatoren), Vögel und Säugetiere. Wassermokassinschlangen gelten als gefährlich und verursachen in ihrer Heimat häufig Bissunfälle, die aber nur selten tödlich verlaufen. Normalerweise drohen die Tiere zunächst mit aufgerissenem, im Innern weißen Maul („Cottonmouth") – ohne dabei die großen Giftzähne aufzurichten – und vibrieren heftig mit dem Schwanzende. Die Weibchen bringen bis zu 15 Jungtiere zur Welt.
Terrarienhaltung: Eingewöhnte Wassermokassinschlangen sind ausdauernde Terrarienpfleglinge. Ihr Behälter (1,0 x 0,5 x 0,5 GL) muss ein großes Wasserbecken aufweisen und wird zweckmäßigerweise mit einer Schlupfkiste und einem Baumstubben als Klettermöglichkeit ausgestattet. Die Tagestemperatur von 25 bis 30 °C kann nachts deutlich absinken.

Agkistrodon piscivorus

Die sehr gierigen Tiere fressen praktisch jede Beute passender Größe und sollten nicht zu reichlich ernährt werden. Besonders einfach ist die Fütterung mit tiefgefroren aufbewahrten und wieder aufgetauten Fischen. Wenn auch nicht ausgesprochen aggressiv, reagieren die Wassermokassinschlangen des Verfassers neugierig und stets fresslustig auf jede Bewegung vor und im Terrarium, sodass jederzeit größte Vorsicht vor unverhofften Bissen geboten ist. Seine Zuchttiere pflanzen sich regelmäßig jährlich fort; viele Jungtiere müssen jedoch – vermutlich da Frösche nicht zur Verfügung stehen – zunächst einige Male mit nestjungen Mäusen zwangsernährt werden. Sie wachsen dann aber schnell heran und sind im Alter von drei Jahren geschlechtsreif. Als Antiserum sei im Notfall auch hier „CroFab (Crotalidae Polyvalent Immune [Ovine])" empfohlen.

Agkistrodon piscivorus conanti – **Jungtier**

Atropoides nummifer (RÜPPEL, 1845)
– Springlanzenotter –
Verbreitung: Mexiko bis Panama
Lebensraum/Lebensweise/Terrarienhaltung: Die dämmerungs- und nachtaktive Bodenschlange frisst vorwiegend kleine Säugetiere, seltener Echsen und Frösche. Die nur 50 bis 60 cm lange Lanzenotter erhielt ihren Trivialnamen nach ihrem vehementen Abwehrverhalten, bei dem sie mit mehrfachem Zustoßen sogar in die Luft schnellen kann. Weitere Informationen siehe bei *Porthidium nasutum*. Die Springlanzenotter ist nach der EU-Artenschutzverordnung (Anhang C) geschützt.

Bothriechis aurifer (SALVIN, 1860)
– Guatemalalanzenotter –
Verbreitung: Pazifikküste von Mexiko (Chiapas) bis Guatemala
Lebensraum/Lebensweise/Terrarienhaltung: *B. aurifer* galt lange Zeit als Unterart von *B. nigroviridis*, bevor sie in den Artstand erhoben wurde. Weiteres siehe bei *Bothriechis schlegeli*.

▼ *Atropoides nummifer*

▲*Bothriechis aurifer* – Jungtier

Bothriechis lateralis (PETERS, 1863)
– Gelbgrüne Lanzenotter –
Verbreitung: Costa Rica, Panama
Lebensraum/Lebensweise/Terrarienhaltung: Die Zuordnung dieser Art in die umstrittene Gattung *Bothriopsis* (Waldottern) ist unklar. Sie wird 60 bis 75 cm
lang und ist ein Bewohner relativ kühler Nebelwälder.
Als Tagestemperaturen im Terrarium sind deshalb
20 bis 23 °C ausreichend; nachts kann die Temperatur auf etwa 15 °C fallen. Ein spezielles Antiserum
wird nicht produziert. Weitere Informationen siehe
bei *Bothriechis schlegeli*.

Bothriechis rowleyi (BOGERT, 1968)
– Rowleys Lanzenotter –
Verbreitung: Mexiko (Südöstliches Oaxaca, nord-
westliches Chiapas)
Lebensraum/Lebensweise/Terrarienhaltung: siehe
bei *Botriechis schlegelii*.

Bothriechis rowleyi

Bothriechis lateralis

Bothriechis schlegelii (BERTHOLD, 1846)
– Greifschwanzlanzenotter –
Verbreitung: Südmexiko bis Venezuela und Ecuador

▲▼ *Bothriechis schlegelii*

Lebensraum/Lebensweise: Von der Aufteilung der Gattung *Bothrops* (Amerikanische Lanzenottern) in die Gattungen *Bothrops, Bothriechis, Atropoides, Cerrophidion, Ophryacus, Porthidium* sowie – nach Meinung mancher Herpetologen – in *Bothriopsis* ist auch die Greifschwanzlanzenotter betroffen. Noch hat sich der Trivialname „Palmenottern" für die *Bothriechis*-Arten nicht generell durchgesetzt. Die Greifschwanzlanzenotter ist ein typischer Vertreter der Baum bewohnenden, nachtaktiven Arten, die in den tropischen Regenwäldern und Bergregenwäldern lebt, häufig an den Ufern von Gewässern. Diese Grubenotter wird 60 cm, mitunter mehr als 80 cm lang und frisst vornehmlich Frösche, Vögel und Mäuse. Sie ist eine Lauerjägerin, die ihre Beute nach dem Biss festhält und sie nach Eintritt des Todes, am Greifschwanz hängend, verschlingt. Bissunfälle sind nicht selten und haben bei *B. schlegelii* und *B. aurifer*

schon zum Tode geführt. Das Gift enthält neben Blut und Gewebe zerstörenden Bestandteilen auch die Nerven schädigende Komponenten. Die Weibchen werfen in der Regel zehn bis 20 Jungschlangen.

Terrarienhaltung: Diese Baum bewohnenden Lanzenottern sind bei Giftschlangenhaltern gefragte Pfleglinge. Zur Haltung ist ein reich bepflanztes Regenwaldterrarium (0,75 x 0,5 x 1,25 GL) mit zahlreichen Kletterästen und einem Wasserbecken erforderlich. Die Temperatur im Terrarium muss am Tage 24 bis 26 °C betragen und sollte nachts nur wenig absinken. Durch häufiges Besprühen mit lauwarmem Wasser ist die relative Luftfeuchtigkeit bei 70 bis 90 % zu halten. Mäuse wie auch Frösche werden ohne Probleme gefressen. Greifschwanzlanzenottern wurden schon wiederholt erfolgreich vermehrt, wobei die Jungschlangen während der ersten Lebensmonate mit jungen Fröschen und Echsen ernährt wurden. Bei einer ernsthaften Bissverletzung

ist der Einsatz eines polyvalenten Grubenotterserums möglich, wobei allerdings das Gift von *B. schlegelii* bei keiner Produktion speziell verwendet wurde. *B. schlegelii* ist gemäß Anhang C der EU-Artenschutzverordnung geschützt.

▲ *Bothriechis schlegelii* – Farbvariante

▼ *Bothriechis schlegelii* – links gelbe Variante

Bothriopsis bilineata (WIED, 1825)
– Amazonaslanzenotter –
Verbreitung: Einzugsgebiet des Amazonas (Südamerika)
Lebensraum/Lebensweise/Terrarienhaltung: Die Zuordnung dieser Grubenotter zur umstrittenen Gattung *Bothriopsis* ist unklar. Sie ist eine 80 bis 120 cm lange, Baum bewohnende Art, die sich tagsüber im Blattwerk oder an der Basis von Palmwedeln verbirgt. Die viviovipare Schlange bringt je Wurf sechs bis zwölf Junge zur Welt. Bissunfälle sind selten. Weiteres zu dieser Art siehe bei *Bothriechis schlegelii*.

Bothrops bilineata

Bothrops alternatus

Bothrops alternatus
DUMÉRIL, BIBRON & DUMÉRIL, 1854
– Halbmondlanzenotter –
Verbreitung: Südbrasilien, Uruguay, Nordargentinien, Paraguay
Lebensraum/Lebensweise/Terrarienhaltung: *B. alternatus* – 1,2 bis 1,5 m lang – lebt in offenen Wäldern in der Nähe von Gewässern in subtropischen bis gemäßigt temperierten Niederungen. Dementsprechend ist die Unterbringung zu gestalten. Weiteres siehe unter *Bothrops atrox*.

Bothrops ammodytoides LEYBOLD, 1873
– Yararánata –
Verbreitung: Südbrasilien, Uruguay bis Argentinien
Lebensraum/Lebensweise/Terrarienhaltung: Diese Bodenschlange ist eine Bewohnerin von trockenen Savannen und Buschland, teilweise in gemäßigten Breiten, die sich vorwiegend von Echsen und Kleinsäugern ernährt. Haltung und Pflege im Terrarium müssen diese Fakten berücksichtigen. Ein Wärmeplatz mit 28 bis 30 °C ist zu empfehlen. Weiteres siehe bei *Bothrops atrox*.

Bothrops asper (GARMAN, 1883)
– Gelbkopflanzenotter –
Verbreitung: Mexiko (Tamaulipas, San Luis Potosi) bis Panama
Lebensraum/Lebensweise/Terrarienhaltung: Die einzige *Bothrops*-Art aus Mittelamerika galt früher als Unterart von *B. atrox*. Einzelne Exemplare dieser am Boden lebenden Schlange können mehr als 2,4 m lang werden. Große Weibchen sind imstande, mehr als 70 Jungtiere zu werfen, die bei der Geburt bereits etwa 30 cm lang sind. Bissunfälle mit Todesfolge sind in ihrer Heimat nicht selten. Wegen ihrer reaktionsschnellen, hochgiftigen Bisse ist sie für weniger erfahrene Giftschlangenpfleger nicht geeignet. Vermehrung und Aufzucht bereiten bei ordnungsgemäßer Haltung und Pflege kaum Schwierigkeiten. Weiteres siehe bei *Bothrops atrox*. *B. asper* ist im Anhang C der EU-Artenschutzverordnung erfasst.

Bothrops ammodytoides

Bothrops asper

Bothrops atrox (LINNAEUS, 1758)
– Gewöhnliche Lanzenotter –
Verbreitung: Tropisches Südamerika einschließlich Trinidad, Tobago, Santa Lucia, Martinique

Bothrops atrox

Lebensraum/Lebensweise: Die Amerikanischen Lanzenottern (Gattung *Bothrops*) sind das Gegenstück zu den asiatischen Bambusottern (Gattung *Trimeresurus*) und umfassen eine große Anzahl sehr unterschiedlicher am Boden und auf Bäumen lebender Arten. Der Gattung *Bothrops* gehören zurzeit 31 Arten an, von denen die Gewöhnliche Lanzenotter hier besonders herausgestellt werden soll. Sie gehört zu einer Gruppe Boden bewohnender Arten, die in den tropischen Regenwäldern und deren Randgebieten leben und die gelegentlich auch klettern. Alle Arten sind vorwiegend dämmerungs- und nachtaktiv und kommen auch in Siedlungsnähe und selbst in den Grüngebieten der Städte vor. Für die meisten Giftbisse beim Menschen durch Schlangen in Lateinamerika sind Lanzenottern verantwortlich. Viele Bisse mit Todesfolge kommen hier auf ihr Konto. *B. atrox* wird gewöhnlich 1,2 bis 1,8 m lang; manche Exemplare können sogar mehr als 2 m Länge erreichen. Bei der Geburt, die nicht an eine bestimmte Jahreszeit gebunden ist, werden zehn bis 20 und sogar über 60 Jungtiere abgesetzt. Sie sollen sich zunächst von Echsen und sogar von kleinen Fischen ernähren. Später fressen die Lanzenottern die verschiedensten Vogel- und Kleinsäugerarten.
Terrarienhaltung: Lanzenottern können bei richtiger Haltung ausdauernde Terrarienbewohner sein. Das je nach Art mehr oder weniger feuchte Terrarium (1,25 x 0,5 x 0,75 GL) muss auf 24 bis 28 °C beheizt werden. Die Temperaturen dürfen bei im Regenwald wohnenden Arten nachts nicht absinken. Einige

Kletteräste, Versteckplätze (Schlupfkiste) und ein Wassergefäß vervollständigen die Terrarieneinrichtung. Lebende wie tote Küken und Kleinsäuger werden meist ohne Probleme angenommen. Die Nachzucht von *B. atrox* ist schon häufig gelungen. Bei der sachkundigen Haltung dieser ernstzunehmenden Giftschlangen ist unbedingt der rasche Zugriff zu einem der amerikanischen polyvalenten Antiseren zu gewährleisten.

Bothrops brazili HOGE, 1953
– Brazils Lanzenotter –
Verbreitung: Venezuela, Guyana, Kolumbien, Brasilien
Lebensraum/Lebensweise/Terrarienhaltung: *B. brazili* ist durch Zeichnung und Färbung am Boden gut getarnt. Diese Lanzenotter wird nur wenig über 1 m lang und ernährt sich von Kleinsäugern, Vögeln und Echsen. Sie lebt in den feuchten Wäldern ihrer Heimat und hält sich in Trockenzeiten im Boden, unter Falllaub oder umgestürzten Baumstämmen verborgen. Zur Haltung und Pflege dieser Art siehe weiteres bei *Bothrops atrox*. Über eine erfolgreiche Nachzucht im Terrarium liegen keine Informationen vor.

Bothrops brazili

Bothrops jararaca (WIED, 1824)
– Jararaca –
Verbreitung: Brasilien, Paraguay, nördliches Argentinien
Lebensraum/Lebensweise/Terrarienhaltung: Die 0,9 bis 1,2 m, maximal 1,7 m messende Lanzenotter ist in ihrem Verbreitungsgebiet die häufigste Giftschlange, deren Bisse beim Menschen ohne entsprechende Behandlung oft zum Tode führen. Tagsüber bleibt diese in Savannen und im Buschland

▲▼ *Bothrops jararaca*

lebende Bodenschlange meist in ihrem Versteck verborgen. Haltung und Pflege in einem Steppenterrarium entsprechen im Prinzip denen von *Bothrops atrox*. Jararacas wurden bereits im Terrarium vermehrt.

Bothrops moojeni HOGE, 1966
– Caissaca –
Verbreitung: Brasilien
Lebensraum/Lebensweise/Terrarienhaltung: Die 1,5 bis 1,8 m lange Schlange ist u. a. mit *B. atrox*, *B. asper* oder *B. jararaca* nahe verwandt und ihnen sehr ähnlich. Sie lebt auf Gras- und Buschland und bevorzugt häufig die Nähe offener Gewässer oder von Sumpfgebieten. Tagsüber hält sie sich in Erdlöchern, Laubhaufen oder unter Baumstubben verkrochen. *B. moojeni* bereitet bei Terrarienhaltung keine Probleme.

Weitere Informationen siehe bei *Bothrops atrox*. In brasilianischen Schlangenfarmen werden diese Lanzenottern zur Giftgewinnung für die pharmazeutische Industrie in Freilandterrarien gehalten und in großen Stückzahlen nachgezogen.

Bothrops neuwiedi (WAGLER, 1824)
– Neuwieds Lanzenotter –
Verbreitung: Brasilien, Bolivien, Paraguay, Nordargentinien
Lebensraum/Lebensweise/Terrarienhaltung: Mit 70 bis 90 cm Länge gehört *B. neuwiedi* zu den kleinwüchsigeren Lanzenottern. Sie passt sich unterschiedlichsten Lebensräumen gut an, bevorzugt aber offenes Gelände, lichte Trockenwälder und

Bothrops neuwiedi

241

weite Pampas – oft in der Nähe von Gewässern. Die recht häufig im Terrarium gepflegte viviovipare Bodenschlange wurde schon des Öfteren nachgezogen. Ansonsten entsprechen Haltung und Pflege denen von *Bothrops atrox*.

Calloselasma rhodostoma (BOIE, 1827)
– Malayenmokassinschlange –
Verbreitung: Hinterindien, Malaiische Halbinsel, Sumatra, Java
Lebensraum/Lebensweise: Diese Boden bewohnende Grubenotter lebt in lichten Wäldern, in Plantagen, an Feldrändern und in der Nähe menschlicher Siedlungen, im Flachland wie auch in Höhen bis zu 2000 m. Sie wird etwa 80 cm, ausnahmsweise bis 1 m lang. Die Tiere ernähren sich vorwiegend von Echsen, Froschlurchen und Kleinsäugern. Ihre Gelege umfassen zehn bis 30 Eier.
Terrarienhaltung: Ein feuchtes Waldterrarium (1,0 x 0,5 x 0,5 GL) mit einem Baumstubben, Laub als Bodengrund, mit trockenem Ruheplatz sowie einem kleinen Wasserbecken sind zur Haltung dieser Giftschlange angemessen. Der vergleichsweise Wärme liebenden Art sollten unter einem Strahler 28 bis 33 °C geboten werden. Ansonsten genügen 25 bis 30 °C bei geringer nächtlicher Abkühlung. Lebende und tote Mäuse werden üblicherweise ohne Schwierigkeiten gefressen. Die Malayenmokassinschlange wurde schon wiederholt unter Terrarienbedingungen nachgezogen. Zur Behandlung von Giftbissen werden mehrere monospezifische Antivenine (u. a. „Malayan pit viper antivenom") produziert. *C. rhodostoma* ist einschließlich ihrer Häute nach der EU-Artenschutzverordnung (Anhang D) geschützt.

Calloselasma rhodostoma

Crotalus adamanteus BEAUVOIS, 1799
– Diamantklapperschlange –
Verbreitung: Südosten der USA (North Carolina bis Ostlouisiana, Florida)

Crotalus adamanteus

Lebensraum/Lebensweise/Terrarienhaltung: Mit etwa 2,5 m Maximallänge ist die östliche Diamantklapperschlange die größte von allen 30 Arten an Klapperschlangen überhaupt. Die meisten Tiere werden aber höchstens 2 m lang. Sie bevorzugt sandige, trockene Kiefern- und Eichenwälder. Die sieben bis 21 Jungschlangen je Wurf sind bei der Geburt bereits 30 bis 36 cm lang. Nachzuchten unter Terrarienbedingungen waren wiederholt erfolgreich. Weiteres siehe bei *Crotalus atrox*.

Crotalus adamanteus

Crotalus atrox Baird & Girard, 1853
– Texasklapperschlange
Verbreitung: USA (Südostkalifornien ostwärts bis
Arkansas) bis mittleres Mexiko
Lebensraum/Lebensweise: Klapperschlangen – auch
den meisten Laien bekannt – sind vorwiegend däm-
merungs- und nachtaktive Bodenschlangen, die sich
vorwiegend von Warmblütern ernähren. Kleine Arten
– und sicher auch kleine Exemplare größerer Arten –
bevorzugen dagegen Echsen. Auffallendstes Merk-
mal der *Crotalus*-Arten wie auch der Zwergklapperschlangen (*Sistrurus*-Arten) ist die Schwanzrassel.
Sie fehlt lediglich der Santa-Catalina-Klapperschlan-
ge (*C. catalinensis*) – einer Inselform aus dem Golf
von Kalifornien. Bei vermeintlicher oder tatsäch-
licher Bedrohung versuchen Klapperschlangen zu
flüchten oder sie vertrauen auf ihre Tarnfärbung. Bei
noch stärkeren Reizen wird zunächst – allerdings
nicht immer – mit der Rassel gewarnt und schließlich ein Verteidigungsbiss angesetzt. In den USA
werden die meisten Schlangenbissunfälle – meist
selbstverschuldet – durch Klapperschlangen verursacht. Insbesondere *C. atrox*, aber auch *C. adamanteus*, *C. horridus* und *C. viridis* zählen zu den gefährlichsten Arten. Die Texasklapperschlange misst gewöhnlich 1,2 bis 1,5 m und kann eine Höchstlänge

von über 2,1 m realisieren. Die häufige und sehr anpassungsfähige Art lebt auf trockenem, steinigem
sowie mit Gebüsch und Kakteen bewachsenem Gelände im Flachland wie in Höhenlagen von 2100 m.
Sie ist in Wüsten oder Canyons ebenso zu Hause wie
auf Feldern und in Siedlungsnähe. Die Weibchen
werfen bis zu 25 Jungtiere.
Terrarienhaltung: Viele Klapperschlangenarten sind
beliebte Terrarientiere. *C. atrox* wird häufig gehalten
und erweist sich bei richtiger Unterbringung und
Pflege als sehr langlebiger und leicht zu vermehren-
der Pflegling. Ein Terrarium für Klapperschlangen
(1,25 x 0,5 x 0,75 GL) muss einen weitgehend trockenen, sandigen Bodengrund, Versteckplätze
(Schlupfkiste) sowie ein Wassergefäß enthalten. Gewöhnlich reicht eine Grundtemperatur im Terrarium
von 25 bis 28 °C mit nächtlicher Abkühlung auf etwa
20 °C. Ein „Sonnenplatz" mit 28 bis 30 °C wird trotz
Nachtaktivität gern genutzt. Als Futter sind Kleinsäuger aller Art sowie Küken anzubieten. Da Klapperschlangen über ein sehr potentes Gift, häufig
große Giftmengen und beeindruckende Giftzähne
besitzen, sind die *Crotalus*-Arten nur unter Einhaltung strengster Sicherheitsvorkehrungen für fort-
geschrittene Giftschlangenpfleger geeignete Pfleglinge. Als Antivenin für eine spezifische Therapie sei
„CroFab (Crotalidae Polyvalent Immune [Ovine])"
empfohlen.

Crotalus atrox

Crotalus cerastes HALLOWELL, 1854
– Seitenwinderklapperschlange –
Verbreitung: USA (Nevada, Kalifornien, Utah, Arizona), Mexiko

Crotalus cerastes

Lebensraum/Lebensweise/Terrarienhaltung: Die nur 40 bis höchstens etwa 80 cm lange Küstenbewohnerin hält sich tagsüber meist im losen Sand verborgen. Sie ist, wie ihr Trivialname schon verrät, eine

sich typisch seitwärts über Sandflächen windende Schlange. Die Weibchen werfen fünf bis 18 Junge. Bei Terrarienhaltung ist eine wenigstens 10 cm tiefe Sandschicht als Bodengrund einzubringen. Ein Liegeplatz sollte bis auf 35 °C erwärmt werden. Manche Tiere akzeptieren nur Echsen als Beute. Die Art wurde wiederholt nachgezogen. Weitere Informationen siehe bei *Crotalus atrox*.

Crotalus durissus LINNAEUS, 1758
– Schauerklapperschlange –
Verbreitung: Südwestmexiko bis Nordargentinien, Brasilien
Lebensraum/Lebensweise: C. durissus gilt allgemein als einzige Klapperschlange, die in Mittel- und Südamerika vorkommt und gliedert sich in 12 Unterarten. Die frühere Unterart *vegrandis* ist heute jedoch eine selbstständige Art. Die Schauerklapperschlange ist gewöhnlich 1 m lang; manche Tiere können aber auch 1,8 m Länge erreichen. Sie ist in offenen Savannen, lichten Wäldern oder auf Plantagen bis in Höhen von über 2000 m über dem Meeresspiegel anzutreffen. Sie und insbesondere die Unterart *C. d. terrificus* gehören zu den **gefährlichsten Giftschlangen Amerikas**. Erst die Möglichkeit zur Behandlung von Gift-

Crotalus durissus

bissen beim Menschen mit Antiserum ließ die Zahl der jährlichen Todesfälle zurückgehen. Die Würfe der Schauerklapperschlange können mehr als 40 Jungtiere umfassen.

Terrarienhaltung: Die Schauerklapperschlange ist ein beliebter Terrarienpflegling, wobei meist *C. d. terrificus* importiert wird. Haltung und Pflege dieser Schlange entsprechen denen von *Crotalus atrox*, das Terrarium sollte jedoch stellenweise etwas feuchter gehalten werden. Zu berücksichtigen sind zudem die etwas höheren Temperaturen ihrer Herkunftsgebiete. Neben dem für Giftbissen aller Klapperschlangen bewährten „CroFab (Crotalidae Polyvalent Immune [Ovine])" gibt es mehrere polyvalente Antiseren mittel- und südamerikanischer Firmen, die das Gift von *C. durissus* speziell in ihren Präparaten berücksichtigen. *C. durissus* ist im Anhang B der EU-Artenschutzverordnung erfasst. Weitere nach dieser Verordnung geschützte Klapperschlangen sind die hier nicht vorgestellten Arten *C. unicolor* und *C. willardi*.

Crotalus horridus LINNAEUS, 1758
– Waldklapperschlange –

Verbreitung: Östliche USA (außer Florida)

Lebensraum/Lebensweise/Terrarienhaltung: Die 0,9 bis 1,3 m lange Klapperschlange (Höchstlänge 1,9 m) lebt auf bewaldeten Hügeln, in Flachlandwäldern, an Feldrainen und ist auch in Sumpfgebieten zu finden. Ihre Würfe umfassen fünf bis 17 Jungtiere. Die Nachzucht im Terrarium war wiederholt erfolgreich. Weiteres siehe bei *Crotalus atrox*. Die Tiere sollten jedoch etwas feuchter gehalten werden.

Crotalus lepidus (KENNICOT, 1861)
– Felsenklapperschlange –

Verbreitung: Südwestliche USA bis Zentralmexiko

Lebensraum/Lebensweise/Terrarienhaltung: Die Felsenklapperschlange wird 40 bis über 80 cm lang und lebt vornehmlich in felsigen, mit Buschwerk bestandenen Gebieten bis in Höhenlagen von 2900 m. Ihrer Nahrungspalette gehören neben Echsen, jungen Mäusen und Vögeln auch kleine Schlangen, Frösche und möglicherweise auch Insekten an. Die Art wurde schon im Terrarium nachgezogen. Als Futter wurden von den zwei bis acht Jungtieren je Wurf allerdings junge Echsen bevorzugt. Weiteres siehe bei *Crotalus atrox*.

Crotalus lepidus klauberi

Crotalus horridus atricaudatus

Crotalus mitchelli (COPE, 1861)
– Gefleckte Klapperschlange –
Verbreitung: Südwestliche USA, Nordwestmexiko, Baja California
Lebensraum/Lebensweise/Terrarienhaltung: Kleinsäuger, Vögel und Echsen stehen auf dem Speiseplan dieser 0,6 bis maximal etwa 1,3 m langen und besonders in Wüsten und Halbwüsten lebenden Klapperschlange. Die größten Würfe werden mit elf und sogar 20 Jungen angegeben. Nachzuchten im Terrarium sind mehrmals gelungen. Weitere Informationen siehe bei *Crotalus atrox*.

▲ *Crotalus mitchelli pyrrhus*

▼ *Crotalus molossus*

Crotalus molossus BAIRD & GIRARD, 1853
– Schwarzschwanzklapperschlange –
Verbreitung: Südwestliche USA (Arizona bis Texas) bis Zentralmexiko
Lebensraum/Lebensweise/Terrarienhaltung: *C. molossus* lebt im Gebirge auf felsigem Gelände, oft mit lichten Kiefern- und Eichenbeständen. Im Terrarium reichen der wärmeempfindlichen Art Temperaturen zwischen 22 und 25 °C bei nächtlicher Abkühlung auf 16 bis 18 °C. Eine lokale Wärmequelle sollte entfallen. Weiteres siehe bei *Crotalus atrox*.

Crotalus ruber COPE, 1892
– Rote Diamantklapperschlange –
Verbreitung: USA (Südkalifornien), Mexiko (Baja California)
Lebensraum/Lebensweise/Terrarienhaltung: Die Gesamtlänge der Roten Diamantklapperschlange liegt zwischen 0,7 und maximal 1,6 m. Die Art ist in kühleren Küstengebieten wie auch in Sand- und Geröllwüsten sowie in Höhenlagen von mehr als 1500 m über dem Meeresspiegel zu finden. Die Weibchen werfen bis zu 20 Junge. Die Haltung dieser Art entspricht der von *Crotalus atrox*. *C. ruber* gilt als wenig beißfreudig, was keineswegs zu einem leichtfertigen Umgang mit diesen Tieren verleiten darf.

Crotalus ruber

Crotalus vegrandis KLAUBER, 1941
– Uraçoanklapperschlange –
Verbreitung: Venezuela
Lebensraum/Lebensweise/Terrarienhaltung: Die
früher als Unterart von *C. durissus* geführte Art ist
in jüngster Zeit insbesondere durch regelmäßige

Nachzuchten zu einer häufig gepflegten Klapperschlange avanciert. Die Tiere leben in ihrem eng begrenzten Verbreitungsgebiet westlich des Orinoko-
deltas in offenen Grassavannen und werden knapp
einen Meter lang. Weitere Hinweise zur Haltung und
Pflege siehe bei *Crotalus durissus*.

Crotalus vegrandis

Crotalus viridis RAFINESQUE, 1818
– Prärieklapperschlange –
Verbreitung: Südwestkanada, westliche USA, Nordwestmexiko
Lebensraum/Lebensweise/Terrarienhaltung: Trotz ihres allgemein gebräuchlichen deutschen Namens ist die Prärieklapperschlange auch in bewachsenen Sanddünen an der Küste, in lichten Wäldern und felsigen Lebensräumen bis in Höhen von mehr als 3300 m zu finden. Sie wird etwa 1 m lang; einzelne Tiere erreichen eine Gesamtlänge von etwa 1,6 m. Die im Mittel zehn Jungschlangen umfassenden Würfe können auch mehr als 20 Junge enthalten. Diese Art wurde schon häufig im Terrarium vermehrt. Weiteres siehe bei *Crotalus atrox*.

Crotalus viridis oreganus

Deinagkistrodon acutus (GÜNTHER, 1888)
– Chinesische Nasenotter –
Verbreitung: Südostchina, Taiwan, Hainan, Nord-
vietnam
Lebensraum/Lebensweise: Die ehemals zur Gattung
Agkistrodon gestellte Grubenotter ist in den Berg-
wäldern ihrer Heimat an bewaldeten Hängen, in mit
Büschen bestandenem oder felsigem Gelände, an
steinigen Bachläufen sowie in Bauwerken bis in
Höhenlagen von 1500 m über dem Meeresspiegel
anzutreffen. Die Schlangen werden gewöhnlich um
1 m, mitunter aber auch mehr als 1,5 m lang. Am
Tage hält sich die Chinesische Nasenotter im Laub

▲▼ *Deinagkistrodon acutus*

oder unter umgestürzten Baumstämmen versteckt
und erbeutet nachts vor allem Kleinsäuger und
Vögel, gelegentlich auch Froschlurche. In Bedrängnis
geratene Exemplare beißen ohne Zögern. Das Gift
führt zu Gewebsblutungen, großflächigen Nekrosen
und Störungen in der Blutgerinnung. Unbehandelte

Bissunfälle können tödlich verlaufen. Mit Gelegegrößen von bis zu 26 Eiern ist die Art recht fruchtbar.
Terrarienhaltung: Die Chinesische Nasenotter wird
nur vereinzelt im Terrarium (1,25 x 0,75 x 0,5 GL) gepflegt. Ihre Haltung entspricht der von *Calloselasma
rhodostoma*. Die Temperaturen können jedoch niedriger liegen (20 bis 25 °C) und nachts noch um 5 K
absinken. In Taiwan und in China werden wirksame
monovalente Antivenine hergestellt.

Gloydius blomhoffi (BOIE, 1826)
– Mamushi –
Verbreitung: Russland (Amurgebiet), Japan, China,
Koreanische Halbinsel
Lebensraum/Lebensweise: Die Boden bewohnende
Schlang lebt in felsigem Gelände ebenso wie in offe-
nen Wäldern oder in der Nähe von Sumpfgebieten.
Die bei niedrigeren Temperaturen tagaktive Gift-
schlange wird nur selten mehr als 60 cm lang und
ernährt sich hauptsächlich von Kleinsäugern und
Vögeln. Tiere aus nördlicheren Populationen pflanzen sich in der Regel nur alle zwei oder drei Jahre fort.
Die drei bis zwölf sich entwickelnden Jungschlangen
können bei ungünstigen klimatischen Verhältnissen
im Mutterleib überwintern.
Terrarienhaltung: Bei Tagestemperaturen zwischen
20 und 25 °C und in einem Terrarium (1,0 x 0,5 x 0,5
GL) mit Schlupfkiste, Rindenstücken, Moospolstern
und einem Baumstubben sind diese Schlangen ausdauernde Pfleglinge, die kaum Fütterungsprobleme
bereiten und wiederholt nachgezogen werden. Falls
erforderlich, können bei Bissunfällen verschiedene
monovalente Gegengifte („Mamushi") eingesetzt
werden.

Gloydius blomhoffi brevicaudus

Gloydius intermedius (Strauch, 1868)
– Mittelasiatische Grubenotter –
Verbreitung: Nordiran, Südrussland, Mongolei, Nordwestchina

Gloydius intermedius caucasicus

Lebensraum/Lebensweise/Terrarienhaltung: Noch immer bestehen taxonomische Unklarheiten bei dieser asiatischen Grubenotter, sodass auch Angaben über ihr Verbreitungsgebiet auseinander gehen. Mit einer Gesamtlänge von etwa 70 cm bewohnt

diese Schlange mehr oder weniger trockene, oft felsige Lebensräume. Weitere Informationen können bei *Gloydius blomhoffi* nachgelesen werden. Im Notfall ist nach Bissunfällen das geeignete Antiserum einzusetzen. Mehrere Produkte wurden unter Verwendung des Giftes von *G. blomhoffi* hergestellt, ohne dass ihre Eignung bei Bissen anderer asiatischer Arten angegeben wird.

Hypnale hypnale (Merrem, 1820)
– Indische Nasenotter –
Verbreitung: Südwestindien, Sri Lanka
Lebensraum/Lebensweise: Die vorwiegend am Boden lebende, ab und zu auch kletternde Indische Nasenotter wird als größte Art der Gattung *Hypnale* (Höckernasenottern) nur wenig mehr als 50 cm lang. Sie lebt in Wäldern, in Plantagen und auf Grasland. Den Tag verbringt sie unter Steinen, Falllaub oder verrottendem Holz. Nachts fängt sie Frösche, Echsen und Kleinsäuger. Die Weibchen bringen vier bis zehn Junge zur Welt. Auf Sri Lanka verursacht die stellenweise häufige Schlange die meisten Giftschlangenbisse, wobei Todesfälle allerdings sehr selten sind.
Terrarienhaltung: Ein feuchtes Waldterrarium (1,25 x 0,75 x 1,0 GL) mit trockenem „Sonnenplatz", einigen Verstecken, Kletterästen und einem Wasserbehälter

Hypnale hypnale

beansprucht diese vorwiegend dämmerungs- und nachtaktive Art. 24 bis 28 °C bei geringer nächtlicher Abkühlung reichen aus. Die Indische Nasenotter frisst im Terrarium Mäuse, und wurde höchstwahrscheinlich noch nicht zur Vermehrung gebracht. Die Grundregeln der Giftschlangenpflege sind auch bei dieser Schlange konsequent einzuhalten, zumal ein wirksames Antivenin nicht zur Verfügung steht.

Lachesis muta (LINNAEUS, 1766)
– Buschmeister –

Verbreitung: Südliches Nikaragua bis Ostperu, Nordbrasilien, Trinidad, ein isoliertes Verbreitungsgebiet an der Ostküste Brasiliens

Lebensraum/Lebensweise: Mit einer Gesamtlänge von maximal 3,6 bis 4 m ist der Buschmeister nicht nur die größte Giftschlange Amerikas, sondern eine der längsten rezenten Giftschlangen überhaupt. Die relativ seltene Schlange favorisiert kühlere Regionen des tropischen Regenwaldes mit hohen Niederschlagsmengen. Sie lebt am Boden und geht nachts auf Jagd nach Kleinsäugern, wobei mitunter auch Vögel gefangen werden. Am Tage versteckt sie sich in hohlen Bäumen oder unter Baumwurzeln. Wegen ihrer verborgenen Lebensweise sind Bissunfälle beim Menschen selten. Ist auch ihr Gift nicht sehr wirksam, führt die durch sehr lange Giftzähne tiefe injizierte große Giftmenge bei ausbleibender fachkundiger Behandlung durchaus zum Tode des Gebissenen. Als einzige Grubenotter der Neuen Welt legt der Buschmeister Eier. Die Gelege umfassen gewöhnlich etwa zwölf Eier.

Terrarienhaltung: Wegen häufiger Futterverweigerung gilt der Buschmeister im Terrarium als heikel. Sicher spielen dabei rabiate Fangmethoden, Stressanfälligkeit und falsche Haltungsbedingungen eine Rolle. Das feuchte Waldterrarium (1,0 x 0,75 x 0,75 GL) sollte einen geeigneten Versteckplatz (Schlupfkiste), trockene Ruheplätze und ein Wasserbecken enthalten. Regelmäßiges Sprühen mit lauwarmem Wasser muss die Luftfeuchtigkeit hoch halten. Die Terrarientemperatur darf lediglich bei 18 bis 22 °C liegen. Bei Temperaturen über 24 °C wird angeblich die Futteraufnahme eingestellt. Als Futter sind die verschiedensten Säugetiere bis in Kaninchengröße anzubieten. Buschmeister wurden schon nachgezogen. Zur spezifischen Therapie eines Giftbisses können monovalente Antiseren („Antiaquetico", „Anti-Laquesico") eingesetzt werden.

Lachesis muta

Porthidium nasutum (BOCOURT, 1868)
– Stülpnasenlanzenotter –
Verbreitung: Mexiko (Veracruz) entlang der Golf-
küste bis Kolumbien und Ecuador
Lebensraum/Lebensweise: Die Art ist mit einer mittleren Gesamtlänge von 45 cm eine der kleinsten
Lanzenottern. Die Boden bewohnende, je nach Witterung tag- oder nachtaktive Schlange bewohnt
feuchte Lebensräume. Dort findet sie unter Baumstämmen, Felsen oder in Mauerwerk Unterschlupf.
Ihre Beute besteht aus Kleinsäugern und Echsen. Die
viviovipare Art kann mehr als 20 Jungtiere werfen.

Porthidium ophryomegas

Porthidium nasutum

Terrarienhaltung: Stülpnasenlanzenottern werden
nur selten gepflegt. Generell ist für die Vertreter der
Gattung je nach Herkunft ein mehr oder weniger
feuchtes Terrarium (1,25 x 0,5 x 0,75 GL) mit Versteckplätzen und einem Trinkgefäß erforderlich. Die
Temperatur muss tagsüber zwischen 22 und 26 °C
liegen und nur bei Arten aus höheren oder trockeneren Lagen nachts bis auf 18 °C absinken. Es empfiehlt sich, an einem Wärmeplatz die Temperatur auf
28 bis 30 °C zu erhöhen. Die Tiere sind mit kleinen
Mäusen zu füttern. Vereinzelte Nachzuchten sind
gelungen. Bissvergiftungen zeigen gewöhnlich nur
lokale Symptome.

Porthidium ophryomegas BOCOURT, 1868
– Westliche Stülpnasenlanzenotter –
Verbreitung: Pazifikküste von Guatemala bis Panama
Lebensraum/Lebensweise/Terrarienhaltung: Die
etwa 60 cm, selten 75 cm lange Art gibt trockeneren
Gebieten den Vorzug und sonnt sich gern. Die viviovipare Giftschlange wird selten gepflegt, frisst jedoch unproblematisch kleine Mäuse. Weiteres siehe
bei *Porthidium nasutum*.

Sistrurus catenatus (RAFINESQUE, 1818)
– Massasauga –
Verbreitung: USA (Südontario und Pennsylvania süd-
wärts bis Südarizona), Nordostmexiko
Lebensraum/Lebensweise/Terrarienhaltung: Im Ge-
gensatz zur Zwergklapperschlange (*S. miliarius*)
bevorzugt diese etwas größere, maximal 1 m lange
Art feuchteres Grasland, Wälder, Felder und Sümpfe.

Sistrurus catenatus

Mäuse, Vögel, Echsen, Frösche und mitunter auch Schlangen gehören zur Beute. Im Frühjahr und im Herbst ist sie oft tagaktiv. Die Weibchen werfen bis zu 19 Jungtiere. *S. catenatus* wird seltener im Terrarium gepflegt als *S. miliarius* (weiteres siehe dort). Sie ist leicht feucht unterzubringen und wird gelegentlich auch nachgezogen.

Sistrurus miliarius (LINNAEUS, 1766)
– Zwergklapperschlange –
Verbreitung: Südosten der USA (von Nordkarolina bis Texas)
Lebensraum/Lebensweise: Unterschiedliche Lebensräume in sandigen Kiefern- und Eichenwäldern, Prärien und in der Nähe von Gewässern und Sumpfgebieten bewohnt die 50 bis knapp 80 cm lange Boden bewohnende Zwergklapperschlange. Am Tage verbirgt sie sich häufig unter Falllaub, Rindenstücken oder umgestürzten Baumstämmen. Zu ihrer Nahrung zählen Echsen, kleine Schlangen, Mäuse, kleine Vögel, Frösche und Gliederfüßer. Die Würfe können bis zu 32 Junge umfassen. Beim Menschen zeigen Giftbisse selten systemische Effekte, sodass eine Antiserumtherapie in der Regel nicht erforderlich ist. Terrarienhaltung: Die Zwergklapperschlange ist in einem Trockenterrarium (1,0 x 0,5 x 0,5 GL) bei 20 bis 28 °C und nächtlicher Abkühlung auf 18 bis 20 °C zu pflegen. Eine Wurzel, einige Rindenstücke, ein

Sistrurus miliarius miliarius

Schlupfkasten sowie ein kleines Wasserbecken genügen zur Ausstattung. Halbwüchsige Mäuse werden problemlos gefressen. Allerdings stellten die Tiere des Verfassers der Unterart *S. m. barbouri* regelmäßig schon im September ihre Nahrungsaufnahme bis zum nächsten Frühjahr ein. Zwergklapperschlangen werden häufig im Terrarium nachgezogen. Beim Autor verweigerten die Neugeborenen sowohl die angebotenen nestjungen Mäuse als auch Grillen und andere Gliederfüßer und mussten zunächst zwangsernährt werden. Trotz der geringen Größe der Schlangen sollten bei der Haltung der *Sistrurus*-Arten Giftbisse ernst genommen werden.

Sistrurus miliarius barbouri, DDS

Trimeresurus albolabris GRAY, 1842
– Weißlippenbambusotter –

Verbreitung: Nordindien, Nepal bis Südchina (einschließlich Taiwan, Hainan), Hinterindien und Indoaustralischer Archipel

Lebensraum/Lebensweise: Die grünen Vertreter der 37 Arten der Gattung *Trimeresurus* (Bambusottern) bereiten aufgrund ihrer Grundfärbung und sehr ähnlichen Beschuppung selbst versierten Herpetologen Probleme bei der Ermittlung der Artzugehörigkeit. Dazu gehören unter anderem neben *T. albolabris* auch *T. gramineus*, *T. macrops*, *T. popeiorum*, *T. stejnegeri* oder *T. sumatranus* (GUMPRECHT, 1997). Weitere einstige *Trimeresurus*-Arten gehören inzwischen zu den selbständigen Gattungen *Ovophis*, *Protobothrops*, *Triceratolepidophis*, *Tropidolaemus* und *Zhaoermia*. Alle stellen sowohl morphologisch als auch ökologisch das asiatische Pendant zu den Amerikanischen Lanzenottern (*Bothrops* und andere) dar. Die Mehrzahl der Arten sind Baum- und Strauchbewohner, die in den Regen- und Bergregenwäldern sowie in den Bambusdickichten ihres Verbreitungsgebietes leben. *T. albolabris* besitzt wie die meisten Baum bewohnenden Arten einen effektiven Greifschwanz und wird 60 bis maximal 90 cm lang. Diese Grubenotter bevorzugt Busch- und Waldgebiete des Tief- und Hügellandes. In der Dämmerung und nachts aktiv, geht sie auch am Boden auf Jagd und erbeutet Frösche, Echsen, Kleinsäuger und kleine Vögel, die ergriffen und bis zum Tode festgehalten werden. Die Weibchen bringen bis etwa 16 Junge zur Welt. Während bei den meisten *Trimeresurus*-Arten Bissunfälle in der Regel nur eine lokale Giftwirkung zeigen, haben Bisse von *T. albolabris* in wenigen Fällen schon zum Tode geführt. In Südostasien geht eine große Zahl der Giftschlangenbisse beim Menschen zu Lasten dieser Art.

Terrarienhaltung: Die kletternden Bambusottern sind in einem gut belüfteten Regenwaldterrarium (0,75 x 0,5 x 1,0 GL) mit zahlreichen Kletterästen, üppiger Bepflanzung und einem Wasserbecken unterzubringen. Durch tägliches Besprühen der Terrarieneinrichtung mit lauwarmem Wasser ist eine hohe relative Luftfeuchtigkeit (60 bis 80 %) zu gewährleisten. Die Temperatur im Terrarium muss zwischen 25 und 30 °C liegen und kann nachts um etwa 5 K sinken. Lokal ist eine Maximaltemperatur von 28 bis 33 °C zu bieten. Die Hauptnahrung bieten Mäuse. Zur spezifischen Therapie von Bissen wird gewöhnlich das thailändische „Green pit viper antivenin" eingesetzt, das allerdings bei Bissen von *T. albolabris* nicht sehr wirksam sein soll, da eventuell *T.-macrops*-Gift für die Immunisierung bei der Antiveninherstellung verwendet wurde.

Trimeresurus albolabris

Trimeresurus macrops KRAMER, 1977
– Großaugenbambusotter –
Verbreitung: Thailand, Kambodscha, Vietnam
Lebensraum/Lebensweise/Terrarienhaltung: Nach
GUMPRECHT (1997) wird diese grüne Bambusotter
sowohl in Fachbüchern als auch im US-amerikanischen und europäischen Tierhandel fälschlicherweise als *T. gramineus* geführt. Auch bei den als
T. popeiorum angesehenen Tieren handele es sich
zumeist um *T. macrops*. Weiteres siehe bei *Trimeresurus albolabris*

Trimeresurus macrops

Trimeresurus popeiorum SMITH, 1937
– Popes Bambusotter –
Verbreitung: Indien, Hinterindien, Borneo, Sumatra
Lebensraum/Lebensweise/Terrarienhaltung: Trotz
falscher Genetivbildung des nach dem Herpetolo-
genpaar Pope gebildeten Artnamens gebührt der
Bezeichnung „*popeiorum*" vor dem sonst benutzten

Trimeresurus popeiorum

Artnamen „*popeorum*" Priorität (DAVID u. a. 1996).
Auch diese Art wird häufig falsch bestimmt, sodass
die als *T. popeiorum* gepflegten Tiere häufig in Wirklichkeit *T. macrops* sein dürften. Die Art wird etwa
90 cm lang und kommt im Terrarium regelmäßig
zur Fortpflanzung. Weiteres siehe bei *Trimeresurus
albolabris*.

Trimeresurus puniceus (BOIE, 1827)
– Braune Bambusotter –
Verbreitung: Thailand, Malaysia, Indoaustralischer
Archipel
Lebensraum/Lebensweise/Terrarienhaltung: Die bis
in Höhenlagen von 1500 m vorkommende Art wird
im Mittel 55 bis 60 cm lang. Es sind Exemplare mit
einer Gesamtlänge von 77 cm bekannt geworden.
Ihre Würfe umfassen bis etwa 30 Junge. Weitere
Informationen siehe bei *Trimeresurus albolabris*.

Trimeresurus popeiorum

Trimeresurus puniceus

Trimeresurus purpureomaculatus (GRAY, 1832)
– Mangrovenotter –
Verbreitung: Myanmar, Thailand, Malaysia, Sumatra

▲▼ *Trimeresurus purpureomaculatus*

Trimeresurus stejnegeri

Lebensraum/Lebensweise/Terrarienhaltung: Auch diese 50 bis 65 cm lange Bambusotter wird häufig falsch bestimmt. Die Chinesische Bambusotter wurde bereits nachgezogen; weiteres siehe bei *Trimeresurus albolabris*.

Trimeresurus sumatranus (RAFFLES, 1822)
– Sumatrabambusotter –
Verbreitung: Thailand, Malaysia, Indonesien
Lebensraum/Lebensweise/Terrarienhaltung: Die Sumatrabambusotter ist gewöhnlich 1,2 m lang und erreicht mit einer Höchstlänge von 1,6 m für eine *Trimeresurus*-Art ungewöhnliche Größen. Sie ist Baum bewohnend und reagiert bei Annäherung sehr aggressiv. Nach DAVID et al. (1996) ist *T. sumatranus* ovipar; allerdings ist über ihr Fortpflanzungsgeschehen wenig bekannt. Im Terrarium gehaltene Exemplare sind häufig fehlbestimmt, sodass auch die zur Verfügung stehenden Abbildungen davon betroffen sein können. Weiteres siehe bei *Trimeresurus albolabris*.

Lebensraum/Lebensweise/Terrarienhaltung: Die 70 cm bis höchstens knapp einen Meter messende Giftschlange lebt zwar vor allem im Geäst der Mangroven, kommt aber auf Beutesuche häufig auch auf den Boden. Auch diese *Trimeresurus*-Art ist viviovipar und wirft etwa 18 Jungtiere. Sie wurde schon wiederholt unter Terrarienbedingungen vermehrt. Weiteres siehe bei *Trimeresurus albolabris*.

Trimeresurus stejnegeri SCHMIDT, 1925
– Chinesische Bambusotter –
Verbreitung: Nordostindien, Nepal bis Südostchina – einschließlich Taiwan, Hainan –, Nordvietnam

Trimeresurus sumatranus   DHS

Tropidolaemus wagleri WAGLER, 1830
– Waglers Bambusotter –
Verbreitung: Thailand über Indoaustralischen Archipel bis Philippinen
Lebensraum/Lebensweise: Die in Färbung und Zeichnung recht variable Bambusotter gehörte ehemals der Gattung *Trimeresurus* an. Sie ist eine typische Baumschlange, die in den Wäldern des Flachlandes und in Plantagen gebietsweise sehr häufig ist und feuchtere Stellen liebt. Von der Bevölkerung wird sie kaum gefürchtet und sogar verehrt. Meist wird die sowohl tag- als auch nachtaktive Art 75 bis 100 cm lang und lauert im Geäst auf zufällig in die Nähe kommende Beute (Echsen – insbesondere auch Tokehs, Vögel, Frösche, Kleinsäuger). Ihre Würfe umfassen gewöhnlich 12 bis 15 Junge; es ist ein Rekordwurf von 41 Jungschlangen bekannt.
Terrarienhaltung: Grundsätzlich ist *T. wagleri* wie *Trimeresurus albolabris* im Regenwaldterrarium (0,75 x 0,5 x 1,0 GL) zu halten und zu pflegen, doch sollte die relative Luftfeuchtigkeit nahe 100 % liegen. Ein großes Wasserbecken, das einen Großteil des Terrarienbodens einnehmen kann, ist empfehlenswert. Stickige Luft muss trotz der hohen Luftfeuchte vermieden werden. Aufgrund falscher Behandlung und Haltung der Tiere vor dem Import gelangen häufig sehr geschwächte oder kranke Tiere in die Terrarien. Als Futter sind Mäuse und junge Ratten anzubieten.

Von Wildfängen abgesetzte Jungtiere müssen zunächst meist zwangsernährt werden, vor allem, wenn keine kleinen Futterfrösche zur Verfügung stehen. *T. wagleri* beißt – zumindest am Tage – relativ selten. Bissunfälle zeigen meist nur eine lokale Wirkung. Trotzdem dürfen die Bedingungen für eine ordnungsgemäße Giftschlangenhaltung nicht vernachlässigt werden.

▲▼ *Tropidolaemus wagleri*

Unterfamilie **Echte Vipern (Viperinae)**

13 Gattungen bilden die Unterfamilie der Echten Vipern. Die meisten Echten Vipern zeichnen sich durch ihre dreieckigen Köpfe und eine kleinschuppige Kopfoberseite aus; die Rückenschuppen sind mehr oder weniger gekielt. Zu dieser Unterfamilie gehören die meisten europäischen Giftschlangen.

Atheris chloroechis (SCHLEGEL, 1853)
– Grüne Buschviper –
Verbreitung: Guinea, Sierra Leone bis Kamerun
Lebensraum/Lebensweise/Terrarienhaltung: Nähere Informationen siehe bei *Atheris squamigera*. Die 50 bis 70 cm lange Buschviper wurde noch nicht im Terrarium nachgezogen.

Atheris hispida LAURENT, 1955
– Rauschuppenbuschviper –
Verbreitung: Republik Kongo, Uganda, Westkenia

Lebensraum/Lebensweise/Terrarienhaltung: Die Rauschuppenbuschviper wird etwa 50 cm lang und ist im Terrarium recht friedfertig. Allerdings kann sie Schwierigkeiten bei der Futteraufnahme bereiten und muss dann zwangsernährt werden. Andere Exemplare fraßen Regen- und Tauwürmer. Weiteres siehe bei *Atheris squamigera*.

▼ *Atheris hispida*

▼ *Atheris chloroechis*

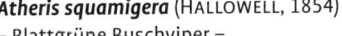
Atheris nitschei Tornier, 1902
– Schwarzgrüne Buschviper –
Verbreitung: Kongo bis Westtansania

Atheris nitschei – **Jungtier**

Lebensraum/Lebensweise/Terrarienhaltung: Diese tag- und nachtaktive Viper liebt dichte Schilfbestände in Höhenlagen zwischen 1500 und 3000 m. Sie ist in einem dicht bepflanzten und mit zahlreichen Kletterästen versehenen Aquaterrarium zu pflegen. Nachts sollte die Terrarientemperatur auf 20 °C absinken. Weiteres siehe bei *Atheris squamigera*.

Atheris squamigera

Atheris squamigera (Hallowell, 1854)
– Blattgrüne Buschviper –
Verbreitung: Kamerun bis Uganda und Westkenia, südwärts bis Angola
Lebensraum/Lebensweise: Die 50 cm, selten über 80 cm lange Viper bewohnt die tropischen Regenwälder, wo sie mit Hilfe ihres Greifschwanzes gut im Gebüsch und auf den Bäumen klettern kann. Die vorwiegend nachtaktive Schlange kommt höchstens bei der Nahrungssuche einmal auf den Erdboden. Sie frisst Mäuse und Jungvögel, gelegentlich auch Echsen (u. a. Chamäleons) und Frösche. Im Mittel werden zwischen zehn und 20 Jungtiere geboren. Wenn auch schon über lokale Schmerzen, Schwellungen oder Übelkeit nach Bissunfällen berichtet wurde, sind schwere Vergiftungen unwahrscheinlich.
Terrarienhaltung: *Atheris*-Arten sind attraktive Pfleglinge, die in einem reichlich bepflanzten und mit zahlreichen Kletterästen bestückten Regenwaldterrarium (1,0 x 0,5 x 0,5 GL) bei 25 bis 28 °C und geringer nächtlicher Abkühlung zu pflegen sind. Durch regelmäßiges Besprühen ist für eine relative Luftfeuchtigkeit von 70 bis 90 % zu sorgen. Nicht alle Exemplare lernen es, ihren Wasserbedarf aus einem Trinkgefäß zu decken und nutzen lieber die nach dem Sprühen verbleibenden Wassertropfen. Junge

Mäuse, nestjunge Vögel wie auch Frösche werden im Terrarium ohne Probleme gefressen. *A. squamigera* wurde schon wiederholt nachgezogen. Die Jungtiere werden mit kleinen Grillen, Frosch- oder Fischfleischstreifen von der Pinzette gefüttert. Auch hat sich zunächst eine Zwangsfütterung mit einer Futterpaste über eine Sonde bewährt. Verlaufen Bissunfälle in der Regel auch relativ harmlos, sind doch stets die Grundsätze der Giftschlangenpflege zu beachten.

Atheris squamigera

Bitis arietans (MERREM, 1820)
– Puffotter –

Verbreitung: Afrika (außer dichte Wälder und baumlose Wüste)

Lebensraum/Lebensweise: Puffottern sind in den afrikanischen Savannen und Steppen zu Hause. Sie leben aber auch in dichten Waldgebieten, im halbfeuchten Buschland, in Oasen und in der Nähe menschlicher Siedlungen. Sie werden gewöhnlich 90 bis 120 cm lang. Während Tiere aus Saudiarabien kaum 80 cm erreichen, messen west- und zentralafrikanische Exemplare 1,8 m und mehr. Puffottern halten sich tagsüber in Erdbauen anderer Tiere, in Felsspalten oder ähnlichen Verstecken verborgen und legen sich erst nachts auf die Lauer nach Beute (Kleinsäuger, Vögel, Echsen, Froschlurche, Gliederfüßer). Selbst Fische werden erbeutet. Wenn auch nicht aggressiv, zögert die Puffotter jedoch nicht, in Bedrängnis blitzschnell zuzubeißen. Wegen ihrer langen Giftzähne und der großen Menge des beim Biss applizierten hochwirksamen Giftes soll die Puffotter für viele Todesfälle bei Mensch und Haustieren verantwortlich sein. Alle *Bitis*-Arten sind viviovipar. Die Puffotter bringt im Mittel 30 bis 40 Jungtiere zur Welt. Mit einem Wurf von 157 Jungen dürfte sie den Nachkommenrekord unter den Schlangen halten.

Bitis arietans – normalgezeichnetes und gestreiftes Exemplar

Terrarienhaltung: Trotz ihrer Gefährlichkeit werden Puffottern relativ häufig gepflegt. Ihre hohen Vermehrungsraten unter Terrarienbedingungen tragen sicher dazu bei. Für die Puffotter ist ein Trockenterrarium (1,0 x 0,5 x 0,5 GL) mit Schlupfkiste und Trinkgefäß erforderlich. Die Temperatur soll tagsüber 28 bis 32 °C betragen und kann nachts auf etwa 20 °C sinken. Den Wärme liebenden Tieren, die sich auch in der Natur gelegentlich sonnen, ist ein bestrahlter

Bitis arietans

Liegeplatz mit einer Temperatur von 30 bis 35 °C zu bieten. Das Futter (Kleinsäuger, Küken – lebend oder tot) wird meist gierig verschlungen. Auch die Jungtiere fressen bald nach der Geburt junge Mäuse. Es besteht Neigung zu Kannibalismus. Wenn auch manche Tiere sich träge und beißfaul verhalten, muss immer mit unerwarteten Bissen gerechnet werden. Deshalb ist bei der Haltung von Puffottern größte Vorsicht angebracht. Es muss unbedingt eines der verschiedenen polyvalenten Antiseren kurzfristig verfügbar sein.

Bitis atropos (LINNAEUS, 1758)
– Bergadder –
Verbreitung: Ostsimbabwe, Mosambik, Südafrika
Lebensraum/Lebensweise/Terrarienhaltung: Die etwa 50 cm lange, im Gebirge auf trockenen, steinigen und mit Gebüsch bestandenen Berghängen lebende Viper wird nur selten gepflegt. Ihr Trockenterrarium (1,25 x 0,75 x 0,5 GL; 26 bis 30 °C) sollte nachts deutlich abkühlen. Eine lokale Erwärmung tagsüber bis auf etwa 33 °C ist empfehlenswert. Bissunfälle sind gewöhnlich nicht sehr prekär. Es ist kein Antivenin verfügbar.

Bitis atropos

Bitis caudalis (SMITH, 1839)
– Gehörnte Puffotter –
Verbreitung: südliches Afrika
Lebensraum/Lebensweise: Die nur 30 bis 40 cm, selten bis 50 cm lange Puffotter bewohnt trockene, sandige und felsige Gebiete. Sie ist eine der Wüstenbewohnenden Schlangenarten, die sich bis zur

Bitis caudalis

Schnauze im losen Sand eingraben und dort oft tagelang auf Beute – Echsen, vor allem Geckos, und gelegentlich Mäuse – warten. Auf dem Sand kann sie sich durch „Seitenwinden" schnell fortbewegen. Ihre Würfe umfassen vier bis 15 Junge, die sich von jungen Echsen ernähren. Bei Bissunfällen besteht kaum Lebensgefahr.

Terrarienhaltung: Als Wüsten bewohnende Art braucht *B. caudalis* eine Lufttemperatur von 25 bis 28 °C bei lokaler Erwärmung auf 28 bis 33 °C. Das Wüstenterrarium (1,25 x 0,75 x 0,5 GL) ist mit tiefem Sandboden, einigen Steinen und einem Trinkgefäß einzurichten. Die Futteraufnahme kann Probleme bereiten, da junge Mäuse oft verweigert und nur Futtergeckos angenommen werden. Die Art wurde bereits nachgezogen. Die winzigen Jungschlangen müssen zunächst zwangsernährt werden. Obwohl selbst Wildfänge bald ihr aggressives Verhalten verlieren, ist Vorsicht beim Umgang mit diesen Tieren geboten.

Bitis cornuta (DAUDIN, 1803)
– Büschelbrauenotter –
Verbreitung: Südwestliches Afrika (Südnamibia bis Kapland)
Lebensraum/Lebensweise/Terrarienhaltung: Die recht reizbare, nur 30 bis 40 cm (maximal 55 cm) lange Wüstenschlange gilt als gefährlich. Über eine gelungene Nachzucht ist nichts bekannt. Weiteres siehe bei *Bitis caudalis*.

▼ *Bitis cornuta inornata*   ▲ *Bitis cornuta*

Bitis gabonica (DUMÉRIL, DUMÉRIL & BIBRON, 1854)
– Gabunviper –
Verbreitung: Sudan, West- bis Ostafrika sowie bis nördliches Südafrika
Lebensraum/Lebensweise: Die nachtaktive Bodenschlange besiedelt die geschlossenen tropischen Regenwälder des Flach- und Hochlandes bis in 2300 m Höhe. Sie ist im Mittel 1,3 bis 1,5 m groß. Einzelne Exemplare können über 2 m lang werden. Damit ist die Gabunviper die größte Echte Viper überhaupt. Die Giftzähne solcher Tiere können bis 5 cm lang sein, sodass die abgesonderte große Giftmenge tief in den Körper des Opfers injiziert wird. Die Gabunviper frisst kleine Säugetiere und Vögel. Ihre Würfe umfassen 20 bis sogar 60 Jungtiere.

Bitis gabonica rhinoceros

Terrarienhaltung: Im feuchten Waldterrarium (1,0 x 0,5 x 0,5 GL) müssen eine Schlupfkiste, ein Baumstubben sowie Waldhumus oder Torf als Bodengrund und ein Wasserbecken vorhanden sein. Die nachtaktiven, sensiblen Tiere sind so wenig wie möglich zu stören. Einzelhaltung ist empfehlenswert. Die Tagestemperatur von 24 bis 26 °C sollte auch nachts konstant bleiben. Durch tägliches Besprühen mit lauwarmem Wasser ist die relative Luftfeuchtigkeit auf 70 bis 100 % zu halten. Die Fütterung mit Kleinsäugern hat recht verhalten zu erfolgen. Immer sollte erst die Kotabgabe abgewartet werden, ehe erneut Futtertiere angeboten werden. Gabunvipern wurden wiederholt im Terrarium vermehrt. Es sind auch Artkreuzungen mit *Bitis nasicornis* und *Bitis arietans* bekannt. Gabunvipern beißen gewöhnlich erst nach starker Störung. Es muss unbedingt jederzeit Zugang zu einem polyvalenten Antiserum gegen Bitis-Bisse bestehen.

Bitis nasicornis (SHAW, 1802)
– Nashornviper –
Verbreitung: Südsudan, Westkenia, Uganda, westwärts bis Guinea und Angola

Bitis nasicornis

Lebensraum/Lebensweise/Terrarienhaltung: Die 90 bis 120 cm lange Giftschlange ist der Gabunviper (*B. gabonica*) in Lebensweise und Haltung im Terrarium sehr ähnlich (siehe dort). Die Nashornviper ist gelegentlich auch in Sumpfgebieten zu finden. Auch diese Art wurde schon wiederholt erfolgreich nachgezogen.

Bitis nasicornis

Bitis peringueyi (BOULENGER, 1888)
– Zwergpuffotter –
Verbreitung: Südangola, Namibia
Lebensraum/Lebensweise: Die däm-
merungs- und nachtaktive Bewohnerin der Namib wird meist nur 25 cm
lang. Sie ist tagsüber im Sand vergraben. Nachts werden kleine Echsen,
insbesondere Geckos, und nestjunge
Nagetiere erbeutet. Sie kann sich „seitenwindend" fortbewegen. Die Zwergpuffotter nutzt den sich allnächtlich
niederschlagenden Küstennebel als
Wasserquelle. Die Weibchen bringen
bis zu zehn, etwa 10 cm lange Jungtiere zur Welt.
Terrarienhaltung: Zur Haltung im Terrarium ist diese Wüstenart weniger
geeignet, da ihr in der Regel weder die
spezielle Umgebung noch das entsprechende Futter geboten werden können.
Ansonsten siehe bei *Bitis caudalis*.

▲▼ *Bitis peringueyi*

Bitis schneideri (BOETTGER, 1886)
– Namaqua-Zwergpuffotter –
Verbreitung: Namibia, westliches Südafrika
Lebensraum/Lebensweise/Terrarienhaltung: Mit 18
bis höchstens 28 cm Gesamtlänge ist diese Viper die
kleinste *Bitis*-Art. Weitere Informationen bei *Bitis
peringueyi*. Ihre Würfe umfassen nur drei bis vier
Jungtiere. Bisse verursachen beim Menschen lediglich lokale Schmerzen.

Bitis xeropaga HAACKE, 1975
– Wüstenbergotter –
Verbreitung: Namibia, südwärts bis zur Kapprovinz
Lebensraum/Lebensweise/Terrarienhaltung: Diese
Wüstenschlange ist mit *Bitis caudalis* nahe verwandt
und kommt in manchen Gegenden gemeinsam mit
ihr vor. Die Wüstenbergotter bevorzugt jedoch etwas
bewachsene, felsige Hügel und Berghänge und gräbt
sich nicht im Sandboden ein. Tagsüber versteckt sie
sich unter Steinen. Zur Haltung siehe die Hinweise
bei *Bitis caudalis*. Es wird über das Absetzen von vier
Jungtieren bei einem Wildfangweibchen berichtet.

Causus defilippi (JAN, 1862)
– Schnauzennachtotter –
Verbreitung: Südtansania bis Südafrika
Lebensraum/Lebensweise/Terrarienhaltung: Die
kaum 45 cm lange Giftschlange bevorzugt im Gegensatz zu *Causus rhombeatus* trockene Lebensräume.

◀ *Bitis schneideri*

▼ *Bitis xeropaga*

Causus defilippi

Sie führt eine vorwiegend im Boden wühlende Lebensweise. Sie wird selten im Terrarium gepflegt, ist zwar gut haltbar, aber wohl nur mit Froschlurchen zu ernähren. Über eine Nachzucht im Terrarium ist nichts bekannt. Weiteres siehe bei *C. rhombeatus*.

Causus maculatus (HALLOWELL, 1843)
– Gefleckte Nachtotter –
Verbreitung: Senegal ostwärts bis Angola
Lebensraum/Lebensweise/Terrarienhaltung: siehe bei *Causus rhombeatus*.

Causus maculatus

Causus rhombeatus (LICHTENSTEIN, 1823)
– Krötenotter –
Verbreitung: Sudan, Somalia, westwärts bis Senegal und Mauretanien, südwärts bis Angola und Südafrika (Natal)

Lebensraum/Lebensweise: Neben der Feaviper (*Azemiops fea*) gehören die *Causus*-Arten zu den ursprünglichen rezenten Vipern. Sind besitzen runde Pupillen und große natternartige Kopfschilder. Eine Verbreiterung der Nackenregion und Zischen als Drohgebärden erinnern an das Warnverhalten der Kobra; der Vorderkörper wird allerdings nicht aufgerichtet. Bemerkenswert sind ihre riesigen Giftdrüsen, die weit ins vordere Körperdrittel hineinreichen. Bissunfälle sind zwar relativ häufig, verlaufen aber meist wenig spektakulär. Ein Antivenin wird nicht hergestellt, wäre auch in der Regel nicht erforderlich. Die nachts aktiven, gebietsweise recht häufigen Bodenschlangen leben meist in der Nähe von Gewässern und in Sumpfgebieten in der Savanne. Tagsüber werden die Bodenverstecke gelegentlich zum Sonnen verlassen. *C. rhombeatus* wird etwa 60 cm, selten bis 90 cm lang. Die anderen Arten der Gattung sind gewöhnlich kleiner. Frösche und Kröten bieten die Hauptnahrung. Die Gelege umfassen bis zu 26 Eier. Es können im Jahr mehrere Gelege abgesetzt werden.

Causus rhombeatus

Terrarienhaltung: Je nach Art brauchen die Gattungsvertreter ein mehr oder weniger trockenes Terrarium (1,0 x 0,5 x 0,5 GL) mit Versteckplätzen und einem Wasserbecken. Die Temperatur von 25 bis 30 °C kann nachts um etwa 5 K sinken. In der Regel werden nur Froschlurche angenommen. Einzelne Exemplare können auch mit Mäusen gefüttert werden. *C. rhombeatus* wurde schon wiederholt erfolgreich vermehrt. Obwohl keine schweren Folgen von Bissunfällen bekannt sind, ist Vorsicht beim Umgang mit diesen Tieren geboten.

Cerastes cerastes (LINNAEUS, 1758)
– Hornviper –
Verbreitung: Syrien bis Südwestiran, südwärts über ganz Nordafrika bis Mali und Nigeria
Lebensraum/Lebensweise: Für die 50 bis 60 cm, selten über 80 cm lang werdende Hornviper sind ihre aus jeweils einer einzigen Schuppe bestehenden Hörnchen über den Augen charakteristisch. Als ausgesprochene Wüstenschlange kann sie losen Sand durch „Seitenwinden" überqueren. In der heißen Jahreszeit ist sie nachtaktiv und geht dann auf Suche nach Beute – vorwiegend Echsen (Fransenfinger, Skinke), aber auch Kleinsäuger und Vögel. Bei Störung flieht sie und vergräbt sich schnell im Wüstensand. Bei Bedrohung erzeugt die Hornviper durch Aneinanderreiben ihrer Körperschlingen ein schabendes Warngeräusch. Ernste Bissunfälle sind selten. Die Verabreichung eines der zahlreichen, meist polyvalenten Antivenine ist gewöhnlich nicht erforderlich. Die Weibchen legen etwa zehn bis 16 Eier.

Cerastes cerastes

Terrarienhaltung: In einem hellen, auf 28 bis 32 °C beheizten Wüstenterrarium (1,0 x 0,5 x 0,5 GL) mit 10 bis 15 cm tiefem Sandboden sind Hornvipern ausdauernde und anspruchslose Pfleglinge. Unter einem Wärmestrahler kann die Temperatur bis auf 35 °C steigen. Die Nachttemperatur sollte bei lediglich 20 °C liegen. Im trockenen Sand sind jedoch feuchtere Verstecke unter flachen Steinen oder ähnlichem anzubieten. Ein kleines Trinkgefäß ist ausreichend. Lebende oder tote Mäuse und Küken werden meist willig gefressen. Hornvipern wurden schon wiederholt nachgezogen. Die Grundsätze der Giftschlangenpflege sind trotz der relativ geringen Giftwirkung der Bisse dieser Art unbedingt zu befolgen.

Cerastes vipera (LINNAEUS, 1758)
– Avicennaviper –
Verbreitung: Sahara und deren Randgebiete, Israel und Libanon

Cerastes vipera

Lebensraum/Lebensweise/Terrarienhaltung: Die meist nur 35 cm lange Wüstenschlange trägt im Unterschied zu *C. cerastes* keine Augenbrauenhörner. Auch ist sie vivivopar und bringt drei bis fünf Jungschlangen zur Welt. Angebotene Mäuse werden meist abgelehnt, sodass Futterechsen zur Verfügung stehen müssen. Über eine echte Nachzucht ist nichts bekannt. Weitere Informationen siehe bei *Cerastes cerastes*.

Daboia russelii (SHAW, 1802)
– Kettenviper –
Verbreitung: Indischer Subkontinent, Sri Lanka, Myanmar, Thailand, Kambodscha, Südostchina, Taiwan, Ostjava und einige kleine indonesische Inseln
Lebensraum/Lebensweise: Die Kettenviper – einzige Art, die bis in die asiatischen Tropen vordringt und deren Gattungsname *Daboia* gegenüber dem früheren Namen *Vipera* allgemein anerkannt wird – besitzt ein weites, nicht zusammenhängendes Verbreitungsgebiet. Sie kommt im Flachland bis in Höhen von 3000 m vor und bevorzugt offenes, bewachsenes Gelände. Sie ist auch in Plantagen, bei Reisfeldern und in Ortschaften zu finden. Die nachtaktive Kettenviper macht Jagd auf Nagetiere und Vögel. Sie kann 20 bis über 60 Jungtiere gebären. Sie zählt in Asien zu den Giftschlangen, die für die meisten tödlichen Unfälle verantwortlich sind. Bei den zur Verfügung stehenden Antiseren kann die Herkunft der Schlangen, das heißt, ihre Unterart, von Bedeutung sein. So enthält das Gift mancher Populationen, wie der auf Sri Lanka, zusätzlich Nervengifte. Die nach einem Biss auftretenden Symptome sind dementsprechend unterschiedlich.

Terrarienhaltung: Haltung und Pflege entsprechen unter Berücksichtigung einer feuchteren Haltung und einer nächtlichen Abkühlung auf lediglich 20 bis 24 °C denen von *Macrovipera lebetina*. Kettenvipern werden häufig nachgezogen. *D. russelii* ist nach Anhang C der EU-Artenschutzverordnung geschützt.

Echis carinatus (SCHNEIDER, 1801)
– Sandrasselotter –
Verbreitung: Ostafrika, Ägypten, Vorderasien bis Südindien und Sri Lanka

▼ *Daboia russelii*   *Echis carinatus* ▶

Lebensraum/Lebensweise: Die meist 60 bis 70 cm lange Bodenschlange bewohnt Wüsten und Halbwüsten sowie felsige, mit Gestrüpp bewachsene Trockengebiete bis in Höhenlagen von 2000 m. Wie viele Wüstenschlangen kann sich die Sandrasselotter „seitenwindend" fortbewegen. Die Nahrung der meist nachtaktiven Giftschlange besteht aus Kleinsäugern, Vögeln, Echsen, Schlangen, Fröschen und hin und wieder Gliederfüßern. Wie die *Cerastes*-Arten erzeugen Sandrasselottern durch Aneinanderreiben ihrer stark gekielten Schuppen ein deutliches rasselndes Warngeräusch. Da sie selbst in menschliche Siedlungen vordringt, sind Bissunfälle nicht selten. Sie verfügt über das wohl gefährlichste Gift unter den Vipern. Da ihre Giftzähne vergleichsweise groß sind, kommen Todesfälle immer wieder vor. Die Würfe der Sandrasselotter umfassen bis zu 15 Jungtiere. Die ostafrikanische Unterart *E. c. leakeyi* legt dagegen, wie möglicherweise alle afrikanischen Unterarten, etwa sechs Eier.

Terrarienhaltung: Wegen ihrer enormen Gefährlichkeit – Bissunfälle verlaufen trotz sofortiger Verabreichung eines der mono- oder polyvalenten Antivenine („Echis antivenom") nicht selten tödlich – sei vor einer privaten Haltung dieser Vipern unbedingt abgeraten. Generell ist zur Haltung und Pflege ein Trockenterrarium (1,25 x 0,75 x 0,5 GL; 28 bis 32 °C, lokal bis 35 °C, nachts etwa 20 °C) mit Sandboden, Schlupfkiste und Trinkgefäß unerlässlich. Kleinsäuger und Küken werden problemlos als Beute toleriert. Die Tiere werden regelmäßig zur Vermehrung gebracht.

Echis coloratus GÜNTHER, 1878
– Arabische Sandrasselotter –
Verbreitung: Ägypten, östlich des Nils
Lebensraum/Lebensweise/Terrarienhaltung: Die 70 bis 80 cm lange Arabische Sandrasselotter legt sieben bis neun relativ große Eier. Lebensweise und Terrarienhaltung entsprechen denen von *Echis carinatus*. Nachzuchten sind wiederholt gelungen; die Jungtiere mussten jedoch zunächst meist zwangsernährt werden. Die polyvalenten *Echis*-Antivenine sind nicht generell bei Bissunfällen dieser Art anzuwenden. Es gibt auch monovalentes „Anti-*Echis coloratus*"-Serum.

Echis coloratus

Eristicophis macmahoni ALCOCK & FINN, 1897
– McMahonviper –
Verbreitung: Afghanistan, Pakistan
Lebensraum/Lebensweise: Die „seitenwindende" Wüstenschlange wird kaum länger als 60 cm. Sie ist dämmerungs- und nachtaktiv und lebt wohl ausschließlich auf losem Sandboden (Sanddünen) in Lagen unter 1300 m. Tagsüber im Sand eingegraben, jagt sie nachts nach Kleinsäugern und Echsen. Die Art legt Eier. Ihr Gift ist hochtoxisch, doch sind keine gesicherten Bissunfälle bekannt.

Eristicophis macmahoni

Terrarienhaltung: Diese Giftschlange wird selten gepflegt und gilt als stressanfällig. Gesunde und eingewöhnte Exemplare fressen im Wüstenterrarium (1,25 x 0,75 x 0,5 GL; 25 bis 30 °C, 30 bis 35 °C lokale Erwärmung, nachts etwa 20 °C) mit einer mindestens 10 cm tiefen Schicht feinen Sandes lebende wie tote Mäuse. Die Art wurde vereinzelt nachgezogen. Ein Antivenin steht nicht zur Verfügung.

Macrovipera lebetina (LINNAEUS, 1758)
– l evanteotter –
Verbreitung: Kykladen über Zypern, Kleinasien, Kaukasus bis Mittelasien
Lebensraum/Lebensweise: Vier Arten der Gattung Vipera, darunter die Levanteotter, werden seit einigen Jahren in einer Gattung *Macrovipera* zusammengefasst. Die Levanteotter kann bis zu 1,6 m lang werden. Die vorwiegend Boden bewohnende Giftschlange lebt in steiniger Steppe und auf spärlich bewachsenen Berghängen bis in Höhenlagen von mehr als 2000 m. Sie meidet auch Wiesen, Felder und Gärten nicht. Ihr Beutespektrum umfasst die verschiedensten Kleinsäuger, Vögel und Echsen. Meist recht träge, legen die Vipern bei Bedrohung ihren Körper in eine S-förmige Schlinge, zischen und können so blitzschnell zubeißen. Der Biss der Levanteotter ist durchaus für den Menschen lebensbedrohend. Die Beutetiere erliegen der Giftwirkung sehr schnell. Generell gelten Levanteottern als Eier legend. Dass bestimmte Unterarten (*M. l. obtusa*, *M. l. lebetina*) auch vivivipar sein können, ist umstritten.

Macrovipera lebetina

Terrarienhaltung: Die meisten *Vipera*- und *Macrovipera*-Arten benötigen ein überwiegend trockenes Terrarium (1,25 x 0,75 x 0,5 GL), das mit Steinaufbauten, einigen Kletterästen, einer Schlupfkiste und einem kleinen Wasserbecken ausgestattet ist. Die Tagestemperaturen von 25 bis 30 °C sollten insbesondere für die Bewohner höherer Lagen nachts auf 18 bis 20 °C sinken. Ein „Sonnenplatz" mit 30 bis 35 °C unter einem Strahler wird gern angenommen. Die vorwiegend dämmerungs- und nachtaktiven, im nördlichen Teil des Verbreitungsgebietes auch tagaktiven Schlangen sollten im Terrarium möglichst am Abend ihr Futter – lebende wie tote Kleinsäuger und Küken – angeboten bekommen. Verschiedene Unterarten der Levanteotter werden wiederholt im Terrarium vermehrt, wobei die Ablage von mehr als 20 Eiern keine Seltenheit ist. Manche Jungtiere verschmähen die ihnen angebotenen nestjungen Mäuse und müssen zunächst zwangsernährt werden. Die Gefährlichkeit von Giftbissen dieser Arten ist bei ihrer Haltung und Pflege zu berücksichtigen.

Bei Einsatz eines Antiserums ist die vom Hersteller bei der Produktion eingesetzte Giftart zu berücksichtigen. Das so genannte „Europa"-Serum, bei dem Gift von *Vipera ammodytes* verwendet wurde, ist breit verwendbar. *M. lebetina* gilt nach der Bundesartenschutzverordnung als vom Aussterben bedrohte Art und ist nach Anlage 1 geschützt.

Macrovipera lebetina

Proatheris superciliaris (PETERS, 1854)
– Tieflandbuschviper –
Verbreitung: Südtansania, Malawi, Mosambik
Lebensraum/Lebensweise/Terrarienhaltung: Diese
maximal 60 cm messende Bewohnerin der Sumpfgebiete des Tieflandes ist im Gegensatz zu den
meisten der verwandten *Atheris*-Arten eine Bodenschlange. Ein bepflanztes Aquaterrarium (1,0 x 0,5 x
0,5 GL) mit trockenem Landteil entspricht ihren Bedürfnissen. Weitere Informationen siehe bei *Atheris
squamigera*.

▲ *Proatheris superciliaris*

Pseudocerastes fieldi SCHMIDT, 1930
– Trughornviper –
Verbreitung: Nordarabien, Sinai, Israel bis Irak
Lebensraum/Lebensweise: Früher wurde diese Art
als Unterart der Persischen Trughornviper (*P. persi-
cus*) angesehen. Die 60 bis 70 cm messende, selten
bis 90 cm lange, „seitenwindende" Bodenschlange
lebt in Wüsten, Halbwüsten und Steppen mit sandigem und steinigen Untergrund bis in ein Höhe von
über 2000 m. Tagsüber ziehen sich die Tiere in Höhlungen unter Steinen und in Felsspalten zurück. Sie
fressen Mäuse, kleine Vögel und Echsen. *P. fieldi* ist
ovipar. Die Schlange beißt zwar selten, ihr Gift ist
aber hochwirksam.
Terrarienhaltung: Diese Trughornviper wurde bisher
nur selten gepflegt. Als Wüstenbewohnerin braucht
sie ein geräumiges Trockenterrarium (1,25 x 0,75 x
0,5 GL) mit Sandboden, Schlupfkiste, flachen Steinen und Trinkgefäß. Sie verlangt für ihr Wohlbefinden Temperaturen von 25 bis 30 °C, die nachts auf
etwa 20 °C und weniger fallen. Ein Wärmeplatz mit
30 bis 35 °C sollte zur Verfügung gestellt werden.
Anfangs recht scheu, gewöhnen sich Wildfänge bald
ein und fressen Mäuse und Küken. Mit gefährlichen
Giftbissen ist immer zu rechnen. Ein spezifisches
Antiserum gibt es nicht.

▼ *Pseudocerastes fieldi*

Vipera ammodytes (LINNAEUS, 1758)
– Europäische Hornotter –
Verbreitung: Italien (Südtirol), Österreich (Kärnten, Steiermark) über Balkanhalbinsel, Kykladeninseln, Westtürkei bis Transkaukasien
Lebensraum/Lebensweise: Der häufig für *V. ammodytes* benutzte deutsche Trivialname „Sandotter" sollte nicht verwendet werden, da er ihrem natürlichen Lebensraum nicht gerecht wird. Die Schlange lebt auf trockenem, oft steinigen Buschland, trockenen Wiesen und Ödland sowie in lichten Wäldern bis in Höhen von mehr als 2000 m. Die Europäischen Hornottern werden etwa 80 cm, nur selten 1 m lang. Die überwiegend tagaktiven Tiere gehen allerdings ebenso in der Dämmerung auf Beutejagd (Kleinsäuger, seltener Vögel, Echsen). *V. ammodytes* ist wohl die gefährlichste Art der Gattung, wenngleich sie nicht angriffslustig ist und sich, wenn möglich, vor dem Menschen zurückzieht. Je Wurf werden bis zu 20 Jungschlangen geboren.
Terrarienhaltung: Obwohl die Europäische Hornotter potenziell sehr gefährlich ist, ist sie für den erfahrenen Giftschlangenpfleger ein durchaus zu empfehlender und ausdauernder Pflegling, der regelmäßig nachgezogen wird. Für die kaum kletternde Schlange ist ein großflächiges Trockenterrarium (1,25 x 0,75 x 0,5 GL) mit Schlupfkiste und kleinem Wasserbecken herzurichten. Die Grundtemperatur im Terrarium muss zwischen 25 und 28 °C liegen. An einem „Sonnenplatz" können 28 bis 33 °C herrschen. Die Nachttemperaturen sollten auf 18 bis 20 °C abgesenkt werden. Lebende und tote Mäuse und Küken werden problemlos gefressen. Voraussetzung für eine erfolgreiche Nachzucht ist – wie für die meisten Schlangen aus gemäßigten Breiten – eine kühle Überwinterung. Die Jungschlangen fressen oft schon wenige Tage nach Geburt und erster Häutung nestjunge Mäuse und bereiten bei der Aufzucht kaum Schwierigkeiten. Die meisten Bissunfälle durch Europäische Vipern können symptomatisch behandelt werden. Wird dennoch eine Antiserumbehandlung erforderlich, steht eine Reihe polyvalenter Antiseren zur Verfügung. Selbst wenn das

DHS

▲▼ *Vipera ammodytes*

Antiserum ausschließlich mit Gift von *V. ammodytes* hergestellt wurde, sind vielfach die Gifte anderer *Vipera*-Arten mit abgedeckt. Trotz guter Behandlungschancen sind Giftbisse natürlich unbedingt zu vermeiden. Nach der Bundesartenschutzverordnung (Anlage 1) gelten *V. ammodytes*, *V. aspis*, *V. berus*, *V. kaznakovi* und *V. latasti* (Stülpnasenotter) als geschützte, vom Aussterben bedrohte *Vipera*-Arten. *Vipera ursini*, die Wiesenotter, ist sogar im Anhang A der EU-Artenschutzverordnung eingetragen. Dabei sind deren europäische Populationen mit Ausnahme des Gebietes der früheren Sowjetunion geschützt.

Vipera aspis (LINNAEUS, 1758)
– Aspisviper –

Verbreitung: Nordostspanien, Süd- und Mittelfrankreich, Schweiz, Italien einschließlich Elba und Sizilien, Restvorkommen in Deutschland (südlicher Schwarzwald)

Lebensraum/Lebensweise: 70 cm, selten mehr als 80 cm Länge erreicht die vor allem im trockenen, warmen, steinigen Gelände bis in Höhenlagen von 2600 m beheimatete Aspisviper. Die tagaktive Giftschlange ist vor allem bei feuchtwarmer Witterung im Gelände anzutreffen. Hauptbeutetiere sind Kleinsäuger. Es werden auch Vögel gefressen. Kleine Echsen gehören zur ersten Nahrung der Jungschlangen. Die Zahl der Jungtiere liegt zwischen vier und 18 je Wurf.

Terrarienhaltung: Beim Verfasser akzeptierten Wildfänge der Nominatform ohne Probleme weiße Mäuse. Er konnte Aspisvipern regelmäßig und über Generationen nachziehen. Bei den ersten Würfen kam es zu Verlusten, weil Jungtiere offensichtlich auch über dem Wasserbecken abgesetzt wurden und ertranken. Die meisten Jungtiere mussten zunächst zwei- bis dreimal mit nestjungen Mäusen vorsichtig gestopft werden. Dann fraßen sie problemlos und waren bereits nach zwei Jahren geschlechtsreif. Weiteres zur Haltung und Pflege von Aspisvipern siehe bei *Vipera ammodytes*.

Vipera aspis

Vipera berus (LINNAEUS, 1758)
– Kreuzotter –
Verbreitung: Europa (von England, Frankreich und Skandinavien bis Mittel- und Osteuropa), Russland bis Sachalin

Lebensraum/Lebensweise/Terrarienhaltung: Die tagaktiven Kreuzottern werden 60 bis 70 cm, selten über 80 cm lang und bewohnen in ihrem riesigen Verbreitungsgebiet die unterschiedlichsten Lebensräume, bevorzugen aber rauere Klimate mit starken Temperaturgegensätzen zwischen Tag und Nacht bei höherer Feuchtigkeit. Im Gebirge dringen sie bis in Höhen von 3000 m vor. Meist werden fünf bis 15 Junge geboren, die zunächst junge Echsen und Braunfrösche jagen. Im Terrarium bereiten Kreuzottern mitunter Futterprobleme, konnten aber schon häufig nachgezogen werden. Eine Haltung im Freilandterrarium ist möglich, bedarf aber strengster Sicherheitsvorkehrungen. Unter Berücksichtigung der etwas anderen Lebensräume entsprechen Haltung und Pflege weitgehend denen von *Vipera ammodytes*.

3 Bilder: *Vipera berus*

Vipera bornmuelleri WERNER, 1898
– Libanesische Bergotter –
Verbreitung: Libanon, Israel, Jordanien
Lebensraum/Lebensweise/Terrarienhaltung: Die Art
ist auf Bergweiden und in lichten Wäldern in Höhenlagen von 1600 bis 2000 m zu finden. Sie erreicht
eine Länge von höchstens 75 cm. Ihre Würfe umfassen gewöhnlich fünf bis 18 Jungschlangen. Weiteres
siehe bei *Macrovipera lebetina*.

Vipera kaznakovi NIKOLSKIY, 1909
– Kaukasusotter –
Verbreitung: Georgien (Westkaukasus), Türkei (Nord-
ostanatolien)
Lebensraum/Lebensweise/Terrarienhaltung: Kauka-
susottern, in Gestalt und Größe (60 bis 70 cm) den
Kreuzottern sehr ähnlich, lieben die feuchtwarmen
Gebiete mit dichter Vegetation und hohen Nieder-
schlägen in den tieferen Lage des südwestlichen
Kaukasus. Wie alle *Vipera*-Arten ist auch die Kauka-
susotter viviovipar. Unter Beachtung der feuchtwär-
meren Lebensweise entsprechen die anderen Anfor-

derungen dieser selten im Terrarium gepflegten und
auch nachgezogenen Art im Wesentlichen der Haltung und Pflege von *Vipera ammodytes*.

▲ *Vipera kaznakovi*

▼ *Vipera bornmuelleri*

Vipera latifii (MERTENS, DAREVSKY & KLEMMER, 1967)
– Damavandiviper –
Verbreitung: Iran (Zentralprovinz)
Lebensraum/Lebensweise/Terrarienhaltung: Die Damavandiviper wird höchstens 80 cm lang und frisst neben Echsen und Mäusen auch verschiedene Insek-

tenarten (u. a. Heuschrecken). Sie bewohnt Gebirgslagen von 2200 bis 2900 m über dem Meeresspiegel. Ihre Würfe sind fünf bis zehn Junge groß. Allgemeine Angaben siehe bei *Macrovipera lebetina*. *V. latifii* ist im Anhang A der EU-Artenschutzverordnung erfasst.

Vipera palaestinae WERNER, 1938
– Palästinaviper –
Verbreitung: Syrien, Jordanien, Israel
Lebensraum/Lebensweise/Terrarienhaltung: 1 bis 1,2 m erreicht die wohl häufigste Giftschlange Israels. Sie bevorzugt feuchte Lebensräume und ist deshalb auch in landwirtschaftlich genutzten Gebieten zu finden. Entsprechend häufig sind Bissunfälle, die recht kritisch verlaufen können, wenn kein Antiserum – eines der zahlreichen polyvalenten Seren oder das monovalente Präparat „Anti-*Vipera palaestinae*" – bereitsteht. Weiteres siehe bei *Macrovipera lebetina*.

◀ *Vipera latifii*

▼ *Vipera palaestinae*

Vipera raddei (BOETTGER, 1890)
– Armenische Bergotter –
Verbreitung: Armenien, Nordosttürkei
Lebensraum/Lebensweise/Terrarienhaltung: 60 bis 90 cm, nur gelegentlich bis 1,1 m wird die in Höhen-

lagen bis fast 3000 m vorkommende, vorwiegend tagaktive Bodenschlange lang. Sie bringt drei bis neun Junge je Wurf zur Welt. Die recht haltbare und auch nachgezogene Art ist bei Giftschlangenpflegern sehr gefragt, steht aber in ihrer Heimat unter Schutz. Weitere allgemeine Informationen siehe bei *Macrovipera lebetina*.

Vipera xanthina (GRAY, 1849)
– Kleinasiatische Bergotter –
Verbreitung: Türkei, ostgriechische und westtürkische Mittelmeerinseln, Nordwestiran
Lebensraum/Lebensweise/Terrarienhaltung:
Die überwiegend tagaktive Bodenschlange lebt im Hügel- und Bergland bis in Höhen von 2500 m auf trockenen, mit Gestrüpp bewachsenen Berghängen, auf feuchteren Bergwiesen mit starker Vegetation und auf felsigen Arealen, in Ruinen und Legesteinmauern und ist meist 80 bis 100 cm lang, selten länger. Die Art bringt bis zu 20 Jungtiere zur Welt und wird auch im Terrarium vermehrt. Weiteres siehe bei *Macrovipera lebetina*. *V. xanthina* ist nach Anlage 1 der Bundesartenschutzverordnung geschützt und gilt als bedrohte Art.

▲ *Vipera raddei*

▼ *Vipera xanthina*

Teil III
Haltung, Pflege und Vermehrung von Schlangen

Mensch und Schlange

Vermutlich ist es lediglich das so ungewohnte Fehlen von Gliedmaßen, das die Beziehungen des Menschen zu Schlangen wohl seit Beginn der Menschheit beeinflusst. Die Lebewesen des Festlandes mit ihren vier Extremitäten bieten das „normale" Bild, das dem Menschen ähnelt. In den menschlichen Kulturkreisen reicht das Verhältnis zur Schlange von Verteufelung bis zu göttlicher Verehrung, was aber den Menschen nie davon abhielt, in kaum vorstellbarem Maße Schlangenhäute zu vermarkten oder Schlangenfleisch vom landläufigen Nahrungsmittel vieler Naturvölker zur Delikatesse in Spezialitätenrestaurants hochzujubeln. So zwiespältig die Beziehungen des Menschen zur Schlange auch sind – die Zahl derer, die sich diese Reptilien sogar in ihr Heim holen und deren Lebensgewohnheiten aus nächster Nähe im Terrarium miterleben wollen, steigt unaufhörlich. Die Terraristik ist längst aus dem Schatten der Aquaristik herausgetreten. In selbständigen Organisationen und mehr und mehr im Internet suchen und finden sich Gleichgesinnte, um praktische und wissenschaftliche Erfahrungen und Tiere auszutauschen.

Bevor ein Neuling auf diesem Gebiet seine erste Schlange erwirbt, muss er sich über einige Probleme klar sein, die mit diesem Zweig der Terraristik verbunden sind. Nur so kann er von Beginn an größere Fehlschläge vermeiden. In einer ruhigen Stunde sollte er sich folgende Fragen vorlegen und versuchen, sie ehrlich zu beantworten:

Natürliche Farb- und Zeichnungsvarianten oder vom Menschen kreierte Zuchtformen, hier *Lampropeltis triangulum hondurensis* („tangerine"), werden immer beliebter.

● Besitze ich genügend Charakterfestigkeit, auf lange Zeit die Verantwortung für die Haltung und Pflege von mir völlig abhängiger Tiere zu übernehmen? Es ist schlimm, wenn die „Liebe" zur Terraristik aus einer Laune heraus entsteht und bald wieder erlischt.

● Besitze ich ausreichende biologische und terraristische Grundkenntnisse oder bin ich bereit, diese durch das Studium von Fachzeitschriften und Fachbüchern, durch den Besuch weiterbildender Veranstaltungen oder durch persönliche Kontakte zu erfahrenen Terrarianern – gegebenenfalls in einem terraristischen Verein – zu erweitern? Dazu könnte auch der Erwerb eines Sachkundenachweises gehören.

● Habe ich die finanziellen Möglichkeiten, ein Schlangenterrarium zu betreiben? Zu den Anschaffungskosten für Terrarium, technisches Zubehör, Literatur und die Tiere kommen die auf Dauer weit höheren Kosten für den laufenden Betrieb, wie für Energie, Futtertiere, Zeitschriften, Mitgliedsbeiträge, Tierarzt u. a.

● Verfüge ich über die erforderliche Zeit – nicht nur für Anschaffung und Einrichtung des Terrariums, sondern vor allem für die regelmäßige Betreuung der Tiere? Zugegeben, Schlangenpflege erfordert einen weit geringeren Zeitaufwand als beispielsweise die Pflege Insekten fressender Echsen, aber etliche Stunden in der Woche kommen doch zusammen.

● Ist eine qualitativ und quantitativ ausreichende Futtergrundlage gegeben? Stehen jederzeit Futtertiere in der erforderlichen Größe zur Verfügung und bin ich bereit, Futtertiere erforderlichenfalls auch selbst zu züchten?

● Besitze ich eine geeignete Räumlichkeit zur Aufstellung von Terrarien und eventuell auch für eine Futtertierzucht? Und die letzte, vielleicht aber wichtigste Frage:

● Wie ist die Meinung meiner Familienangehörigen und anderer Menschen in meiner Umgebung – so eines Vermieters – zu meiner Absicht, Schlangen ins Heim zu holen? Wird dieses Bestreben nicht wenigstens toleriert, ist das neue Hobby zum Scheitern verurteilt.

Konnten diese Fragen zufrieden stellend beantwortet werden, ergeben sich bei der Anschaffung und beim Umgang mit den Schlangen auch rechtliche Konsequenzen.

Schlangen und Gesetzgebung

Mit der Haltung einer Schlange im Terrarium und der damit verbundenen Einschränkung ihres in der Natur üblichen Lebensraumes und der Beeinflussung ihrer natürlichen Lebensweise übernimmt der Terrarianer nicht nur eine moralische Verantwortung. Er muss sich auch der speziellen Gesetzgebung hinsichtlich Tierschutz, Artenschutz und im Zusammenleben mit anderen Menschen unterwerfen. Sozusagen das „Grundgesetz der Terraristik" ist das **Tierschutzgesetz**, vom Deutschen Bundestag 1986 verabschiedet. „Zweck dieses Gesetzes ist es", so heißt es im § 1, „aus der Verantwortung des Menschen für das Tier als Mitgeschöpf dessen Leben und Wohlbefinden zu schützen. Niemand darf einem Tier ohne vernünftigen Grund Schmerzen, Leiden oder Schäden zufügen." Jeder Terrarianer, der eine Schlan-

Zum Transport wird die Schlange zweckmäßigerweise in einen Stoffbeutel gesteckt.

ge halten will, „muss das Tier seiner Art und seinen Bedürfnissen entsprechend angemessen ernähren, pflegen und verhaltensgerecht unterbringen" und darf darüber hinaus „die Möglichkeit des Tieres zu artgemäßer Bewegung nicht so einschränken, dass ihm Schmerzen oder vermeidbare Leiden oder Schäden zugefügt werden" (§ 2). Damit wird deutlich, dass schon vor dem Erwerb einer Schlange der Terrarianer Kenntnisse über Lebensraum und Lebensweise der betreffenden Art und die sich daraus ergebenden Haltungsbedingungen besitzen und ein geeignetes Terrarium vorbereitet haben muss. Das von einer Sachverständigengruppe im Auftrag des Referates Tierschutz des Bundesministeriums für Ernährung, Landwirtschaft und Forsten erarbeitete und am 10. Januar 1997 verabschiedete **Gutachten über Mindestanforderungen an die Haltung von Reptilien** gibt auch für terraristisch relevante Schlangengattungen Hinweise zum Lebensraum, zur erforderlichen Terariengröße, zum Terrarienklima sowie zu Besonderheiten der Terrarieneinrichtung. Dieses Gut-

achten soll und kann aber das Studium entsprechender Fachliteratur nicht ersetzen. Bei Berücksichtigung artspezifischer Besonderheiten geben die aufgelisteten Haltungsanforderungen aber erste Hinweise. Grundlage jeglichen **Artenschutzes** ist zweifellos zunächst der Schutz der Lebensräume. Trotzdem ist nicht auszuschließen, dass Reptilienpopulationen durch Fang auch bei intakter Umwelt ausgerottet werden können. Eine bedeutende Rolle für die Bestandsminderung bestimmter Schlangenarten spielen die Verarbeitung ihrer Häute in der Lederindustrie sowie die Nutzung von Schlangenfleisch für den menschlichen Verzehr. Eine weit geringere Rolle – von speziellen Ausnahmen vielleicht einmal abgesehen – nimmt der Fang von Schlangen für die Terraristik ein. Folgt man den Forderungen mancher Tierschützer nach völligem Verbot der Haltung so genannter „Exoten", negiert man die Tierhaltung als unverzichtbaren Bestandteil unseres Kulturgutes und wichtigstes Erziehungsmittel zum Verständnis und damit zum Schutz der Natur.

Das Artenschutzrecht ist ständigen Veränderungen unterworfen, sodass es schwer fällt, immer den Überblick zu behalten. Die aktuelle **Artenschutzverordnung der Europäischen Union** (Verordnung EG 338/97) stammt von 1997 setzt sowohl das Washingtoner Artenschutzübereinkommen von 1973 sowie weitere Schutzbestimmungen um und regelt einheitlich für alle EU-Länder die Ein– und Ausfuhr sowie Vermarktung der betroffenen Tier- und Pflanzenarten. Für die im Artenteil vorgestellten Schlangenarten werden die jeweiligen Schutzkategorien genannt, in die sie je nach Gefährdungsgrad eingestuft werden. Anhang A der EU-Artenschutzverordnung erfasst die nach dem Washingtoner Artenschutzübereinkommen (WA) als vom Aussterben bedroht angesehenen Arten (WA-Anhang I). Das sind Arten, bei denen jeglicher Handel ein Überleben gefährden würde sowie Taxa, die mit diesen Arten verwechselt werden könnten. Bei den Schlangen gehören z. Z. dem Anhang A an: Alle Madagaskarboas (*Acrantophis*), Südboa (*Boa constrictor occidentalis*), Mauritiusboa (*Bolyeria multocarinata*), Rundinselboa (*Casarea dussumieri*), Puerto-Rico-Schlankboa (*Epicrates inornatus*), Monaschlankboa (*E. monensis*), Jamaikaschlankboa (*E. subflavus*), Europäische Sandboa (*Eryx jaculus*), Madagaskarhundskopfboa (*Sanzinia madagascariensis*), Heller Tigerpython (*Python m. molurus*), Latifiotter (*Vipera latifi*) und Wiesenotter (*V. ursini*). Diese Arten sind gemäß der Verord-

nung zur Neufassung der **Bundesartenschutzverordnung** (BArtSchV) vom 16. Februar 2005 zu kennzeichnen, wobei eine detaillierte Dokumentation zum Einzeltier genügt. Wahlweise können jedoch bei einigen Arten Kopf- oder Körperzeichnungen oder die Implantation eine Mikrochips (Transponder) herangezogen werden. Im Anhang B sind die Arten aufgelistet, deren Handel den Fortbestand bestimmter Populationen gefährden oder die ökologische Rolle der Art nachteilig beeinflussen könnte. Bei diesem Anhang sind auch Taxa eingetragen, die zu Verwechslungen mit tatsächlich gefährdeten Arten führen oder die bei Aussetzung in natürliche Lebensräume eine ökologische Gefahr für einheimische Formen darstellen könnten. Anhang C enthält vor allem die Arten des Anhangs III des WA, die in bestimmten Ländern besonderen Regeln unterworfen sind. Anhang D enthält schließlich die Schlangenarten sowie zwei Schlangengattungen, bei denen der Umfang der Einfuhren in die Europäische Union eine Überwachung rechtfertigt, um gegebenenfalls später strenge Schutzmaßnahmen zu beschließen. Mit der Bundesartenschutzverordnung von 1999 sind alle europäischen Schlangen geschützt und dürfen nur unter Einhaltung entsprechender Bestimmungen erworben, gehalten und verkauft werden.

Eine Auflistung aller in den einzelnen Kategorien geschützten Amphibien– und Reptilienarten findet man aktuell im **DGHT-Artenschutzregister** im Internet unter www.dght.de/artenschutz/euliste.htm.

Die Terraristik, insbesondere die **Haltung von Schlangen in der Wohnung**, stößt immer wieder auf die Vorurteile weiter Kreise der Bevölkerung – selbst wenn die Tiere völlig harmlos sind. Leider urteilen auch Gerichte häufig bar jeder Fachkenntnis und geben klagenden Vermietern Recht, dass beispielsweise die nicht extra genehmigte Haltung von Reptilien aufgrund subjektiver Vorbehalte geeignet sei, den Hausfrieden zu stören. In Mietverträgen befinden sich mitunter Regelungen, nach denen ohne Einwilligung des Vermieters keine Tierhaltung gestattet ist. Welche Tiere trotzdem gehalten werden dürfen, ist gewöhnlich Auslegungssache. Ein paar Aquarienfische oder ein Wellensittich werden ja auch kaum Anstoß erregen. Aber Schlangen!? Manche Richter haben ein Einsehen und wollen von einer Genehmigungspflicht nur die Haltung solcher Tiere erfasst wissen, von denen „irgendeine konkrete Auswirkung auf die Wohnung oder auf im Hause wohnende dritte Personen ausgeht". Da von harmlosen

Schlangen, wenn sie ständig im verschlossenen Terrarium gepflegt werden, nun wirklich keine Beeinträchtigung der Wohnung oder anderer Mieter ausgeht, dürfte es keine Rolle spielen, ob andere Hausbewohner oder der Vermieter Aversionen gegen Schlangen haben. Weil jedoch die Zulässigkeit der Schlangenhaltung vorerst eine reine Ermessensfrage bleibt, ist es unbedingt zu empfehlen, dass bereits bei der Wohnungssuche mit dem Vermieter über die beabsichtigte Tierhaltung gesprochen wird.

Nicht bedacht wird häufig, dass selbst Bewohner eigener Eigentumswohnungen durchaus Einschränkungen in der Tierhaltung unterworfen sein können. Das trifft nicht nur auf die Haltung so genannter gefährlicher Tiere zu. Ressentiments von Nachbarn können auch hier dem Terrarianer Probleme bereiten. Und selbst die als Schlangenfutter gezüchteten Mäuse und Ratten können als nicht mehr ordnungsgemäßer Gebrauch der Eigentumswohnung betrachtet werden. Es bleibt nur zu hoffen, dass die Haltung ungefährlicher und nicht – beispielsweise durch Geruch oder Lärm – störender Tiere in Zukunft durch die Rechtssprechung nicht mehr so stark reglementiert wird. (RÖSSEL 1997)

Ganz anders sind natürlich die rechtlichen Bedingungen bei der **Haltung giftiger und gefährlicher Tiere.** (RÖSSEL 1994) Gerade bei Giftschlangen dürfte vielen Terrarianern nicht bewusst sein, welche rechtlichen Risiken sie bei der Haltung dieser Tiere eingehen. Eine bundeseinheitliche Regelung über Genehmigungspflichten und Haltungsbeschränkungen von potenziell gefährlichen Tieren gibt es unverständlicherweise leider nicht. Zwar kann die deutsche Bundesregierung nach § 18 des Chemikaliengesetzes eine Verordnung über die Haltung giftiger Tiere, einschließlich entsprechender materieller Auflagen und Meldepflichten erlassen, hat aber von dieser Möglichkeit bisher keinen Gebrauch gemacht. Dagegen haben mehrere Bundesländer eigene Verordnungen über das Halten gefährlicher wilder Tiere herausgegeben oder entsprechende Regelungen in anderen Gesetzen festgeschrieben. Die Festlegungen sind allerdings keineswegs einheitlich und zeugen meist von geringer Sachkenntnis.

Jedem Schlangenfreund, der beabsichtigt, Riesenschlangen – ungeachtet der erreichbaren Maximallängen – sowie giftige Schlangen – ungeachtet ihrer tatsächlichen Gefährlichkeit für den Menschen – zu halten, sei dringend geraten, sich bei der in seinem Bundesland zuständigen Landesbehörde über die momentan gültigen Regelungen hinsichtlich der Haltung dieser Tiere zu erkundigen, um nicht später ungewollt zum Kriminellen abgestempelt zu werden.

Ungeachtet landestypischer Rechtsauffassungen kann sich ein Schlangenpfleger jedoch bei einem Unfall, in dem eine seiner Schlangen verwickelt war, nach dem **Strafgesetzbuch** wegen fahrlässiger Körperverletzung (§ 230) oder im schlimmsten Fall sogar wegen fahrlässiger Tötung (§ 222) strafbar machen – immer dann, wenn er seine gefährlichen Schlangen nicht ausreichend beaufsichtigt hat, sich eines fahrlässigen Unterlassungsdeliktes schuldig gemacht hat, Tiere entkommen sind und dabei einen Menschen verletzt oder getötet haben. Nur wenn er dafür sorgt, dass eine gefährliche Schlange nicht ausbricht, ist er seiner Aufsichtspflicht nachgekommen und hat damit nicht fahrlässig im strafrechtlichen Sinne gehandelt. Wenn beim Ausbruch einer seiner Schlangen nichts passiert, kann der Halter nach § 121 des **Gesetzes über Ordnungswidrigkeiten** verantwortlich gemacht werden. Welche Konsequenzen – einschließlich Kosten – der Ausbruch einer nun wirklich völlig harmlosen Schlange im Zusammenhang mit groß angelegten Feuerwehraktionen und dem damit verbundenen Medienrummel haben kann, kann sich wohl jeder vorstellen.

Unabhängig von einem Verschulden des Tierhalters haftet er nach dem **Bürgerlichen Gesetzbuch** (§ 833), wenn durch die Tier ein anderes Tier oder ein Mensch verletzt oder getötet oder eine Sache beschädigt wird. Eine Möglichkeit, sich von der Schadensersatzpflicht nach § 833 Satz 2 zu befreien, hat der Halter gefährlicher Tiere nicht. Lediglich wenn nach § 254 der Geschädigte den Schaden selbst oder wenigstens teilweise verschuldet hat, kann sich der Terrarianer der Haftung eventuell zum Teil entziehen. Er muss dann die Beweise für das Mitverschulden des Geschädigten erbringen. Eine Tierhalterhaftpflichtversicherung für gefährliche Schlangen abzuschließen, ist nahezu unmöglich. (RÖSSEL 1994)

Generell sei dem Terrarianer, der potenziell gefährliche Schlangen halten möchte, dringend empfohlen, neben den Lehrgängen und der Prüfung zum Sachkundenachweis Terraristik auch den Sachkundenachweis für diese Tiere zu erwerben. Gut beraten ist auch der Giftschlangenpfleger, der Mitglied in einem Serumdepotverein ist und damit jederzeit im Falle eines Bisses auf die erforderlichen Antiseren zugreifen lassen kann.

Das Terrarium als Lebensraum für Schlangen

Wenn wir uns – immer bewusst unserer Verantwortung für das Tier – mit dem Terrarium als Lebensraum für Schlangen beschäftigen, kommen wir nicht umhin, uns auch mit Fragen der Ökologie auseinanderzusetzen. Immerhin wurden unsere Pfleglinge selbst oder ihre Vorfahren vor erst wenigen Generationen aus ihrem natürlichen Ökosystem herausgerissen, in dem Lebensraum (Biotop) und eine Gemeinschaft verschiedenartiger Organismen (Biozönose) eine natürlich gewachsene Einheit bildeten. Tiere und Pflanzen lebten zusammen aufgrund ähnlicher Ansprüche an die Umwelt und in insbesondere ernährungsbiologischer Abhängigkeit voneinander. Sie wurden von Umweltfaktoren beeinflusst, die von der unbelebten Umwelt – wie Temperatur, Licht, Wasser, Luftbewegung, Art des Untergrundes – oder von der belebten Umwelt – wie Individuen der eigenen Art und anderer Arten, Feinde, Parasiten und Mikroorganismen – ausgingen. Nicht zu vergessen das Nahrungsangebot als so genannter trophischer Umweltfaktor.

Alles das muss in menschlicher Obhut nun künstlich geschaffen und naturnah gesteuert werden, damit unsere Schlangen einen optimalen Gesundheitszustand, optimales Wachstum, eine ausreichende Fortpflanzungsbereitschaft sowie eine hohe Lebensdauer erreichen können. Nur auf Feinde können und auf pathogene Parasiten und Mikroorganismen möchten wir verzichten. Mit dem Terrarium muss den Schlangen ein Lebensraum zur Verfügung gestellt werden, in dem sie sich geborgen fühlen und ihren natürlichen Lebensgewohnheiten – Bewegung, Ruhe, Schlaf, Futterfang und Fortpflanzung – nachgehen können. Auch der Terrarianer stellt Anforderungen an das Terrarium: Es sollte beim Kauf nicht nur preisgünstig sein, sondern vor allem seinen Vorstellungen über die Anforderungen der betreffenden Art, über seine ästhetische Gestaltung und seinen zweckmäßigen Betrieb entsprechen. Das ist bei kommerziellen Universalterrarien nicht immer der Fall. Deshalb bauen noch immer viele Terrarianer ihr Terrarium selbst oder lassen es nach eigenen Plänen von einem Fachmann bauen. Das Terrarium sollte den räumlichen Gegebenheiten angepasst, gut zugänglich, leicht zu reinigen und notfalls zu desinfizieren sein. Es muss so dicht schließen, dass ein Entweichen der Schlangen unmöglich ist. Es soll, in einem Wohnraum aufgestellt, dessen Wohnlichkeit verbessern. Für Terrarien, die der Vermehrung und Aufzucht von Schlangen dienen sollen, ist das nicht immer einfach zu verwirklichen. Ein Zuchtterrarium kann kein Schauterrarium sein. Aber Kompromisse zwischen Schönheit und Zweckmäßigkeit sind natürlich möglich und oft mit wenigen Mitteln realisierbar. In den letzten Jahren haben insbesondere in Kreisen kommerzieller Schlangenzüchter Behältertypen Eingang gefunden, die eigentlich die Bezeichnung „Terrarium" im herkömmlichen Sinne nicht verdienen. Ich meine die Kisten aus Kunststoff oder Glas – meist in Regalen wie Zuchtkäfige für Labormäuse zusammengestellt, gemeinsam beleuchtet und temperiert. Ihre Einrichtung besteht aus Papier oder Hobelspänen als Bodengrund sowie einer Wasserschale und einem umgestürzten Kunststoff- oder Keramikgefäß als Unterschlupf, bestenfalls noch einem oft künstlichen Kletterast. Derartige Behälter mögen zwar die wichtigsten Umweltfaktoren bieten, billig, einfach zu unterhalten und dazu hygienisch sein – schön sind sie nicht und Außenstehende gewinnen so ein schlechtes Bild von der Terraristik. Es sei einem an Jahren und Erfahrungen reichen Schlangenhalter wie dem Autor gestattet, diese Form der „Tierhaltung" nur am Rande erwähnt zu haben und für den Typ von Terrarien zu plädieren, der nicht nur dem Tier gute Lebensbedingungen bietet, sondern auch den Vorstellungen eines Naturfreundes vom Leben seiner Schlangen in der natürlichen Umwelt möglichst nahe kommt.

Ein einfach eingerichteter Kunststoffbehälter mag zwar den Tieren hinreichende Lebensbedingungen bieten – eine Zierde für das Wohnzimmer ist er nicht.

Terrarientypen

Das am häufigsten genutzte Terrarium, wie es zunächst auch jedem Einsteiger in die Terraristik gedanklich vorschwebt, ist das transportable **Zimmerterrarium**. Vielfach übernimmt es die Funktion eines dekorativen Elements im Wohnbereich. Aufgestellt als Raumteiler kann es zum dominierenden Blickfang werden. Mit zunehmender Größe und damit Masse schwindet die Transportierbarkeit. Kann die Masse eines Terrariums auch nicht mit der Masse eines gleichgroßen Aquariums konkurrieren, wiegt ein Zweimeterbecken mit stabilen Glasscheiben und Felsaufbauten aus Natursteinen oder Beton doch schon mehrere Zentner, und man sollte bereits über die Tragfähigkeit des Fußbodens nachdenken. Erfahrungsgemäß bleibt es mit fortschreitender Vertiefung des Hobbys selten bei einem einzelnen Terrarium. Spätestens erste Nachzuchterfolge sind zwingender Anlass für die Aufstellung weiterer Terrarien. Und bald schon werden die Pläne für eine Anlage nebeneinander und übereinander stehender Becken aktuell. Wohl dem, der dann die Möglichkeit hat, die **Terrarienanlage** in einem separaten Raum

zu errichten. Und so werden schließlich auch Balkon, Wintergarten, Terrasse oder Gewächshaus in die Schlangenhaltung integriert.

Im Freien aufgestellte Behälter, so genannte **Freilüftterrarien**, haben bei der Haltung von Arten aus gemäßigten Breiten einige Vorteile, sofern die auftretenden Probleme – zeitweise zu starke Sonneneinstrahlung mit Hitzestau, Regenfälle mit Überschwemmungsgefahr, zu starker Wind, plötzliche Kälteeinbrüche oder längere Schlechtwetterperioden usw. – baulich und gerätetechnisch gemeistert werden. Die Haltung von Schlangen im **Freilandterrarium** ist in unseren Landen wenig gebräuchlich. Sie ist, wie gute Beispiele aus vom Klima begünstigten Gegenden beweisen, aber durchaus möglich. Das ebenerdige, nach Süden ausgerichtete Freilandterrarium muss ein Ausbrechen der Schlangen absolut unmöglich machen, darf sich bei einem Wolkenbruch nicht in einen Teich verwandeln und muss den Tieren hinreichend gute Lebensbedingungen bieten. Das gehören gut durchdachte Versteck-, Kletter- und Bademöglichkeiten. Da meist keine absolute Kontrollierbarkeit des Tierbestandes gegeben ist, wird eine frostsichere Überwinterungsgrube innerhalb

Diese Terrarienanlage ist einfach und zweckmäßig mit künstlichen Pflanzen eingerichtet.

des Freilandterrariums erforderlich. Nachzuchten bedürfen einer ganz besonderen Betreuung und müssen in der Regel zunächst aus der Anlage genommen werden. Und nicht zuletzt bedeuten streunende Katzen und Hunde, Raubzeug oder Vögel und sogar unvernünftige oder schlechte Menschen eine Gefahr für die Tiere im Freilandterrarium. Näheres über Freilandterrarien für Schlangen siehe bei HALLMEN (2003). Trotz möglichst umfassender Nachahmung der äußerst vielfältigen natürlichen Lebensräume können Grundausstattung und Betrieb eines Terrariums aus Zweckmäßigkeitsgründen in gewissem Umfang typisiert werden. Das erleichtert die Verständigung in der Terraristik und veranschaulicht die jeweilige Grundausstattung eines Terrariums für verschiedene Arten aus ähnlichen Lebensräumen. Je nach Intensität von Wärme und Feuchtigkeit hat sich eine Einteilung von Terrarien in folgende Einrichtungstypen als zweckmäßig erwiesen:

Das **unbeheizte Trockenterrarium** ist in erster Linie für Schlangen aus den nördlichen Breiten Europas, Asiens und Nordamerikas geeignet. Diese Tiere sind relativ sonnenarme und kurze Sommer gewöhnt und absolvieren eine mehrmonatige Winterruhe.

Auf ein Wasserbecken kann verzichtet werden; ein Trinkgefäß reicht aus. Als Bodengrund sind Gemische aus Gartenerde, Walderde und Sand gebräuchlich. Baumstubben, Rindenstücke oder Steinaufbauten bieten Versteckplätze. Auf eine wenigstens zeitweise verfügbare, lokale Wärmequelle kann kaum verzichtet werden. Hier sollte eine Erwärmung der Tiere auf 25 bis 28 °C schon möglich sein.

Ein mehr oder weniger feuchter Bodengrund, ein Wasserbecken, Moospolster, üppige Bepflanzung führen zum **unbeheizten Feuchtterrarium**. Die Schlangen aus feuchteren Lebensräumen der gemäßigten Breiten können aber ebenso wenig auf gelegentliche Aufwärmmöglichkeiten verzichten.

Das **beheizte Trockenterrarium** ist sicher der häufigste Typ eines Schlangenterrariums. Hier finden Arten aus trockenen Wäldern, Steppen, Halbwüsten- und Wüstengebieten Unterkunft. Der Bodengrund besteht vornehmlich aus Sand und Gemischen von Sand mit Lehm oder Walderde. Knorriges Astwerk, Felsimitationen, Steine und wärmeresistente Topfpflanzen sowie ein Wassergefäß bilden die Einrichtung. Bei einer Grundtemperatur von 25 bis 30 °C sind insbesondere für tagaktive Tiere Wär-

Freilandterrarien für nordamerikanische Wassernattern. Über die Anlage gespannte Netze verhindern das Eindringen von Raubzeug.   DDS

meplätze mit Temperaturen bis etwa 35 °C zu bieten. Nachts kann die Terrarientemperatur in der Regel auf 20 bis 22 °C sinken. Tagaktiven Tieren sollte gleichzeitig eine möglichst große Lichtfülle geboten werden.

Im **beheizten Feuchtterrarium** sind bei gleichen Tageswerten der Temperatur die Tag-Nacht-Unterschiede mit etwa 5 K weit geringer anzusetzen. Die relative Luftfeuchtigkeit von 70 bis 90 % steigt nachts bis auf 100 %. Ein großes Wasserbecken und stellenweise angefeuchteter Bodengrund tragen zur hohen Luftfeuchte bei. Dem Bodengrund zugefügter Torfmull unterstützt die Feuchtigkeitsspeicherung. Eine Sonderform des beheizten Feuchtterrariums stellt das Regenwaldterrarium dar. Eine vielfältige, üppige Bepflanzung und zahlreiche Kletteräste prägen den Charakter dieses sehr pflegeintensiven Terrarientyps. Mit sehr tiefem, lockerem Bodengrund ist es oft dieser Terrarientyp, der für im Boden lebende Schlangenarten erforderlich ist.

Wenn bei der Haltung mehr oder weniger aquatisch lebender Schlangen der Wasserteil den Landteil an Fläche übertrifft, haben wir ein **Aquaterrarium** vor uns. Neben einem feuchteren, mit Kies, Steinplatten oder nässeresistentem Holz – beispielsweise Moorkienholz – gestalteten Uferbereich sind auf dem Landteil unbedingt auch trockene Liegeplätze und Verstecke anzubieten. Wasser- und Lufttemperatur müssen selbstverständlich denen der Herkunft der gepflegten Art entsprechen. Um Erkältungen zu vermeiden, sollte die Lufttemperatur am Tage stets höher sein als die Wassertemperatur. Ein Wärmestrahler über dem Landteil ist deshalb angezeigt. Für die wenigen, ausschließlich im Wasser lebende Schlangenarten sei abschließend als letzter Behältertyp noch das **Aquarium** erwähnt.

Terrarienkonstruktion

Die Bauweise eines Terrariums wird in erster Linie vom Geldbeutel und den handwerklichen Fähigkeiten des Terrarianers bestimmt. Ein Terrarium mit Holzrahmen, eingesetzten Glasscheiben und geeigneten Lüftungsöffnungen können die meisten Liebhaber selbst bauen. Das trifft auch für einen Behälter zu, der aus Holzplatten zusammengesetzt wird. Aufwendiger ist ein Rahmenterrarium aus Winkelmaterial (Eisen, Aluminium, V2A–Stahl, Hartplastik), das geschweißt, genietet, geschraubt, geklebt oder mit Steckverbindungen zusammengefügt wird. Bis

zu einer gewissen Größe ist ein aus Glasscheiben mit Silikonkleber gefertigtes Vollglasterrarium sehr zu empfehlen. Es lässt sich gut reinigen und ist besonders als Aquaterrarium oder Regenwaldterrarium geeignet. Auch hier lassen sich mit einigem Geschick Öffnungen zur Be- und Entlüftung sowie für technische Geräte einfügen. Für ein fest eingebautes Terrarium, vor allem im Wintergarten, Gewächshaus oder als Freiluft- und Freilandterrarium kommt das Mauern mit Ziegeln, Kalksandsteinen oder Leichtbausteinen oder Gießen aus Beton in Betracht. Die Masse eines derartigen Terrariums wäre für Wohnräume viel zu hoch. Die zu verwendende Glasstärke für alle Behälter ist nicht nur von der Größe der Scheiben sondern auch von der Körperkraft und einer potenziellen Gefährlichkeit der Insassen abhängig.

Da der Bau eines Terrariums oder gar einer Terrarienanlage doch ein aufwendiges Unterfangen ist, sei hier auf die in der Terrarienliteratur beispielsweise bei NIETZKE 1989, HENKEL et al. 2003, WILMS 2004 dargelegten praktischen Ausführungen verwiesen.

Terrariengröße

Ein wesentlicher physischer Faktor des Lebensraumes Schlangenterrarium sind seine Abmessungen. Während die Form der Grundfläche – drei-, vier- oder mehreckig – in der Regel nur eine Frage des Aufstellungsortes des Terrariums ist, spielt sein Höhe für kletternde und im Geäst lebende Schlangenarten schon eine Rolle. Im Verhältnis zu ihrer Gesamtlänge brauchen Boden bewohnende Arten eine größere Grundfläche als Baumbewohner. Für aktive Jäger und sehr bewegungsfreudige Arten muss die Bodenfläche größer sein als für Arten, die mehr oder weniger versteckt auf eine vorbeilaufende Beute lauern.

Die absoluten Abmessungen eines Terrariums hängen selbstverständlich auch von der Länge und der Anzahl zu pflegenden Schlangen ab. Selbstverständlich ist zu berücksichtigen, dass viele Arten sehr rasch wachsen, damit nicht jedes Jahr ein größeres Terrarium bereitgestellt werden muss. Mit dem schon erwähnten Gutachten über Mindestanforderungen an die Haltung von Reptilien wurde der Versuch unternommen, in Abhängigkeit von Verhaltensweisen ausgewählter Schlangengattungen eine auf die Gesamtlänge der betreffenden Exemplare bezogene jeweilige Terrariengröße zu empfehlen. Am besten verdeutlichen das vielleicht einige Beispiele:

Lebensweise	Gattung	Terrariengröße (L x B x H) bezogen auf Gesamtlänge der Schlange
bewegungsfreudig Boden bewohnend	Sandrennnattern (*Psammophis*)	1,5 x 0,75 x 0,5
bewegungsarm Boden bewohnend	Zwergklapperschlangen (*Sistrurus*)	1,0 x 0,5 x 0,5
bewegungsfreudig Boden bewohnend auch kletternd	Indigoschlangen (*Drymarchon*)	1,25 x 0,5 x 0,75
bewegungsarm Boden bewohnend auch kletternd	Bullennattern (*Pituophis*)	1,0 x 0,5 x 0,75
bewegungsfreudig Baum bewohnend	Baumschnüffler (*Ahaetulla*)	1,0 x 0,5 x 1,5
bewegungsarm Baum bewohnend	Buschvipern (*Atheris*)	0,5 x 0,5 x 1,0

Die Relativwerte können sich mit zunehmender Länge und den gegebenenfalls sich damit verändernden Aktivitäten einer Art verschieben, wie das am Beispiel der Anakondas (*Eunectes*) deutlich wird:

Gesamtlänge	Terrariengröße (L x B x H) bezogen auf Gesamtlänge der Schlange
unter 1,5 m	1,0 x 0,5 x 0,75
1,5 bis 2,5 m	0,75 x 0,5 x 0,75
über 2,5	0,75 x 0,5 x 0,5 *)
	*) Höhe auf maximal 2 m begrenzt

Detaillierte Angaben zum Mindestbedarf für maximal zwei etwa gleichgroße Schlangen sind bei den vorgestellten Arten zu finden. Eine gute Strukturierung der Terrarieneinrichtung – erhöhte Liegeflächen, verschiedenste Klettermöglichkeiten und Unterschlupfe – erhöht das nutzbare Terrarienvolumen. Werden auch die gattungstypischen Terrariengrößen als Mindestanforderung bezeichnet, heißt

das nicht, dass ein Terrarium umso besser für die Schlangenhaltung geeignet sei, je größer seine Abmessungen sind. Kleinbehälter sind beispielsweise für die Aufzucht vieler Jungschlangen weit besser geeignet. Auch während der Winterruhe der Tiere ist ihr Platzbedarf sehr viel kleiner. Jedem, der meint, jedes Terrarium sei zu klein für die Haltung von Schlangen, sei versichert, dass viele Schlangen auch in der Natur nur sehr kleine Lebensräume beanspruchen. Hier bestimmen vor allem das Nahrungsangebot und wegen der Partnersuche die Populationsdichte den Platzbedarf. So dürfte als Beispiel eine Baum bewohnende Riesenschlange in ihrem ganzen Leben ihren Lebensraum von wenigen Aren Grundfläche kaum verlassen.

Terrarieneinrichtung

Für die Qualität des Lebensraumes Terrarium spielt neben der Gewährleistung der klimatischen Bedingungen die verhaltensgerechte Ausstattung des Terrariums eine wichtige Rolle. Einer in der Regel einmaligen Gestaltung bedürfen **Rück– und Seitenwände**, die immer dann zweckmäßig sind, wenn ein fest eingebautes oder ein transportables Terrarium an einer Wand aufgestellt wird. Da die im Handel erhältlichen, oft hervorragend natürlich gestalteten Rückwände aus Kunststoff sehr teuer sind, empfiehlt es sich, eigene Ideen zu realisieren. Aus Kork- oder anderen Rindenstücken zusammengesetzte Verkleidungen sind trotz extra verschlossener Spalten oft nicht so dicht, dass sich nicht kleine Schlangen unkontrolliert hinter ihnen verkriechen könnten. Presskorkplatten haben diesen Nachteil nicht. Bei ihrer Verwendung lassen sich jedoch erhöhte Liegeflächen, Kletteräste oder Pflanzgefäße nur schwierig einfügen, ohne zu sehr künstlich zu wirken. Ähnliche Nachteile besitzen flach an die Rückwand angeklebte Platten aus Schiefer oder anderem Gestein. Flache Leichtbausteine (Gasbeton) lassen sich gut bearbeiten und vielfältiger gestalten, sie beanspruchen aber viel Raum. Fußbodenausgleichsmasse, Fliesenkleber oder Bauschaum haben sich zum „Verputzen" von Terrarienrückwänden bewährt. Mit Epoxidharz beschichtete Oberflächen, beispielsweise Glasfasermatten, sind sehr haltbar und gut zu säubern, glänzen aber und wirken wenig natürlich. Durch Besanden des noch nicht ausgehärteten Epoxidharzes kann dem wenigstens teilweise begegnet werden.

Ich habe in meinen Schlangenterrarien mit geschäumtem Kunststoff (Beispiele: Styropur, Styrodur) beste Erfahrungen gemacht. Grob zurechtgeschnittene Stücke dieses Materials werden mit einem geeigneten Klebstoff wunschgemäß angebracht, wobei Liegeflächen in unterschiedlichen Höhen, Pflanzgefäße, Rohrleitungen für elektrische Kabel oder Wasserzufluss und Wasserabfluss problemlos eingefügt werden. Nach dem Hartwerden des Klebers kann mit einer Heißluftpistole oder durch Auftupfen eines Lösungsmittels die gewünschte Strukturierung im Hartschaum modelliert werden. Beim Schmelzen und Lösen von Kunststoffen ist auf die mögliche Entstehung gesundheitsschädlicher Dämpfe zu achten. Dann wird auf diesen Grundaufbau eine etwa einen Zentimeter dicke Schicht einer Masse aus Zement, Sand und Latex oder Holzkaltleim aufgetragen und nach Belieben fein strukturiert. Nach wenigen Tagen ist diese Schicht völlig ausgehärtet und wird nun mit einem dünnen Brei aus Latex, Zement und Farbe eingefärbt. Auf diese Weise lassen sich sohl verschiedene Gesteinsarten imitieren als auch – mit einigem Geschick – Rindenflächen oder Bodenformationen nachahmen. Derartige Rück- und Seitenwände sind leicht und bieten gleichzeitig eine hervorragende Wärmedämmung. Je nach Latexanteil in der Deckschicht ist die Oberfläche mehr oder weniger rau; sie ist wasserdicht und kann zur Reinigung abgescheuert und desinfiziert werden. Das Einbringen von Torf- oder Kokosnussfasern in die Deckschicht eröffnet wieder andere Gestaltungsmöglichkeiten, erschwert jedoch eine spätere gründliche Säuberung. Und eine gelegentliche Reinigung ist wegen des weißen Harnsäureanteils der Schlangenexkremente unbedingt erforderlich.

Der in Schlangenterrarien verwendete **Bodengrund** muss in erster Linie den Anforderungen der Tiere genügen, sollte sich aber nach meiner Ansicht auch gut in das möglichst natürlich wirkende optische Gesamtbild der Terrarieneinrichtung einfügen. Er soll das Bedürfnis vieler Boden bewohnender Schlangenarten zum Wühlen ermöglichen. Die Aufnahme kleiner Mengen des Bodengrundes zusammen mit dem Futter darf nicht zu Gesundheitsstörungen führen, wie das beispielsweise bei Blähtonkügelchen nicht auszuschließen ist. Für Trockenterrarien finden gewöhnlich staubfreier Sand und Kies Verwendung. In feuchteren Behältern können Walderde oder ungedüngte Blumenerde, gegebenenfalls mit Sand, Lehm oder Torfmull gemischt, eingesetzt werden. Empfehlenswert sind auch die im Handel angebotenen verschiedenen Sorten an Rindeneinstreu.

Mit künstlichen Ästen und Pflanzen lassen sich optisch attraktive Terrarien gestalten. DDS

Wenn ein tieferer Bodengrund bei wühlenden Schlangenarten erforderlich ist, kann eine Dränageschicht zur Vermeidung von Staunässe kaum eingebracht werden. Bei wenig wühlenden Arten hat sich bei mir eine dicke Schicht mehr oder weniger trockenes Waldmoos oder Laub als Bodengrund bewährt. So lassen sich Exkremente und Futterreste einfach und vollständig entfernen. Als bedingt tauglich haben sich Rindenmulch oder spezielle Holzschnitzel erwiesen. Für Zeitungspapier, Fließpapier, Hobelspäne, Kunstrasenmatten oder Fliesen im Terrarium habe ich nicht viel übrig. Es sei denn, es muss in einem Quarantäneterrarium für Neuankömmlinge oder erkrankte Tiere auf peinlichste Sauberkeit geachtet werden. Auch große Riesenschlangen sind wegen der Menge ihrer Ausscheidungen nur unter besonderen hygienischen und damit meist naturfernen Bedingungen, so auf Hobelspänen, zu pflegen.

Die verschiedenen Einrichtungsgegenstände im Terrarium haben in erster Linie den physischen und sozialen Ansprüchen der Tiere zu genügen. Mit einigem Geschick lassen sich damit auch die ästhetischen Anforderungen des Betrachters befriedigen. **Wassergefäße** sind für die meisten Schlangenarten erforderlich. Sie dienen als Tränke und gewöhnlich auch als Badegelegenheit. Herausnehmbare Gefäße sind schnell und gründlich zu reinigen und neu zu füllen. Für Großterrarien kommen im Allgemeinen nur eingebaute Becken mit fest installiertem Abfluss in Betracht. Den Vorstellungen des Terrarianers bleibt es überlassen, standsichere simple Glas- oder Plastikgefäße oder selbst gefertigte oder im Handel erhältliche natürlich wirkende Wasserbecken zu verwenden. Alle müssen sie aber leicht zu säubern sein. Im Bodengrund oder im Terrarienboden eingelassene Wasserbehälter sehen zwar naturgemäßer aus, werden aber durch Bodengrund schnell verunreinigt. Da viele Schlangen ihre Exkremente im Wasser absetzen, reicht eine Wasserfilterung oder gar eine biologische Selbstreinigung auch in großen bepflanzten Wasserbecken nicht aus. Das trifft auch auf Aquaterrarien zu.

Die meisten Schlangen, selbst Bodenbewohner, klettern gern. Wir sollten ihnen deshalb ausreichende **Klettergelegenheiten** anbieten. Felsaufbauten gehören zum Lebensraum mancher Arten. Natürliche Steine – einer einheitlichen Gesteinsart sollten sie schon angehören – sind jedoch schwer und müssen fest miteinander verbunden werden, um Unfälle zu vermeiden. Die dabei entstehenden Spalten und Höhlungen werden als Versteckplätze gern angenommen, müssen aber dem Terrarianer jederzeit die Kontrolle der Tiere ermöglichen. Felsaufbauten lassen sich, wie bei der Rückwandgestaltung beschrieben, nach Gutdünken imitieren. Meist bieten ein Baumstamm oder ein genügend dicker Ast gute Kletter-, Versteck- und Ruhemöglichkeiten. Beliebt und dauerhaft sind die gut strukturierten Äste von Robinien. Es bereitet allerdings einige Mühe, sie sauber zu halten. Auch Stammteile von Apfelbäumen oder alter Buchenhecken sowie nicht zu dünne, knorrige, abgestorbene Rebstöcke sind gut geeignet. Der Kletterstamm muss am Terrarienboden oder an einer Terrarienwand gut befestigt werden. Sehr stabil und in jeder gewünschten Form herzustellen sind künstliche Kletterstämme aus Drahtgeflecht und Kunststoff- oder Zementbeschichtung. Sie faulen nicht, sind besser zu reinigen und können sogar ein Heizkabel aufnehmen oder als Lampenabdeckung dienen. Viele schlanke Baumschlangen bevorzugen dünneres Geäst, das dazu mit rankenden Pflanzen durchsetzt ist. Für vorwiegend Boden bewohnende Schlangen, auch Wassernatterarten, hat sich ein dekorativer, halbverrotteter, jedoch nicht morscher Baumstubben als zentraler Blickfang im Terrarium bewährt. Er bietet Liegeplätze und Verstecke, lässt sich notfalls einmal herausnehmen und abscheuern und selbstverständlich notfalls auch austauschen. Für kleinere Terrarien sind das sehr repräsentative, leider aber teure Moorkienholz wie auch alte Treibholzstücke zu empfehlen. Interessant wirken bei der Gestaltung entsprechender Lebensräume größere Kakteenskelette.

Dass manche Klettermöglichkeiten gleichzeitig die zum Wohlbefinden der Schlangen unbedingt erforderlichen **Verstecke** bieten, haben wir bereits festgestellt. Vor allem dämmerungs- und nachtaktive Schlangen lieben es, sich tagsüber in dunklen, ihrer Körpermasse entsprechenden Verstecken, die ihnen auch von oben oder seitlich Körperkontakt bieten, zu verbergen. Sie fühlen sich hier ungestört, schlafen und können in Ruhe verdauen. Je nach Lebensweise und Größe der Schlangen kommen als Verstecke auch flache Steine, verschiedenste Rindenstücke, Kokosnussschalen, Moospolster, morsche Holzstücke oder aus hygienischen Gründen umgedrehte Keramikgefäße mit ausgebrochenem Schlupfloch oder ähnliches in Betracht. Nicht nur für giftige oder aggressive Schlangen haben sich flache Schlupfkisten bewährt, deren Öffnung, oben oder seitlich

Eine hohle Baumstammimitation bietet den Tieren gute Versteckmöglichkeiten. DDS

angebracht, sich verschließen lassen sollte. Alle Schlangen finden hier einen störungsfreien Ruheplatz. Zur Kontrolle oder Entnahme einer Schlange aus dem Schlupfkasten sowie zur Reinigung muss er vollständig zu öffnen sein. Bei der Haltung von Giftschlangen empfiehlt sich zum gefahrlosen Kontrollieren eine zusätzliche, herauszuziehende Glasscheibe unter dem Deckel.

Zum natürlichen Lebensraum von Schlangen gehören meist auch **Pflanzen**. Da die Tiere eines Biotops denselben Einflüssen hinsichtlich Beleuchtung, Temperatur, Feuchtigkeit, Substrat, Jahresrhythmus sowie anderen abiotischen und biotischen Faktoren wie die Pflanzen ausgesetzt sind, wäre eine gut gedeihende Terrarienbepflanzung sicher ein guter Indikator für viele Lebensbedingungen der Schlangen. Pflanzen tragen zu einem guten Terrarienklima bei, insbesondere wenn eine höhere relative Luftfeuchtigkeit erforderlich ist. Leider ist die Bepflanzung eines Schlangenterrariums bei vielen Arten kaum möglich. Sie wird oft durch die Tiere beschädigt oder zerdrückt. Pflanzen müssen dementsprechend robust sein und können nur im Topf oder in Pflanzwannen in den Bodengrund oder in der Terrarienrückwand eingelassen werden. So sind sie bei Bedarf schnell auszuwechseln. Sofern nicht beispielsweise in einem Steppen– oder Halbwüstenterrarium trockene Grassoden oder in einem Terrarium für europäische Arten einige Brombeerranken oder eine kleine Konifere als Dekoration eingesetzt werden, eignen sich kultivierte Topfpflanzen meist besser. Sie haben sich an die vom Menschen geschaffenen Kulturbedingungen bereits angepasst. Neben der üblichen Terrarienbeleuchtung werden bei Bepflanzung zusätzliche lichtstarke Beleuchtungskörper mit hohem Blau- und Rotlichtanteil erforderlich. Wirklich von

einer Terrarienbepflanzung abhängig sind wohl nur Baum bewohnende Schlangen des Regenwaldes. Für die meisten Arten sind Pflanzen nicht unbedingt lebensnotwendig und schon gar nicht unter allen Umständen aus dem Verbreitungsgebiet der betreffenden Schlangenart.

Pflanzen besitzen vor allem Schauwert und tragen zur ästhetischen Wirkung eines Terrariums bei. Sie erfordern aber auch eine sachgerechte und aufwendige Pflege, die meist mehr Zeit beansprucht, als die Betreuung der Tiere selbst. Zur Auswahl und Pflege von Pflanzen spezieller Lebensräume im Terrarium sei auf allgemeine Terrarienliteratur wie von TRUTNAU (1994) verwiesen.

Einen Kompromiss fürs Auge stellen künstliche Pflanzen dar. Gute Imitationen – vor allem, wenn sie mit natürlichen Pflanzen kombiniert werden – täuschen selbst aufmerksame Betrachter. Sie lassen sich dekorativ in Bohrungen in der Terrarienrückwand oder am Baumstubben einsetzen. Sie sind bei Bedarf meist gut zu reinigen und sogar zu desinfizieren. Sie bieten bei ausreichender Stabilität den Schlangen zusätzliche Liegeplätze und Häutungshilfen. Und sie kommen den besonderen hygienischen Anforderungen eines Zuchtterrariums sehr entgegen.

Wenn mancher Terrarianer hygienische Aspekte für den Verzicht auf der Natur entnommene und nicht zuvor desinfizierte oder sterilisierte Einrichtungsgegenstände, demzufolge auch Pflanzen, in den Vordergrund stellt, möchte ich daran erinnern, wie arm doch unsere einheimische Herpetofauna ist und praktisch keine Gefahr besteht, auf diesem Wege für unsere Schlangen pathogene Keime ins Terrarium einzuschleppen.

Das üppig bepflanzte Zimmerterrarium wirkt zwar auf den Betrachter sehr ästhetisch, es ist aber nur für wenige Schlangenarten geeignet. DDS

291

Terrarientechnik

Was in der Natur Sonne, Regen und Wind bewerkstelligen, muss im Terrarium mit technischen Hilfsmitteln nachgeahmt und im zeitlichen Ablauf gesteuert werden. Die Beschaffenheit der natürlichen Klimafaktoren Licht, Temperatur, Feuchtigkeit und Luftbewegung im Lebensraum eines Individuums sind dem Terrarianer gewöhnlich nicht bekannt. Selbst wenn er seine Schlange in der Natur eigenhändig gefangen haben sollte, kennt er die detaillierten Klimabedingungen bestenfalls für die Dauer seines Aufenthaltes in diesem Territorium. Er weiß nichts über Witterungsabläufe im Verlauf des Jahres oder gar längerer Zeiträume. Wenn der Fundort unserer Schlange bekannt ist, stehen uns in der Regel nur Angaben aus Klimakarten oder Klimadiagrammen zur Verfügung, die die charakteristische Abfolge von typischen Witterungszuständen im langjährigen Mittel und in ihren Extremen – eben das Makroklima eines Gebietes – wiedergeben. Solche Angaben sind beispielsweise den Tabellen ausgewählter Klimastationen zu entnehmen, wie sie MÜLLER (1996) zusammengestellt hat. Dabei bleiben das Geländeklima (Mesoklima) und erst recht das für die Haltung unserer Tiere bedeutungsvolle Mikroklima unberücksichtigt. Das Mikroklima – definitionsgemäß in der bodennahen Luftschicht in einer Höhe von zwei Metern ermittelt – und speziell das Mikroklima im individuellen Lebensraum einer Schlange auf oder sogar unter der Erdoberfläche, in offener Steppe, an einem Berghang, in einer Talsenke, in einem Dickicht oder in den verschiedenen Etagen eines Urwaldes unterscheiden sich vom Makroklima vor allem durch unterschiedliche Luftbewegung und stark veränderte Temperaturen und Temperaturschwankungen.

Einfacher hat es der Terrarianer, der Nachzuchttiere direkt von Züchter übernehmen kann. Hier kann er die dort herrschenden Bedingungen zunächst übernehmen, weil er weiß, dass diese Bedingungen zumindest nicht so ungünstig waren, dass die Elterntiere nicht zur Fortpflanzung geschritten wären.

Glücklicherweise ist die Anpassungsfähigkeit unserer Schlangen so groß, dass sie nicht allzu große Abweichungen des Terrarienklimas von den natürlichen Klimawerten durchaus tolerieren. Aber diesen Toleranzbereich gilt es zu treffen und mit Hilfe geeigneter technischer Möglichkeiten zu gestalten. Bei der Planung und Installation der erforderlichen Technik wird der Terrarianer allein schon aus sicherheitstechnischen Gründen ohne die entsprechenden Fachleute nicht auskommen. Einfach zu handhabende und technisch relativ sichere Geräte aus dem Fachhandel können bei sachgerechtem Einsatz aber die meisten Anforderungen erfüllen. Terrarientechnik sollte nicht um ihrer selbst eingesetzt und gar überbewertet werden. Ein gewisser Automatisierungsgrad macht ihren Einsatz aber zuverlässiger und erleichtert die Arbeit des Terrarianers.

Beleuchtung

Die technische Realisierung der durch die Sonne gegebenen natürlichen Beleuchtung stellt in der Terrarientechnik generell wohl das größte Problem dar. Gilt es doch, die Beleuchtungsstärke, die Beleuchtungsdauer und die Lichtfarbe einschließlich der tageszeitlichen und jahreszeitlichen Schwankungen zu imitieren und dabei eine möglichst wirtschaftliche Lichtausbeute zu erzielen. Die natürlichen Lichtbedingungen, denen das Reptil in seiner natürlichen Umgebung ausgesetzt wäre, im Terrarium durch Sonnenlicht oder künstliches Licht vollwertig zu ersetzen, ist unmöglich. Werden im Sommer in unseren Breiten mittags bei wolkenlosem Himmel Beleuchtungsstärken bis zu 100 000 Lux gemessen, sind es im Winter unter denselben Bedingungen noch 10 000 Lux. Im Zimmer, in zwei Meter Entfernung vom Fenster, sind kaum noch 300 Lux vorhanden. Eine normale Glühlampe leuchtet mit 20 bis 40 Lux. Und selbst in einem Freilandterrarium können weder die Lichtintensität noch die jährliche Sonnenscheindauer die Lichtverhältnisse in den südlicheren Verbreitungsgebieten unserer Tiere ersetzen. Die Nutzung von **Sonnenlicht** im Zimmerterrarium oder in einem Freilufterrarium birgt sogar die Gefahr der Überhitzung des Behälters und damit des Wärmetodes seiner Bewohner in sich. Die oft diskutierte Bedeutung des Sonnenlichtes mit seinem Anteil ultravioletter Strahlung halte ich bei der Schlangenhaltung für unerheblich. Wie Messungen ergaben, soll die UV-Durchlässigkeit der Haut einer *Boa constrictor* nur 1 %, die einer Zornnatter (*Coluber*) sogar nur 0,3 % betragen, während die Haut des Menschen 33 % des ultravioletten Lichtes in den Körper eindringen lässt.

Als Lichtquellen kommen Glühlampen, Kompaktleuchtstofflampen (Energiesparlampen), Leuchtstoffröhren und Entladungslampen in Frage – alle mit Vor- und Nachteilen verbunden. **Glühlampen**, eingesetzt in einen Reflektorschirm oder mit eigenem, innen verspiegeltem Reflektor sind preiswert in der Anschaffung und Installation. Leider besitzen die Reflektorlampen nur einen kleinen Ausstrahlungswinkel und sind nur für eine lokale Bestrahlung geeignet. Ein großer Teil der von Glühlampen verbrauchten Energie wird in Wärme umgesetzt. Das kann zur Erwärmung des Terrariums von Vorteil sein, stört aber bei höherer Leistungsaufnahme und hohen Außentemperaturen. **Kompaktleuchtstofflampen**, so genannte Energiesparlampen, mit standardisierten Glühlampenfassungen liefern bei wesentlich geringerem Stromverbrauch gute Lichtausbeuten und erwärmen ihre Umgebung weit weniger. **Röhrenförmige Leuchtstofflampen**, vielfach kombiniert mit anderen Lichtquellen eingesetzt, sind generell recht gut für die Beleuchtung von Terrarien geeignet. Wenn ihre Vorschaltgeräte beispielsweise unter dem Terrarium installiert werden, kann deren Wärmeabgabe als lokale Bodenheizung genutzt werden. Leuchtstoffröhren werden in unterschiedlichen Farbzusammensetzungen hergestellt. Für die Tierhaltung werden gewöhnlich die Typen Weiß oder Tageslicht verwendet. Zur Förderung des Pflanzenwuchses im Terrarium sind zusätzlich die besonders dafür angebotenen Typen mit einem hohen Anteil von rotem und blauem Licht zu empfehlen. Spezielle Typen senden auch einen gewissen, auch bei Dauerbetrieb nicht schädlichen Anteil UV-Strahlung aus. Sie sind in der Schlangenhaltung meines Erachtens nicht unbedingt erforderlich, beruhigen aber auf jeden Fall das Gewissen des Terrarianers, der seinen Tieren alles Gute tun will. Durch zusätzlich über den Leuchtstoffröhren angebrachte verspiegelte Reflektoren lässt sich ihre Lichtausbeute im Terrarium verbessern. Da die Funktionsfähigkeit der Leuchtstofflampen mit zunehmender Brenndauer nachlässt und sich ihr Farbspektrum ändert, sind sie gewöhnlich vor Erreichen ihrer endgültigen Lebensdauer auszuwechseln. Eine hohe Beleuchtungsstärke besitzen **Quecksilberdampf-Hochdrucklampen** (HQL) und **Halogen-Metalldampflampen** (HQI). Wegen Verbrennungsgefahr bei Körperkontakt mit einer der Lichtquellen und wegen der Gefahr, Lampen mechanisch zu beschädigen, sollten alle Lichtquellen im Terrarium mit einem Schutzkorb aus Draht versehen sein oder in einem separaten, durch Drahtgeflecht abgetrennten Beleuchtungskasten untergebracht werden. Schlangen liegen zu gern auf Leuchtstofflampen und quetschen sich zwischen Röhren und Lampenkasten.

Zur Steuerung der Beleuchtung genügen meist einfache Schaltuhren. Es empfiehlt sich, beim Kauf einer elektrischen oder elektronischen Schaltuhr auf eine Gangreserve zu achten, damit bei Stromausfällen die eingestellte Tagesrhythmik erhalten bleibt. Vorteilhaft sind auch Schaltuhren mit mehreren Schaltkreisen, die für die Steuerung anderer Verbraucher wie Heizer, Ventilatoren oder Beregnungsanlagen genutzt werden können. Dämmerungsschalter können in Freiluft- und Gewächshausterrarien für das Schalten künstlicher Lichtquellen zur Zusatzbeleuchtung sorgen. Dämmerungseffekte in den Morgen- und Abendstunden lassen sich mit Glühlampen über Dimmer oder durch stufenweises Ein- bzw. Ausschalten mehrerer Beleuchtungskörper erreichen. Sie sind bei der Schlangenpflege aber lediglich eine technische Spielerei.

Da die Tageslichtlänge von der geografischen Breite und der Jahreszeit abhängt, beeinflusst sie in der Natur selbstverständlich auch den Tagesrhythmus einer Schlange.

Während in Äquatornähe jahraus jahrein die Tageslichtdauer zwölf Stunden beträgt, steht in unseren Breiten die Sonne Mitte Juni etwa $16^1/_2$ Stunden, Mitte Dezember kaum acht Stunden über dem Horizont. Die künstliche Beleuchtung eines Terrariums gestattet eine willkürliche Steuerung der Tageslichtdauer, ja sogar eine völlige Umkehr von Tag und Nacht oder entsprechend den jahreszeitlichen Lichtverhältnissen auf der südlichen Erdhalbkugel. Eine programmierte tägliche Beleuchtungsdauer in Abhängigkeit von der Jahreszeit ist gewöhnlich nicht erforderlich. 12 bis 14 Stunden tägliche Beleuchtung sind ausreichend. Um die Aktivitäten tagaktiver Schlangen in den arbeitsfreien Abendstunden beobachten zu können, ist eine entsprechende Verschiebung des Terrarientages ohne weiteres möglich. Lediglich bei Arten, deren Fortpflanzungsgeschehen durch eine mehr oder weniger intensive Winterruhe stimuliert wird, sollte parallel zur allmählichen Temperaturabsenkung vor der Winterruhe und zur Temperaturerhöhung danach auch die Tageslichtlänge ab- bzw. zunehmen. Bei manchen Schlangenarten können eine verkürzte winterliche Tageslichtlänge und zeitweilige Dunkelheit sogar die Temperaturerniedrigung als Reproduktionsstimulans ersetzen.

Beheizung

Als wechselwarme Tiere sind Schlangen in ihren Lebensfunktionen unmittelbar von der Umgebungstemperatur abhängig. Sie sind darauf angewiesen, dass Wärmezufuhr von außen ihre Lebensprozesse aufrecht erhält und auch dafür sorgt, dass sich die Keimentwicklung innerhalb wie außerhalb des Körpers des Muttertieres vollziehen kann. Temperaturen um den Gefrierpunkt der Körperflüssigkeiten sind tödlich. Dasselbe gilt für Umgebungstemperaturen, bei denen der Schlangenkörper auf 42 bis 45 °C erhitzt wird. In diesem Temperaturbereich beginnen Körpereiweiße zu denaturieren, was unweigerlich und irreversibel zum Tode führt.

Im Terrarium können für Schlangen, von wenigen Ausnahmen abgesehen, Tagestemperaturen zwischen mindestens 18 bis 20 °C und höchstens 32 bis 36 °C gelten. Für diesen Aktivitätsbereich im Terrarium sind spezielle Heizquellen erforderlich. Eine entsprechend hohe Raumtemperatur würde das Terrarium gleichmäßig durchwärmen und es den Tieren unmöglich machen, die ihnen im Augenblick zusagende Temperatur, die Aktivitätstemperatur, zu wählen. Durch die mit Ortswechsel verbundene Thermoregulation können Schlangen in der Natur ihre Körpertemperatur annähernd optimal halten. In der Sonne auf erwärmten Steinen ist die Körpertemperatur rasch zu steigern, in kühlen Verstecken kann sich eine Schlange selbst im heißen Wüstensand vor Überhitzung schützen. Eine physiologische Thermoregulierung ist in nur geringem Maße über den Blutkreislauf möglich.

Ein häufig in der Terraristik gemachter Fehler ist eine zu große zeitliche Temperaturkonstanz. In offenen Lebensräumen mit stärkerer Luftbewegung – so in Wüstengebieten – können im Tagesverlauf auf dem Boden Maximalwerte von 50 °C und mehr erreicht werden, während nachts die Temperatur auf Werte nahe dem Gefrierpunkt absinken kann. Durch Eingraben in tieferen Bodenschichten können die Tiere zwar derartige Extreme bei ihrer Körpertemperatur mindern, stärkere Temperaturunterschiede im Tagesrhythmus gehören aber trotzdem zu ihrem physiologischen Wohlbefinden. In den Regenwäldern ist die Tagesrhythmik weit schwächer ausgeprägt. Tag-Nacht-Unterschiede von höchstens 5 bis 10 Kelvin treffen sogar nur für die Bewohner des oberen Bereichs der Baumwipfel zu.

Bei Terrarienhaltung ist die Jahresrhythmik der Temperaturen in den natürlichen Lebensräumen ebenso zu beachten. Schlangen aus gemäßigten Klimabereichen sollte deshalb auch die Möglichkeit zur Winterruhe bei stark herabgesetzten Temperaturen geboten werden. Winterruhe ist für ein jahrelanges Wohlbefinden und eine normale Paarungs- und Fortpflanzungsbereitschaft unerlässlich.

Wie die Technik für die Realisierung der übrigen Klimabedingungen ist auch die Wärmetechnik vor der Einrichtung eines Terrariums zu installieren. Nur so wird es möglich, durch Kontrollmessungen über einige Tage die Eignung der vorgesehenen Heizgeräte zu überprüfen. Als Energiequelle zur Beheizung von Terrarien kommt vorrangig Elektroenergie in Betracht. Eine elektrische Heizung ist bau- und schaltungstechnisch einfach realisierbar, funktionssicher, sauber in der Handhabung und weitgehend wartungsfrei. Bei zwar hohen Betriebskosten sind die Anschaffungskosten relativ niedrig. Wesentlich investitionsintensiver sind da Warmwasserheizungen, die nur für große Terrarienanlagen zu empfehlen sind und auch nur dann, wenn eine derartige Beheizung des Terrarienraumes ohnehin gegeben ist.

Durch die Temperatur des Raumes, in dem das Terrarium steht – im Normalfall ein Wohnraum –, ist die Grundtemperatur im Terrarium gegeben. Eine zusätzliche Direkterwärmung der Luft im Terrarium durch regelbare Raumluftheizer ist nur in großen Behältern sinnvoll. Zur generellen Erwärmung des Terrariums, seiner Einrichtung und der in ihm enthaltenen Luft werden üblicherweise **Bodenheizungen** eingesetzt. Die lokale Beheizung des Untergrundes ohne gleichzeitige Strahlungswärme von oben ist zwar wenig natürlich, technisch aber einfach zu lösen. Als Bodenheizungen bieten sich die unterschiedlichsten Möglichkeiten an, die als Wärmeplatten, Heizmatten, Heizkabel oder Wärmesteine im Fachhandel erhältlich sind. Ob Heizgeräte direkt im oder unter dem Terrarium, in Heizschächten oder in einem Zwischenboden untergebracht werden, ist von Fall zu Fall zu entscheiden. Immer ist zu berücksichtigen, dass viele Schlangenarten gern im Bodengrund wühlen und die als Futter eingesetzten Nagetiere die Heizgeräte und ihre elektrischen Zuleitungen beschädigen können. Für Schlangenterrarien sind deshalb Heizplatten oder Heizmatten, die in den unterschiedlichsten Abmessungen und Leistungen geliefert werden, unter dem Terrarium am besten zu installieren. Es ist darauf zu achten, dabei Wärmestaus zu vermeiden. Die vor Feuchtigkeit geschützten, ummantelten Heizkabel können wegen ihrer gewissen Biegsamkeit an beliebigen Stellen im Bodengrund, in Rück- und Seitenwänden, in ausgehöhltem Astwerk und sogar im Wasserbecken verlegt werden. Weder Schlangen noch Futtertiere dürfen sie aber berühren können. Die so genannten Wärmesteine – Steinimitationen mit eingebauter Heizung – sind praktisch, aber nur bei kleinen Schlangen einzusetzen. Neben den genannten Geräten zur Bodenbeheizung stellen „Behelfheizungen" wie Drosselspulen von Leuchtstoff- und Entladungslampen unter dem Terrarium, in Beton oder Lehm eingebettete Aquarienheizer niederer Leistungen oder auch nur die Beleuchtung eines darunter stehenden anderen Terrariums einfachste Lösungen dar.

Zur Beheizung großer Wasserbecken oder des Wasserteils von Aquaterrarien bietet die Industrie viele Möglichkeiten. Immer ist jedoch zu beachten, das die Terrarieninsassen die Heizungsinstallationen nicht freilegen oder beschädigen können und deshalb geeignete Schutzvorrichtungen vorhanden sein müssen.

Die wichtigste Heizungsart, die auch der natürlichen, von der Sonne ausgehenden Wärmestrahlung am nächsten kommt, ist fraglos eine **Strahlungsheizung**. Leuchtmittel wie Glühlampen oder Entladungslampen vereinen die Beleuchtung des Terrariums mit lokaler Strahlungswärme und sorgen für ein ausreichendes Temperaturgefälle. Je nach Schlangenart kann über der lokalen Bodenheizung und unter dem Strahler eine Temperatur von bis zu 38 °C erwünscht sein. Speziell der Erzeugung von Wärmestrahlung dienen Infrarot-Hell- und Infrarot-Dunkelstrahler. Bei deren Einsatz ist mit der Gefahr einer „röstenden" trockenen Wärme zu rechnen. Infrarot-Dunkelstrahler mit genormtem Glühlampensockel, einem Gehäuse aus Glas, Porzellan oder Keramik und niedriger Leistung (40 bis 100 W) sind in ihrer Anwendung sehr einfach und auch für kleinere Terrarien geeignet. Wegen der hohen Temperaturentwicklung dieser Strahler sind unbedingt Lampenfassungen aus Porzellan zu verwenden. Alle Heizstrahler sind mit Schutzvorrichtungen vor Berührung zu schützen und möglichst sogar außerhalb über dem Terrarium einzubauen. Auch ist ein vorgeschriebener Mindestabstand zu allen brennbaren Einrichtungsgegenständen einzuhalten.

Eine wesentliche Voraussetzung für eine optimale Terrarienbeheizung ist deren automatische Steuerung. Die einfachste Möglichkeit bieten Schaltuhren. Ihre Verwendung setzt jedoch eine gute Leistungs-abstimmung aller Heizkörper während der Heizphase voraus, die bei sich ändernder Raumtemperatur nur schwer aufrechterhalten lässt. Schaltuhren eignen sich dagegen gut, um durch völliges Abschalten bestimmter Heizungen die gewünschte nächtliche Temperaturabsenkung zu erreichen. Um jedoch eine zeitweise Überhitzung eines Terrariums auszuschließen, ist ein möglichst elektronisch arbeitender Thermostat mit Messfühler zu empfehlen, der u. U. sogar die Einstellung eines Tag-Nacht-Rhythmus ermöglicht. Thermostate mit Bimetallkontakten oder Kontaktthermometer mit Relais sind technisch überholt. Zur Kontrolle der Temperatur sind elektronische Thermometer Glasthermometern vorzuziehen. Empfehlenswerte Typen können bei kleinstem Platzbedarf mit Hilfe eines zweiten Thermosensors nicht nur die Temperatur an zwei Messstellen gleichzeitig ermitteln, sondern sie registrieren auch die seit der letzten Temperaturkontrolle gemessenen Maximal- und Minimalwerte.

Befeuchtung

Neben Trink- und Badewasser spielen die Luft- und Bodenfeuchtigkeit im Terrarium eine wichtige Rolle. Diese abiotischen Faktoren des Lebensraumes Terrarium müssen den Bedingungen in der Natur nahe kommen, wenn gute Lebensbedingungen für Tiere und Pflanzen geschaffen werden sollen. Mit nachts zurückgehender Lufttemperatur steigt die **relative Luftfeuchtigkeit**. Für Schlangen aus Wüsten- und Steppengebieten genügt das schwache Befeuchten eines Teils des Bodengrundes. Da mit Taubildung im Terrarium nicht zu rechnen ist, sollte ein kleines Trinkgefäß – für viele Wüstenbewohner völlig ungewohnt – zum Stillen des Wasserbedarfs vorhanden sein. Den meisten Schlangen genügt die in Wohnräumen gegebene Luftfeuchtigkeit von 40 bis 60 %. Diese relativ trockene Haltung mindert die Entwicklung unerwünschter Mikroorganismen im Terrarium und fördert das Aufsuchen speziell vorbereiteter feuchter Eiablageplätze. Im Regenwaldterrarium muss die relative Luftfeuchtigkeit tagsüber aber schon bei 60 bis 90 % liegen und nachts auf nahezu 100 % steigen. Dazu ist zusätzliches Besprühen erforderlich.

Die einfachste Erhöhung der Luftfeuchte bringt ein größeres Wasserbecken, eventuell zusätzlich beheizt. Zum Sprühen per Hand mit einem einfachen Wäschesprüher oder mit einer manuell oder elektrisch funktionierenden Sprühflasche ist auf Terrarientemperatur erwärmtes Wasser geeignet. Die Verwendung besonders weichen Wassers – sauberes und nach längerem Regen aufgefangenes Regenwasser – verhindert Kalkflecke auf Pflanzen und Glasscheiben. Für kleinere Schlangenarten im Schauterrarium kann ein mit einer externen Aquarienfilter-Pumpenkombination sogar ein kleiner Bachlauf im Terrarium betrieben werden. Beregnungsanlagen oder elektrische Luftbefeuchter lohnen sich nur bei großen Terrarien oder Terrarienanlagen. Derartige Geräte lassen sich über einen Hygrostat, der bei Unterschreitung eines eingestellten Luftfeuchtigkeitswertes für eine gewisse Zeit einschaltet, automatisieren. Wünschenswerte Tag-Nachtunterschiede der Feuchtigkeit sind dabei zu beachten.

Pflanzen im Terrarium tragen zwangsläufig zur Erhöhung der Luftfeuchtigkeit bei. Da Pflanzen in einem Schlangenterrarium meist nicht direkt in den Bodengrund gepflanzt werden, kann es bei Feuchtigkeit liebenden Schlangenarten notwendig werden, dass Teile des Bodengrundes nach Bedarf angefeuchtet werden müssen. Diese Arten wühlen sich gern im feuchten Substrat ein und nehmen im geringen Umfang auch Wasser über die Haut auf. Ungenügende Feuchtigkeit würde bei ihnen zu Häutungsschwierigkeiten führen. Es ist jedoch grundsätzlich dafür zu sorgen, dass in einem Terrarium mit feuchtem Bodengrund und erst recht in einem Aquaterrarium absolut trockene Liegeplätze vorhanden sind. Selbst Wassernattern leiden sonst schnell unter lästigen Hauterkrankungen. Zur einfachen Kontrolle der relativen Luftfeuchtigkeit im Terrarium dient zweckmäßigerweise eines der preiswerten elektronischen Hygrometer, die mit einem Thermometer im gleichen Gehäuse vereint sind.

Belüftung

Ausreichende **Luftumwälzung und Lufterneuerung**, wie sie in der Natur zwangsläufig gegeben sind, spielen im Terrarium eine besondere Rolle und stehen mit den Klimafaktoren Wärme und Feuchtigkeit in engem Zusammenhang. Dazu genügt es in der Regel nicht, wenn ein seitlich und am Boden allseits geschlossener Behälter – beispielsweise ein zweckentfremdetes Aquarium oder ein größeres Plastikterrarium – mit einem luftdurchlässigen Deckel verschlossen ist. Die mit schwererem Kohlendioxid angereicherte verbrauchte Luft liegt am

Boden und wird nur ungenügend ausgetauscht. Durch eine Heizquelle erwärmte Luft steigt zwar nach oben, die damit erhoffte Luftströmung reicht jedoch nur aus, wenn gleichzeitig Öffnungen im unteren Teil des Terrariums den Eintritt von Frischluft ermöglichen. Optimal sind seitlich und in unterschiedlicher Höhe vorhandene Lüftungsschlitze an gegenüberliegenden Seiten des Terrariums. Dass diese Schlitze mit fester Drahtgaze oder fein gelochtem Blech oder Kunststoff für Schlangen und Futtertiere ausbruchsicher verschlossen sein müssen, versteht sich von selbst. Durch zusätzliche Schieber kann der Luftaustausch reguliert werden.

Sollte bei einer hohen Temperaturdifferenz zwischen Terrarieninnerem und Umgebung die Gefahr bestehen, dass zu kühle Luft ins Terrarium gelangt, ist dafür zu sorgen, dass die Luft mit einem schwachen Heizer beispielsweise in einem unter dem Terrarium liegenden Hohlraum vorgewärmt wird. Ein geringes Temperaturgefälle schadet aber nicht. Die Intensität der Belüftung darf jedoch nicht so weit getrieben werden, dass im Terrarium Zugluft entsteht und Erkältungsgefahr heraufbeschworen wird. Das ist vor allem dann schnell möglich, wenn mit Hilfe eines Ventilators eine Zwangsbe- oder Zwangsentlüftung vorgenommen wird. In großen Terrarien können Kleinstlüfter dagegen zur besseren Luftumwälzung beitragen. Es ist zweckmäßig, wenn der Ventilatorbetrieb mit einem Thermostat geregelt wird und stauende, feuchte Luft entfernt werden kann. Eine zusätzliche Schaltuhr sorgt für die gewünschten Tag-Nacht-Unterschiede. In kleinen Terrarien kann eine Aquarienluftpumpe zur Luftumwälzung und Luftbefeuchtung herangezogen werden.

Soziale Faktoren im Terrarium

Zweifellos sind unsere Kenntnisse über das Sozialverhalten bei Schlangen gering. Weit mehr ist dazu bei anderen Reptilien, beispielsweise Echsen, bekannt. Schlangen leben solitär; ihre Beziehungen zueinander liegen in der Natur auf den untersten biosozialen Stufen. Trotzdem spielen Populationsdichte und Verhaltensweisen eine gewisse Rolle, weniger eine Sozialstruktur. Häufig sind klimatische Faktoren Auslöser für Ansammlungen von Schlangen: ein windgeschützter Sonnenplatz oder ein für die Winterruhe geeignet erscheinender Unterschlupf. Kurzzeitige Kontakte auf etwas höherer Stufe sind bei der Partnerwahl und Paarung zu beobachten. Auslöser dabei sind chemische Substanzen (Pheromone), die der sexuellen Anlockung der Geschlechtspartner dienen. Zeitweilige soziale Bindungen bestehen auch zu den Nachkommen, wenn ein Muttertier – was allerdings selten ist – sein Gelege bewacht oder gar aktiv bebrütet.

Im Terrarium liegen die sozialen Verhältnisse völlig anders. Das zwangsläufige Zusammenleben mehrerer Schlangen auf engstem Raum führt zu unnatürlichen gegenseitigen sozialen Beeinflussungen. Wenn kannibalische Neigungen der zu pflegenden Art nicht von vornherein Einzelhaltung erfordern, möchten die meisten Terrarianer wenigstens zwei Schlangen derselben Art, möglichst ein Pärchen, gemeinsam pflegen. Zur Findung „passender" Geschlechtspartner ist oft sogar die Haltung größerer Gruppen verschiedengeschlechtlicher Tiere erforderlich. Ein hoher Tierbesatz im Terrarium bringt aber nicht nur hygienische Probleme. Tiere, deren Funktionskreise nicht synchron verlaufen, stören sich gegenseitig: Ruhende Tiere werden durch aktive, satte durch hungrige oder nicht fortpflanzungsbereite durch paarungswillige belästigt. Es täuscht, wenn mehrere Schlangen miteinander verschlungen ruhen. Der günstige Liegeplatz oder das attraktive Versteck und vermutlich die Vorliebe für Verstecke mit Körperdruck sind die Ursache – nicht „freundschaftliche" Beziehungen, wie man vermenschlichend vermuten könnte.

Es wäre vorstellbar, dass die gemeinsame Pflege von Schlangen verschiedener Arten zu „Verständigungsschwierigkeiten" führen könnte. Doch wissen auch Verhaltensforscher viel zu wenig über das Sozialverhalten von Schlangen. Und so lässt sich die Frage, ob Schlangen verschiedener Arten zusammen gehalten werden können, vorerst nur unter Abwägung ihrer Anforderungen an die klimatischen Bedingungen, an die Terrarienbedingungen, an das Futterangebot, an die Fressgewohnheiten und an die tages- und jahreszeitlichen Aktivitätsrhythmen beantworten.

Zum Betrieb eines Terrariums

Wenn wir davon ausgehen, dass unser Terrarium seinen Standplatz gefunden hat, fertig eingerichtet ist und mit Hilfe automatisch geregelter Terrarientechnik die verschiedenen Klimafaktoren in ihrer Tagesrhythmik wunschgemäß realisiert werden, ist der Zeitpunkt gekommen, die Schlangen einzusetzen.

Vermutlich sind die Tiere bereits im Besitz des erwartungsvollen Terrarianers und haben auf die Inbetriebnahme ihrer neuen Behausung bereits in einem Behelfs– oder einem Quarantäneterrarium gewartet.

Erwerb und Transport von Schlangen

Für welche Schlangenart sich ein Terrarianer entscheidet, hängt zunächst – seien wir doch ehrlich – oft von einem Zufall ab. Da präsentiert sich eine attraktiv gefärbte Schlange im Verkaufsterrarium eines Zoogeschäftes, da empfiehlt ein Züchter Jungtiere, von denen er sich gerade trennen will oder da kriecht einem im wahrsten Sinne des Wortes in einem fernen Reiseland eine Schlange zufällig über den Weg. Sicher wird man nicht immer das spezielle Interesse an einer bestimmten Art sofort befriedigen können, von einer zufälligen und sporadisch beschlossenen Anschaffung eines Tieres sei aber dringend abgeraten. Ein gewisses Grundwissen über die Lebensweise und den Lebensraum einer Schlange und die Voraussetzungen über deren Haltung und Pflege in menschlicher Obhut muss unbedingt vorhanden sein.

Auch eine friedfertige Schlange kann beim Ergreifen kräftig zubeißen. So kann sie sicher gehalten werden.

Der **Selbstfang** einer Schlange ist sicher eine günstige Methode, Schlangen zu erwerben. Man gewinnt einen, wenn auch zeitlich äußerst begrenzten ersten Eindruck über den Lebensraum der Art. Und wenn der Fang mit Überlegung und Selbstbeschränkung für den eigenen Bedarf in ungefährdeten Populationen erfolgt, wird kaum eine Gefährdung der Art eintreten. Was jedoch heutzutage ein derartiges Vorhaben erschwert, wenn nicht gar unmöglich macht, ist die mit Recht unerbittlich durchgesetzte Artenschutzgesetzgebung. Der in der Heimat der betreffenden Schlange verhängte Schutz bestimmter Arten, vor allem aber die ihre Einfuhr regelnden Bestimmungen müssen unbedingt beachtet werden. Sonst wird der begeisterte Terrarianer schnell zum Kriminellen und hat mit peinlichen Unannehmlichkeiten, Geldstrafe oder sogar Haftstrafe zu rechnen. Leider treffen mangelnde Sachkenntnis der Behörden und sensationslüsterne Medien unter Umständen auch den Terrarianer, der ein paar harmlose, keinerlei Schutzbestimmungen unterliegende Schlangen ganz legal einführen will.

Es sei nicht verschwiegen, dass Wildfänge im Terrarium eine Reihe von Problemen heraufbeschwören. Selbst wenn bei Eigenimport gesundheitsschädigende Zwischenhälterung und Transport ausgeschlossen werden können, müssen sich die Tiere erst an die neuen Bedingungen im Terrarium anpassen. Stress und ungewohnte Beutetiere können zu Futterverweigerung führen. Und nicht zuletzt stellen mitgebrachte Krankheitserreger und Parasiten unter suboptimalen neuen Umweltverhältnissen eine Gefahr für die Neuankömmlinge selbst und für schon im Bestand vorhandene Tiere dar.

Die häufigste Quelle für den Tiererwerb ist der **Tierhandel**. Der Kauf einer Schlange beim Händler ist Vertrauenssache. Vor allem Wildfänge sind beim Händler in oft schon hoffnungslosem Zustand. Sie haben in der Regel einen langen und strapaziösen Weg vom Fänger über den Zwischenhändler im Herkunftsland zum Großhändler und schließlich zum Zoogeschäft hinter sich. Ausbruch von Krankheiten, Überhandnehmen von Parasiten, irreversible Wasserverluste und Abmagerung sind die Folge. Dazu kommen mangelnde Fachkenntnisse vieler Endverkäufer. Niemals sollte man unkritisch die Informationen über Artzugehörigkeit, Lebensansprüche und Zustand der Tiere hinnehmen.

Ungeteiltes Vertrauen wird man beim Erwerb von Schlangen meist einem bekannten Züchter ent-

Potenziell gefährliche Schlangen wie diese Trugnatter werden vor dem Ergreifen zunächst hinter dem Kopf vorsichtig fixiert.

gegenbringen können. Wenn er nichts zu verbergen hat, wird er gegen die Besichtigung seiner Terrarienanlage und der Zuchttiere sowie gegen eine uneigennützige direkte Vermittlung von Erfahrungen nichts einzuwenden haben. Die Chance, gesundes Tiermaterial zu erhalten, ist hoch. Leider glauben manche Züchter, sie müssten sich diese Vorteile gegenüber dem kommerziellen Tierhandel extra vergüten lassen. Sicher verursachen die Haltung und Vermehrung von Schlangen Kosten und gegen die teilweise Erstattung von finanziellen Aufwendungen des Züchters ist auch nichts einzuwenden. Aber auch wenn das dem Zoohändler wiederum nicht gefällt, der Schlangenzüchter sollte nicht auf Profit aus sein und seine Nachzuchttiere preisgünstig abgeben. Terraristik ist schließlich in erster Linie ein Hobby und Hobbys kosten Geld.

Beim Erwerb von Tieren beim Züchter muss man sich meist der Mühe unterziehen, die erworbenen Jungschlangen aufzuziehen. Ältere Tiere werden kaum abgegeben, es sei denn, es handelt sich um überzählige Exemplare eines Geschlechts oder man kann für den Züchter interessante Tiere zum Tausch anbieten. Dass vor allem nur Jungtiere beim Züchter zu erwerben sind, ist kein böser Wille. Meist fehlen die Zeit, der Platz und das Futter für die Aufzucht einer größeren Zahl von Jungschlangen. Die direkte Übernahme von Nachzuchttieren vermeidet in der Regel die mit dem Erwerb von frischen Wildfängen oder von Tieren aus unbekannten Herkünften verbundenen Risiken und trägt zudem dazu bei, dass die weitere Entnahme von Schlangen aus der Natur eingeschränkt wird.

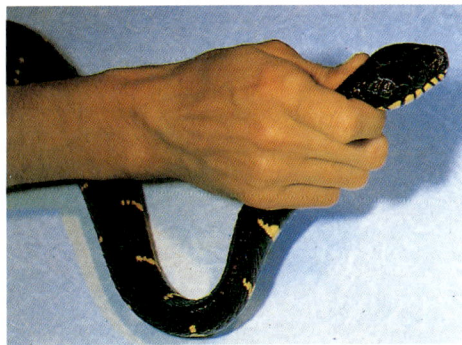

Dicht hinter dem Kopf ergriffen, kann die Schlange nicht mehr zubeißen.

Zum **Transport** werden Schlangen am besten in Stoffbeuteln entsprechender Größe verpackt. Dafür eignen sich vor allem Beutel aus festem Leinen mit doppelt gesetzten Nähten, die tiefer als breit sind. Stets sollten nur gleichgroße und untereinander nicht aggressive Schlangen gemeinsam in einem Beutel untergebracht werden. Selbstverständlich ist bei Verpackung und Transport von Giftschlangen besondere Vorsicht geboten; sie können in Erregung durch den Beutel beißen. Deshalb ist ein dunkler Beutel für Giftschlangen zweckmäßiger als einer aus durchscheinendem Stoff. Der Beutel wird an der Öffnung zusammengedreht, bei genügender Länge verknotet oder oben umgeschlagen und mit einer festen Schnur sicher zugebunden. Ein Gummiband zum verschließen kann später reißen. Immer ist beim Verschließen darauf zu achten, keine Schlange mit einzubinden. Als Schutz vor Druck und für einen längeren Transport ist der Schlangenbeutel in einen stabilen Karton oder in eine Kiste zu legen. Wegen ihrer gleichzeitigen Wärmedämmung sind Behälter aus geschäumtem Kunststoff besonders empfehlenswert. Bei sommerlicher Autofahrt erliegen im Rückfenster abgelegte Schlangen schnell einer Überhitzung. Im Winter kann eine Wärmflasche über längere Zeit ausreichende Temperaturen gewährleisten. Am sichersten überstehen ungiftige Jungschlangen einen winterlichen Transport in einem Beutel, der unter der Oberbekleidung um den Hals gehängt wird. Gegen Erschütterungen in einem Behälter hilft gleichzeitig Wärme dämmendes Verpackungsmaterial, notfalls Knüllpapier. Feuchtigkeitsbedürftigen Jungschlangen legt man ein Büschel frisches Moos oder ein Stück angefeuchteten Schaumstoff in den Beutel. Nass darf der Beutel nicht werden – er verliert sonst seine Luftdurchlässigkeit. Auf eine ausreichende Luftzufuhr ist immer zu achten. Gegebenenfalls sind in die Außenverpackung kleine Löcher zu bohren, durch die eine Schlange auch nach Entweichen aus ihrem Beutel nicht entfliehen kann.

Aus Gründen des Tierschutzes ist in Deutschland der Tierversand stark eingeschränkt worden. So lehnt die Deutsche Post AG den Transport von Wirbeltieren völlig ab. Diese pauschale Festlegung ist für das Verschicken von Schlangen bei Beachtung einiger Voraussetzungen (stabile, ausbruchsichere, Wärme gedämmte, luftdurchlässige Verpackung, Versand nicht bei extremen Wetterlagen) überzogen. Sie zwingt den Terrarianer, den Transport einem teuren Logistikunternehmen zu übertragen. Oft ist der finanzielle Wert einer verschickten Schlange dann niedriger als die verlangte Gebühr.

Eine neu eingetroffene Schlange ist allmählich der Temperatur ihrer neuen Umgebung anzupassen. Den geringsten Stress erleidet sie, wenn sie im Terrarium in aller Ruhe aus dem geöffneten Beutel heraus kriechen kann.

Ist der Gesundheitsstatus eines Neuankömmlings nicht aufgrund der Kenntnisse über den Herkunftsbestand hinreichend bekannt, ist eine **Quarantäne** unbedingt angeraten. Durch eine mindestens vierwöchige Haltung in einem nach hygienischen Gesichtspunkten eingerichtetem Spezialterrarium ist die neue Schlange separat von anderen Reptilien, möglichst in einem anderen Raum unterzubringen und genau zu beobachten. Positiv wäre es, wenn mehrere Futteraufnahmen einschließlich Verdauung absolviert sind, bevor das Tier in einen bereits vorhandenen Reptilienbestand aufgenommen wird. Für manche Erkrankungen reichen vier Wochen Quarantäne nicht aus. Der alte Tierbestand kann aber auch für die neue Schlange eine Gefahr bedeuten. Dort besteht bereits eine bestimmte Keimbesiedlung, der sich die vorhandenen Tiere über einen längeren Zeitraum angepasst haben und die dem möglicherweise in seiner Kondition geschwächten Tier schadet. Bakteriologische und parasitologische Untersuchungen an frisch gewonnenen Kotproben oder zumindest von Kloakenabstrichen während der Quarantäne sind empfehlenswert, müssen jedoch dem Fachmann vorbehalten bleiben. Trotzdem ist der Terrarianer in der Lage, sich einen Eindruck vom allgemeinen **Gesundheitszustand** einer Schlange beim Erwerb oder wenigstens bei ihrer Ankunft zu verschaffen.

Folgende Checkliste zur schnellen Beurteilung der Schlange und ihres Verhaltens kann wertvolle Auskünfte über ihre Gesundheit geben:

- guter Ernährungszustand; keine zu starke Abmagerung
- arttypisch glatte, unverletzte Körperoberfläche ohne alte Häutungsreste
- arttypische Ruhelage und ungestörte Bewegungsabläufe
- Abwehr- oder Fluchtreaktionen beim Ergreifen
- klare Augen (Ausnahme: vor der Häutung); keine alten Hautreste auf den Augen
- Maul ist geschlossen; Maulhöhle und Nasenöffnungen sind schleimfrei; die Maulschleimhaut ist gut durchblutet, ohne Beläge und Pusteln
- Atmung ist normal und ohne untypische Geräusche (Das Zischen bei manchen Arten ist lediglich ein Zeichen von Erregung.)
- Deformierungen des Skeletts sind nicht erkennbar
- ungewöhnliche Verdickungen oder Verhärtungen am Leib sind nicht fühlbar
- Außenparasiten sind nicht erkennbar.

Hygiene im Schlangenterrarium

Neben der Realisierung der für die zu pflegende Schlangenart erforderlichen Klimabedingungen spielt die Gewährleistung größtmöglicher Sauberkeit im Terrarium eine wichtige Voraussetzung für einen gesunden, langlebigen und fortpflanzungsbereiten Tierbestand. Grundsätzlich muss jede Schlangenhaltung unter den bestmöglichen hygienischen Bedingungen erfolgen. Diese setzen bereits mit vorbeugenden Maßnahmen vor der Belegung des Terrariums ein. Im Quarantäneterrarium sind besondere Hygienemaßnahmen erforderlich, die neben allgemeiner Keimarmut in erster Linie auf die räumliche Eingrenzung krankmachender (pathogener) Mikroorganismen und Parasiten ausgerichtet ist. Ein steriles Terrarium, von dem in diesem Zusammenhang immer wieder gesprochen wird, das heißt, ein Terrarium, das absolut frei von lebenden Mikroorganismen und Parasiten sowie deren Dauer- oder Fortpflanzungsformen ist und bei dem eine erneute Kontamination ausgeschlossen wird, kann es in der praktischen Terraristik nicht geben. Daher ist es ebenso absurd, von einem „halbsterilen" Terrarium zu reden.

Vorbeugenden Einfluss auf die Gewährleistung der Gesundheitsvorsorge im Terrarium nehmen beispielsweise

- die Konstruktion des Terrariums (Bauweise, Größe, Form, Glasstärke, Belüftungsmöglichkeiten, leichte Bedienbarkeit und Sauberhaltung),
- der Standort des Terrariums (Berücksichtigung äußerer Klimafaktoren wie Raumtemperatur, Zugluft, Lichteinfall und Erwärmung durch Sonneneinstrahlung),
- die Technik im Terrarium (Einrichtungen zur Beleuchtung, Bestrahlung, Beheizung, Luftbewegung, Befeuchtung und deren Steuerung),
- die Einrichtung des Terrariums (leichte Reinigungs- und Desinfektionsmöglichkeiten durch zweckmäßige Rückwand– und Bodengestaltung, geeignete Versteck- und Klettermöglichkeiten, zweckmäßige Bepflanzung),
- die Besetzung des Terrariums mit gesunden Tieren sowie
- ein terraristisches Grundwissen und das ständige Bemühen, diese Kenntnisse zu erweitern.

Vorbeugender Gesundheitsschutz bezieht sich bei Betrieb eines Terrariums und Pflege seiner Bewohner vorrangig auf die Gewährleistung der den physiologischen und psychologischen Erfordernissen genügenden Haltungsbedingungen, Futterversorgung, Betreuung, Fernhalten oder Beseitigen aller schädigenden Einflüsse – einschließlich von Krankheitserregern. Grundvoraussetzung für die ordnungsgemäße Betreuung der Tiere sind neben Ordnung und Sauberkeit auch Verantwortungsgefühl, Zuverlässigkeit, Pünktlichkeit, Eigeninitiative sowie Ruhe und Besonnenheit beim Umgang mit den Schlangen. Grundsätzlich sollte der Terrarianer versuchen, selbst oder durch eine Vertrauensperson den allgemeinen Zustand der Terrarientechnik und des Terrarienklimas allmorgendlich zu kontrollieren, damit beispielsweise eine ausgefallene Glühlampe ausgetauscht werden kann. Nach Bedarf sind dabei Exkremente, Futterreste oder Exuvien zu entfernen, verschmutztes Trink- und Badewasser zu ersetzen, Pflanzen zu gießen und abgestorbene oder beschädigte Pflanzenteile zu entfernen. Erforderlichenfalls ist zu sprühen. Zur Beseitigung von Abfällen eignen sich ein breiter Spachtel, eine kleine, bei aggressiven Schlangen langstielige Schaufel, eine lange Pinzette oder eine Kornzange. Kleinere Wasserbehälter sind am besten aus dem Terrarium herauszunehmen und mit einer harten Bürste auszuscheuern. Kalkränder werden am schnellsten mit verdünnter technischer Salzsäure – erhältlich in Baumärkten – entfernt; dabei sind aber ihre ätzenden Wirkung und ihr stechender Geruch zu beachten. Saubere Terrarienscheiben sind nicht nur eine ästhetische Frage sondern mindern die Keimbesiedlung. Staub und Fingerabdrücke von außen und Wasserspritzer, Kriechspuren und Exkremente von innen sind zu entfernen. Bei geringer Verschmutzung kann ein Fensterputzmittel – kein Spray – gute Dienste leisten. Ein Schwamm, warmes Wasser ohne Zusätze und ein sauberes trockenes Tuch sind in jedem Fall ausreichend. Die Verwendung getrennter Gerätschaften für jedes Terrarium ist bei der Betreuung einer größeren Zahl in einem Raum untergebrachter Behälter wenig Erfolg versprechend zur Vermeidung von Keimübertragungen. Wichtig ist, alle Gerätschaften nach Gebrauch gründlich zu säubern und möglichst zu desinfizieren. Ich selbst lege die verwendeten Bürsten, Spachtel, Schaufeln, Pinzetten, Schlangenhaken usw. in einen Plastiktreteimer mit Desinfektionsmittellösung. Die Lösung wird alle ein bis zwei Wochen erneuert.

Vor jeder Neubesetzung und bei Bedarf wenigstens einmal jährlich ist das Terrarium gründlich zu reinigen. Seine Bewohner werden währenddessen in Beuteln oder in ihrer verschließbaren Schlupfkiste an einem temperierten und zugfreien Platz aufbewahrt. Das Terrarium ist völlig auszuräumen und erst trocken, dann nass zu säubern. Nach Abschluss der Arbeiten im Terrarium ist auch die Schlupfkiste auszuscheuern. Ein Dampfreiniger kann gute Dienste leisten. Alle entbehrlichen Bestandteile der Einrichtung (Bodengrund, Rindenstücke, möglichst auch alle Pflanzen) sind zu erneuern. Kletteräste oder Steine, auf die man nicht verzichten will, sind gleichfalls gründlich sauber zu machen. Gilt es Krankheitserreger zu beseitigen, ist eine Desinfektionsmittellösung unter strikter Beachtung der Anwendungsvorschriften zur Gewährleistung einer optimalen Wirkung und Vermeidung jeglicher Gesundheitsgefährdung für Mensch und Tier einzusetzen. Die vorgeschriebene Konzentration und die Einwirkungszeit – meist mindestens vier Stunden – sind zu beachten. Es gibt leider kein Universaldesinfektionsmittel. Bakteriensporen werden in der Regel nicht abgetötet. Ein breites Wirkungsspektrum haben Formaldehyd und oxidierend wirkende Präparate wie Chlor abspaltende Verbindungen. Desinfektionsmittel, die Peressigsäure enthalten, können auch bei Tierbesatz verwendet werden und sind deshalb besonders zu empfehlen. Prinzipiell aber sind nach der Desinfektion alle mit dem Desinfektionsmittel in Berührung gekommenen Gegenstände und Flächen mit Wasser gründlich zu spülen. Auf eine im Zusammenhang mit der Reinigung eines Terrariums stehende Bekämpfung von Schlangenmilben und deren Entwicklungsformen wird später noch eingegangen. Beim Umgang mit einem Desinfektionsmittel sind im Interesse der eigenen Gesundheit alle vorgeschriebenen Sicherheitsbedingungen einzuhalten.

Verendete Schlangen, von denen der genaue Fundort bekannt ist, sollten der herpetologischen Abteilung eines Museums zur Verfügung gestellt werden. Zur Ermittlung der genauen Todesursache kann eine Sektion der Schlange in einer veterinärmedizinischen Einrichtung erfolgen. Zur Zwischenaufbewahrung, zum Transport oder Versand toter Schlangen sind luft- und wasserdichte Behältnisse, wie Foliebeutel, zu verwenden. Das gilt auch für den Versand von Kotproben zur fachkundigen Untersuchung. Alle Abfälle sind hygienisch unbedenklich zu entsorgen – ideal ist es, sie zu verbrennen.

Bei jeglichem Umgang mit dem Terrarium und seinen Bewohnern ist auf die persönliche Hygiene besonders zu achten. Glücklicherweise sind bei Schlangen praktisch keine Krankheiten bekannt, die den Menschen ernsthaft gefährden könnten. Generell gibt es kaum Krankheitserreger, die von einem wechselwarmen Reptil auf einen Warmblüter übertragbar sind. Bestimmte Salmonellen bei Schildkröten bilden eine Ausnahme. Trotzdem sollte man es sich zur Angewohnheit machen, nach jedem Kontakt mit dem Terrarium und den Futtertierkäfigen die Hände gründlich zu waschen. Beim Umgang mit erkrankten oder verendeten Tieren ist die zusätzliche Verwendung eines Mittels zur Desinfektion der Hände angeraten. Wenn irgend möglich, sollte aus Gründen der Hygiene und der Arbeitserleichterung im Terrarienzimmer ein Wasseranschluss mit Ausguss installiert sein.

Unfälle im Zusammenhang mit terraristischen Aktivitäten erfordern qualifizierte Erste-Hilfe-Maßnahmen. So lassen sich Bissverletzungen durch aggressive Schlangen, selbst ansonsten harmloser Nattern, nie ausschließen. Liegt keine ernste Fleischverletzung vor, treten im Allgemeinen keine Probleme auf.

Selbst zunächst stark blutende Wunden heilen in kurzer Zeit, wenn eine sekundäre Wundinfektion vermieden wird. Auf den richtigen Umgang mit potenziell gefährlichen Schlangen, wie großen Riesenschlangen oder giftigen Schlangen, gehen wir im nächsten Kapitel ausführlicher ein.

Zum Umgang mit potenziell gefährlichen Schlangen

Seit den Anfängen der Terraristik gehören große Riesenschlangen und Giftschlangen zu den bekanntesten und faszinierendsten Terrarientieren. Entgegen den Behauptungen vieler Gegner der Haltung exotischer Tiere sind diese Schlangen unter bestimmten Voraussetzungen durchaus als Terrarientiere geeignet, wenn ihnen mit dem nötigen Respekt begegnet wird. Eine Reglementierung der Haltung von Riesenschlangen und giftigen Schlangen durch den Gesetzgeber ist richtig. Sie wird jedoch dadurch fragwürdig, wenn sie sich pauschal gegen alle Schlangen dieser Gruppen richtet. So entsteht der Eindruck, dass derartige Festlegungen eher aus einer allgemeinen Antipathie gegen Schlangen heraus als aus einem Verantwortungsgefühl gegenüber dem Menschen geboren wurden. Von der Arbeitsgruppe Schlangen der Deutschen Gesellschaft für Herpetologie und Terrarienkunde e.V. wurden Empfehlungen zur Haltung von Riesenschlangen wie auch von giftigen Schlangen in Liebhaberterrarien erarbeitet, die den folgenden Ausführungen zugrunde liegen. Hinweise vermitteln auch die Materialien zum Erwerb eines Sachkundenachweises Terraristik mit den Themen Tier- und Artenschutz, Terraristik sowie Gefahrenvermeidung (VDA & DGHT, 2000).

Riesenschlangen

Eine Ursache für eine vielfach verwirrende Gesetzgebung dürfte die Tatsache sein, dass unter der allgemeinen Bezeichnung „Riesenschlangen" der Laie lange, massige und damit „gefährliche" Schlangen versteht. Der Herpetologe fasst aus stammesgeschichtlichen, morphologischen und anderen Gründen unter dem Begriff Riesenschlangen jedoch etliche Schlangenfamilien und -unterfamilien zusammen, unter denen sich kaum 50 cm lange Zwerge wie auch 10 m lange Riesen befinden. Arten, die über 2 m lang werden können, kommen ausschließlich aus den Unterfamilien Pythoninae und Boinae der

Riesenschlangen können dem Pfleger sehr schmerzhafte Fleischwunden zufügen.

Familie der Boidae. Von den betreffenden Arten ist nur ein Teil für die Terraristik von Bedeutung, die anderen werden nur selten oder nie im Terrarium gehalten. Körperlängen über 3 m erreicht die Hälfte von ihnen und gar nur sechs Arten davon zählen zu den eigentlichen Riesen unter den Riesenschlangen. Sie sind unter optimalen Bedingungen schon länger als 5 m geworden.

Riesenschlangen bis 3 m Länge stellen, ebenso wie ungiftige Nattern dieser Größenordnung, keine objektive Bedrohung für erwachsene Menschen dar. Es ist jedoch nicht zu leugnen, dass man von einem Pfleger großwüchsiger Riesenschlangen besondere Besonnenheit und Umsicht sowie möglichst mehrjährige Erfahrungen in der Schlangenhaltung erwarten muss. Eine Haltung großer Riesenschlangen aus falschem Ehrgeiz, Imponiergehabe oder Renommiersucht ist abzulehnen. Die Aufsichtspflicht gegenüber Kindern und fremden Personen ist unbedingt zu beachten.

Eine sichere Unterbringung, die natürlich ein Entweichen der Schlange absolut verhindert, dient in erster Linie dem Schutz der Schlange selbst. Dazu muss das Terrarium mit den heute zur Verfügung stehenden technischen Mitteln fugendicht und stabil gebaut sein. Es wird empfohlen, dass das Terrarium abgeschlossen werden kann. Lüftungsöffnungen müssen in geeigneter Weise gesichert sein. Die Stärke der Scheiben sollte je nach Größe des Tieres mindestens 4 bis 6 mm, bei mehr als 3 m langen Exemplaren wenigstens 6 bis 10 mm betragen. Die Verwendung von Verbundglas und gegebenenfalls Drahtglas – bei Seitenscheiben – wäre wünschenswert.

Die Elektroinstallation darf für die Tiere nicht erreichbar sein. Das Wasserbecken muss so groß sein, dass die Riesenschlange bei Bedarf darin untertauchen kann. Die Pflege wird erleichtert, wenn Wasserzufluss und -abfluss von außen gehandhabt werden können. Alle Einrichtungen im Terrarium müssen fest verankert sein. Es ist zu berücksichtigen, dass sich keine festen Einrichtungsgegenstände (Kletterstämme, Steine u. Ä.) im Terrarium so dicht an einer Scheibe befinden, dass sich die Tiere zwischen Gegenstand und Scheibe zwängen können. Besonders bei größeren Tieren ist darauf zu achten, ihnen nach hinten genügend Rückzugsmöglichkeiten zu bieten. Bei der Pflege besonders aggressiver Exemplare empfiehlt sich eine beheizte Schlupfkiste mit Schieber oder die Möglichkeit zur Abtrennung eines Teils des Terrariums bei der Durchführung von Wartungsarbeiten. Bei begehbaren Terrarien ist auch der Bewegungsspielraum des Pflegers zu berücksichtigen. Alle anderen Terrarien erfordern einen ausreichenden Freiraum davor.

Bei Betrieb mehrerer Terrarien ist ein separater Raum sinnvoll, aber nicht Bedingung. Steht ein Terrarienraum nicht zur Verfügung, sollten die Terrarien dort aufgestellt werden, wo eine gewisse Störfreiheit gewährleistet ist. Die einzelnen Arten und Individuen sind höchst individuell anpassungsfähig, und sensible Exemplare zeigen bei häufigen Störungen deutliche Stresssymptome. Die Anordnung der Terrarien ist auch abhängig von der Größe der Tiere und hat zu gewährleisten, dass ein doch einmal entwichenes Tier schnell wieder gefunden werden kann. Bei Terrarienanlagen ist man geneigt, den vorhandenen Platz in der Höhe voll auszunutzen und Terrarien auch über der eigenen Körpergröße zu errichten. Terrarien mit Riesenschlangen von mehr als etwa 1,5 m Länge sollten jedoch in einer Höhe angebracht werden, die uneingeschränkte Einsicht in das Terrarium erlaubt. Der für die Schlange plötzlich erscheinende Kopf des Terrarianers, der – womöglich auf einer Leiter stehend – das obere Terrarium bedienen will, kann auch bei sonst ruhigen Tieren einen Reflexbiss provozieren.

Bei Riesenschlangen von etwa 3 m Länge, die zwar bei sachgemäßem Umgang keine Bedrohung für das Leben eines Menschen darstellen, sind aber entsprechend größere Bissverletzungen möglich, weshalb besondere Vorsichtsmaßnahmen zu beachten sind.

Zum Einstieg in die Giftschlangenhaltung käme beispielsweise die Pflege von Kupferköpfen in Frage. Hier ein Zuchtpaar von *Agkistrodon contortrix pictigaster*.
DDS

Wie bei allen Schlangen sind generell ein Herausnehmen der Tiere aus dem Terrarium und ein Manipulieren mit ihnen auf das absolut notwendige Minimum zu beschränken. Riesenschlangen über 3 m Länge sind zudem einem erwachsenen Menschen kräftemäßig überlegen. Deshalb hat beim Hantieren mit solchen Tieren oder beim Reinigen ihres Terrariums immer eine zweite Person in Rufweite anwesend zu sein.

Giftige Schlangen

Die Bezeichnung „Giftschlangen" ist ein Sammelbegriff, unter dem gewöhnlich die Vertreter der Familien Giftnattern (Elapidae), Vipern (Viperidae) und Erdottern (Atractaspididae) verstanden werden. Alle diese Schlangen verfügen über Giftdrüsen, die durch Gift ableitende Gefäße mit den vorn im Oberkiefer stehenden Giftzähnen verbunden sind. Giftdrüsen haben auch noch andere Schlangen: Bei den Trugnattern und den Wassertrugnattern und zahlreichen Natternarten stehen die Giftdrüsen mit im hinteren Oberkiefer angeordneten Giftzähnen in Verbindung. Ihr Gift hat für den Menschen meist nur geringe Wirkung. Ihr Biss ist wegen der weit hinten stehenden Giftzähne meist harmlos. Auch der Biss einzelner Arten der sonst als harmlos geltenden Wassernattern (Natricinae) kann ernste Folgen für den Betroffenen haben. Wenn der Biss einer Natter für den Menschen in der Regel auch ungefährlich ist, sollten beim Umgang mit verdächtigen Arten die gleichen Gesichtspunkte berücksichtigt werden wie bei der Haltung von eigentlichen Giftschlangen.

An den Terrarianer, der giftige Schlangen pflegen möchte, sind ohne Zweifel höhere Anforderungen zu stellen, als an den Pfleger ungiftiger kleiner Schlangen. Er sollte volljährig sein und sich selbstkritisch als besonnen, verantwortungsbewusst und zuverlässig einschätzen. Er muss über das erforderliche Fachwissen verfügen und schon mehrjährige Erfahrungen im Umgang mit ungiftigen Schlangen haben. Er sollte Mitglied einer terraristischen Vereinigung sein, in der er seine Spezialkenntnisse ständig erweitern kann und sie gegenüber einem Fachgremium unter Beweis stellen sollte. Er soll über eine solide Gesundheit verfügen – Herz- und Kreislauferkrankungen und vor allem Allergieanfälligkeit erhöhen unnötig das Risiko im Falle eines Bisses. Auch Alkohol- und Drogenabhängigen ist die Giftschlangenhaltung dringend abzuraten.

Terrarien mit Giftschlangen sollten nicht in einem von Menschen bewohnten Raum stehen. Wohn-, Schlaf- oder gar Kinderzimmer sind denkbar ungeeignete Orte für ein Giftschlangenterrarium. Günstig ist auf jeden Fall ein separater Raum, den Unbefugte – auch Familienmitglieder und vor allem Kinder – nicht eigenmächtig betreten können. Eine Freilandhaltung ist nicht zu empfehlen, so wünschenswert sie im Hochsommer auch sein mag. Dafür sind die möglichen Unsicherheitsfaktoren zu vielfältig, und das Risiko wird unkalkulierbar.

Türen und Fenster müssen so dicht schließen, dass ein Entkommen eventuell aus ihrem Terrarium entwichener Schlangen – auch Jungschlangen – nicht möglich ist. Fenster, Abluftöffnungen u. Ä. sind durch Drahtgaze zu sichern. Bei einem im Erdgeschoß liegenden Terrarienraum sollte das Fenster zusätzlich durch ein Eisengitter gesichert sein, das ein unbefugtes Eindringen von außen erschwert. Sinnvoll ist eine nach außen zu öffnende Tür mit einem Fenster und mit einer mindestens 20 cm hohen Schwelle. Vor der Tür ist ein Warnschild anzubringen, das auf Giftschlangen hinweist. Der Raum sollte so groß sein, dass vor den Terrarien mindestens 1 m freie Tiefe zur Verfügung steht, damit ungehinderte Bewegung und ein sicheres Zurückweichen möglich sind. Die Terrarien sind so anzuordnen, dass keine unkontrollierbaren Zwischenräume um die Becken entstehen, in denen sich entwichene Tiere verkriechen können. Eine entwichene Schlange kann sehr schnell ihr bekanntes Verhalten ändern, unberechenbarer und aggressiver reagieren als gewohnt. Auch Fußboden oder Möbel sollten keine Schlupfwinkel bieten. Für doch einmal notwendige Manipulationen mit den Tieren sollte ein stabiler, glatter Tisch vorhanden sein. Auf die ausreichende Ausleuchtung des Raumes ist zu achten.

In unmittelbarer Nähe des Zuganges sind griffbereit Abwehr- und Fanggeräte sowie ein ausreichend großes Behältnis (Eimer, Beutel) bereitzuhalten. Generell müssen geeignete Hilfsmittel (Handschuhe, Greifzange, Metallhaken, Stockschlinge, Fanggabel, Kunststoffschiene mit Kerben zum Fixieren der Tiere unmittelbar hinter dem Kopf, Kotschaufel, Schutzschild bei Gift speienden Arten u. a.) griffbereit sein. Es empfiehlt sich der Zugang zu einem Telefon in unmittelbarer Nähe.

Giftschlangen haben dieselben grundsätzlichen Lebensansprüche wie ungiftige Arten gleicher Größe und Herkunft. Es ist deshalb für eine biotopadäquate

Die Haltung gefährlicher Giftschlangen wie dieser Schauerklapperschlange (*Crotalus durissus*) erfordert langjährige Erfahrungen im Umgang mit Schlangen und ist grundsätzlich für Privatterrarianer nicht zu empfehlen.

Zum Umgang mit potenziell gefährlichen Schlangen

Unterbringung und artspezifische Pflege zu sorgen. Das Giftschlangenterrarium muss solide gebaut und standfest, ausbruchsicher und verschließbar sein. Konstruktion und Material müssen auch gegen unvorhergesehene äußere Einflüsse wie Erschütterungen, harte Stöße, Überhitzung oder Feuchtigkeit angemessenen Schutz bieten. Die eingesetzten Glasscheiben müssen ausreichend dick sein. Verbundsicherheitsglas ist zwar empfehlenswert, schützt aber nicht vor einem gewaltsamen Einbruch in das Terrarium. Die Glasstärke ist so zu wählen, dass die Scheiben nicht durch die Tiere selbst oder durch umgeworfene Einrichtungsgegenstände zerbrochen werden können. Folgende Mindeststärken können als Richtwerte dienen: Scheibengröße 30 x 40 cm – 4 mm; 50 x 60 cm – 6 mm; darüber 8 mm. Die Frontscheiben sollten groß bemessen sein, damit jeder Winkel des Terrariums einzusehen ist. Bei Schiebescheiben sind auch die Seitenkanten mit Profilschienen zu versehen, um eine Spaltbildung zu verhindern. Kunststoffscheiben sind bruchsicherer, in der Regel aber nicht kratzfest. Schiebescheiben oder Tür sollten durch ein Schloss gesichert werden. Bei Schiebescheiben darf das Schloss nur bei vollkommen geschlossenen Scheiben einsetzbar sein.

Auf die Mindestabmessungen der Terrarien für Giftschlangen wurde bei den Artbeschreibungen eingegangen. Eine möglichst große Breite des Terrariums ist für Giftschlangen generell anzuraten, um den Tieren immer ausreichend Rückzugsmöglichkeiten bei Störungen zu bieten. Leuchtkörper, Heizung, Lüftungsöffnungen und Wassergefäße dürfen keine Schwachstellen hinsichtlich Stabilität und Dichtigkeit darstellen. Ein Entweichen der Tiere – vor allem auch frisch geschlüpfter Jungtiere – ist unmöglich zu machen. Leuchtstoffröhren sind so zu verkleiden, dass keine Schlange unbemerkt auf ihnen liegen kann. Die Einrichtung des Terrariums sollte übersichtlich sein. Sie ist so zu gestalten, dass Säuberung, Wasserwechsel, das Herausnehmen überzähliger Futtertiere oder das Auswechseln der Leuchtquellen gefahrlos erfolgen können. Ein verschließbarer Schlupfkasten im oder am Terrarium bietet einen einfachen und absolut sicheren Schutz beim Hantieren im Behälter.

Wie mit jedem wildlebenden Tier sollte besonders mit Giftschlangen nicht mehr als unbedingt erforderlich manipuliert werden. Herausnehmen, Umsetzen, Behandeln und dergleichen ist möglichst zu vermeiden. Auf keinen Fall sind mit den Tieren

Eine verschließbare Schlupfkiste sollte in jedem Giftschlangenterrarium vorhanden sein. Sie wird gern als Unterschlupf angenommen. Hier eine Zuchtgruppe Kupferköpfe (*Agkistrodon c. contortrix*). DDS

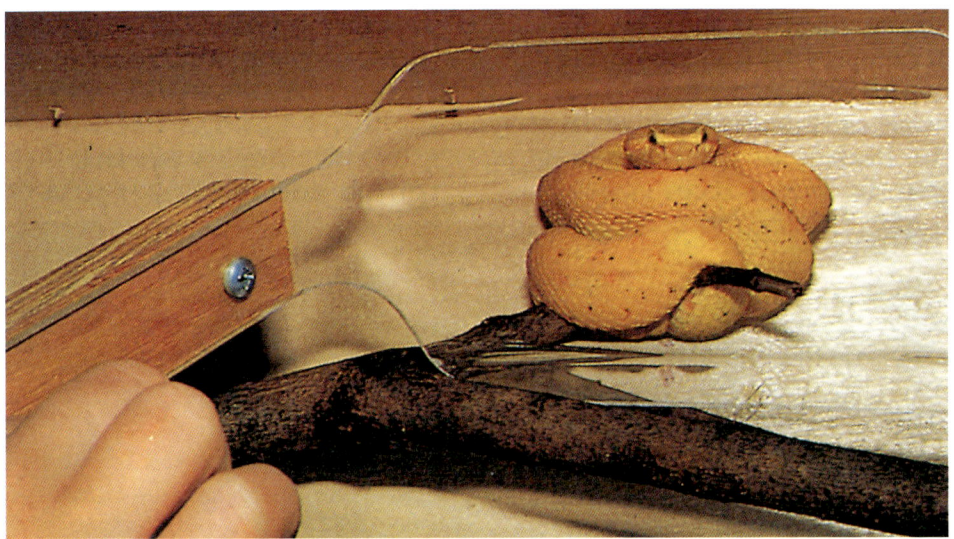

Ein einfaches Schutzschild kann die Gefahr eines unerwarteten Bisses beim Hantieren im Terrarium ausschließen.

irgendwelche Handlungen vor Laien vorzunehmen, um die Gefährlichkeit der Schlangen oder den eigenen Mut zu demonstrieren. Alle Handlungen mit den Tieren erfordern Ruhe und Konzentration. Hektik verleitet zu Nachlässigkeit und mangelnde Vorsicht. Man gewöhne sich eine gewisse Reihenfolge der Handgriffe, beispielsweise beim Füttern und Wasserwechseln an, auf deren Einhaltung zu achten ist.

Beim Behandeln größerer Exemplare (über 50 cm Gesamtlänge) oder besonders gefährlicher Arten außerhalb des Terrariums wird eine zweite Person zur Sicherung im Hintergrund empfohlen. Keinesfalls dürfen beide Personen aber durcheinander hantieren. Wenn für die Behandlung eines Tieres eine Person nicht ausreicht, sind alle Handgriffe und mögliche Abweichungen vorher genau durchzu-

Zum Umsetzen von Vipern haben sich Schlangenhaken bewährt.

Die Giftgewinnung bedeutet stets eine große Unfallgefahr. Für Schauzwecke ist sie abzulehnen.

sprechen. Alle für die Behandlung notwendigen Geräte, Medikamente und dergleichen sind vorher vorzubereiten und griffbereit zu legen. Bei Unsicherheiten und Unregelmäßigkeiten ist das Behandeln sofort abzubrechen und das Tier in sein Terrarium zurückzusetzen. Für die Zeit unvermeidbarer längerer Abwesenheit des Giftschlangenpflegers ist ein Betreuer festzulegen, der gleichfalls die Anforderungen an einen Giftschlangenhalter erfüllt und gründlich eingewiesen ist. Besteht beim Entweichen einer Giftschlange aus ihrem Terrarium nicht sofort die Chance für ein gefahrloses Einfangen, muss bedenkenlos ein Unschädlichmachen des Tieres oberstes Ziel sein.

> **Immer muss der Grundsatz gelten:**
> **Menschenleben geht vor Tiergesundheit!**

Auch Giftschlangen müssen einmal transportiert werden. Neben den allgemeingültigen Regeln eines Schlangentransportes zu Verpackung, Dauer, Temperatur, Feuchtigkeit und dergleichen ist bei Giftschlangen zusätzlich zu beachten: Man sollte nie

mehr als unbedingt nötig transportieren. Transportweg, -mittel und -dauer sollten vorher feststehen. Öffentliche Verkehrsmittel sind möglichst zu meiden. Wenn nicht anders möglich, ist der Transport dann unauffällig und mit äußerster Vorsicht vorzunehmen. Der Transportbehälter ist doppelt zu sichern, das heißt, die Schlange ist in einem Beutel oder besser noch in einem fest verschlossenen durchsichtigen, bruchsicheren Behälter zu verwahren, der wiederum in einem ebenfalls verschlossenen zweiten Behälter, am besten in einer Kiste mit kleinen, mit Drahtgaze gesicherten Lüftungslöchern aufbewahrt wird. Der innere Behälter ist mit dem wissenschaftlichen Namen und der Stückzahl der Schlangen eindeutig zu kennzeichnen. Auf die Gefährlichkeit des Inhaltes ist hinzuweisen.

Der Transportbehälter ist nie unbeaufsichtigt zu lassen und nur dann einem Laien anzuvertrauen, wenn ein unberechtigter Zugriff praktisch ausgeschlossen ist. Alle Behältnisse sind während des Transportes nicht zu öffnen. Entsprechende Geräte zum Hantieren und zum Schutz sind mitzuführen. Nach dem Transport sollten die Tiere nur in solche Behältnisse entlassen werden, die den Anforderungen an ein Giftschlangenterrarium entsprechen. Für den nicht persönlichen Transport per Paketdienst, Bahn oder Flugzeug sind bei den Betreibern die entsprechenden Anforderungen vorher einzuholen.

Bissunfälle sind nie mit absoluter Sicherheit auszuschließen. Man kann bei den notwendigen Vorkehrungen davon ausgehen, dass der Betroffene durch Schockeinwirkung und sogar Giftwirkung selbst nicht dazu in der Lage sein kann, alle erforderlichen Maßnahmen allein und ohne fremde Hilfe auszuführen. Es ist deshalb unter Umständen die Hilfe anderer Personen erforderlich, die nicht sachkundig sind. Die Bissattacke einer giftigen Schlange und das Vorhandensein von Bissmarken lassen nicht den Schluss zu, dass auch wirklich eine erfolgreiche Giftapplikation erfolgte. Trotzdem sind die erforderlichen Hilfemaßnahmen einzuleiten. Das Fehlen von Vergiftungserscheinungen in den ersten Stunden nach dem Biss schließt andererseits eine relevante Vergiftung nicht aus.

Im Terrarienraum sollte eine Liste der in den einzelnen Terrarien gehaltenen Arten und deren Individuenzahl, ein Alarmplan mit Angaben zur zuständigen Rettungsstelle (Anschrift, Telefonanschluß, verantwortliche Ärzte) sowie eine Erste-Hilfe-Tafel für Giftschlangenbisse aushängen. Eine Vorratshaltung an

Giftschlangenseren ist in der Regel nicht zu empfehlen. Sie gibt nur dort mehr Sicherheit, wo die unverzügliche klinische Behandlung auf Grund großer Entfernungen nicht möglich ist und die fachgerechte Therapie mit Antiserum und die Behandlung möglicher Begleiterscheinungen am Ort durch einen Arzt gewährleistet werden können. Die beschränkte Haltbarkeit der flüssigen oder gefriergetrockneten Antiseren auch bei Kühlschranktemperatur, die deshalb regelmäßig anfallenden Kosten und vor allem das Risiko von Unverträglichkeitsreaktionen und damit eines anaphylaktischen Schocks lassen es auf jeden Fall von einer Eigentherapie abraten.

Jeder Giftschlangenpfleger muss sich über das schnelle Erreichen einer Rettungsstelle mit sachkundigen Ärzten und einem öffentlich erreichbaren oder vereinsinternen Serumdepot informieren. Es empfiehlt sich die Mitgliedschaft in einer entsprechenden Organisation. Die aktuelle Meldung des Artenbestandes gewährleistet dann die Einlagerung aller erforderlichen Antiseren. Vor allem muss der Terrarianer die wichtigsten Maßnahmen einer ersten Hilfe nach einem Giftschlangenbiss kennen. **Erste-Hilfe-Maßnahmen** haben die Verzögerung schädlicher, insbesondere lebensbedrohlicher Auswirkungen des Schlangenbisses bis zur Sicherstellung einer medizinischen Versorgung sowie die Linderung von Beschwerden, insbesondere von Angst und Schmerzen zum Ziel.

 ### Hinweise zur Ersten Hilfe bei Giftschlangenbissen

Der Terrarianer muss genauestens über die spezifischen Giftwirkungen der von ihm gepflegten Schlangenart(en) Bescheid wissen. Danach richten sich Erste-Hilfe-Maßnahmen und das weitere Vorgehen des behandelnden Arztes. Wichtige Hinweise zur Ersten Hilfe, Diagnostik und Therapie bei Giftschlangenbissen können dem „Notfall-Handbuch Gifttiere" (Junghanss et al. 1996) entnommen werden.

Allgemeine Probleme
– Angst, Kollaps, Bewusstlosigkeit
– Beruhigung des Patienten
– Patienten in stabile Seitenlage bringen
– erforderlichenfalls Kopftieflage veranlassen (Schocklagerung)

Verzögerung von Absorption und Transport des Giftes im Körper
Bei Schlangen, deren Gift lokal wirksame Komponenten enthält, wie bei den meisten Vipernarten (Viperinae, Crotalinae) sowie bestimmten Giftnattern:
– Ruhigstellung der vom Biss betroffenen Extremität mit Schiene (Holzstab oder dergleichen, Armschlinge)
– Druckstellen beim Anlegen der Schienung durch Polsterung vermeiden
Bei Schlangen, deren Gift vorwiegend neurologisch und hämostatisch wirksame Komponenten enthält, wie bei Kraits (*Bungarus*), zahlreichen Kobraarten (*Hemachatus, Naja*), Korallenschlangen (*Micrurus*), Mambas (*Dendroaspis*) und australischen Giftnattern:
– Kompressions-Immobilisations-Methode: Betroffene Extremität mit geringem Druck bandagieren, so dass lediglich Lymphgefäße und kleine Venen abgedrückt werden; dann bandagierte Extremität mit Schiene ruhig stellen.
– Druckstellen beim Anlegen der Schienung durch Polsterung vermeiden

Die **Verwendung eines Extraktors** zum Aussaugen eines Teils des injizierten Giftes sofort nach dem Biss hat begrenzte Wirkung. Gebrauchsanweisung beachten! Das Aussaugen der Bisswunden mit dem Mund kann gefährlich sein. Besonders schädliche Auswirkungen haben nach Junghanss et al. 1996 Wundinzisionen – wie Einschneiden mit Rasierklinge oder Rasterschießapparat –, Eis (Kryotherapie), Injektion oder Installation (= tropfenweises Einbringen) von Substanzen – wie Kaliumpermanganat.

Giftspritzer von Speikobras (*Hemachatus*, einige *Naja*–Arten) in den Augen sind durch sofortige Augenspülung und Waschen der Schleimhäute mit viel sauberem Wasser zu beseitigen. Hautspritzer sind gründlich abzuspülen.

Transport des Patienten zur Rettungsstelle
– schnellstmögliche Beförderung des Gebissenen zur nächsten sachkundigen Rettungsstelle
– Vermeidung jeglicher körperlichen Anstrengung des Patienten
– Informierung des behandelnden Arztes über Artzugehörigkeit der Schlange und Zeitpunkt des Bisses.

Mäuse sind die bevorzugte Beute vieler Schlangen im Terrarium. Die Graue Pilotnatter (*Pantherophis obsoletus spiloides*) verschlingt eine junge Maus. DDS

Nahrung und Fütterung von Schlangen

Zur Erhaltung ihres Lebens, zum Aufbau ihrer Körpersubstanz und zur Vollbringung von Leistungen benötigt eine Schlange wie jedes Tier eine bestimmte Menge an Nährstoffen, Vitaminen und Mineralstoffen. Diese müssen ihr zusammen mit Wasser bedarfsgerecht in Qualität und Menge zur Verfügung gestellt werden. Ihre artgemäße, vollwertige Ernährung ist eine wichtige Voraussetzung für die Haltung von Schlangen im Terrarium.

Nun ist der Stoffwechsel der wechselwarmen Schlangen längst nicht so intensiv wie beim warmblütigen Vogel oder Säugetier. Aus den verschiedensten Gründen können Schlangen über längere Zeiträume hungern. Natürliche Fresspausen sind durch eine naturgegebene Jahresrhythmik des Stoffwechsels bedingt. Hinzu kommen Unterbrechungen der regelmäßigen Futteraufnahme durch eine bevorstehende Häutung, durch Paarungsaktivitäten oder spätes Trächtigkeitsstadium. Neuerworbene Schlangen sollten baldmöglichst ans Futter gehen. Stress durch Fang und Transport, Wassermangel während des Transports, veränderte Umweltbedingungen im Terrarium, ungewohntes Nahrungsangebot oder inzwischen eingetretene Erkrankungen beeinflussen den normalen Stoffwechsel und die erste Futteraufnahme. Bei längeren Fresspausen wird meist nicht bedacht, welche großen Nahrungsmassen bei einem Fressakt aufgenommen werden. So wurde berechnet, dass beispielsweise große Pythons bei einer Mahlzeit annähernd das Vierhundertfache des täglichen Energiebedarfs aufnehmen können und die zunächst überschüssige Energie in Form von Körperfett gespeichert wird. So ist eine mehrmonatige Futterverweigerung nichts Ungewöhnliches. Und sogar ein- bis zweijährige Fresspausen wurden schon beobachtet. Rekordverdächtig ist ein Netzpython (*Python reticulatus*), der drei Jahre lang fastete.

Wie alle Tiere sind Schlangen auf organische Nahrungsstoffe angewiesen. Sie fressen grundsätzlich lebende Tiere. In der Natur vergreifen sie sich ver-

Diese Afrikanische Eierschlange (*Dasypeltis scabra*) hat ein Wachtelei verschlungen und versucht, es zu zerdrücken.

mutlich nur gelegentlich an frischen Kadavern. Pflanzenstoffe werden nur mit dem Magen-Darm-Inhalt ihrer Beute aufgenommen. Bei der Verfütterung natürlicher Beute sind Kenntnisse über deren Zusammensetzung hinsichtlich der Hauptnährstoffgruppen Eiweiße, Fette und Kohlenhydrate für den Schlangenpfleger von untergeordneter Bedeutung. Das ändert sich, wenn Ersatzfuttermittel verabreicht werden.

Eiweiße können im Tierkörper durch keine andere Nährstoffgruppe ersetzt werden und nehmen deshalb eine Sonderstellung ein. Zum Aufbau körpereigener Substanzen werden Aminosäuren, die Bausteine der Eiweiße, benötigt. Eine Reihe von Aminosäuren kann im Tierkörper nicht gebildet werden. Ihre Aufnahme über die Nahrung ist unentbehrlich (essentiell). Zu ihnen gehören beispielsweise Valin, Leucin, Methionin, Cystein, Lysin und Histidin. Da auch die Beutetiere diese Aminosäuren in der Regel nicht synthetisieren können, ist ihre Aufnahme aus Pflanzen Grundlage für die Nahrungspyramide, an deren Spitze in unserem Fall die Schlange steht. Der Bedarf an Eiweiß, das heißt, an Aminosäuren, ist dann besonders hoch, wenn eine erhöhte Eiweißsynthese wie beim heranwachsenden Jungtier oder während der Trächtigkeit erfolgen soll. Die echten **Fette** sind Glycerolester höherer gesättigter und ungesättigter Fettsäuren. Einige dieser Fettsäuren sind ebenfalls essentiell. Fette sind am Aufbau bestimmter Gewebe beteiligt, vorrangig dienen sie jedoch als energiereiche Reservestoffe. Dazu werden sie u. a. unter der Haut und an den Eingeweiden – bei Schlangen in typischen Fettdepots – eingelagert. **Kohlenhydrate** sind vorwiegend pflanzlichen Ursprungs.

Glykogen – so genannte tierische Stärke – wird als Reservekohlenhydrat vor allem in Leber und Muskeln gespeichert. Der hormonell gesteuerte Gehalt im Blut gelösten Traubenzuckers (Glucose; Blutzucker) kann unmittelbar zur Energieproduktion dienen.

Die anorganische Substanz des Beutetieres stellt die bei der Futteranalyse nach vollständigem Verbrennen übrig bleibende Rohasche dar. Nicht alle Bestandteile der Rohasche sind verwertbar. Den in ihr enthaltenen **Mineralstoffen** kommt aber große Bedeutung bei spezifischen Stoffwechselfunktionen und als Skelettbaustoff zu. Dabei ist nicht nur die Bedarfsdeckung sondern auch ein richtiges Verhältnis der einzelnen Elemente zueinander wichtig. Eine Überversorgung mit einzelnen Elementen kann giftig wirken (Beispiel: Schwermetalle). Weit häufiger sind aber Regulationsstörungen im Körper die Folge. Da ein Teil der Mineralstoffe, insbesondere Calcium, Magnesium und Phosphor, im Tierkörper deponiert werden, sind sie bei Unterversorgung nicht sofort verfügbar. Zu den für das Tier erforderlichen Mengenelementen gehören Calcium, Magnesium, Phosphor, Natrium, Kalium, Chlor und Schwefel. Calcium (Ca) kommt im Körper in relativ großen Mengen vor. Sein Mangel führt bei Jungtieren zu Mineralisationsstörungen des Skeletts (Rachitis), bei ausgewachsenen Tieren zur Gefahr einer Entmineralisierung der Knochen. Auch Phosphor (P) ist vorwiegend im Skelett enthalten. Für die Ernährung ist die Einhaltung eines günstigen Ca : P-Verhältnisses von Bedeutung. Beutetiere der Schlangen weisen gewöhnlich ein Ca : P-Verhältnis von 1 : 1 bis 1 : 2 auf. Bei der Verfütterung von Muskelfleisch kann dieses Verhältnis aber bis auf 1 : 40 auseinanderklaffen. Der geringe

Calciumgehalt nestjunger Mäuse, vor allem, wenn sie sich nicht gerade an calciumreicher Mäusemilch gesättigt haben, kann bei Säuger fressenden Jungschlangen zu Calciumdefizit führen. Neben den Mengenelementen seien die so genannten Spurenelemente wie Eisen, Mangan, Kupfer, Zink, Jod, Selen, Chrom, Molybdän, Cobalt und Fluor erwähnt. Über die Folgen von Spurenelementmangel bei Schlangen ist kaum etwas bekannt. Er dürfte bei vielseitig ernährten Futtertieren, insbesondere wenn sie der Natur entnommen wurden, auch kaum auftreten. Energetisch bedeutungslos und in relativ geringen Mengen im Futter enthalten, spielen **Vitamine** eine wichtige regulierende Rolle im Organismus. Vitamine sind organische Verbindungen, die der Körper in der Regel nicht oder nicht in ausreichendem Maße bildet und die normalerweise mit dem Futter zugeführt werden. Der Bedarf an Vitaminen ist von der Tierart, aber auch von Alter, Wachstumsintensität und Leistungen, wie Trächtigkeit, abhängig. Ihr exakter Bedarf bei Schlangen ist nicht untersucht worden, jedoch liegen Erfahrungen über die Folgeerscheinungen bei Mangel an bestimmten Vitaminen (Hypovitaminosen), aber auch zu den Auswirkungen einer Überdosierung von Vitaminen (Hypervitaminosen) vor. Jedes Vitamin hat im Tierkörper eine spezifische Funktion. Das für die vollwertige Ernährung von Schlangen wohl wichtigste Vitamin ist Vitamin D in seiner für Reptilien wirksamen Variante D_3 (Cholecalciferol). Es fördert die Ca- und P-Einlagerung in die Knochen, ist am Mineralstoffwechsel beteiligt und verhindert das Auftreten von Rachitis. Da Vitamin D unter dem Einfluss von UV-Licht im Körper gebildet werden kann, wird einer UV-Bestrahlung von Terrarientieren eine besondere Bedeutung beigemessen. Wie eigene jahrzehntelange Erfahrungen zeigen, ist bei Schlangen mit ihrer calciumreichen Beute eine UV-Bestrahlung nicht erforderlich. Auch Insekten fressende Schlangen kommen ohne sie aus, wenn die Futterinsekten kalk- und vitaminreich ernährt werden. Wer auf zusätzliche Vitamingaben nicht verzichten möchte, wähle ein wasserlösliches Vitaminpräparat, das neben Vitamin D_3 gewöhnlich auch noch die Vitamine A, E und C enthält. Empfehlenswert sind auch vitaminhaltige Mineralstoffgemische, die mehrere Vitamine und Spurenelemente in ausgewogenem Verhältnis enthalten. Man hüte sich jedoch vor zu hohen Ca- und Vitamin-D_3-Gaben, die bei Schlangen zu einer starken Skelettcalcifizierung und so zu erheblicher Bewegungseinschrän-

Manche Exemplare – hier ein Erdpython (*Calabaria reinhardti*) – brauchen nestjunge Nagetiere.

kung führen. Neben Gaben von Calciumcarbonat über das Futter kann der Tierarzt bei akutem Calciummangel Calciumgluconat oder Calciumlactat über das Maul (oral) verabreichen oder injizieren. Vitamin A fördert u. a. das Körperwachstum, erhöht die Widerstandsfähigkeit und verbessert die Fortpflanzungsbereitschaft. Vitamin E weist ähnliche Wirkungen auf, wobei seine Eigenschaft als Antisterilitätsvitamin nicht gesichert ist. Ein Vitamin-E-Defizit tritt vor allem bei einer unnatürlichen, abwechslungsarmen und sehr fettreichen Fütterung auf. Beziehungen zwischen Vitamin E und der Selenversorgung sind noch in Untersuchung; es besteht jedoch ein Zusammenwirken beider Substanzen als bioaktive Antioxydantien. Muskelstörungen als Folge eines Vitamin-E-Selen-Defizits wurden bei Schlangen schon diagnostiziert. Als Bestandteile lebenswichtiger Stoffwechselenzyme spielen die Vertreter des Vitamin-B-Komplexes eine wichtige Rolle. Ein Mangel an Vitamin B_1 führt bei Wassernattern zu Nervenstörungen, die sich in schlecht koordinierten, zuckenden Bewegungen äußern, wobei die Tiere auf die Seite oder den Rücken fallen, aber auch zu Futterverweigerung. Ursache für einen akuten Vitamin-B_1-Mangel ist das im Fleisch von Weißfischen (Cyprinidae) enthaltene Enzym Thiaminase, das das Vitamin abbaut. Bereits wenige Gaben von Vitamin B_1 beseitigen die Mangelerscheinungen. Beeinträchtigungen durch Vitamin-C-Unterversorgung sind bei Schlangen kaum zu erwarten. Vitamin C wird auch im Tierkörper in den Nieren und Eingeweiden gebildet und steht gewöhnlich ausreichend zur Verfügung. Lediglich bei Erkrankung dieser Organe kann es zu einem Defizit kommen, das sich dann beispielsweise in Zahnfleischblutungen äußern kann. Vitamin K – u. a. für die Blutgerinnung unentbehrlich – wird durch die Darmflora synthetisiert. Langzeitige Antibiotika-Behandlungen können die Mikroflora im Darm schädigen und damit ein Vitamin-K-Defizit verursachen. Mangel an Vitamin H (Biotin) kann bei Eier fressenden Schlangen zu ähnlichen Störungen führen, wie ein Vitamin-B_1-Defizit bei Fischfressern. In rohem Eiklar kommt Avidin vor, das im Verdauungstrakt nicht abgebaut wird und Biotin bindet. In der Natur fressen die betreffenden Schlangenarten in der Regel befruchtete Eier, in deren embryonalem Gewebe reichlich Biotin enthalten ist. Im Terrarium werden diese Schlangen jedoch meist unbefruchtete Vogeleier verabreicht.

Schlangennahrung

Dass Schlangen ein außerordentlich breites Beutespektrum benötigen, wird den Laien verwundern, für den die Schlangen sich vielleicht nur in der Größe unterscheiden. Die Vorliebe der Schlangen für lebende Beute sowie ihre Art und Weise, diese Beute zu fangen und zu töten, verursacht vielfach bei „Tierfreunden" Abscheu und hat schon zu militanten Ablehnungen geführt. Dabei ist es absolut unzulässig, Wertmaßstäbe aus der menschlichen Gesellschaft auf Vorgänge in der Natur übertragen zu wollen. Eine Schlange folgt genetisch fixierten Verhaltensweisen, mit denen sie optimale Voraussetzungen im Kampf ums Dasein besitzt. Ohne ihre spezifische Nahrung und die zu deren Erwerb erforderlichen Verhaltensweisen müsste die Schlange verhungern. Im Terrarium lassen sich zwar viele Schlangen auf tote Beutetiere umgewöhnen – eine Ernährung mit lebender Beute ist aber eine wesentliche Voraussetzung für eine artgerechte Haltung und Pflege von Schlangen. Die Art der Beute einer Schlangenart richtet sich in der Regel nach dem Angebot in ihrem Lebensraum. Im Boden lebende Arten fressen Regenwürmer, Nacktschnecken, Termiten. Am oder im Wasser lebende Arten haben sich vielfach auf Fische und

Um große Schlangen zu sättigen, sind auch große Beutetiere erforderlich. Diese Kettenviper (*Daboia russelii*) verschlingt eine Ratte.

Lurche spezialisiert. Auf dem Land lebende Arten fressen Kleinsäuger und Reptilien, während Baumbewohner Vögel oder Baumfrösche bevorzugen. Für wildlebende Strumpfbandnatterarten (*Thamnophis*) wird beschrieben, wie sie bei terrestrischer Lebensweise Regenwürmer, Schnecken, Salamander, Kleinsäuger und Vögel erbeuteten, bei semiaquatischer Lebensweise vorzugsweise Froschlurche fraßen, aquatil lebend jedoch insbesondere Fische, Amphibien und deren Larven wie auch Blutegel und Wirbellose verzehrten (zit. bei MUTSCHMANN, 1995). Häufig ist ein Wechsel der Beuteart mit zunehmendem Alter festzustellen. So leben Jungschlangen vieler Arten von Wirbellosen oder sehr kleinen Wirbeltieren, während die Alttiere Säugetiere und Vögel fressen. Sogar mit dem Wechsel der Jahreszeit kann sich die bevorzugte Nahrungsart ändern. So ist bekannt, dass bei Freilandbeobachtungen eine Spezialisierung des nordamerikanischen Breitbandkupferkopfes (*Agkistrodon contortrix laticinctus*) auf Frösche im zeitigen Frühjahr wie auch im Herbst, auf Jungvögel im späten Frühjahr sowie auf kleine Nagetiere im Sommer festzustellen war. Zweifellos ist das eine Anpassung an die Erreichbarkeit geeigneter Beute und gibt dem Terrarianer den Hinweis, bei Fütterungsproblemen zunächst die angebotene Beute zu wechseln.

Besonderer Beachtung bedarf die Spezialisierung mancher Schlangenarten auf ganz bestimmte Beute. So haben sich die Afrikanischen Eierschlangen (*Dasypeltis*) auf Vogeleier spezialisiert. Andere Schlangen, wie viele Kletternattern (*Elaphe sensu lato*), fressen nur gelegentlich Eier. Einige Schlangenarten haben sich auf andere Schlangen spezialisiert. Manche von ihnen nehmen aber ebenso andere Beute und sind deshalb auch für die Terrarienhaltung geeignet. Typische Schlangenfresser, für die deshalb Einzelhaltung anzuraten ist, sind als Beispiel Königskobra (*Ophiophagus hannah*), Bänderkrait (*Bungarus fasciatus*), Mussurana (*Clelia clelia*), Schwarzkopfpython (*Aspidites melanocephalus*) und die Kettennatter (*Lampropeltis getula*). Bei diesen Arten ist Kannibalismus nicht auszuschließen. Durch unglückliche Umstände – wenn sich beispielsweise zwei Schlangen in dasselbe Futtertier verbissen haben – kann es aber bei wohl jeder Art passieren, dass das größere Exemplar das kleinere mit verschlingt. Die unterlegene Schlange ist dann aber meist doch zu groß und wird, leicht angedaut, wieder ausgewürgt. Ein Sonderfall ist vor allem bei Reptilien fressenden Arten der gelegentliche Verzehr ihrer eigenen abgestreiften Haut (Exuvie). Diese so genannte Keratophagie wurde insbesondere bei *Lampropeltis*-Arten, aber auch bei Echsen fressenden Baumschnüfflern (*Ahaetulla*), bei Nachtbaumnattern (*Boiga*) und bei der Gattung *Uromacer*, Anolis jagende Schlangen der Karibik, beobachtet. Die Amerikanischen Schneckennattern und ihr Pendant, die Asiatischen Schneckennattern, weisen spezifische Besonderheiten in der Kieferausbildung auf, die sie in die Lage versetzen, Gehäuseschnecken – ihre ausschließliche Nahrung – zu ergreifen und aus dem Gehäuse zu ziehen.

Für Afrikanische Eierschlangen wie *Dasypeltis scabra* müssen Vogeleier geeigneter Größe zur Verfügung stehen. DEM

Einen Überblick über die wichtigsten Futterarten für Schlangen im Terrarium zeigt folgende Tabelle:

Futtertiergruppe	Beispiele	Beschaffung	Bemerkungen
Ringelwürmer	Regenwürmer, Tauwürmer	Fang, Haltung, Zucht	keine Regenwürmer aus Misthaufen frisch verfüttern
Weichtiere	Gehäuseschnecken (Schnirkelschnecken, Achatschnecken),	sammeln auch Zucht	speziell für Schneckennattern
	Nacktschnecken (Kleine Ackerschnecken, Wegschnecken)	sammeln	unter anderem von Wassernattern gefressen
Gliederfüßer	Insekten und deren Jugend-formen (Wachsmotten, unbehaarte Raupen, Heimchen, Mittelmeer-grillen, Heuschrecken, Wanderheuschrecken, „Wiesenplankton", Ameisen)	Fang, vor allem Zucht	Ameisenlarven und –puppen speziell für Blindschlangen (Thyphlopidae)
			Artenschutz beachten!
Fische	Wildfische	Fang durch Angler, „Fischunkraut" beim Abfischen	Nutzungsrechte und Artenschutz beachten! Auch zerteilt, einschließlich Innereien, Vitamin B-Gaben beachten!
	Speisefische (wie Karpfen, Forellen, Plötzen)	Kauf, Satzfische vom Züchter	zerteilt; portionsweise tiefgefroren, Fischfilet mit Kalk und Vitaminen anreichern
	Aquarienfische (lebend–gebärende Zahnkarpfen, Buntbarsche, Goldfische)	Zucht im Aquarium oder Teich	nur bei sehr produktiven Arten oder reichlich vorhandenem Fischfutter lohnend; verkaufsuntaugliche Tiere vom Züchter
Lurche	Froschlurche und Schwanzlurche (diverse exotische Arten	Zucht	Ersatzfutter finden. Nur bei sehr produktiven Arten und reichlichem Futterangebot empfehlenswert; auch Verfütterung von Kaulquappen und Molchlarven
Vögel	Hausgeflügel (Eintagsküken, Tauben, Hühner)	Zucht, Kauf	auch zerteilt, Geflügelleber; Hähnchenküken von Legerassen werden meist getötet;
	Eier (von Stubenvögeln, Tauben, Wachteln, Hühnern)	Zucht, Kauf	roher Eidotter für Futtermischungen; ganze Eier für Eierschlangen und verschiedene Kletternattern
Säugetiere	Laborsäuger (wie Labor-maus, -ratte, Goldhamster)	Zucht, Kauf	auch geteilt; bei Kauf muss jederzeit Lieferung aller Altersstufen möglich sein
	Heimsäuger (wie Viel-zitzenmäuse, Zwerghamster, Meerschweinchen u. a.)	Zucht, Kauf	
	Haustiere (wie junge Katzen, Kaninchen, Ferkel)	Zucht, Kauf	
	Fleisch	Kauf	Muskelfleisch von Rind und Pferd; Herz

Viele Wassernattern – hier *Nerodia fasciata pictiventris* – lassen sich ausschließlich mit Fisch ernähren.　　DDS

Zur Haltung und Vermehrung von Futtertieren sei auf das Standardwerk von FRIEDERICH u. a. (1998) verwiesen. Das Tiefgefrieren von Futtertieren ist eine sehr zweckmäßige Methode, jederzeit das richtige Futter zur Verfügung zu haben. So lassen sich Futterfische, Nagetiere – insbesondere die zur Schlangenaufzucht benötigten nestjungen Mäuse – oder die nur saisonal erhältlichen Eintagsküken auf Vorrat einlagern. Die Säuger und Küken werden am einfachsten und unblutig in einem dicht schließenden Gefäß mit Kohlendioxidgas abgetötet. Das rasche Töten durch Streckung der Wirbelsäule erfordert Erfahrung. Danach werden die toten Tiere portionsweise verpackt und sehr zügig bei wenigstens -18 °C eingefroren. Während der nun möglichen mehrmonatigen Lagerung darf das so konservierte Futter sich nicht erwärmen oder gar auftauen und ein zweites Mal eingefroren werden. Vor dem Verfüttern ist die Futterportion mindestens auf Raumtemperatur zu erwärmen. Bei problematischen Fressern sollten Warmblüter auf ihre ursprüngliche Körpertemperatur erwärmt und erst dann angeboten werden.

Fütterungsmethodik

Die in der Natur von der Aktivitätszeit der Schlangenart wie ihrer Beutetiere abhängige bevorzugte Tageszeit zur Futteraufnahme gilt in der Terrarienpraxis nur noch bedingt und wird vom Haltungsregime beeinflusst. Bei Wildfängen kann der Fütterungstermin allerdings noch eine Rolle spielen und ist bei Futterverweigerern zu berücksichtigen. Der Zeitpunkt einer erneuten Fütterung ist gewöhnlich dann gegeben, wenn der größte Teil der Reste der letzten Mahlzeit wieder ausgeschieden ist. Der aufmerksame Beobachter kann im Verhalten einer Schlange erkennen, wann das Tier Hunger verspürt. Ein zu häufiges Anbieten von Futter verleitet jedoch viele Exemplare, den natürlichen Reflexen aus den Zeiten nachzugehen, als sie oder ihre Vorfahren in der Natur nur selten die Chance hatten, einer Beute zu begegnen. Sie fressen im Terrarium dann viel zu viel und verfetten. Schlangen, die leicht verdauliche Fische, Amphibien oder Wirbellose verzehren, fressen öfter. Jungtiere brauchen häufiger Nahrung und verzehren, bezogen auf ihre Körpermasse, mehr als Alttiere. Großen Schlangen genügt eine Mahlzeit alle zwei Wochen oder seltener; Jungschlangen fressen ein- bis zweimal je Woche. Bewegte Beute wird gewöhnlich bevorzugt, da durch sie die natürlichen Reflexe der Futteraufnahme stimuliert werden. Im Terrarium gewöhnen sich viele Schlangen bald an tot angebotene Beute, besonders wenn diese mit einer langen Futterpinzette vor ihnen bewegt wird. Jungschlangen nehmen mitunter ohne Probleme tote Beute schon als Erstfutter.

Höhere Temperaturen beschleunigen Verdauung und erneute Fressbereitschaft. Das ist selbst bei größerer Beute der Fall. So hat eine Boa bei optimaler Temperatur bereits nach 7 bis 9 Tagen ihre Verdauung abgeschlossen, während bei sinkender Temperatur die Verdauung eingestellt wird und der Nahrungsbrei im Darm in Fäulnis übergeht. Von Einfluss auf die Futteraufnahme sind neben einer natürlichen, hormonell bedingten Jahresrhythmik – die kaum beachtet wird – auch Häutungszustand, Paarungsaktivitäten und das Stadium einer fortgeschrittenen Trächtigkeit. Im Terrarium ist dennoch nicht auszuschließen, dass Schlangen selbst mit völlig wegen einer bevorstehenden Häutung eingetrübten Augen oder kurz vor Geburt oder Eiablage fressen, insbesondere wenn ihnen wehrlose oder tote Beute angeboten wird.

Nie sind zu viele Futtertiere auf einmal anzubieten. Oft werden dann mehrere Tiere reflektorisch getötet und nur eines wird verzehrt. Zu viel oder zu große Beute wird nach wenigen Tagen wieder ausgebrochen. Dasselbe kann auch bei sehr warmer Haltung passieren, wenn die Verwesungsprozesse im Futter schneller einsetzen, als die Verdauung vor sich geht. Die sich dabei bildenden Gase blähen den Schlangenleib auf und treiben schließlich den übel riechenden Mageninhalt aus. Bei geschwächten Tieren kann diese körperliche Strapaze ernste Folgen haben. Die Verdauung ist bei einer gesunden Schlange sehr gründlich; es werden relativ wenige Exkremente abgesetzt.

Schlangen trinken gewöhnlich recht unregelmäßig. Im Terrarium ist im Anschluss an eine Futteraufnahme häufig ein ausgiebiges Trinken zu beobachten. Vor der Aufnahme wird das Wasser erst bezüngelt – offensichtlich eine Qualitätskontrolle, die den Terrarianer darauf hinweisen sollte, immer sauberes Trinkwasser anzubieten. Bei Schlangen aus Trockengebieten wie auch bei vielen Baum bewohnenden Arten ist zu beachten, dass sie mitunter Wasser nur in Form von Tropfen aufnehmen. Ein regelmäßiges Aussprühen des Terrariums einer solchen Schlangenart ist deshalb lebenswichtig, da diese Arten bei vollem Wassernapf verdursten können.

Futterverweigerung und Zwangsfütterung

Auf Ursachen und mögliche Dauer einer Futterverweigerung wurde bereits eingegangen. Zwangsernährung während normaler Ruheperioden kann zu ernsthaften Schädigungen des betreffenden Tieres führen. So sorgt ein unnatürliches Zeitregime der Temperatur im Terrarium dafür, dass die Schlangen aktiv bleiben, ihre Sekretion an Verdauungsenzymen aber vermindert ist und sie zwangsweise eingeführtes Futter nicht verdauen können. Leider tritt vor allem bei Wildfängen aufgrund von Fang- und Transportstress oder ungewohnter Umgebung sowie bei Jungtieren, denen nicht das artgerechte Futter geboten wird, eine andauernde Futterverweigerung auf, die „behandelt" werden muss. Zunächst sollte der Terrarianer versuchen, durch geeignete Stimulierung das Tier zur freiwilligen Futteraufnahme zu bewegen. Wenn nicht eine Erkrankung Ursache für Nahrungsverweigerung ist, könnten entweder eine Ruhebehandlung – störungsfreie Haltung unter naturnahen Verhältnissen und wiederholtes Anbieten arttypischer Beute – oder eine Störungsbehandlung mit stark wechselnden Haltungsbedingungen und Anbieten verschiedenartigsten Futters zum Erfolg führen.

Viele Schlangen lassen sich sogar daran gewöhnen, Futtertiere direkt von der Hand des Pflegers entgegenzunehmen.

Stehen Fische passender Größe als Futter nicht bereit, akzeptieren Fisch fressende Arten auch zerteilten Fisch.   DDS

Bei der Pflege von Schlangen, die auf Reptilien oder Amphibien angewiesen sind und die Ersatzfutter konsequent verweigern, müssen – will man nicht lieber von vornherein auf ihre Haltung verzichten – spezielle Tricks versucht werden. Es besteht die Möglichkeit, dass artfremde Beute mit Reptilien- oder Amphibienduft verwittert wird. So können ein im Straßenverkehr frisch getöteter, aber nicht völlig breit gewalzter Frosch oder eine Eidechse mit einem Mixer püriert und, mit etwas Wasser aufgeschwemmt, in Eiswürfeln eingefroren werden. Nach dem Auftauen wird dann eine kleine Maus, ein Fisch oder ähnliches mit dem Frosch- oder Echsenduft versehen. Es sei aber darauf hingewiesen, dass nach dem Bundesartenschutzgesetz die Aufnahme dieser Straßenopfer eigentlich nicht zulässig ist. Mit dieser Methode lassen sich mitunter Futterspezialisten auch an anderes Futter umstellen. Hilft auch das alles nichts, bleibt nur die Zwangsfütterung.

Zwangsfütterung ist stets eine Notlösung, die weder für die Schlange sehr zuträglich noch für den Terrarianer problemlos ist, wenn es sich um große oder giftige Schlangen handelt. Hautfalten oder gar schon ein deutliches Heraustreten der Wirbelsäule bei sonst rundrückigen Arten sind deutliche Hinweise darauf, dass der Ernährungszustand der Schlange bedenklich geworden und eine Zwangsfütterung angeraten ist. Zur Zwangsfütterung größerer Schlangen ist eine

Hilfsperson erforderlich, die den Patienten hinter dem Kopf ergreift und im vorderen Körperteil vorsichtig streckt. Bei großen Riesenschlangen sind mehrere Hilfskräfte hinzuzuziehen. Versucht die Schlange nicht schon von selbst in das vorgehaltene Futter zu beißen, werden der Kopf der Schlange seitlich erfasst und dann das Maul mit Hilfe eines Spatels oder ähnlichem mit sanfter Gewalt geöffnet. Dann wird mit einer stumpfen Pinzette die beispielsweise mit Wasser etwas gleitfähiger gemachte Beute Kopf voran tief in den Schlund geschoben und bis ungefähr zum Magen massiert. Die Zwangsfütterung muss nicht mit arttypischer Beute erfolgen; Fische oder Fleischstreifen sind viel einfacher zu verabreichen. Man sollte bei längerer Zwangsernährung allerdings auf die Vollwertigkeit des Futters achten; sie ist bei Fleischverfütterung nicht gegeben.

Vielfach wird für eine schonende Zwangsernährung die Verabreichung eines nicht zu flüssigen Futterbreies über eine Schlundsonde empfohlen. Als möglichst vollwertige Nahrung, die mit einer Spritze durch einen Schlauch oder eine Kunststoffkanüle verabreicht wird, haben sich die unterschiedlichsten Rezepturen bewährt. Sie enthalten vor allem Eidotter, gequirltes Ei, durchgedrehtes Herzfleisch mit Zusätzen von warmer Milch, Traubenzucker, getrockneten oder lebenden Wasserflöhen oder Bachflohkrebsen, Mineralstoffen und Vitaminen.

Ernährung von Jungschlangen

Mitunter bereiten Jungschlangen Probleme bei der ersten Fütterung. Unser oft mangelhaftes Wissen über die natürliche Beute der Jungtiere oder Knappheit an diesem Futter sind wohl die größten Probleme. Der Begriff „Ersatzfutter" ist keineswegs abwertend. Es handelt sich dabei meist um natürliche, vollwertige Nahrung, die aber in diesem Altersabschnitt und/oder von dieser Art in der Natur sonst nicht angenommen wird. So lassen sich viele Jungschlangen, die sich normalerweise von jungen Echsen ernähren, auf nestjunge Mäuse prägen. Inwieweit Jungtiere Warmblüter fressender Arten Wirbellose fressen, ist kaum bekannt. Die Probleme mit derartigen Jungschlangen sind oft dann behoben, wenn die Schlangen groß genug geworden sind, um bereits behaarte Jungmäuse zu überwältigen. Die heftigen Bewegungen dieser so genannten Springer lösen den Fangreflex aus.

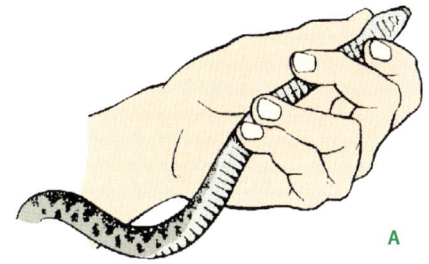

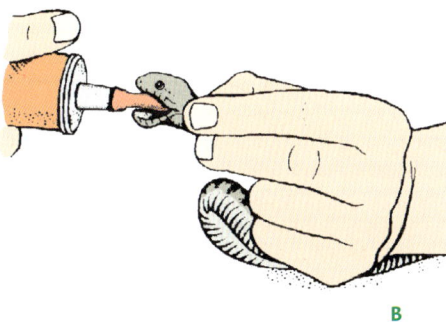

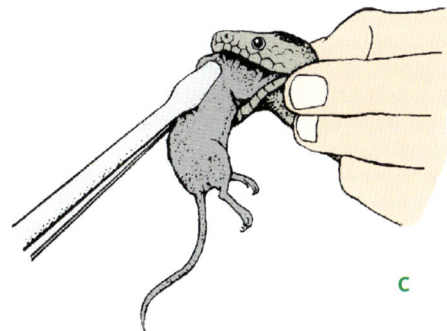

Zwangsfütterung einer Schlange:
A Sichere, gestreckte Haltung einer Schlange zur Zwangsfütterung;
B Zwangsfütterung mit Futterbrei;
C Zwangsfütterung mit einem toten Beutetier (nach FRITZSCHE)

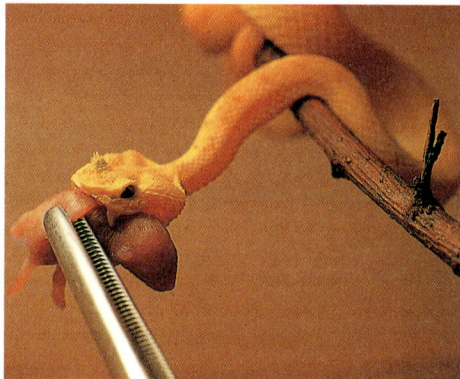

Jungtiere sind oft ängstlich und müssen vorsichtig zur Futteraufnahme gebracht werden.

Meist lehnen nicht alle Jungtiere eines Geleges oder eines Wurfes die freiwillige Futteraufnahme ab. Ob die Futterverweigerer auch in der Natur keine Beute machen würden, muss offen bleiben. Hilfreich ist dann absolute Störfreiheit und ein kleines Terrarium. Eine häufige Begegnung mit dem angebotenen Beutetier wirkt offensichtlich anregend für den Fangreflex. Sogar das Zusammensperren einer Futter verweigernden Jungschlange mit einer nestjungen Maus in einer Schachtel hat schon zum Erfolg geführt. Auf keinen Fall sollte man zu früh mit der Zwangsfütterung beginnen. Es ist sogar möglich, kräftige Jungschlangen, die noch nicht gefressen haben, einzuwintern. Sie werden im Frühjahr umso leichter ans Futter gehen. Im Allgemeinen ist es aber empfehlenswert, empfindliche Jungschlangen im ersten Winter nicht einzuwintern – bis zum nächsten Jahr sind die Tiere dann schon gut gewachsen und weniger problematisch. Bei gierigen Fressern kommt es mitunter zu gegenseitigen Beißereien und Würgereien. Gebissene oder gar verletzte Tiere werden verschüchtert und verweigern dann die Futteraufnahme. Wasserschlangen bereiten in der Regel weniger Probleme mit der ersten Futteraufnahme. So beginnen die Jungtiere der Gattungen *Nerodia oder Thamnophis* bereits am zweiten Lebenstag mit dem Fressen und nehmen meist auch kleine Fischstückchen aus einer Schale. Bei der Verfütterung zerteilter Fische sind größere Gräten unbedingt zu entfernen, da es durch sie zu ernsten Verletzungen im Schlund kommen kann.

Helfen alle Tricks nicht und die junge Schlange verweigert hartnäckig jede Futteraufnahme, sollte nach frühestens vier bis sechs Wochen mit einer Zwangsfütterung begonnen werden. Vielfach reißt die sanft mit Daumen und Zeigefinger seitlich hinter dem Kopf gehaltene Jungschlange das Maul auf und beißt ins Futter. Vielleicht beginnt sie auch nach einigen Versuchen mit kauenden Schluckbewegungen. Im Verweigerungsfall wird der Futterbrocken vorsichtig in den Schlund geschoben und die Schlange ruhig abgelegt. Setzt dann immer noch kein Schluckreflex ein und wird die Nahrung wieder ausgebrochen, ist der Brocken bis maximal zur Körpermitte zu massieren. Sollte die Schlange versuchen, das Futter trotzdem wieder auszuwürgen, legt man das Tier ins Wasserbecken – es muss dann schwimmen und unterlässt das Würgen. Bei einer Schlange, deren Maul auch beim besten Willen nicht mit einem Hölzchen zu öffnen ist, um einen Futterbrocken einschieben zu können, bleibt als Ausweg die Verabreichung eines Futterbreies mit einer Spritze. Bei kleinen Jungschlangen habe ich gute Erfahrungen mit einer 1-ml-Einwegspritze gemacht, deren Konus erweitert wurde, um den Futterbrei ins Maul drücken zu können. Zur zwangsweisen Verfütterung nestjunger Mäuse sind so genannte „Pinky Pumps" im Fachhandel erhältlich, die die Beute zerkleinern und in den Schlund der Jungschlange pressen.

Wenn die mit der Fütterung verbundenen Aufzuchtprobleme überwunden sind, gewährleistet eine ausgewogene, ausreichende Ernährung einschließlich gelegentlicher Futterpausen vitalere und widerstandsfähigere Tiere als das bei zu reichlicher Ernährung der Fall ist. Verfettete Tiere sind weniger widerstandsfähig und haben Fortpflanzungsprobleme trotz oder gerade wegen ihrer früheren Geschlechtsreife. Vielseitig und vollwertig ernährte Schlangen werden ihrem Betreuer mit einem langen, gesunden Leben und nicht zuletzt mit einer reichen Nachkommenschaft danken.

Vermehrung von Schlangen im Terrarium

Neben optimaler Kondition, hoher Lebenserwartung, intaktem Immunstatus und normalen Verhaltensweisen ist eine erfolgreiche Fortpflanzung ein objektivierbares Kriterium für die artgemäße Haltung unserer Schlangen. Allein betrachtet, sind Fortpflanzungserfolge – vielleicht sogar sporadisch und einmalig – kein ausreichender Hinweis auf artgerechte Haltungsbedingungen. Gelingt es jedoch, gezielt und regelmäßig Nachkommen zu erzeugen und diese zu einem hohen Prozentsatz bis zur Fortpflanzungsreife aufzuziehen, kann dem Terrarianer sicher eine gute Pflege seiner Schlangen bescheinigt werden, und er hat letztlich einen kleinen Beitrag dazu geleistet, die betreffende Schlangenart für die Terrarienhaltung zu erhalten. Jede Haltung von Schlangen im Terrarium sollte deshalb die Vermehrung zum Ziel haben. Eine gelungene Nachzucht seiner Tiere ist wohl für jeden Terrarianer das größte Erfolgserlebnis, das ihm diese Liebhaberei bieten kann.

Bei der Vermehrung von Terrarientieren wird die Erhaltung ihrer art- und unterarttypischen Eigenheiten angestrebt, wenngleich eine gewisse Beeinflussung durch den Menschen und die von ihm geschaffene künstliche Umwelt „Terrarium" nicht auszuschließen ist. Es werden Individuen miteinander verpaart, deren Erscheinungsbild (Phänotyp) identisch ist, und die möglichst sogar derselben Ausgangspopulation entstammen. Die Merzung von Kümmerern und Missbildungen entspricht etwa

Kreuzungen sind oft die Grundlage für die Zucht von Schlangen. Hier eine seltene Gattungskreuzung: Bastard zwischen einer Sinaloadreiecksnatter (*Lampropeltis triangulum sinaloae*) und einer amelanistischen Kornnatter (*Pantherophis g. guttatus*).

der natürlichen Auslese, die ohnehin noch wesentlich schärfer lebensschwache Individuen aussondert. Da die Erbsubstanz mit der Umwelt in Wechselbeziehung steht und der Entwicklung und Veränderung unterliegt, ist unter Terrarienbedingungen die Erhaltung der typischen Eigenschaften einer Art erschwert, wenn nicht sogar bei der Vermehrung über viele Generationen ohne „Blutauffrischung" unmöglich.

Zur Züchtung von Schlangen

In den letzten Jahren ist – ausgehend vor allem von den USA – zu beobachten, dass Schlangenarten, die sich ohne größere Probleme und in großer Anzahl im Terrarium vermehren, züchterisch bearbeitet werden. Mit einem Zuchtziel vor Augen, verpaart der Züchter gelenkt bestimmte Tiere miteinander. So wird versucht, sporadisch auftretende Mutationen – bei Schlangen bisher Abweichungen von der normalen Färbung und Zeichnung –, die in der Natur kaum Überlebenschancen hätten, zu erhalten und in größeren Stückzahlen zu produzieren. Dabei wird auch vor Unterart- und sogar Artkreuzungen nicht halt gemacht. So treten immer wieder neue Mutationen auf, die sich, zumindest anfänglich bei vielen Liebhabern großer Attraktivität erfreuen, nicht zuletzt, weil sich damit zunächst recht ansehnliche finanzielle Gewinne erzielen lassen. Die Auswirkungen der genetischen Veränderungen auf Gesundheit und Wohlbefinden der Tiere bleiben dabei meist unbeachtet. Selbst verminderte Fortpflanzungsleistungen werden in Kauf genommen. Und damit gerät der Terrarianer bereits in den Bereich der Qualzuchten und in Kollision mit dem § 11b des deutschen Tierschutzgesetzes.

Zur Vermeidung einer engen Verwandtschaftszucht erweist es sich generell als zweckmäßig, nach mehreren Generationen Tiere derselben Art oder Unterart aus genetisch fremden Beständen in der eigenen Zucht zu verwenden. Dabei sollen vor allem Mängel und Schwächen in der Konstitution beseitigt sowie Anzeichen einer Degeneration vermieden werden. Eine Blutauffrischung kann durch den Einsatz sowohl von Wildfängen als auch von Tieren aus anderen Terrarienzuchten erfolgen. Am effektivsten ist die Blutauffrischung durch die Verwendung von männlichen Tieren. Während der Einsatz von Wildfängen auf Artenschutzprobleme und uneinsichtige Behörden stoßen kann, ist der gelenkte Einsatz von

Amelanistische Nördliche Kiefernnatter (*Pituophis m. melanoleucus*)

Zuchttieren nur bei Nachkommen bekannter Abstammung, am besten bei exakter Zuchtbuchführung, möglich.

Aufgrund begrenzter Individuenzahlen ist bei Terrarientieren Inzucht recht häufig. Unter Inzucht versteht man die Paarung von Tieren, die untereinander näher verwandt sind als der Durchschnitt der Tiere einer Population. Mitunter gehen alle in den Terrarien einer Region lebenden Exemplare einer Art auf wenige Individuen, auf ein einzelnes Paar oder sogar auf ein tragend importiertes Weibchen zurück.

Wenn auch eine enge Inzucht oder gar Inzestzucht – die Verpaarung verwandter Tiere ersten Grades – in den ersten Generationen meist ohne nachteilige Folgen bleibt, besteht doch immer die Möglichkeit, dass die Ausgangstiere verdeckte (rezessive) Erbfehler tragen. Normalerweise werden diese Erbfehler zwar vererbt, von dem entsprechenden, jedoch vor-

Albino der Kalifornischen Kettennatter (*Lampropeltis getula californiae*)

züchtung). Im Gegensatz zur natürlichen Selektion lässt sich diese künstliche Selektion auf bestimmte Merkmale durchführen. Diese Merkmale können auch sprunghaft auftretende erbliche Veränderungen (Mutationen) sein (Mutationszüchtung). Mutationen treten in der Natur mit einer bestimmten Häufigkeit (Spontanmutationsrate) auf und können auch experimentell induziert werden. Sie betreffen entweder nur die Körperzellen – man spricht dann von einer nichterblichen Änderung oder „Modifikation" – oder auch die Keimzellen, die Mutation wird dann vererbt.

Am Beispiel einer bei Terrarianern recht beliebten Natter seien die Ansatzpunkte für eine echte Züchtung aufgezeigt. Die Kornnatter (*Pantherophis guttatus*) ist eine sehr attraktive, anpassungsfähige und leicht zu vermehrende Art, die bereits seit einigen Jahren tatsächlich intensiv züchterisch bearbeitet wird. Durch ihre Vermehrung in menschlicher Obhut über Generationen und durch den Umstand, dass auch in der Natur Abweichungen in Farbe und Zeichnung nicht so selten sind, wurde sie zu einem Beispiel für die wirkliche Züchtung bei Reptilien. Erblich bedingte rezessive Mutationen waren der Ansatz-

herrschenden (dominanten) Gen des Partners aber überdeckt. Bei Paarung eng verwandter Tiere können diese negativen Faktoren doppelt aufeinander treffen und werden nun in den äußerlich feststellbaren Eigenschaften, Merkmalen und Leistungen, dem Phänotyp, erkennbar. Dabei kommt es zu Mängeln an Vitalität und Konstitution der Nachkommen, zu Fortpflanzungsschwierigkeiten (unzureichende Fruchtbarkeit, Störungen in der Embryonalentwicklung, zu Schlupf– oder Geburtsproblemen) und nicht zuletzt zu Missbildungen.

Bei der Vermehrung von Schlangen zu Recht verpönt ist die Kreuzung. Unter Kreuzung versteht man normalerweise die Paarung von Tieren verschiedener Unterarten oder Rassen. Die Verpaarung von Arten ist zweifellos auch eine Kreuzung, es muss jedoch zunächst offen bleiben, inwieweit die seltenen Artbastarde bei Reptilien als Ausgangsmaterial für die Züchtung neuer Formen dienen können. In der Terraristik wird im Rahmen der Züchtung vorrangig die Kreuzung von Unterarten in Frage kommen. Dass es Artkreuzungen auch bei Schlangen gibt, wurde in der Fachliteratur vielfach beschrieben (vgl. Zusammenstellung bei SCHMIDT 1994). Freilandkreuzungen sind oft fragwürdig; eine belegbare Kreuzung wird erst bei Terrarienhaltung möglich.

Der erste Schritt zu einer Züchtung auf neue Eigenschaften ist die Selektion (Auswahl) oder Zuchtwahl von Tieren aus einer vorhandenen Gruppe (Auslese-

Leuzistische Texaskükennatter (*Pantherophis obsoletus lindheimeri*)

Normalfarbene Kornnatter (Pantherophis g. guttatus)

punkt für zahlreiche Variationen. Die Bezeichnungen für die verschiedensten Farbvarianten – natürlich vorkommende und züchterisch beeinflusste – sind recht verwirrend. Bereits bei der Nominatform werden nach ihrer Herkunft verschiedene Färbungsvarianten unterschieden: „Miami"-Phase – grau mit schwarz umrandeten rot-orangen Flecken (Vorkommen: um Miami/Florida) und „Okeetee"-Phase – vorwiegend orange mit schwarz umrandeten roten Flecken (Vorkommen: besonders South Carolina).

Kreuzungen der Nominatform mit der Präriekornnatter (*Pantherophis emoryi*) – bisher nur eine Unterart der Kornnatter – sind im Terrarium nicht selten. Derartige Nachkommen weisen eine intermediäre Färbung auf; sie sind brauner als die Nominatform, besitzen aber kein Orange in der Färbung. Diese Kreuzungen sollen leicht zu Amelanismus, das heißt, zum Verlust des schwarzen Pigments Melanin neigen und deshalb auch als Grundlage für die Züchtung amelanistischer Kornnattern dienen. Bei diesen Tieren fehlt

323

Zuchtform: amelanistische Kornnatter

das schwarze Pigment in der Haut wie auch in der Iris (Regenbogenhaut) der Augen. Sie sind hellorange gefärbt und werden fälschlicherweise als „Albinos" oder „Rote Albinos" bezeichnet. Derartige amelanistischen Kornnattern können auch eine kontrastreich tiefrotorange Fleckung auf hellorangem oder rosafarbenem Untergrund besitzen und werden von den Amerikanern „Candy corns" („Bonbon-Kornnattern") genannt. Unterartkreuzungen amelanistischer Nattern mit *P. emoryi* sind sehr hellorange oder gelborange gefärbt und heißen „Creamsicle corns". Ist schwarzes Pigment in stark vermindertem Umfang noch vorhanden, spricht man von **Hypomelanismus**.

Das Gegenstück zu amelanistischen Kornnattern sind **anerythristische Tiere** – ihnen fehlen alle roten und orangefarbenen Pigmente. Sie weisen nur schwarze und graue, vereinzelt – besonders an Kopf- und Halsseite – auch braune und gelbliche Farbtöne auf. Man nennt sie fälschlicherweise auch „schwarze Albinos" oder, was völlig irreführend ist, **melanistisch**. Melanistische Schlangen sind bekanntlich völlig schwarz und sind insbesondere bei mehreren Vipernarten (*Vipera*) nicht selten. Diese Schwärzlinge werden auch Melanos oder Nigrinos genannt. Melanistische Kornnattern haben allerdings mitunter weiße Stellen auf der Bauchseite. Anerythristische Kornnattern sollen nach Angaben von MCEACHERN (1991) in Floridas Wildpopulationen immerhin bis zu 10 % des Bestandes ausmachen. Sie werden auch in Georgia und South Carolina gefunden.

Schon 1973 entstanden aus der Kreuzung von amelanistischen und anerythristischen Tieren die Schnee-Kornnattern („Snow corns"). Dabei handelt es sich aber auch nicht immer um **echte Albinos** – insbesondere ältere Exemplare zeigen häufig ein Muster aus Weiß, Rosa und Gelb. Es wurden rein weiße Tiere, weiße mit gebrochen weißen Flecken, weiße mit hellgelben oder rosa Flecken, auch rosafarbige mit gelben und rosa Flecken und sogar grünliche Formen beschrieben. Alle diese Farbvarianten werden „Albinos" oder „weiße Albinos" genannt.

Zuchtform: albinotische Kornnatter

Zuchtform: gestreifte Kornnatter

Interessanterweise zeigen „Snow corns" unter einer relativ langwelligen, harmlosen UV-Beleuchtung (Schwarzlicht) auf der Kopfoberseite eine grünliche Fluoreszenz. Aus Verpaarungen anerythristischer und hypomelanistischer Individuen gingen lohfarbene Kornnattern („Ghost corn") hervor: ohne Rot, mit wenig dunklem Farbstoff; sie können auch gelbe oder rosa Farbtöne aufweisen. Auch Kombinationen derartiger Farbmutationen mit natürlichen Variationen kommen vor. So stammen blutrote Kornnattern („Blood corns") aus Inzuchten und besitzen eine dunkelrot-orange Rückenfärbung sowie eine anomale Bauchfärbung – rot mit unregelmäßigen weißlichen Flecken. Wachstum und Fortpflanzungsleistungen dieser Nattern sind relativ schlecht, verglichen mit den meisten anderen Kornnatter-Formen.

Neben Farbmutationen kommen bei Schlangen auch genetisch bedingte **Abweichungen in der Farbverteilung** vor, die züchterisch genutzt werden können. Bei Kornnattern sind mehrere durch einfach rezessive Gene bedingte Abweichungen bekannt. 1985 traten in England erstmals Kornnattern auf, die anstelle der Rücken- und Seitenflecke vier Längsstreifen besaßen. Ihre Männchen zeigten ein niedriges Befruchtungsvermögen. Buntscheckige Kornnattern („Motley") zeigen gleichfalls keine normale Rückenfärbung, sie können Längsstreifen besitzen und haben häufig nur auf einem Teil des Rückens Musterabweichungen. Wie schon erwähnt, tritt bei „Blood corns" der Verlust der Bauchmusterung als Mutation auf, und bei „Zigzag"-Kornnattern verschmelzen Rückenflecke derart, dass eine Zickzackmusterung entsteht.

Näheres zur Züchtung von Nattern siehe bei Schmidt (2000).

Neben diesen erblichen Abweichungen, die züchterisch zu nutzen sind, treten auch nichterbliche Veränderungen auf. So führen anomale Umwelteinflüsse während der embryonalen und fetalen Entwicklung mitunter zu Zeichnungsvariationen. Beim Königspython (*Python regius*) wie auch beim Dunklen Tigerpython (*Python molurus bivittatus*) traten als Folge zu kühler Inkubation anomale unregelmäßige Steifenmuster anstelle der normalen Flecken auf. Auch bei Kornnattern waren nichterbliche Musteranomalien zu beobachten. Ansonsten normalfarbige Exemplare zeigten völlig farblose Zonen. Pilzbefall auf dem Gelege soll in anderen Fällen Ursache für irregulär gestreifte Einzeltiere gewesen sein. (McEachern 1991)

Die am Beispiel der Kornnatter aufgezeigten Möglichkeiten der züchterischen Bearbeitung einer Terrarientierart können in ähnlicher Weise auch bei anderen Reptilien angewendet werden. Einen Umfang, wie ihn die Farb- und Formenzucht in der Aquaristik erreicht hat, wird die Züchtung von Terrarientieren bestimmt nie erfahren. Aber was passiert, wenn künftig durch gesetzlich festgelegte Haltungsbeschränkungen dem interessierten Terrarianer nur noch wenige Arten zur Haltung und Vermehrung erlaubt sein sollten?

Farbmutation eines Netzpythons (*Python reticulatus*) BDE

Geschlechtserkennung bei Schlangen

Für eine gezielte Vermehrung von Schlangen im Terrarium ist die eindeutige Feststellung der Geschlechtszugehörigkeit der gepflegten Tiere eine wichtige Voraussetzung. Da bei allen Reptilien äußere primäre Geschlechtsorgane fehlen und bei Schlangen auch sekundäre Geschlechtsmerkmale wie geschlechtsspezifische Färbungen, Körperproportionen oder Körperanhänge nur selten vorhanden sind, ist eine sichere Geschlechtsdiagnose oft schwierig und bedarf besonderer Erfahrungen.

Aufgrund ihrer in den Schwanz eingezogenen Hemipenes ist bei Schlangenmännchen der Schwanzansatz dicker als bei den Weibchen. Deren Schwanz verjüngt sich nach der Kloake schneller als der der Männchen. Vielfach haben männliche Schlangen gegenüber artgleichen Weibchen einen relativ längeren Schwanz und mehr Unterschwanzschilder. Mitunter sind zwischen den Geschlechtern deutliche Längen- und vor allem Massenunterschiede zu beobachten. Gleichalte und unter gleichen Bedingungen aufgewachsene Weibchen sind beispielsweise bei nordamerikanischen Wassernattern der Gattungen *Nerodia* und *Thamnophis* deutlich schwerer als ihre Partner. Auch bei Riesenschlangen können die Weibchen erheblich größer werden. Bei anderen Gattungen sind wiederum die Männchen kräftiger als ihre Weibchen. Wenig beachtet, allerdings auch nicht immer aussagesicher, sind geschlechtsspezifische Schuppenausbildungen in bestimmten Körperbereichen – auf dem Rücken, an der Kopfunterseite oder in der Kloakenregion.

Die bei Riesenschlangen, Walzenschlangen und einigen anderen urtümlichen Schlangengruppen als Aftersporne vorhandenen äußerlich sichtbaren Reste der Hintergliedmaßen sind – allerdings bei individuellen Unterschieden – bei den Männchen stärker ausgebildet und werden gern zur Geschlechtsdiagnose herangezogen. Geschlechtsspezifische Färbungen oder Hautveränderungen sind nur bei wenigen Schlangenarten bekannt, wie wir im Abschnitt über die Anatomie von Schlangen bereits erfahren haben.

Methoden zur zweifelsfreien Ermittlung des Geschlechts von Schlangen sind meist sehr aufwendig und bedürfen einer teuren Labortechnik, sodass sie zur Routinebestimmung bei Terrarientieren kaum in

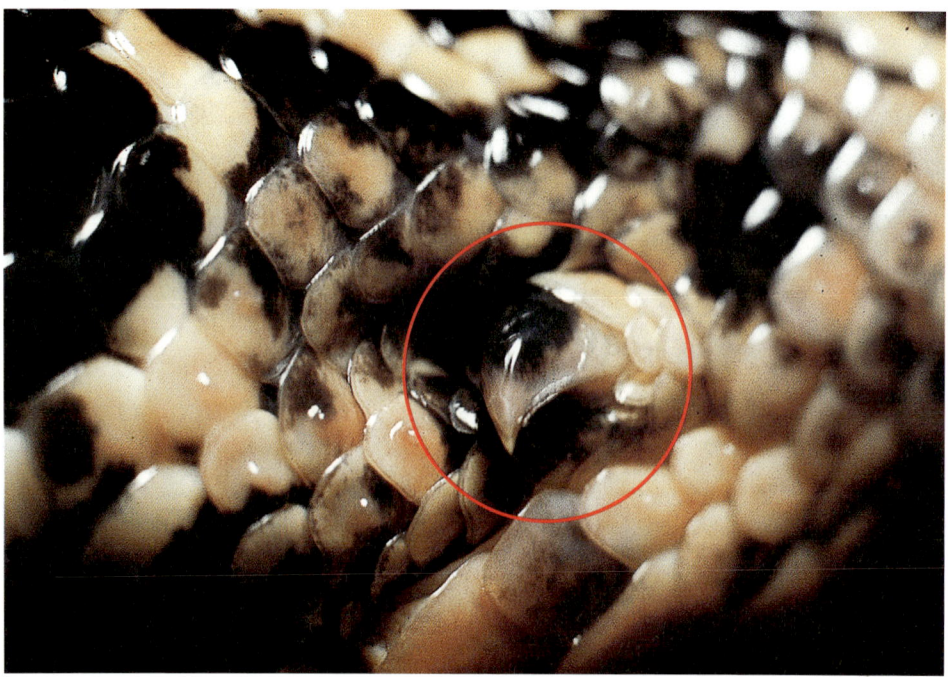

Aftersporn bei einer männlichen Riesenschlange

DDS

Geschlechtsdiagnose mittels Sonde bei einer männlichen *Boa constrictor*   DDS

Frage kommen. Am ehesten sind noch Verfahren der Röntgen- sowie der Ultraschalldiagnostik in einer veterinärmedizinischen Einrichtung heranzuziehen. So können bei den Männchen vieler Schlangenarten die verknöcherten Fortsätze der Hemipenes oder – bei urtümlicheren Arten – größere Rudimente des Beckens und der Hintergliedmaßen nachgewiesen werden. Bei trächtigen Weibchen sind verkalkte Eischalen oder Skelette von Jungtieren zu beobachten. Eine sichere Diagnosemöglichkeit bietet die Laparoskopie zur direkten Betrachtung des Bauchraumes mit den primären Geschlechtsorganen. Wegen der hierfür erforderlichen Eröffnung der Bauchdecke zur Einführung des Laparoskopes ist auch diese Praktik nicht die Methode der Wahl. Geschlechtsdiagnosen anhand der Konzentration roter Blutkörperchen, des Gehaltes an dem männlichen Sexualhormon Testosteron im Blut oder einer Chromosomenanalyse zum Nachweis von Geschlechtschromosomen sind wissenschaftlichen Einrichtungen vorbehalten.

Welche Methode der Geschlechtsdiagnose wäre nun aber für den Terrarianer generell geeignet und hinreichend sicher? Der Autor hat trotz aller Fehlermöglichkeiten mit der Sondenmethode die besten Erfahrungen gemacht. Diese Diagnosemethode setzt allerdings größte Vorsicht und ausreichende

Übung voraus. Zum Nachweis der eingezogenen Hemipenes wird dabei eine der Größe der zu untersuchenden Schlange angemessene Knopfsonde – mit Wasser oder einem neutralen Mittel gleitfähiger gemacht – von der Kloakenspalte aus vorsichtig in Schwanzrichtung in einen der Hemipenes eingeführt. Die Schlange wird dazu in Rückenlage gebracht – bei einem größeren Tier von einer Hilfsperson fixiert. Gleitet die Sonde beispielsweise bei Nattern bis zum vierten bis 28. Unterschwanzschild – von außen ist das gewöhnlich erkennbar –, ist der Nachweis eines Hemipenes und damit des männlichen Geschlechts der Schlange erbracht.

Wenn auch das Sondieren von Ziegler und Böhme (1996) grundsätzlich als eine durchaus sinnvolle Methode bezeichnet wird, weisen sie doch zu Recht auf einige Probleme hin. So kann bei einer lebenden Schlange die Sondiertiefe durch Muskelkontraktionen negativ beeinflusst werden. Hier können wiederholte Sondierungen eventuell helfen. Auch kann bei den mitunter stark elastischen Organen eine zu kräftig eingeführte Sonde zu Überdehnungen führen, ganz abgesehen von einem Durchstoßen des Gewebes. Diese Gefahr besteht vor allem bei ganz jungen Schlangen, bei denen sich zudem möglicherweise die im fetalen Stadium ausgestülpten Penisschläuche noch nicht vollständig zurückgezogen haben. Eine Fehlerquelle besteht aber vor allem in der Möglichkeit, dass die Sonde bei einem Weibchen in einem der ebenfalls eingezogenen Hemiclitores eindringt und bei allerdings wesentlich geringerer Eindringtiefe männliches Geschlecht vortäuscht.

Die mitunter praktizierte Methode der Hervorlagerung der Hemipenes durch Daumendruck auf die Unterseite der Schwanzwurzel möchte ich nicht empfehlen. Sie erscheint mir zu rabiat. Allerdings stülpt manchmal ein ergriffenes Männchen seine Hemipenes spontan aus. Aber können da nicht doch wieder Verwechslungen mit den Hemiclitores vorkommen? Dasselbe trifft zu für die bisher immer als Beweis für männliches Geschlecht bei Exuvien zu findenden Reste der gelegentlich mit gehäuteten Hemipenes.

Auswahl der Geschlechtspartner

Während in der Natur Partnersuche und Partnerwahl den verschiedensten natürlichen Einflüssen und letztlich auch Zufällen unterliegen, beeinflusst der Terrarianer gewöhnlich die Auswahl eines potenziellen Zuchtpaares sehr einschneidend. Um wenigstens in gewissem Umfang „passende" Geschlechtspartner zusammenzuführen und damit den Nachzuchterfolg zu begünstigen, empfiehlt sich immer die gemeinsame Haltung von wenigstens einem Männchen mit mehreren Weibchen. Hat der Terrarianer dazu eine kleine Gruppe Jungschlangen bis zur Geschlechtsreife aufgezogen und ein günstig erscheinendes Verhältnis der Geschlechter festgestellt, gilt es, auch ihre Zuchtreife zu beurteilen. Die Geschlechtsreife ist gegeben, wenn befruchtungsfähige Keimzellen, also Spermien oder Eizellen, produziert werden. Das kann aber der aufmerksame Beobachter nur indirekt aufgrund einer erfolgreichen Paarung feststellen. Als Faustregel kann gelten, dass eine Schlange geschlechtsreif ist, wenn sie 50 bis 75 % der für ihre Art bekannten mittleren Endlänge erreicht hat. Riesenschlangen der großen Arten sind meist schon mit 25 bis 30 % ihrer Endlänge geschlechtsreif.

Das Alter der Tiere und der Eintritt der Geschlechtsreife sind keine eindeutigen Kriterien für den richtigen Zeitpunkt der ersten Zuchtbenutzung. So sind Fälle bekannt, bei denen beispielsweise *Elaphe*-, *Nerodia*- oder *Thamnophis*-Arten unter Verzicht auf einen natürlichen Lebensrhythmus ohne Ruhepau-

sen maximal Futter aufnahmen und nach weniger als einem Lebensjahr trächtig wurden. Bei großen Riesenschlangen sind erfolgreiche Paarungen im Alter von kaum zwei Jahren bekannt. Für eine normale Trächtigkeit ohne Nachteile für Muttertier und Nachkommenschaft fehlt diesen Tieren aber gewöhnlich die erforderliche Körperentwicklung.

In der Natur werden Schlangen im Allgemeinen erheblich später geschlechtsreif als im Terrarium. Der gewissenhafte Terrarianer muss deshalb die Zuchtreife insbesondere seiner Schlangenweibchen berücksichtigen. Das jeweilige Alter spielt dabei nur eine zweitrangige Rolle. Die mit einer bestimmten Körpergröße erreichte Reifephase ist ausschlaggebend. Insbesondere gilt es, neben der Körperlänge die erreichte Körpermasse zu beachten. „Großgehungerte" Schlangen können zwar lang genug, alt genug und auch geschlechtsreif sein, sie bereiten dennoch Probleme bei der Fortpflanzung. Entwicklungsschwache Keimlinge, Schlupf- oder Geburtsprobleme, geringe Anzahl an Jungtieren, aber auch eine nachhaltige Schwächung des Muttertieres sind die Folge. Demgegenüber führt eine zu intensive Aufzucht zu beschleunigtem Wachstum und zu Verfettungen, was wiederum funktionelle Störungen der Fortpflanzungsorgane mit sich bringt.

Während bei vielen Schlangenarten die Partnerwahl problemlos abläuft, wenn die Tiere beider Geschlechter ständig zusammen in einem Terrarium leben, kann es bei anderen vorteilhaft sein, Tiere nur entsprechend ihrer jahreszeitlichen Fortpflanzungsperiodizität zusammenzuführen. Insbesondere die Männchen werden dann sexuell so stimuliert, dass oft – sexuelle Bereitschaft des Weibchens vorausgesetzt – binnen weniger Stunden erste Kopulationen zu beobachten sind. Die Nichtbeachtung einer natürlichen Periodizität ist vielfach ein entscheidender Hinderungsgrund bei der Fortpflanzung der Terrarienbewohner. Äußerlich zeigt sich die Fortpflanzungsrhythmik nur im Fortpflanzungsverhalten. Die zyklischen Veränderungen in der Morphologie, Histologie und Physiologie der Geschlechtsorgane bleiben dem Terrarianer verborgen.

Ruhepausen

Zu einer artgemäßen Haltung der Schlangen gehört auch die Nachahmung der natürlichen Ruhepausen. In der Natur führt die Abhängigkeit der wechselwarmen Schlangen von ihrer Umgebungstemperatur dazu, dass die Tiere sich entweder vor zu großer Hitze und Trockenheit zurückziehen müssen oder bei zu tiefen Temperaturen alle Lebensfunktionen eingeschränkt sind, Flucht– und Verteidigungschancen schwinden und letztlich auch Beutetiere unerreichbar werden.

Im Interesse der geplanten Vermehrung sollten wir auf die stimulierende Wirkung der Winterruhe nicht verzichten. Sie entspricht dem natürlichen Lebensrhythmus dieser Tiere und trägt zu einer höheren Lebenserwartung bei. Während oder kurz nach der Beendigung der Winterruhe eintretende Tierverluste betreffen, wenn nicht grobe Fehler seitens des Terrarianers vorliegen, normalerweise ohnehin nur lebensschwache Einzeltiere. Deshalb sollten kränkelnde und in schlechter Kondition befindliche Schlangen ebenso wie sehr junge Tiere, die sich nicht ausreichende Fettreserven zulegen konnten, nicht kalt überwintert werden. Die Winterruhe kann eingeleitet werden, wenn die Schlangen nicht mehr so recht fressen wollen. Die Fütterung wird völlig eingestellt und die Beleuchtung zunächst stufenweise auf etwa

acht Stunden pro Tag verkürzt. Es muss sicher sein, dass sich alle Tiere entleert haben. Im Verdauungstrakt verbliebene Futterreste können bei tieferen Temperaturen nicht mehr verdaut werden und würden während oder nach Beendigung der Winterstarre zum Tode führen. Deshalb sind erst dann die Terrarientemperaturen allmählich über einen Zeitraum von etwa zwei Wochen herabzusetzen. Die mittlerweile kaum noch sechs Stunden am Tag gewährte künstliche Beleuchtung wird völlig abgeschaltet. Für Schlangen aus winterkalten Klimazonen ist die Temperatur auf 4 bis 6 °C zu senken, und Tiere selbst aus subtropischen Gebieten können Werte zwischen 8 und 12 °C vertragen. Ein Temperaturabfall auf den Gefrierpunkt ist zu vermeiden: Frostgrade sind tödlich.

Ideal ist es, wenn die Tiere während der Winterruhe in ihren Terrarien verbleiben können. Allerdings müssen geeignete Verstecke zur Verfügung stehen, die während der Winterruhe nie völlig austrocknen. Pflanzen sind zu entfernen – sie würden die Dunkelheit nur schwer überstehen. Eine ins Terrarium

Für die Winterruhe im Zimmerterrarium wurde Falllaub eingebracht.

eingebrachte dicke Laubschicht sorgt für Wärmedämmung. Sauberes Trinkwasser muss jederzeit zur Verfügung stehen. Pflegt der Terrarianer nur Tiere ähnlicher Klimazonen in einem separatem Terrarienraum kann die Raumtemperatur generell auf die Überwinterungstemperatur abgesenkt und der Raum verdunkelt werden. Es muss jedoch garantiert sein, dass der gewünschte Temperaturbereich weder unter- noch überschritten wird und plötzliche Temperaturveränderungen ausgeschlossen sind. Eine Ofenheizung ist für eine derartige Überwinterung nicht geeignet. Eine über Thermostat geregelte elektrische Raumbeheizung ist am zweckmäßigsten. Gleiche Umgebungsbedingungen müssen auch vorhanden sein, wenn das Terrarium mit den überwinternden Schlangen in einen separaten Raum, beispielsweise einen Keller oder Abstellraum, gebracht wird. Wenn die Schlangen nicht in ihrem Terrarium überwintern können, ist das Umsetzen in eine spezielle Überwinterungskiste erforderlich. Geeignet dafür wäre eine gut schließende Holzkiste mit abgesicherten Belüftungsöffnungen und ausreichender Wärmedämmung. Als Substrate eignen sich leicht feuchtes Moos, Laub, Lauberde, Torfmull, notfalls auch Hobelspäne. Das Material darf nie völlig austrocknen aber auch nicht zu feucht sein. Auf Schimmelbildung ist zu achten. In der Überwinterungskiste müssen Versteckplätze vorhanden sein, die einen festen Körperkontakt bieten. Sie werden meist von mehreren Schlangen gleichzeitig angenommen. Ein Trinkgefäß darf auch hier nicht fehlen. Ohne die Tiere zu stören, sind die Überwinterungsbehälter regelmäßig zu kontrollieren. Schlangen, die sich bei den niedrigen Temperaturen nicht verkrochen haben, könnten krank sein. Für sie ist die Winterruhe zu beenden.

In der Natur hängt die Dauer der Winterruhe von der geografischen Breite und der Höhenlage des Verbreitungsgebietes der Art ab. In Nordeuropa oder Kanada dauert die Winterruhe sechs bis acht Monate, in Mitteleuropa und im Norden der USA etwa fünf bis sieben Monate. Sie verkürzt sich im mediterranen Klima auf rund zwei Monate. Selbst in subtropischen Gebieten, wo die mittleren Wintertemperaturen auf 10 bis 14 °C fallen können, wird eine mehrwöchige Winterruhe eingelegt. Bei Terrarienhaltung genügt gewöhnlich ein Zeitraum von sechs bis acht Wochen zuzüglich der Zeiten langsamer Abkühlung und Wiedererwärmung. Selbst kürzere Ruheperioden von lediglich vier Wochen, die meist auch von schwäche-

Strumpfbandnattern (*Thamnophis*) aus den gemäßigten Breiten Nordamerikas sollten wenigstens zwei Monate kühl überwintert werden.

ren Tieren vertragen werden, stimulieren die Fortpflanzungsbereitschaft. Lange Überwinterungszeiten sparen zwar Kosten für Beheizung, Beleuchtung und Futter, aber ein leer stehendes Terrarium ist auch nicht gerade attraktiv.

Da Zeitpunkt und Dauer der Winterruhe von Schlangen durch das Beheizungs- und Beleuchtungsregime gesteuert werden, kann sich der Terrarianer den ihm alljährlich am günstigsten erscheinenden Termin aussuchen, um beispielsweise seinen Wintersporturlaub in Ruhe verleben zu können. Beim Autor hat sich für die absolute Winterruhe seiner Schlangen der Zeitraum zwischen dem 15. Dezember und dem 15. Februar am zweckmäßigsten erwiesen. Eine zeitig liegende Winterruhe hat den Vorteil, recht früh im Jahresablauf Jungtiere zu bekommen.

Zur Beendigung der Winterruhe sind über etwa acht bis zehn Tage die Temperaturen allmählich wieder zu erhöhen. Sind 18 bis 20 °C Maximaltemperatur erreicht, wird zunächst kurzzeitig die Terrarienbeleuchtung zugeschaltet. Schlangen aus einem speziellen Überwinterungsbehälter kommen in ihr gründlich gereinigtes Terrarium zurück. Manche Terrarianer baden dann ihre Tiere in lauwarmem Wasser. Dabei wird Wasser aufgenommen, die Schleimhäute des Verdauungstraktes werden angeregt und das erste Futter kann wieder gut verdaut werden. Ich habe meine Schlangen nach Ende der Winterruhe noch nie gebadet. Sie trinken von selbst das angebotene Wasser und baden in Vorbereitung einer bevorstehenden Häutung. Wurden die Tiere während des Jahres und in der Winterruhe nach Geschlechtern getrennt gehalten, sind sie jetzt zusammenzusperren. Einige Zeit danach bieten wir Futter an. Oft wird es noch verschmäht. Eine Häutung oder gar erste Fortpflanzungsaktivitäten und Paarungsversuche haben Vorrang. Nun wissen wir, dass die Bemühungen, unseren Schlangen durch eine Winterruhe günstige Voraussetzungen für die nächste Fortpflanzungsperiode zu geben, erfolgreich waren.

Eizelle + Spermium = Jungschlange

So simpel wie diese Gleichung aussieht, ist die Entstehung einer jungen Schlange leider nicht. Schon das Wissen um eine erfolgreiche Paarung kann eine Voraussetzung für die erfolgreiche Vermehrung der Schlangen im Terrarium sein. Das Fehlen eines akzeptablen Eiablageplatzes führt dazu, dass die Eier im Terrarium verstreut, vielleicht sogar im Wasserbecken abgelegt werden und nach kurzer Zeit verdorben sind. Unbeachtete Spalten im Behälter ermöglichen den oft winzigen Jungtieren die Flucht, bevor ihre Geburt überhaupt bemerkt wurde.

Der aufmerksame Terrarianer wird unter Umständen in Verhaltensänderungen erste Anzeichen einer erfolgreichen Paarung seiner Schlangen erkennen. So reagiert das Weibchen auf das zudringliche Männchen plötzlich mit Abwehr oder Flucht. Vielfach wird die Futteraufnahme reduziert und schließlich eingestellt. Ab etwa dem zweiten Drittel der Trächtigkeit kann der Terrarianer bei vielen Arten durch Abtasten des letzten Körperdrittels des frei in der Hand herabhängenden Weibchens die Eier fühlen. Schließlich ist, trotz Futterverweigerung, die Zunahme der Körpermasse zu sehen. Die Möglichkeit einer Trächtigkeitsdiagnose mit Hilfe von Röntgen- oder Ultraschalltechnik beim Tierarzt wurde bereits erwähnt.

Während die Dauer der Trächtigkeit bei Schlangen von verschiedenen Faktoren abhängt und mit der Terrarientemperatur sogar beeinflusst werden kann, werden **Eiablage** oder Geburt vornehmlich hormonell gesteuert. Allerdings können auch hier äußere Faktoren Termin und Ablauf beeinflussen. Denken wir nur an die Wirkung von Stress, der zum Verwer-

fen oder zur Legenot führen kann. Zur Schaffung eines für die erfolgreiche Eiablage unentbehrlichen Ablageplatzes gibt es verschiedene Möglichkeiten. Am natürlichsten wäre für die meisten Eier legenden Schlangen ein tiefer, lockerer Bodengrund mit Versteckplätzen unter Wurzelstöcken, Rindenstücken oder flachen Steinen. Ob das Weibchen hier allerdings eine ihm hinsichtlich Substrat, Feuchtigkeit und Temperatur zusagende Stelle findet, ist fraglich. Außerdem sind so die Kontrollmöglichkeiten eingeschränkt. Besser ist da schon ein ausreichend großer, in den Bodengrund eingelassener Kasten mit einer Füllung aus Walderde oder Torfmull. Ich selbst benutze seit Jahrzehnten erfolgreich Steinguttöpfe zur Eiablage bei den verschiedensten Schlangenarten. Je nach Größe des Weibchens verwende ich Töpfe von 15 bis 25 cm Durchmesser. Ein oberer Durchmesser von etwa 20 cm genügt für ein 1,5 m langes Schlangenweibchen. Dieser Topf wird zu zwei Dritteln mit feuchtem Torfmull ohne Düngerzusätze, das restliche Drittel mit frischem Moos aufgefüllt. Bei relativ trockener Haltung und nur geringem Boden-

Beispiel für einen Eiablagebehälter   DDS

Das Absetzen der relativ großen Eier bereitet der Diademnatter (*Spalerosophis diadema*) ziemliche Mühe.

grund im Terrarium – eine Haltung, die selbst für viele Feuchtigkeit liebende Arten empfohlen werden kann – wird das hochträchtige Schlangenweibchen zunächst vergeblich nach einem zusagenden Eiablageplatz suchen. Nach längerer Trägheit streift es nun mitunter tagelang im Terrarium umher und bohrt in Winkel und Ecken. Jetzt ist der Zeitpunkt gekommen, den vorbereiteten Steinguttopf ins Terrarium zu stellen. Oft vergehen nur Minuten, bis das Tier unter der schützenden Moosschicht verschwunden ist. Mit drehenden Bewegungen drückt es eine Vertiefung in den Torfmull und meist schon am nächsten Tag ist die Eiablage vollzogen. Dann hat die Schlange das Gelege bereits verlassen oder ist, je nach Temperament und Brutfürsogeverhalten ohne Mühe oder nur nach heftigen Abwehrreaktionen, aus dem Eiablagebehälter zu entfernen. Zwar bereitet es keine Probleme, bei Abwesenheit das Gelege noch zwei oder drei Tage im Steinguttopf zu belassen, eine Inkubation im Topf ist aber nicht anzuraten. Die Feuchtigkeit des Torfmulls und der Zustand der Eier sind nicht zu kontrollieren. Bei Erwärmung des Topfes von unten entsteht schnell die Gefahr des unbemerkten Vertrocknens der Eier.

Beobachtungen über ein **Brutpflegeverhalten** selbst innerhalb einer Art sind oft widersprüchlich. Man muss wohl beim heutigen Wissenstand davon ausgehen, dass neben arttypischen auch individuelle, von den Terrarienbedingungen abhängige und vielleicht sogar zwischen einzelnen Herkunftspopulationen existierende diesbezügliche Unterschiede vorkommen. Die ausgeprägteste Form der Brutfürsorge ist das Bebrüten der Gelege durch eine Reihe von Pythons, auf das wir schon eingegangen sind. Es liegt in der Entscheidung des Terrarianers, ob er es darauf ankommen lässt, dass sein Pythonweibchen das Gelege ordnungsgemäß versorgt und auch die Umweltbedingungen im Terrarium dieses Vorhaben begünstigen oder ob er das Risiko verlagern will und eine künstliche Inkubation vorzieht.

Deutlich weniger Probleme verursachen dem Terrarianer Trächtigkeit und **Geburt** bei vivioviparen Arten. Die sich entwickelnden Jungschlangen sind im Muttertier optimalen Feuchtigkeitsverhältnissen ausgesetzt, und das trächtige Weibchen kann günstige Temperaturbereiche aufsuchen. Als Bodengrund eignet sich im Terrarium mit dem hochträchtigen Schlangenweibchen saugfähiges Material, das die bei der Geburt anfallende Flüssigkeit aufnimmt und mit den Eihüllen und Dotterresten leicht zu entfernen ist. Bei großen Boaarten haben sich Gitterroste im Terrarium bewährt, damit Jungtiere, die sich nicht schnell genug aus den Eihüllen befreien, nicht Gefahr laufen, vom Muttertier erdrückt zu werden.

Eine Bullennatter (*Pituophis sayi*) beim Absetzen ihres Geleges.

Doch nun zur **künstlichen Inkubation** von Schlangeneiern – zweifellos ein sehr wichtiger Abschnitt bei der Vermehrung von Schlangen, der vollständig vom betreuenden Terrarianer abhängig ist. Hier kommt es darauf an, dass dem sich entwickelnden Schlangenfetus optimale Bedingungen hinsichtlich Temperatur, Wasserhaushalt und Sauerstoffversorgung garantiert werden. Der zur Inkubation verwendete Typ eines Brutbehälters (Inkubator) ist eigentlich nebensächlich, nur muss er diese Bedingungen gewährleisten. Jeder erfolgreiche Schlangenzüchter meint ohnehin, dass seine Brutmethode und der von ihm verwendete Brutbehälter optimal seien. Während sich zur direkten Aufnahme eines Geleges einfachste Kunststoffgefäße eignen, ist die Art der Temperierung der Eier ehe eine Frage der Anzahl gleichzeitig auszubrütender Gelege und der zur Verfügung stehenden finanziellen Mittel. Am aufwendigsten sind zweifellos handelsübliche Brutschränke und Brutapparate. Auch selbstgebaute Brutgeräte mit Thermostat geregelter elektrischer Beheizung und Luftumwälzung sind natürlich verwendbar. Für wenige im Jahr auszubrütende Gelege genügen auch viel einfachere Behälter wie Styroporkisten, leere Aqua-

rien oder Terrarien. Zur Erwärmung eignen sich Heizplatten, Heizmatten, Heizkabel, Aquarienheizstäbe oder ähnliches, wobei ein Thermostat Temperaturschwankungen von höchstens einem Kelvin zulassen sollte. Da in der Natur die Gelege der meisten Schlangenarten ohnehin Temperaturschwankungen im Tagesverlauf ausgesetzt sind, schadet ein allmählicher nächtlicher Temperaturabfall nicht, und der

Ein soeben geborener Kupferkopf (*Agkistrodon contortrix*) befreit sich aus seinen Eihüllen.

Zum ersten Mal atmet die gerade geborene Kubaschlankboa (*Epicrates angulifer*) atmosphärische Luft.

Brutbehälter ist eventuell auch auf dem Beleuchtungskasten eines Terrariums oder in einem unbesetzten Terrarium gut aufgehoben.

Die für die jeweilige Schlangenart besten Inkubationsbedingungen festzulegen, ist nicht möglich, zumal die Gelege auch in der Natur einen relativ breiten Einflussbereich tolerieren. Eine Zusammenstellung des vorhandenen Wissens und der Erfahrungen vieler Terrarianer bei der Inkubation von Reptilieneiern gibt KÖHLER (1997). Dabei wurden Literaturdaten zur Gelegegröße, Inkubationstemperatur und Brutdauer unter anderem von mehr als 470 Schlangenarten und -unterarten zusammengetragen. Eine gute Entwicklung der Keimlinge der meisten Arten ist bei Tagestemperaturen von 27 bis 30 °C und Nachttemperaturen von 20 bis 24 °C erreicht. Das schließt nicht aus, dass konstante Temperaturen oder etwas höhere oder tiefere Werte auch zum Erfolg führen würden. Eine Erwärmung auf über 32 °C

Schlangeneier im Inkubator auf Vermiculit

sollte vermieden werden, auf keinen Fall jedoch auf Dauer erfolgen. Die Entwicklung der Feten ist dann sehr beschleunigt, die Jungschlangen könnten für den Schlupf oder eine spätere Entwicklung zu schwach sein. Kurzzeitig niedrigere Temperaturen als 15 °C werden unter Umständen toleriert, es besteht jedoch gleichfalls die Gefahr von Entwicklungsstörungen. Um zu verhindern, dass geschlüpfte Jungtiere entweichen oder sich an Heizelementen, einem Ventilator oder elektrischen Anschlüssen verletzen können, sollte das Gelege stets separat in einem besonderen Behälter, beispielsweise in einer Haushaltsdose, untergebracht werden, der auch ein geeignetes Brutsubstrat enthält. Ohne Substrat werden Schlangeneier nur selten inkubiert. Das Substrat, in oder auf dem die Eier liegen, hat für die direkte Wasserversorgung der Eier sowie die Erhöhung der Luftfeuch-

Eine amelanistische Kornnatter (*Pantherophis g. guttatus*) hat ihre Eischale eröffnet und verharrt zunächst einige Zeit in dieser Position.

tigkeit im Eibehälter zu sorgen. Es muss deshalb ein ausreichendes Feuchtigkeitshaltevermögen besitzen, soll keimarm sein und sich zudem als Brutstätte für Mikroorganismen und Pilze wenig eignen. Erfolgreich verwendet wurden schon Sand, Erde, Torfmull – auch gemischt mit Sägespänen, Moos, Lavaerde, Blähton, mineralische Dämmstoffe wie Vermiculit und Perlit sowie Weichschaumstoff in Platten oder Schnitzeln. Nach KÖHLER (1996) soll das mäßig feuchte Substrat ein Wasserpotential von -400 bis -600 kPa besitzen. Die anzustrebende relative Luftfeuchtigkeit von nahezu 100 % ist erreicht, wenn das Gefäß mit dem Gelege innen beschlägt. Das gelegentliche Auftropfen von etwas Kondenswasser schadet den Schlangeneiern nicht. Eine schräg gestellte Tropfscheibe kann es aber völlig verhindern.

Diese Braune Hausschlange (Lamprophis fuliginosus) verläßt gerade ihre Eischale.

Ich selbst habe die Gelege meiner Schlangen stets auf Schaumstoffschnitzeln oder Vermiculit in sehr einfachen Inkubatoren erfolgreich gezeitigt. Mein Inkubator besteht aus einer durchsichtigen dreiteiligen Kühlschrankbox, die in einem unbesetzten Terrarium temperiert wird. Während das Unterteil der Box mit Wasser gefüllt wird, enthält das am Boden durchlöcherte Mittelteil das durchnässte und wieder leicht ausgedrückte Brutsubstrat und wird mit dem Oberteil abgedeckt. Das Oberteil enthält lediglich eine Bohrung für ein kleines Kontrollthermometer oder einen Thermofühler. Zur Belüftung genügt das Öffnen des Deckels bei den alle drei bis fünf Tage vorgenommenen Inspektionen des Geleges. Der Inkubator wird abgedunkelt aufgestellt. Steht ein leeres Terrarium mit geeignetem Temperaturregime nicht zur Verfügung, können eine mit Thermostat geregelte untergelegte Wärmeplatte oder ein Aquarienheizstab im Unterteil der Box für eine konstante Temperatur sorgen.

Die frisch gelegten Eier sind vorsichtig einzeln in den Inkubator umzusetzen. Lageveränderungen der Eier sind zu diesem Zeitpunkt kaum schädlich, sollten sicherheitshalber aber vermieden werden. Verklebte Eier werden nicht getrennt, um die Eischalen nicht zu beschädigen. Unbefruchtete Eier sind an ungewöhnlicher Form und Größe oder am Fehlen einer festeren Eischale zu erkennen. Sie können auch fest und bernsteinfarben sein und werden deshalb Wachseier genannt. Eier mit später absterbenden Keimlingen fangen meist an zu schimmeln. Wenn sie aus einem verklebten Gelege nicht entfernt werden können, kann ein Bepudern mit Holzkohlestaub der Schimmelbildung begegnen. Ich habe jedoch immer wieder beobachtet, dass gesunde Eier auch im Kontakt mit verschimmelten Eiern stets von den Schimmelpilzen verschont blieben.

Der **Schlupf** der Jungtiere kündigt sich meist einige Tage zuvor an, indem die während der Inkubation durch Wasseraufnahme deutlich größer gewordenen Eier an Wasser verlieren, oft Eindellungen und Längsfalten und auch braune bis schwärzliche Flecken bekommen. Schließlich schneiden die ersten Jungschlangen mit ihrem auf der Schnauzenspitze sitzenden Eizahn mit mehreren parallelen Längsschnitten die Eischale auf. Bis zum vollständigen Verlassen des Eies vergehen dann meist noch ein bis zwei Tage. In der Regel sind nach drei bis fünf Tagen alle Jungtiere geschlüpft. Eine Schlupfhilfe durch Aufschneiden von Eiern sollte nur der wirklich erfahrene Terrarianer leisten. Wurde nach extrem verlängerter Inkubationszeit ein Ei nicht selbständig angeschnitten, ist die Jungschlange in der Regel schon abgestorben.

Waren Schlupf oder Geburt der Jungschlangen erfolgreich, beginnen meist die Schwierigkeiten erst richtig: Die ganze Schar oft winziger Jungschlangen muss aufgezogen werden. In ausbruchsicheren Kleinterrarien, einzeln oder in kleinen Gruppen, sind die Jungschlangen unterzubringen. Allgemein hat es sich als günstig erwiesen, wenn Temperatur und Feuchtigkeit im Jungschlangenterrarium zunächst etwas höher liegen als im Terrarium der Elterntiere. Auf die Probleme bei der Ernährung von Jungschlangen sind wir im Abschnitt zur Nahrung und Fütterung von Schlangen bereits eingegangen.

Eine Schlupfhilfe durch Aufschneiden der Eischale wie bei dieser Puebloдreiecksnatter (Lampropeltis triangulum campbelli) muß unbedingt dem erfahrenen Terrarianer vorbehalten bleiben.

Schlangen und ihre Krankheiten

Grundvoraussetzung für eine artspezifische Haltung von Schlangen zur Erreichung eines hohen Lebensalters und zur Vermehrung in Menschenhand ist die Gesunderhaltung der Tiere. Trotz aller Bemühungen ist das Auftreten von Krankheiten nicht auszuschließen. Dabei können die Ursachen dafür schon länger zurückliegen. Sie liegen oft bereits bei unsachgemäßem Fang und Transport. Entwicklungsstörungen hängen mit falscher Haltung und Ernährung, insbesondere in der Jugend, zusammen. Mangel an Nährstoffen generell und bestimmten lebenswichtigen Substanzen (Vitamine, Mineralstoffe) sind ebenso gesundheitsschädigend wie Überfütterung oder ein Überangebot körperfremder Wirkstoffe. Einen wesentlichen Komplex von Krankheitsursachen nehmen fehlerhafte Haltungsbedingungen ein, wie falsche Temperatur-, Licht- und Feuchtigkeitsverhältnisse, Zugluft sowie Verletzungen (Quetschungen und Brüche durch Einklemmen, Verbrennungen an Licht- und Wärmequellen, Bisse durch Futtertiere oder andere Terrarienbewohner usw.). Angeborene Missbildungen werden in der Natur schnell ausgesondert, bei Terrarienhaltung sind sie aber durchaus zu berücksichtigen. Die wichtigste Rolle bei Erkrankungen der Schlangen spielen jedoch der Befall mit äußeren und inneren Parasiten sowie Infektionen mit Mikroorganismen, wie Bakterien, Viren oder Pilze. Im Terrarium mit verhältnismäßig hoher Populationsdichte ist dabei die Gefahr der Übertragung und ernsterer Krankheitsfolgen wesentlich höher als beim Wildtier.

Schlangenmilben sind am ehesten im Bereich der Augen und der Nasenlöcher zu entdecken.

Vorbeugung ist stets besser als Heilung. Der wachsame Terrarianer ist durchaus in der Lage, den Gesundheitszustand einer Schlange zu beurteilen, Störungen des Allgemeinbefindens und sogar eine ganze Reihe von Krankheiten zu erkennen. Hinweise zur ersten Beurteilung der Gesundheit einer Schlange sowie die einer Erkrankung vorbeugenden hygienischen Maßnahmen beim Umgang mit den Tieren haben wir bereits erhalten. Eine gesunde Schlange ist aktiv – wenn sie nicht gerade gesättigt in Ruhe verdauen will – und zeigt durch intensives Züngeln Interesse an ihrer Umwelt. In die Hand genommen, klammert sie sich fest und versucht womöglich zu beißen. Der Spannungszustand ihrer Muskeln ist deutlich zu spüren. Eine Schlange in schlechter Kondition hängt lose herab. Längsfalten weisen auf starke Unterernährung hin. Schlangen, deren Rückgrat deutlich heraussteht, sind, soweit es sich dabei nicht um eine arttypische Körpergestalt handelt, oft schon Todeskandidaten.

Ungewöhnliche Bewegungen oder Lähmungen von Körperpartien sind auf Störungen des Nervensystems, verursacht auch durch Wirbelsäulenverletzungen und -veränderungen, zurückzuführen. Manche Wassernattern reagieren empfindlich bei Vitamin-B-Mangel. Schlecht koordinierte, zuckende Bewegungen, bei denen die Natter auf die Seite oder den Rücken fällt, sind die Folge. Wirbelsäulenverkrümmungen – genetisch oder durch Störungen während der Keimentwicklung bedingt – behindern gewöhnlich kaum. Eine gesunde Schlange ruht zusammengerollt; eine ausgestreckt liegende Schlange ist immer verdächtig.

Schlangen häuten sich je nach Alter und aufgenommener Nahrungsmenge alle 4 bis 12 Wochen. Es ist

Zur Vermeidung der Übertragung von Krankheitserregern sind Neuankömmlinge oder erkrankte Schlangen in einem Quarantäneterrarium unterzubringen.

zu kontrollieren, ob die Häutung vollständig erfolgte, insbesondere ob die zur Brille verwachsenen und durchscheinenden Augenlider und die Schwanzspitze mit gehäutet wurden. Ungünstige Umweltbedingungen, Ernährungsstörungen (Vitaminmangel), Parasitenbefall oder Erkrankungen können zu verzögerter, unvollständiger oder gar ausbleibender Häutung führen. Die sonst glänzende Haut wird stumpf und rau. Mitunter liegen dann mehrere alte Hautschichten übereinander. Abstehende Schuppen und winzige weiße Flecken auf den Schuppen deuten auf Milbenbefall hin. Rot unterlaufene Schuppen und abstehende Bauchschilder, deren oberste Hornschicht mit einer Pinzette abgehoben werden kann, stammen vielfach von einer Pilzerkrankung oder sind bakteriell bedingt. Bei Pilzbefall geht die Schuppe zugrunde oder heilt kleiner und uneben aus.

Zecken werden gewöhnlich nur mit Wildfängen eingeschleppt.

Ständig zu feuchte Haltung führt selbst bei Wasser liebenden Schlangen zu „Pocken", die nach Abstellen der Ursache nach der nächsten Häutung gewöhnlich wieder verschwunden sind. Vor Berührung ungeschützte Lampen und Heizungen verursachen häufig Verbrennungen, großflächige und oft schwer heilende Hautverletzungen. Eine aufgestoßene Schnauzenspitze und sogar ein fehlendes Schnauzenschild sind Folge bohrender Bewegungen unruhiger Tiere, besonders der *Coluber*-Arten. Hier helfen auf Dauer nur Veränderungen in der Haltung der Schlangen. Abszesse entstehen häufig aus kleinsten Verletzungen, durch Bisse von Futtertieren, anderen Terrarienbewohnern oder gar Außenparasiten.

Schwere Atmung, erkennbar an verstärkten Atembewegungen und Luftholen durch das geöffnete Maul bei hochgerecktem Hals, sind Anzeichen einer Lungenentzündung. Dazu kommen eine verschleimte Maulhöhle sowie pfeifende Atemgeräusche. Diese Geräusche dürfen nicht verwechselt werden mit dem typischen Zischen vieler Arten.

Am häufigsten ist bei Schlangen das Verdauungssystem von Störungen betroffen. Fressunlust, Erbrechen oder Durchfall sind allgemeine Symptome. Die Untersuchung der Maulhöhle lässt eine Maulfäule bereits in frühem Stadium erkennen. Das Gewebe

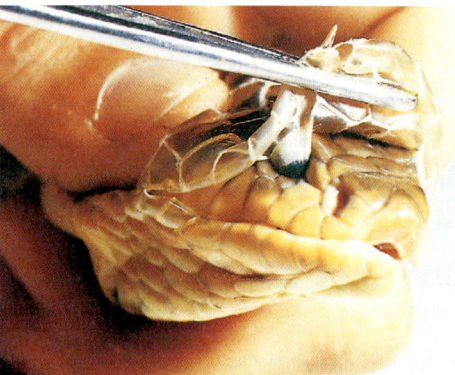

Bei Häutungsproblemen sollte den Tieren sehr vorsichtig geholfen werden. Wichtiger ist es, die Ursachen dafür abzustellen.

der Zahnleisten schwillt bald so an, dass die Maulspalte nicht mehr geschlossen werden kann. Offensichtliche Schmerzen im Maul führen zur Nahrungsverweigerung. Ein Auswürgen gefressener Beutetiere nach ein bis zwei Tagen, häufige Wasseraufnahme und stinkender schmieriger Kot deuten auf eine schwerwiegende Magen-Darm-Erkrankung hin. Die Kloakengegend ist verschmutzt. Die Untersuchung von Kotproben, von Kloakenabstrichen oder -spülungen in einer dafür befähigten veterinärmedizinischen Einrichtung gibt Auskunft über Erreger und Behandlungsmaßnahmen. Ein Auswürgen kann allerdings auch auftreten, wenn zu große oder zu viele Beutetiere verschlungen wurden. Unbedenklich sind Kotveränderungen nach dem Verzehr von Küken. Kotstau, erkennbar an ertastbaren und gut verschiebbaren verhärteten Kotballen, kann durch längeren, zu trockenen Transport verursacht sein oder im Zusammenhang mit Legenot auftreten. Sind derartige Verhärtungen nicht verschiebbar und treten gleichzeitig Erbrechen, häufiges Trinken sowie Liegen in ungewöhnlicher, gestreckter Haltung auf, ist eine Amöbenruhr zu befürchten. Die frühzeitige

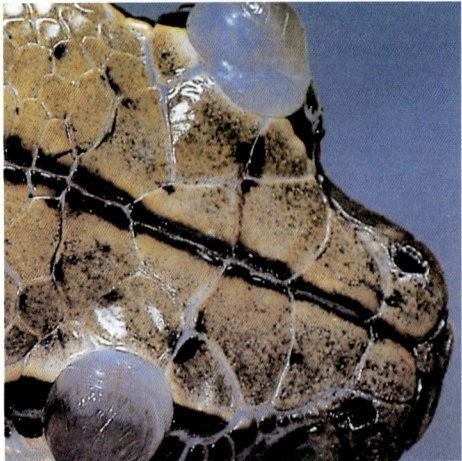

Augeninfektion bei einem Buntpython, *Python curtus*

rariengröße, Temperatur, Bodenheizung, Heizstrahler, Lichtregime, Feuchtigkeit, Vergesellschaftung) und Nahrungsaufnahme (Art, Menge, Termin), zu seinen Fortpflanzungsleistungen sowie zu Dauer, Erscheinungsbild, vermuteten Ursachen und Verbreitung einer Krankheit im Bestand, einschließlich bisherigen Behandlungsmaßnahmen, eventuelle Todesfälle und Sektionsberichte.

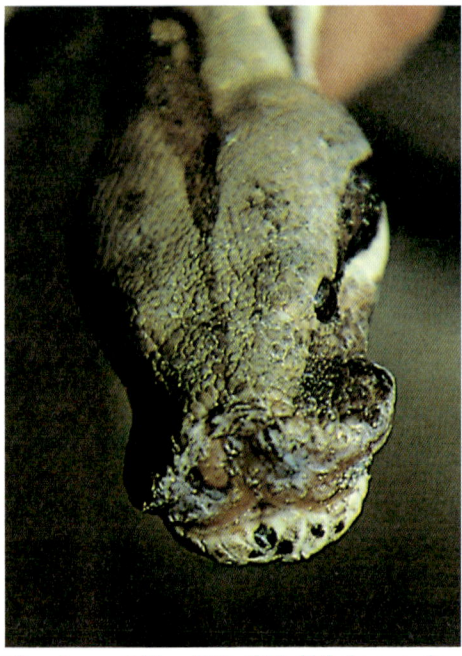

Dieser *Boa constrictor* mit Maulfäule dürfte kaum noch zu helfen sein.

Behandlung dieser gefährlichen Erkrankung kann erfolgreich sein. Häufig werden aber die Symptome zu spät erkannt, der Tierbestand ist durchseucht, und die ersten Tiere sterben bereits. Auf alle Fälle sind dann alle Tiere zu behandeln.

Bei akuter Legenot sind anhaltendes Drängen mit Schwanzstrecken und gelegentliche Schleimabsonderung aus der Kloake, schließlich Lethargie und Apathie zu beobachten. Ausschlaggebend für die Diagnose sind die noch vorhandenen Eier. Nach normaler Eiablage dürfte eine gestörte Keimentwicklung das größte Fortpflanzungsproblem sein. Falsche Inkubationsbedingungen (Temperatur, Feuchtigkeit, Brutsubstrat) und Stoffwechselstörungen (Mineralstoff– und Vitaminmangel) beim Muttertier gelten als wichtigste Ursachen.

Bei vielen Erkrankungen muss der Terrarianer aber passen. Dann bleibt nur der Weg zum Tierarzt. Auskünfte über Tierärzte in Deutschland mit speziellen Kenntnissen über Reptilienkrankheiten erteilt die Geschäftsstelle der DGHT e.V. sowie deren Homepage. Die moderne Veterinärmedizin hat die mannigfaltigsten Möglichkeiten, Erkrankungen bei Reptilien richtig zu diagnostizieren und erfolgreich zu therapieren. Zur sicheren Diagnose und zur erfolgreichen Behandlung ist ein möglichst ausführlicher und sachbezogener Vorbericht (Anamnese) durch den Terrarianer sehr förderlich. Dazu gehören neben dem wissenschaftlichen Artnamen des betreffenden Tieres Angaben zu Geschlecht und Alter, zur Herkunft (Nachzucht, Wildfang, Neuerwerb), zur Haltung (Ter-

In der folgenden Tabelle sind ausgewählte wichtige Erkrankungen bei Schlangen nach den vom Terrarianer zu beobachtenden Symptomen mit ihren möglichen Ursachen und Behandlungshinweisen aufgelistet. Die meisten Erkrankungen – gekennzeichnet mit „T" für „Tierarzt" – können nur vom erfahrenen Reptilienarzt diagnostiziert und behandelt werden, da nur er über geeignete Untersuchungsmöglichkeiten, Behandlungsmethoden, Medikamente und nicht zuletzt Erfahrungen verfügt. Weitere Informationen sowie Hinweise über zu verwendende Medikamente und deren Dosierung bei Schlangen sind beispielsweise den Fachbüchern von JAROFKE et al. 1993, KÖHLER 1996, BEYNON et al. 1997, ACKERMAN (2000) oder GABRISCH et al. (2005) zu entnehmen.

1 Symptome	2 Erkrankung	3 mögliche Ursachen	4 Behandlungshinweise
Verhaltensveränderungen ungewöhnlich ruhige Verhalten, Trägheit, Fluchtreflexe bleiben aus	Teilnahmslosigkeit (Apathie)	Unterkühlung, Allgemeinerkrankung Stoffwechselerkrankung	intensive Beobachtung zur Ermittlung weiterer Symptome; Tierarzt vorstellen!
Futterverweigerung	fehlende Fresslust (Inappetenz, Anorexie)	natürliche Ruheperiode (Winter, Sommer), bevorstehende Häutung, Paarungsaktivitäten, Endstadium der Trächtigkeit nicht zusagende Beute, Haltungsfehler, Stress Erkrankungen des Magen-Darm-Traktes, alle schweren Erkrankungen	natürliche Fresspause abwarten Ursachen abstellen Ermittlung weiterer Symptome; Tierarzt vorstellen!
Hautveränderungen Häutung in Fetzen, Häutungsreste (besonders auf Augen, an Schwanzspitze, an Hemipenestaschen), eingetrocknete Haut	Häutungsschwierigkeiten (Dysekdysis)	zu trockene und kühle Haltung, schlechter Ernährungszustand, Vitamin-A-Mangel, Milbenbefall, Allgemeinerkrankungen, Fehlen von Häutungshilfen	Schlange in warmem Wasser baden und Hautreste mit Hand oder Tuch vorsichtig abstreifen, mögliche Ursachen abstellen
Bläschen auf Rücken mit zunächst klarer, später trüber Flüssigkeit, käsige oder nekrotische Veränderungen, Krustenbildung	Bläschenkrankheit (so genannte „Pocken")	zu feuchte Haltung, mangelnde Hygiene	trockene Haltung, „Sonnenplatz", Ausräumen des Bläscheninhalts, Antibiotika (T)
kleine rote Punkte zwischen, selten auf den Schuppen (=Milben), weiße Punkte auf Haut (=Milbenkot)	Milbenbefall	Einschleppung der Schlangenmilbe (*Ophionyssus natricis*)	Insektenstrip mit Wirkstoff Dichlorphos, Aussprühen des Terrariums mit Wirkstoff Trichlorphon, Dosierung problematisch (T)
Blasen auf Bauchseite, borkige Verdickungen	Hautpilzbefall (Mykose)	Pilzbefall, meist erst mit allgemeiner Konditionsschwäche	Entfernen der Verkrustungen und antimykotische Salben (T)
nässende Hautwunden	Hautentzündungen	infizierte Wunden, Verbrennungen (Haltungsfehler), Hautpilze, Bakterien	Puder, Salben (T)

1 Symptome	2 Erkrankung	3 mögliche Ursachen	4 Behandlungshinweise
Hautbeule, Geschwulst (mit Eiter gefüllter Hohlraum) unter der Haut	Abszesse	Bakterien, Pilze, Parasiten (Bandwurmfinnen, Filarien, Nematoden)	Spalten und Ausräumen der Knoten, Antibiotika u. a. (T)
Störungen im Bewegungsapparat Versteifung der Wirbelsäule	Gelenksteife (Ankylose) Gelenkentzündung (Arthritis) Pagetsche Krankheit	unterschiedliche Ursachen, Stoffwechselstörungen, Kalkablagerung durch hohe Calcium- und Vitamin-D_3-Versorgung	Therapie meist nicht möglich, optimales Ca:P-Verhältnis, richtige Vitaminversorgung
unkoordinierte Bewegungen und Krämpfe bei Wassernattern	Hypovitaminose B_1	Enzym Thiaminase bei ausschließlicher Verfütterung von Karpfenfischen oder Seefischen	Gaben von Vitamin B_1
Krämpfe, Zuckungen	Verkrampfung	Medikamentennebenwirkung, Vergiftung (Beispiel: Milbenbekämpfung), Ernährungsfehler (Calciummangel), Entwässerung (Dehydratation), Rückenmarksschäden (Wirbelbruch), Paramyxovirus-Infektion	Diagnose und Therapie durch Tierarzt Virusinfektionen meist tödlich
Bewegungsstörung	Wirbelsäulenbruch (Fraktur)	Gewalteinwirkung (Trauma), auch als Folge von Calciummangel bei Fehlernährung	Röntgendiagnose, elastischer Spezialverband (T)
Wirbelsäulenverkrümmung	Skoliose, Kyphose, Lordose, Rachitis	seit Geburt – durch genetische Defekte oder Entwicklungsstörung des Keimlings; Folge eines Bruchs	keine Therapie; meist nur geringe Beeinträchtigung

1 Symptome	2 Erkrankung	3 mögliche Ursachen	4 Behandlungshinweise
Störungen der Verdauungsorgane eitrige Entzündungen, Blutungen sowie Nekrosen im Maul, geschwollene Lippen, starkes Speicheln	Maulfäule (Stomatitis ulcerosa)	Haltungsmängel, Stress, ungenügende Hygiene, Verletzungen, Schwächung des Immunsystems, Vitamin-C-Mangel, sekundäre bakterielle Infektion	Beläge entfernen und Betupfen mit Schleimhautdesinfektionsmittel, Wasserstoffperoxid; Antibiotika (T); Multivitamingaben (bes. Vit. C und A); Ursachenbeseitigung
Erbrechen (Auswürgen der Beute, auch zwei bis drei Tage nach dem Fressen)	Haltungsschäden	Haltungsfehler (Stress, Kälte, falsche Nahrung, Zwangsfütterung), Medikamentennebenwirkung, Vergiftung	Ursachenbeseitigung, Therapie durch Tierarzt
	Magenschleimhautentzündung (Gastritis)	Parasiten (Spulwürmer, Kryptosporidien, Kokzidien u.a.)	Kotuntersuchung, Medikamente, Antibiotika (T)
	Darmentzündung (Enteritis)	Bakterien	dto.
Durchfall	Darmentzündung (Enteritis)	Ernährungsstörungen, Medikamentennebenwirkung, Vergiftung, Parasitenbefall, Bakterien, Amöbenruhr	Kotuntersuchung, Medikamente (T)
Starker Durst, Erbrechen, blutiger Kot, nicht verschiebbare Verdickungen im Darmbereich	Amöbenruhr (Amöbiasis)	Einschleppung des Einzellers *Entamoeba invadens*; Schildkröten sind oft Dauerausscheider ohne selbst zu erkranken	Erkrankung oft zu spät bemerkt und tödlich, Medikamentenbehandlung (T), Desinfektionsmaßnahmen, Hygiene
Verschiebbare Kotanschoppung Dickdarm	Verstopfung (Obstipation)	Wassermangel, Ernährungsstörungen, Fremdkörper	Schlange in warmem Wasser baden, orale und kloakale Gaben von Paraffinöl oder Sonnenblumenöl
Ausstülpung von Kloake und Darm	Vorfall (Prolaps) (P. cloacae, P. recti)	Pressen bei Verstopfung, Eiablage; Darmentzündung, Parasitenbefall	Organe säubern und reponieren; bei Eintrocknung – Amputation, Tabaksbeutelnaht (T)

1 Symptome	2 Erkrankung	3 mögliche Ursachen	4 Behandlungshinweise
Störungen der Atmungsorgane Atemgeräusche, Atmen mit geöffneten Maul, Schleimabsonderung aus Maul und Nase mit Bläschenbildung	Lungenentzündung (Pneumonie)	Bakterienbefall durch geschwächtes Immunsystem wegen Stress und Haltungsfehlern (Kälte, ungenügende Hygiene, Mangelerscheinungen)	Antibiotika, Inhalation (T), optimales Klima, Vitamin C
	Parasiten bedingte Pneumonie	Befall mit Protozoen, Trematoden, Nematoden, Pentastomiden, Lungenmilben	spezifische Therapie mit Medikamenten (T)
	Virus bedingte Pneumonie	Paramyxovirus-Infektion	keine Kausalbehandlung möglich
Störungen der Harnorgane unnatürliche Lage und Bewegungen, Apathie, Harn häufig und in kleinen Mengen abgesetzt und ohne Klumpen der weißen Harnsäure, Harn verschmierte Schilder um Kloake	Nierengicht (Gichtnephropathie, Viszeralgicht)	Harnsäureablagerungen in den Nieren als Folge von Wassermangel, zu niedrigen Haltungstemperaturen, Nierenerkrankungen, Nierenschäden durch Medikamente oder Vitamin-A-Mangel	Diagnose durch Blutuntersuchung, Endoskopie oder erst nach Sektion, Behandlung wenig Erfolg versprechend
Apathie, Futterverweigerung, sonst kaum klinische Anzeichen	parasitäre Nierenerkrankung (renale Trematodiose, Kokzidieninfektion)	Befall mit Saugwürmern (Trematoden) bzw. *Klossiella boa*	Untersuchung des abgesetzten Harns, spezifische Medikamente (T)
Störungen der Geschlechtsorgane Geschwulste an männlicher Kloake	Analbeutelabszeß	Entzündung, Verstopfung der Analdrüsen	chirurgische und medikamentelle Behandlung (T)
ausbleibender Vollzug der Paarung, Pfropf in Hemipenistasche	Verstopfung der zurückgezogenen Hemipenes	eingetrocknete Häutungsreste des nicht mit gehäuteten Hemipenis	warme Bäder, Pfropf mit Pinzette entfernen, antibiotische Salbe (T)

1 Symptome	2 Erkrankung	3 mögliche Ursachen	4 Behandlungshinweise
andauernde Ausstülpung eines oder beider Hemipenes	Hemipenesvorfall (H.-Prolaps)	Hemipenesentzündung, Verletzung bei Paarungsversuchen, Fremdkörper in Hemipenestaschen	rasche Säuberung, Zucker zum Abschwellen aufstreuen, manuelle Reponierung unsicher; bei Eintrocknung oder starker Verletzung – Amputation (T) (wenn einseitig, bleibt Paarungsfähigkeit erhalten)
Vorfall eines oder beider Eihälter, enthalten ein oder mehrere Eier	Eihälterprolaps	Haltungsfehler, Pressversuche wegen ausbleibender Eiablage, Legenot	wenn frisch – Eier chirurgisch entfernen, Eihälter reponieren; sonst Eihälter (Eileiter) entfernen (T)
Eiablage erfolgt nicht – trotz Unruhe, Wehentätigkeit; wahllose Ablage einzelner Eier; schließlich Verkriechen und Apathie	verzögerte Eiablage (Retention)	unterentwickeltes Muttertier, Haltungsfehler (zu kühle Haltung, fehlender Eiablageplatz), Stress, Mangelversorgung, ungewöhnliche Eigröße oder -form	Temperaturerhöhung, Eiablagebehälter bereitstellen, Tierarzt aufsuchen
	Legenot (Dystocia)	Folge der verzögerten Eiablage	akute Legenot – Ursache klären, Calcium- und Oxytocin-Behandlung, chronische Legenot – chirurgischer Eingriff (T)
Veränderungen an den Augen Trübung der Augen	natürliche Trübung der Brillen vor der Häutung	physiologisch bedingte Eintrübung durch trübe Körperflüssigkeit zum Ablösen der alten Haut	Häutung abwarten – sie erfolgt in wenigen Tagen
nicht mit gehäutete Brille, Entzündung, Eiteransammlung	Häutungsschwierigkeiten der Brille	unvollständige Häutung, bei Nichtbeachtung liegen oft mehrere nicht mit gehäutete Brillen übereinander; Ursachen siehe bei Hautveränderungen	gründliches Einweichen mit feuchten Kompressen, vorsichtiges Entfernen der Hautreste mit Fingernagel; Pinzette oder Klebeband können zu Verletzungen der neuesten Brille führen; Vitamin A, Antibiotika (T)
Entzündungen der Augen, wolkige Trübung, Geschwür unter der Brille, Eiter zwischen Brille und Cornea oder in vorderer Augenkammer	Bindehautentzündung (Konjunktivitis)	Folge von Infektionen durch Bakterien, Pilze, auch bei Maulfäule	Öffnung der Brille, Spülung, Antibiotikabehandlung (T)

Nach Verletzungen oder chirurgischen Eingriffen vernähte Wunden sind nach wenigen Häutung kaum noch zu erkennen.

Mitunter treten während der Keimentwicklung **Anomalien** auf, die – wenn sie nicht die werdende Schlange schon im Ei absterben lassen – zu Missbildungen führen. Diese angeborenen Veränderungen einer Schlange betreffen den Körper im Ganzen oder nur einzelne Körperteile. Letztlich gehören auch alle Farb- und Zeichnungsanomalien dazu, die überdies bei der Züchtung von Schlangen sogar erwünscht sein können. Ob Anomalien erblich bedingt sind oder durch Störfaktoren während der Keimentwicklung verursacht wurden, lässt sich am Erscheinungsbild der missgebildeten Schlange gewöhnlich nicht erkennen. Entwicklungsbedingte Anomalien kommen sowohl in der Natur als auch bei der Vermehrung im Terrarium vor. Eine Häufung bei Terrariennachzuchten lässt keinesfalls ohne weiteres auf Genmutationen schließen, auch wenn hier Inzucht eine größere Rolle spielt als in der Natur. Wichtige Störfaktoren bei der Keimentwicklung sind zweifellos extreme und rasch schwankende Temperatur- und Feuchtigkeitsverhältnisse. Nicht auszuschließen sind auch toxische Umweltverschmutzungen oder Strahlenschäden.

Während in der Natur Schlangen mit Anomalien, selbst wenn es sich nur um Farbabweichungen handelt, verstärkt der natürlichen Selektion unterliegen – andere, wie beispielsweise geringe Beschuppungsanomalien sind wiederum völlig unauffällig –, können unter der Obhut des Terrarianers missgebildete Individuen vielfach am Leben erhalten werden. Übersteht die Jungschlange die ersten Lebenswochen, kann sie mit ihren angeborenen Anomalien durch-

aus alt werden. Auch brauchen Exemplare mit derartigen Veränderungen nicht unbedingt von der Vermehrung ausgeschlossen werden, da es sich in den meisten Fällen nicht um genetische Defekte handelt.

Dieser Dunkle Tigerpython (*Python molurus bivittatus*) schlüpfte ohne Augen und konnte sich unter Terrarienbedingungen trotzdem gut entwickeln.   **DDS**

Wenn jedoch eine Anomalie den normalen Lebensablauf des Tieres erheblich beeinträchtigt oder ihm offensichtlich sogar Schmerzen bereitet, ist das Tier auf humane Weise zu töten. Da für Anomalien gewöhnlich auch ein wissenschaftliches Interesse besteht, sollte die Schlange einer herpetologisch-veterinärmedizinischen Institution überlassen werden, die gegebenenfalls auch die sachgerechte Tötung übernehmen würde. Die Tötung hat in der Regel nach Narkotisierung des Tieres durch Einatmung oder Injektion eines Betäubungsmittels durch Tiefgefrierung oder Enthauptung (Dekapitation) zu erfolgen. Auf gleiche Weise ist bei eindeutig unheilbar erkrankten Tieren vorzugehen.

In der nachstehenden Übersicht sind ausgewählte Missbildungen bei Schlangen zusammengestellt (nach IPPEN et al. 1985, ergänzt):

Anomalie	Beispiele einzelner Arten
Farbmutationen	vorwiegend Vertreter der Nattern (Colubridae) und Pythons (Pythoninae)
Schuppenanomalien	
fehlende Körperschuppen	Kiefernatter (*Pituophis melanoleucus*)
Lippenschuppenanomalien	Tigerpython (*Python molurus*)
geteilte Vorderaugenschilder	Gebänderte Wassernatter (*Nerodia fasciata*)
paarige Gruben auf Scheitelschildern	Ringelnatter (*Natrix natrix*)
Nabelmissbildung	Gemeine Strumpfband-natter (*Thamnophis sirtalis*)
Augenanomalien	
Kleinäugigkeit (Mikrophthalmie)	Vierstreifennatter (*Elaphe quatuorlineata*)
Glotzaugen (Exophthalmie)	Strahlennatter (*Coelognathus radiatus*)
fehlende Augen (Anophthalmie)	Tigerpython (*Python molurus*)
Schädelanomalien	
Lippen– und Gaumenspalten	Prärieklapperschlange (*Crotalus viridis*)
Kieferverkürzung (Brachignatia)	Gemeine Strumpfbandnatter (*Thamnophis sirtalis*)
Wasserkopf (Hydrocephalus)	Gemeine Strumpfbandnatter (*Thamnophis sirtalis*)
Doppelkopf (Bicephalus)	unspezifisch bei vielen Arten
Körperanomalien	
Körperverkürzung (ballförmige Gestalt)	Siegelringnatter (*Nerodia sipedon*)
fehlendes hinteres Körperdrittel	Erdnatter (*Pantherophis obsoletus*)
Offenbleiben von Brust- und Bauchwand (Thorakogastoschiris)	Madagaskar-Hundskopfschlinger (*Sanzinia madagascariensis*)
Wirbelsäulenverkrümmung (Kyphoskoliose)	Erdnatter (*Pantherophis obsoletus*)

Doppelköpfige Nattern – hier eine Texasküchennatter (*Pantherophis obsoletus lindheimeri*) – werden in der Fachliteratur gar nicht so selten beschrieben.

Wohl die spektakulärste Missbildung bei Reptilien, über die sogar immer wieder in der Tagespresse mit Abbildungen und Berichten informiert wird, sind Doppelköpfe. Sie beruhen in der Regel auf Wirbelsäulengabelungen, die durch Fehlentwicklung im Embryonalstadium hervorgerufen werden. Beide Köpfe haben dann gewöhnlich auch Gehirne und reagieren unabhängig voneinander. Häufig dominiert ein Kopf über den anderen. Es können jedoch auch beide Köpfe fressen. Schlangen mit Doppelkopfbildungen überleben im Terrarium oft viele Jahre.

Gelegentlich kommen bei Schlangen auch Zwillinge vor. Oft verfügt jeder von ihnen über eigene Eihäute; sie haben lediglich die Eischale gemeinsam. Dann handelt es sich um Zwillinge, die aus zwei verschiedenen Eizellen hervorgegangen sind. Eineiige Zwillinge sind durch anomale Eizellteilung im frühesten Embryonalstadium entstanden. Sie haben gemeinsame Eihüllen und sind genetisch identisch. Zwillinge sind beim Schlupf oder bei der Geburt meist deutlich kleiner als Einlinge. Sie können aber durchaus lebensfähig sein.

Doppelköpfige Mißbildungen bei Riesenschlangen wie bei dieser Madagaskarboa (*Acrantophis madagascariensis*) sind recht selten. **AWJ**

345

Verwendete und aktuelle weiterführende Literatur

ACKERMAN, L. 2000. Atlas der Reptilienkrankheiten. Bd. I und II. bede-Verlag, Ruhmannsfelden, 469 S.

ANANJEVA, N. B., N. L. ORLOV, R. G., KHALIKOV, I. S., DAREVSKY, S. A. RYABOV & BARANOV, A. V. 2004. Atlas presmykajutschichsja severnoj evrazij. Zoolog. Inst. RAN, St. Peterburg, 232 S.

BARTLETT, R. D. &TENNANT, A. 2000. Snakes of North America – Western Region. Gulf Publ., Houston, 312 S.

BAUCHOT, R. [Hrsg.] 1994. Schlangen. Naturbuch Verlag, Augsburg, 240 S.

BEHLER, J. L. & KING, F. W. 1979. Field guide to north american reptiles and amphibians. A. A. Knopf, New York, 719 S.

BEYNON, P.H., LAWTON, M.P . C. & COOPER, J. E. [Hrsg.] 1997. Kompendium der Reptilienkrankheiten; Haltung – Diagnostik – Therapie. Schlütersche, Hannover, 240 S.

BINDER, S. 2002. *Boa constrictor*. Natur und Tier-Verlag, Münster, 96 S.

BOURGUIGNON, T. 2002. Strumpfbandnattern. Herkunft – Pflege – Arten. Verlag Eugen Ulmer, Stuttgart, 128 S.

BNA. 2000. BNA–Artenschutzbuch. T. I Wirbeltiere. Hrsg.: Bundesverband für fachgerechten Natur- und Artenschutz e. V. Hambrücken, 334 S.

BRANCH, B. 1998. Field Guide to Snakes and other Reptiles of Southern Africa. Struik Publ. Ltd., Kapstadt, 400 S.

BRANDSTÄTTER, F. 1996. Die Sandrennattern. – Westarp Wiss., Magdeburg, 142 S.

Bundesministerium für Ernährung, Landwirtschaft und Forsten, Referat Tierschutz 1997. Gutachten über Mindestanforderungen an die Haltung von Reptilien vom 10. Januar 1997. Sonderausgabe durch DGHT e. V., Rheinbach, 78 S.

COBORN, J. 1995. Schlangenatlas. 2. Aufl., bede-Verlag, Ruhmannsfelden, 591 S.

COGGER, H. G. 1992. Reptiles & Amphibians of Australia. Reed Books, Sidney, 788 S.

DAVID, P. & INEICH, I. 1999. Les serpents venimeux du monde: systématique et répartition. Dumerilia, Vol. 3. AALRAM, Paris, 500 S.

DAVID, P. & VOGEL, G. 1996. The Snakes of Sumatra. Chimaira, Frankfurt a. M., 260 S.

DIRKSEN, L. 2002. Anakondas. Natur und Tier-Verlag, Münster, 191 S.

ENGELMANN, W.-E. & OBST, F. J. 1981. Mit gespaltener Zunge. Edition Leipzig, 217 S.

ERNST, C. H. & ERNST, E. M. 2003. Snakes of the United States and Canada. Smithsonian Inst., 668 S.

FITZSIMONS, V. F. M. 1979. A Field Guide to the Snakes of Southern Africa. Collins, London, 221 S.

FRIEDERICH, U. & VOLLAND, W. 1998. Futtertierzucht. 3. Aufl., Ulmer Verlag, Stuttgart 187 S.

GABRISCH, K., SASSENBURG, L. & ZWART, P. [Hrsg.] 2004. Krankheiten der Heimtiere. Schlütersche, Hannover, 1008 S.

GLAW, F. & VENCES, M. 1994. A Fieldguide to the Amphibians and Reptiles of Madagascar. 2. Aufl., Vences & Glaw Verlags GbR, Köln, 480 S.

GREEN, H.W., FODGEN, M. & FODGEN, P. 1999. Schlangen – Faszination einer unbekannten Welt. Weltbild, Basel – Boston – Berlin, 347 S.

GRUBER, U. 1989. Die Schlangen Europas und rund ums Mittelmeer. Kosmos, Stuttgart, 248 S.

GUMPRECHT, A. 1997. Die Bambusottern der Gattung *Trimeresurus* LACÉPÈDE. Teil I: Die Chinesische Bambusotter *Trimeresurus stejnegeri* SCHMIDT, 1925. Sauria, Berlin, 19(3), 9-30.

GUMPRECHT, A. 2004. Die Blumennatter – *Orthriophis moellendorffi*. Art für Art. Natur und Tier-Verlag, Münster, 64 S.

GUMPRECHT, A. 2004. Die Königskletternatter – *Elaphe carinata*. Art für Art. Natur und Tier-Verlag, Münster, 64 S.

GUMPRECHT, A. 2004. Die Mandarinnatter – *Euprepiophis mandarinus*. Art für Art. Natur und Tier-Verlag, Münster, 64 S.

GUMPRECHT, A. 2004. Spitzkopfnattern – Die Gattung *Gonyosoma*. Natur und Tier-Verlag, Münster, 64 S.

GUMPRECHT, A. & RYABOV, S. 2002. Die Gattung *Trimeresurus* LACÉPÈDE, 1804 – Zum Kenntnisstand der Forschung. Draco Nr. 12, 3, 31 – 44

GUMPRECHT, A., TILLAK, F., ORLOV, N. L., CAPTAIN, A. & RYABOV, S. 2004. Asian Pitvipers. Geitje Books, Berlin, 368 S.

HALLMEN, M. 2003. Freilandterrarien für Schlangen. Natur und Tier-Verlag, Münster, 157 S.

HALLMEN, M. 2004a. Die Prärie-Strumpfbandnatter – *Thamnophis radix*. Art für Art. Natur und Tier-Verlag, Münster, 64 S.

HALLMEN, M. 2004b. Die Strumpfbandnatter – *Thamnophis sirtalis*. Art für Art. Natur und Tier-Verlag, Münster, 64 S.

HALLMEN, M. & CHEBOWY, J. 2001. Strumpfbandnattern. Natur und Tier-Verlag, Münster, 191 S.

HENKEL, F.-W. & SCHMIDT, W. 1995. Amphibien und Reptilien Madagaskars, der Maskarenen, Seychellen und Komoren. Ulmer-Verlag, Stuttgart, 311 S.

HENKEL, F.-W. & SCHMIDT, W. 1997. Terrarien – Bau und Einrichtung. 3. Aufl., Ulmer-Verlag, Stuttgart, 168 S.

IPPEN, R., SCHRÖDER, H.-D. & ELZE, K. 1985. Handbuch der Zootierkrankheiten. Bd. 1 Reptilien. Akademie-Verlag, Berlin, 432 S.

JAROFKE, D. & LANGE, J. 1993. Reptilien – Krankheiten und Haltung. Verlag Paul Parey, Berlin – Hamburg, 188 S.

JUNGHANSS, T. & BODIO, M. 1996. Notfall–Handbuch Gifttiere. Thieme, Stuttgart – New York, 646 S.

KIRSCHNER, A. & SEUFER, H. 1999. Der Königspython. Kirschner & Seufer Verlag, Keltern-Weiler, 102 S.

KIVIT, R. & WISEMANN, S. 2005. Grüner Baumpython und Grüne Hundskopfboa. Kirschner & Seufer Verlag, Keltern-Weiler, 174 S.

KLAUBER, L. M. 1982. Rattlesnakes. Univ. Calif. Press, Berkeley, Los Angeles, London, 350 S.

KÖHLER, G. 1996. Krankheiten der Amphibien und Reptilien. Verlag Eugen Ulmer, Stuttgart, 168 S.

KÖHLER, G. 1997. Inkubation von Reptilieneiern. Herpeton-Verlag, Offenbach, 205 S.

KÖHLER, G. 2001. Reptilien und Amphibien Mittelamerikas. Bd. 2 Schlangen. Herpeton-Verlag, Offenbach, 174 S.

KÖLPIN, T. 2002. *Python regius* – Der Königspython. Natur und Tier-Verlag, Münster, 94 S.

KUNZ, K. 2004. Die Kornnatter – *Pantherophis guttata*. Art für Art. Natur und Tier-Verlag, Münster, 64 S.

LANCINI, A. R. V. & P. M. KORNACKER 1989. Die Schlangen von Venezuela. Verl. Armitano Editores C.A., Caracas, 381 S.

LEVITON, A. E., ANDERSON, S. C., ADLER, C. & MINTON, S. M. 1992. Handbook to Middle East Amphibians and Reptiles. Soc. Study Amph. Rept., Laclede, 252 S.

MANTHEY, U. & GROSSMANN, W. 1997. Amphibien & Reptilien Südostasiens. Natur und Tier-Verlag, Münster, 512 S.

MATTISON, C. 1999. Die Schlangenenzyklopädie. BLV Verlagsgesellsch., München, Wien, Zürich, 192 S.

MCEACHERN, M. J. 1991. A color guide to corn snakes – captive bred in the United States. Adv. Vivarium Systems, Lakeside, 59 S.

MEHRTENS, J. M. 1993. Schlangen der Welt, Lebensraum – Biologie – Haltung. Kosmos, Stuttgart, 463 S.

MERTENS, R. 1946. Die Warn- und Droh-Reaktionen der Reptilien. Abh. senckenberg. naturf. Ges. 471, Frankfurt a. M., 103 S.

MERTENS, R. 1970. Zur Frage der „Fluganpassungen" von *Chrysopelea* (Serpentes, Colubridae). Salamandra, Frankfurt a. M., 6(1/2), 11 -14.

MÜLLER, J. M. 1996. Handbuch ausgewählter Klimastationen der Erde. 5. Aufl., Univ. Trier, 400 S.

MUTSCHMANN, F. 1995. Die Strumpfbandnattern. Westarp Wiss., Magdeburg, 172 S.

NEWMAN, E. A. & HARTLINE, P. H. 1985. Infrarotsehen bei Schlangen. Spektrum der Wissenschaft 106-115.

NIETZKE, G. 2002. Die Terrarientiere 3. Ulmer-Verlag, Stuttgart, 374 S.

OBST, F. J., RICHTER, K. & JACOB, U. 1984. Lexikon der Terraristik und Herpetologie. Edition Leipzig 466 S.

OBST, F. J. & ENGELMANN, W.-E. 1981. Mit gespaltener Zunge. Edition Leipzig 217 S.

PETZOLD, H.-G. 1982. Aufgaben und Probleme der Tiergärtnerei bei der Erforschung der Lebensäußerungen der Niederen Amnioten (Reptilien). Milu, Berlin 5(4/5), 485-786.

RAUH, J. 1999. Grundlagen der Reptilienhaltung. Natur und Tier-Verlag, Münster, 200 S.

ROSS, R. A. & MARZEC, G. 1994. Riesenschlangen – Zucht und Pflege. bede-Verlag, Ruhmannsfelden, 247 S.

RÖSSEL, D. 1994. Rechtliche Fragen der Haltung giftiger und gefährlicher Tiere. DATZ – Aquarien Terrarien, Stuttgart 47(9), 577-580.

RÖSSEL, D. 1997. Schlangenhaltung in Miet– und Eigentumswohnungen. DATZ – Aquarien Terrarien, Stuttgart 50(8), 526-527.

SCHLEICH, H. H. & KÄSTLE, W. [Hrsg.] 2002. Amphibians and Reptiles of Nepal. Gantner Verlag, Ruggell, 1201 S.

SCHLEICH, H. H., KÄSTLE, W. & KABISCH, K. 1996. Amphibians and Reptiles of North Africa. Koeltz Scientific Books, Königstein, 627 S.

SCHMIDT, D. 1994. Vermehrung von Terrarientieren – Schlangen. 2. Aufl. – Urania-Verlag, Leipzig, Jena, Berlin, 200 S.

SCHMIDT, D. 2000. Kornnattern und Erdnattern. Natur und Tier-Verlag, Münster, 199 S.

SCHMIDT, D. 2004a. Die Erdnatter – *Pantherophis obsoletus*. Art für Art. Natur und Tier-Verlag, Münster, 64 S.

SCHMIDT, D. 2004b. Die Gebänderte Wassernatter – *Nerodia fasciata*. Art für Art. Natur und Tier-Verlag, Münster, 64 S.

Literatur

SCHMIDT, D. 2004c. Die Kettennatter – *Lampropeltis getula*. Art für Art. Natur und Tier-Verlag, Münster, 64 S.

SCHMIDT, D. 2005a. Die Dreiecksnatter – *Lampropeltis triangulum*. Art für Art. Natur und Tier-Verlag, Münster, 64 S.

SCHMIDT, D. 2005b. Der Kupferkopf – *Agkistrodon contortrix*. Art für Art. Natur und Tier-Verlag, Münster, 64 S.

SCHMIDT, D. 2005c. Ernährung der Schlangen. Natur und Tier-Verlag, Münster, (im Druck)

SCHMIDT, H. 2003. Terrarienpflanzen. Ulmer-Verlag, Stuttgart, 284 S.

SCHMIDT, T. 2002. Grasnattern. Natur und Tier-Verlag, Münster, 191 S.

SCHULZ, K.-D. 1996. Eine Monographie der Schlangengattung *Elaphe* FITZINGER. Bushmaster Publ., Berg, 460 S.

SOLÓRZANO, A. 2004. Snakes of Costa Rica. INBio, Santa Domingo, 793 S.

SPAWLS, S., HOWELL, K., DREWES, R. & ASHE, J. 2002. A Field Guide to the Reptiles of East Africa. Natural World, San Diego, San Francisco, New York, Boston, London, Sydney, Tokio, 543 S.

STÖCKEL, H. & E. 2000. Boas und Pythons. bede-Verlag, Ruhmannsfelden, 95 S.

STÖCKEL, H. & E. 2003. Handbuch Riesenschlangen. bede-Verlag, Ruhmannsfelden, 142 S.

TENNANT, A. & BARTLETT, R. D. 2000. Snakes of North America – Eastern and Central Regions. Gulf Publ., Houston, 588 S.

THISSEN, R. & HANSEN, H. 1996. Königsnattern *Lampropeltis*. Heselhaus & Senkowski Verlag, Hamburg, 172 S.

TRUTNAU, L. 1994. Terraristik. Ulmer-Verlag, Stuttgart, 280 S.

TRUTNAU, L. 1998. Giftschlangen. Schlangen im Terrarium. Bd. 2. Ulmer-Verlag, Stuttgart, 280 S.

TRUTNAU, L. 2000. Schlangen im Terrarium. Schlangen im Terrarium. Bd. 1/1 & 1/2. Ulmer-Verlag, Stuttgart, 628 S.

UETZ, P., CHENNA, R., ETZOLD, T. & HALLERMANN, J. 2005. The EMBL Reptile database. www.embl-heidelberg.de/~uetz/LivingReptiles.html

VDA. & DGHT. 2000. Sachkundenachweis. Hrsg.: Verband Deutscher Vereine für Aquarienkunde e. V., Bochum, und Deutsche Gesellschaft für Herpetologie und Terrarienkunde e. V., Rheinbach, o. S.

WHITAKER, R. & CAPTAIN, A. 2004. Snakes of India. Draco Books, Chennai, 479 S.

WILMS, T. 2004. Terrarieneinrichtung. Natur und Tier-Verlag, Münster, 125 S.

ZHAO, E.-M. & ADLER, C. 1993. Herpetology of China. Soc. Study Amph. Rept., Laclede, 522 S.

ZIEGLER, T. & BÖHME, W. 1996. Zur Hemiclitoris der squamaten Reptilien: Auswirkungen auf einige Methoden der Geschlechtsunterscheidung. Herpetofauna, Weinstadt 18(101), 11-19.

ZUG, G. R., VITT, L. J. & CALDWELL, J. P. 2001. Herpetology. 2. Aufl., Academic Press San Diego, London, 630 S.

Anschrift

Deutsche Gesellschaft
für Herpetologie und Terrarienkunde (DGHT) e.V.
Geschäftsstelle,
Postfach 142, Wormersdorfer Str. 46-48,
D-53351 Rheinbach
Tel. 02255-950106; Fax 02255-1726;
E-Mail: gs@dght.de; Internet: http://www.dght.de

Dank

Für die Unterstützung bei der Erarbeitung des „Atlas der Schlangen" sowie für die Bereitstellung von Fotos hatte ich herzlich gedankt: F. DATHE, Berlin; K. DEDEKIND, Berlin; B. DEGEN, Ruhmannsfelden; D. EMMERICH, Berlin; W. GASPERS, Berlin; A. GUMPRECHT, Köln; D. HANDSCHACK, Mannheim; F. J. OBST, Dresden; C.-P. STEINLE, Neuenburg am Rhein; R. THÜRNAU, Hamburg; L. TRUTNAU, Altrich, den Mitgliedern der DGHT-Arbeitsgruppe Schlangen sowie den Mitarbeitern des bede-Verlages GmbH, Ruhmannsfelden. Dieser Dank gilt gleichermaßen für die vorliegende Fassung.

Tropidolaemus wagleri

Index

Index

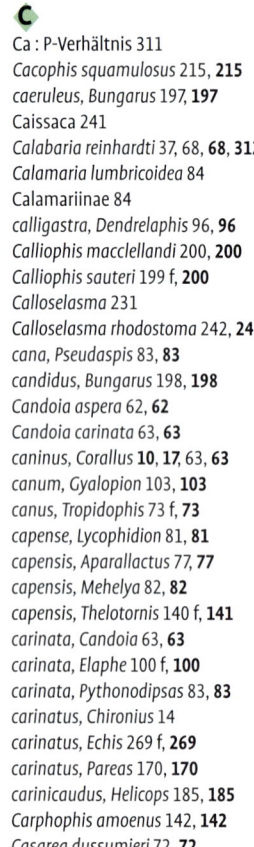

Index

Index

Index

Index

Elaphe schrenckii anomala